Lotto 6/45
참고서

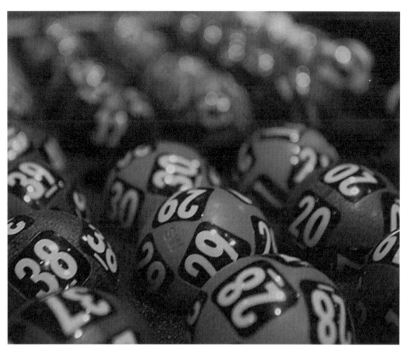

로또 당첨 확률을 높여주는 1등 패턴 분석집

Lotto 6/45 참고서

로또 연구가
정연식 지음

푸른e미디어

머리글

'로또 6/45 참고서'를 출간하면서

우리나라의 '로또 6/45'는 45개 숫자 중에서 6개 숫자를 맞추는 게임입니다. 1등 당첨이 쉽지는 않지만 그래도 매주 누군가는 당첨이 되는 행운을 맞이합니다.

이러한 행운에 다가서기 위하여 로또를 연구하지만 여전히 어려운 일입니다. 여러분도 아시다시피 로또 1등에 당첨될 확률은 약 814만 분의 1입니다. 필자는 그 수학적 확률을 좁히고자 패턴을 연구하였습니다. 이 작업이 결코 쉽지 않았던 일이지만 결국 로또 참고서를 출간하게 되었습니다.

책이 출간되기까지 필자에게 많은 애로사항도 있었습니다. 중간중간에 연구하다가도 포기하고 싶은 마음도 있었지만, 포기하지 않고 희망을 가지고 여기까지 왔습니다.

인생이 내 마음대로 이루어지는 일이 없듯이, 세상의 행운은 그냥 오는 일은 없습니다. 어떤 일이든 노력이 뒤따라야 합니다. 이 책을 읽는 분들은 이 책에 수록된 패턴을 이해하고 조합하려는 노력이 따른다면 로또 당첨 확률을 높일 수 있을 것이라 확신합니다.

끝으로 이 책으로 누군가에게 좋은 일이 생기고, 많은 이들이 미래에 희망을 갖고 웃으면서 살았으면 하는 필자의 작은 마음이 전달되었으면 하는 바람입니다. 그리고 'Lotto 6/45참고서[로또 참고서]'가 나오기까지 물심양면으로 도와주신 여러분께 깊이 감사드립니다.

2023년 1월
정연식 지음

차례

1장

로또의 개요

로또란 무엇인가?

로또의 정식 명칭은 '온라인 연합복권'이며 최고 당첨 금액의 제한이 없는 복권을 말합니다. 로또는 1971년 6월 미국 뉴저지 주에서 판매된 이래 1980년대 이후부터는 캐나다, 오스트레일리아 및 유럽, 아시아권에서 폭발적인 인기를 끌고 있습니다.

우리나라에서는 2002년 12월 시작되었습니다. 당시 정부 10개 부처(행정자치부, 과학기술부, 문화관광부, 보건복지부, 고용노동부, 건설교통부, 산림청, 중소기업청, 국가보훈처, 제주도)가 연합해 'Lotto 6/45'를 발행하였습니다.

'Lotto 6/45'는 45개의 숫자 중에서 6개의 번호를 선택하여 모두 일치할 경우 1등에 당첨되는 구조이며, 3개 이상의 번호가 일치할 경우 당첨금을 받게 됩니다.

우리나라에서는 초기의 로또 1게임의 가격은 2,000원이었으나,

2004년 8월부터 1,000원으로 인하되어 판매하고 있습니다. 현재, 로또는 (주)동행복권과 판매점 계약을 체결한 판매점전국의 편의점, 복권방 및 가판대 등을 비롯해 (주)동행복권 공식 홈페이지에서 구매할 수 있습니다. 온라인 복권 구매는 동행복권 홈페이지에서 가능한데, 1회 구매한도는 5,000원으로 제한되어 있습니다.

로또복권은 1년 365일 연중무휴 판매되지만, 추첨일인 토요일 오후 8시부터 다음 날 일요일 오전 6시까지는 판매가 정지됩니다.

한국 로또의 당첨 확률

우리나라에서 팔고 있는 로또는 총 45개의 번호에서 6개의 당첨 번호를 모두 맞춰야 1등이 될 수 있습니다. 이때 로또 1등의 확률은 약 814만 분의 1입니다. 구매자에게 지급되는 로또 1등 당첨 금액은 매 회차 총 판매금액의 50%이며, 이중 42% 이상은 복권 기금으로 사용됩니다.

그리고 간혹 주변에서 보이는 5만 원의 당첨금을 받을 수 있는 4등 당첨의 경우도 확률적으로 73만 원어치를 구매해야 당첨될 수 있는 만큼 로또의 당첨 확률이 희박하다는 것을 알 수 있습니다.

1등부터 5등까지 당첨 확률을 합하면 2.36%로 로또를 구매해서 당첨이 안 될 확률이 97.64%나 됩니다.

번호 개수별 조합수

번호 수	조합수	번호 수	조합수
6	1	26	230,230
7	7	27	296,010
8	28	28	376,740
9	84	29	475,020
10	210	30	593,775
11	462	31	736,281
12	924	32	906,192
13	1,716	33	1,107,568
14	3,003	34	1,344,904
15	5,005	35	1,623,160
16	8,008	36	1,947,792
17	12,376	37	2,324,784
18	18,564	38	2,760,681
19	27,132	39	3,262,623
20	38,760	40	3,838,380
21	54,264	41	4,496,388
22	74,613	42	5,245,786
23	100,947	43	6,096,454
24	134,596	44	7,059,052
25	177,100	45	8,145,060

국가별 로또 당첨 확률

　로또는 우리나라뿐만 아니라 여러 나라에서도 판매가 되고 있는데 그나마 한국의 로또는 당첨자가 많이 나오는 편입니다.

　일본과 미국의 경우 로또 1게임 구매 금액은 2,000~3,000원 하는데, 일본의 '미니로또', '로또6', '로또7'의 경우 당첨금은 정액제이며, '미니로또', '로또6'의 경우 한국의 '로또 6/45'보다 당첨 확률이 높습니다. 그리고 미국의 '파워볼', '메가밀리언'의 경우는 당첨 확률이 매우 희박하고 당첨자가 없으면 금액이 이월되어 당첨 금액이 한국과는 비교가 안되게 매우 높습니다.

　미국 로또는 한국 로또보다 확률적으로 37배가량 어려운 로또이며, 특히 미국 '파워볼'의 경우 29개 주州에서 하는데 이것은 한국이란 나라 29개가 합쳐진 규모라 보면 됩니다.

국가별 당첨 확률

국가별	로또종류	당첨방법	당첨 확률	1게임 금액	1등 당첨금	추첨요일
한국		6/45	8,145,060	1,000원		토
일본	미니로또	5/31	169,911	2,000원	1억	화
	LOTO 6	6/43	6,096,454	2,000원	20억	월, 목
	LOTO 7	7/37	10,295,471	3,000원	60억	금
미국	파워볼	5/69 , 1/26	292,201,338	2,000원	200억	수, 토
	메가밀리언	5/70, 1/25	302,575,350	2,000원	200억	화, 금

로또 당첨여부 확인

로또는 매주 토요일 오후 8시 45분경 생방송MBC으로 진행되는 추첨을 합니다. 추첨이 끝난 후 동행복권 홈페이지나 ARS1588-6450, QR코드 등을 통해 확인할 수 있습니다.

1~3등까지의 당첨금은 판매량에 따라 결정되고, 해당 회차의 총 판매액에 의해 결정되며, 등위별 해당 금액을 당첨자 수로 나누어 지급합니다. 3등 이상의 당첨금은 일시불로 지급되며 농협은행에서 당첨자 인적 사항을 확인하고 제세금을 원천징수 공제한 후 지급합니다. 4등과 5등 당첨금은 인터넷 구매인 경우 예치금으로, 판매점 구매인 경우 현금 지급 요청 시 현금으로 지급됩니다.

당첨금 지급 기한은 해당 회차 지급 개시일로부터 1년까지로, 지급 기한 일이 공휴일 또는 토·일요일인 경우 익 영업일은행 영업 기준에 청구가 가능합니다.

　가끔 언론에 나온 기사를 보면 자신이 당첨된 줄도 모른 채 당첨금을 찾아가지 않은 사람들이 많다고 합니다. 지급 기한일 초과 시 당첨자가 미수령한 당첨 금액은 복권기금으로 귀속되므로 복권 구매 후에는 반드시 당첨 확인을 하시길 바랍니다.

회차별 당첨번호 및 패턴 번호

등위	당첨 방법	당첨 확률	당첨금의 배분 비율
1등	6개 번호 일치	1 / 8,145,060	총 당첨금 중 4등, 5등 금액을 제외한 금액의 75% (세금 33% 공제)
2등	5개 번호 일치 + 보너스 번호 일치	1 / 1,357,510	총 당첨금 중 4등, 5등 금액을 제외한 금액의 12.5% (세금 22% 공제)
3등	5개 번호 일치	1 / 35,724	총 당첨금 중 4등, 5등 금액을 제외한 금액의 12.5% (세금 22% 공제)
4등	4개 번호 일치	1 / 733	5만 원
5등	3개 번호 일치	1 / 45	5천 원

로또는 분석이 가능한가?

사람들이 로또를 구입하는 이유는 1등 당첨이라는 꿈과 희망이 있기 때문입니다. 그런데 로또의 당첨 확률이 매우 낮기 때문에 그저 꿈에 그치는 경우가 대부분입니다. 그래서 시중에는 로또 당첨이라는 꿈을 현실로 만들기 위해 여러 로또 분석 기법들이 존재합니다.

혹자는 로또는 분석이 불가능하다고 말을 합니다. 물론 이 말도 어느 정도 타당은 합니다. 하지만, 생각해 보면 수학적으로 당첨 확률이 매우 낮아 로또 당첨이 불가능할 것만 같은데, 어찌 되었든 로또 당첨자는 계속 나오고 있습니다.

이것은 무엇을 의미할까요? 수학적 확률은 매우 낮지만 그 낮은 확률 속에서도 불가능은 없다는 뜻입니다. 따라서 불가능하게 생

각되는 것을 가능하게 높이는 노력이 바로 로또 분석의 시작점이 란 이야기 입니다.

어떤 사람들은 로또 1등의 당첨 확률을 높이기 위해 한 번에 많 은 로또를 구매합니다. 이것은 그냥 자신의 운만 믿고 돈 낭비를 하 는 것입니다. 로또를 한 번에 많이 사서 당첨될 수 있다면 이미 부 자들의 전유물이 되어 있을 것입니다.

물론 로또 1등은 행운도 있어야 하지만, 도전하고 노력하는 사 람만이 그 행운을 만날 수 있을 것입니다. 로또를 사는 노력조차 하지 않는다면 1등이 아니라 5등도 될 수 없을 것입니다. 그중에서 로또 당첨이라는 행운이 오는 사람들은 소액으로 로또를 꾸준히 구매하며 현명하게 로또 분석을 통해 확률을 높여 구매하는 사람 들입니다.

현재 시중에는 로또 분석을 하는 기법들이 나와 있습니다. 그 분 석 방법들도 다양하고 고액 당첨의 성과도 보입니다. 따라서 한국 의 로또는 어느 정도 당첨 확률을 높이는 분석이 가능합니다. 이 책 은 거기에 더해 확률이 높은 당첨 패턴을 집중적으로 분석하였습 니다.

로또 당첨 패턴이란 무엇인가?

이 책에서 기술한 당첨 패턴은 로또 1회차부터 1048회차까지의 당첨번호를 기초로 만들어졌습니다. 패턴 번호 1단위는 1~9번, 10단위는 10~19번, 20단위는 20~29번, 30단위는 30~29번, 40단위는 40~45번 기준으로 만들어진 패턴은 158개의 패턴으로 구성되어 있습니다. 예를 들어 아래 도표와 같이 당첨번호가 '4, 12, 16, 23, 34, 43'이라면 패턴 숫자는 '1, 10, 10, 20, 30, 40'이 되는 것입니다.

패턴 번호

횟수	년도	월	일	1	10	10	20	30	40	B/N
1	2003	7	12	6	14	19	25	34	44	11
2	2004	7	31	4	12	16	23	34	43	26

당첨번호

이렇게 도출된 '1, 10, 10, 20, 30, 40'번의 패턴 숫자는 다시 아래 도표를 보면 '패턴 번호 1번'인 것을 알 수가 있습니다.

이렇게 만들어진 158개의 패턴을 다시 많이 나온 번호로 구성해 보면, 전체 2개 숫자 조합은 10,112개 조합이며, 전체 3개 숫자 조합은 115,182 조합으로 생성됩니다. 그리고 1패턴당 2개 숫자 조합은 64개, 3개 숫자 조합은 729 조합입니다.

이 책에서는 패턴 158개 중 당첨 확률 30%에 해당하는 1번부터 25번까지의 패턴을 중점적으로 다루었습니다.

패턴 번호 1 **상위 25개의 패턴**

패턴 번호	한국로또(6/45)						2002	2003	2004	2005	2012	2013	2014	2015	2016	2017	2018	2019	2020	2021	2022	합계
1	1	10	10	20	30	40		1	2	1		1		4	2	2	4	1	1	1	3	35
2	1	10	20	30	30	40		2	1	1		3	1	1		1		3	1	4		28
3	1	1	10	20	20	30		1	3	1	2	2	2	1		2	1	1	2	2	1	28
4	1	10	10	20	30	30		2		1	1		2		1	3	4	2	1	1	3	25
5	1	10	20	20	30	30		2	1	3		1		2	2	1			3		2	24
6	1	1	10	20	30	40		1	1	1	1	1			3	1	2		1		1	23
7	1	10	20	20	30	40	1	1	1		3	2	1		2			2	1	1	3	22
8	1	1	10	10	20	40		2	1				2		2	1	2		2	1	1	21
9	10	10	20	30	30	40		2		1	1	1		3	2	1	1			1	1	21
10	1	10	20	30	40	40			2	6		1	2			1		1	2			20
11	1	10	10	20	20	40			1	1				1	1		1	3	2			18
12	1	1	10	20	20	40		1		1	1		1			3		1	2	2		18
13	10	20	20	30	30	40	1	1	1		1	1					1		1	3		18
14	1	1	10	10	20	30			3	1			2	1	2	1		3	1	1		18
15	1	10	10	20	20	30			1		1		2	2	1				1	3	1	17
16	1	1	10	20	30	30			1		1	2	1				1	2	1	2	1	16
17	10	20	30	30	30	40				1	2			1	2			3	2		2	16
18	1	10	10	30	30	40						2	1			1	1			1	1	16
19	1	1	10	10	30	40		1			3		2	2		1		1	1	1	1	16
20	1	1	20	20	30	40		1			3		2					1		2		15
21	1	10	20	20	20	30						1	1	2			1	1		1		15
22	10	20	30	30	40	40	1	1					1	1	2		2			1		15
23	1	1	10	10	30	30		1	1	1	1			1	1		2	1	1	1	1	15
24	1	1	20	30	30	40		1	2	1		1	1	1	1				1		1	15
25	1	10	10	10	30	30		2			1	3			2		3		1	1		14
26	1	10	20	20	20	40		1	2	1			1		1				2			13
27	10	10	10	20	20	30	1	2	1		1			2		1			1			13

21

2장

회차별 당첨번호 보기 및
순위별 패턴 보기

1~1048회 당첨번호 집계표

순위별 패턴 집계표

회차별 패턴 번호 찾아 보기

로또 1회차부터 1048회까지 당첨번호를 분류해 본 결과 158종류의 패턴[페이지 58~67 참고]으로 이루어졌습니다.

예를 들어 1회차 2002년 12월 7일 당첨번호 '10, 23, 29, 33, 37, 40 보너스 넘버 16'은 '순위별 패턴 집계표'[페이지 58~59 참고]를 보게 되면 '10단위 1개', '20단위 2개', '30단위 2개', '40단위 1개'로 패턴 숫자는 '10, 20, 20, 30, 30, 40'입니다. 이 패턴 숫자는 로또 1~1048 회차까지의 당첨번호를 가지고 산출하면 총 18회가 나왔으므로 순위는 13위에 해당됩니다. 따라서 '패턴 번호 13'이 됩니다.

이처럼 어떠한 당첨번호가 나와도 '순위별 패턴 집계표'를 보면 패턴 번호가 몇 번에서 나왔는지 알 수 있습니다.

1~1048회 당첨번호 집계표

회차	당첨 년월일			당첨번호							패턴번호
	년도	월	일	1칸	2칸	3칸	4칸	5칸	6칸	보너스	
1	2002	12	7	10	23	29	33	37	40	16	13
2	2002	12	14	9	13	21	25	32	42	2	7
3	2002	12	21	11	16	19	21	27	31	30	27
4	2002	12	28	14	27	30	31	40	42	2	22
5	2003	1	4	16	24	29	40	41	42	3	144
6	2003	1	11	14	15	26	27	40	42	34	61
7	2003	1	18	2	9	16	25	26	40	42	12
8	2003	1	25	8	19	25	34	37	39	9	35
9	2003	2	1	2	4	16	17	36	39	14	23
10	2003	2	8	9	25	30	33	41	44	6	60
11	2003	2	15	1	7	36	37	41	42	14	59
12	2003	2	22	2	11	21	25	39	45	44	7
13	2003	3	1	22	23	25	37	38	42	26	72
14	2003	3	8	2	6	12	31	33	40	15	28
15	2003	3	15	3	4	16	30	31	37	13	54
16	2003	3	22	6	7	24	37	38	40	33	24
17	2003	3	29	3	4	9	17	32	37	1	70
18	2003	4	5	3	12	13	19	32	35	29	25
19	2003	4	12	6	30	38	39	40	43	26	129
20	2003	4	19	10	14	18	20	23	30	41	27
21	2003	4	26	6	12	17	18	31	32	21	25
22	2003	5	3	4	5	6	8	17	39	25	76
23	2003	5	10	5	13	17	18	33	42	44	49
24	2003	5	17	7	8	27	29	36	43	6	20
25	2003	5	24	2	4	21	26	43	44	16	84
26	2003	5	31	4	5	7	18	20	25	31	43
27	2003	6	7	1	20	26	28	37	43	27	45
28	2003	6	14	9	18	23	25	35	37	1	5
29	2003	6	21	1	5	13	34	39	40	11	28
30	2003	6	28	8	17	20	35	36	44	4	2

회차	당첨 년월일			당첨번호							패턴 번호
	년도	월	일	1칸	2칸	3칸	4칸	5칸	6칸	보너스	
31	2003	7	5	7	9	18	23	28	35	32	3
32	2003	7	12	6	14	19	25	34	44	11	1
33	2003	7	19	4	7	32	33	40	41	9	59
34	2003	7	26	9	26	35	37	40	42	2	60
35	2003	8	2	2	3	11	26	37	43	39	6
36	2003	8	9	1	10	23	26	28	40	31	26
37	2003	8	16	7	27	30	33	35	37	42	152
38	2003	8	23	16	17	22	30	37	43	36	9
39	2003	8	30	6	7	13	15	21	43	8	8
40	2003	9	6	7	13	18	19	25	26	6	56
41	2003	9	13	13	20	23	35	38	43	34	13
42	2003	9	20	17	18	19	21	23	32	1	27
43	2003	9	27	6	31	35	38	39	44	1	130
44	2003	10	4	3	11	21	30	38	45	39	2
45	2003	10	11	1	10	20	27	33	35	17	5
46	2003	10	18	8	13	15	23	31	38	39	4
47	2003	10	25	14	17	26	31	36	45	27	9
48	2003	11	1	6	10	18	26	37	38	3	4
49	2003	11	8	4	7	16	19	33	40	30	19
50	2003	11	15	2	10	12	15	22	44	1	46
51	2003	11	22	2	3	11	16	26	44	35	8
52	2003	11	29	2	4	15	16	20	29	1	31
53	2003	12	6	7	8	14	32	33	39	42	54
54	2003	12	13	1	8	21	27	36	39	37	40
55	2003	12	20	17	21	31	37	40	44	7	22
56	2003	12	27	10	14	30	31	33	37	19	124
57	2004	1	3	7	10	16	25	29	44	6	11
58	2004	1	10	10	24	25	33	40	44	1	37
59	2004	1	17	6	29	36	39	41	45	13	60
60	2004	1	24	2	8	25	36	39	42	11	24
61	2004	1	31	14	15	19	30	38	43	8	88
62	2004	2	7	3	8	15	17	29	35	21	14

회차	당첨 년월일			당첨번호							패턴번호
	년도	월	일	1칸	2칸	3칸	4칸	5칸	6칸	보너스	
63	2004	2	14	3	20	23	36	38	40	5	34
64	2004	2	21	14	15	18	21	26	36	39	27
65	2004	2	28	4	25	33	36	40	43	39	60
66	2004	3	6	2	3	7	17	22	24	45	43
67	2004	3	13	3	7	10	15	36	38	33	23
68	2004	3	20	10	12	15	16	26	39	38	82
69	2004	3	27	5	8	14	15	19	39	35	71
70	2004	4	3	5	19	22	25	28	43	26	26
71	2004	4	10	5	9	12	16	29	41	21	8
72	2004	4	17	2	4	11	17	26	27	1	31
73	2004	4	24	3	12	18	32	40	43	38	52
74	2004	5	1	6	15	17	18	35	40	23	49
75	2004	5	8	2	5	24	32	34	44	28	24
76	2004	5	15	1	3	15	22	25	37	43	3
77	2004	5	22	2	18	29	32	43	44	37	10
78	2004	5	29	10	13	25	29	33	35	38	38
79	2004	6	5	3	12	24	27	30	32	14	5
80	2004	6	12	17	18	24	25	26	30	1	30
81	2004	6	19	5	7	11	13	20	33	6	14
82	2004	6	26	1	2	3	14	27	42	39	74
83	2004	7	3	6	10	15	17	19	34	14	126
84	2004	7	10	16	23	27	34	42	45	11	37
85	2004	7	17	6	8	13	23	31	36	21	16
86	2004	7	24	2	12	37	39	41	45	33	32
87	2004	7	31	4	12	16	23	34	43	26	1
88	2004	8	7	1	17	20	24	30	41	27	7
89	2004	8	14	4	26	28	29	33	40	37	45
90	2004	8	21	17	20	29	35	38	44	10	13
91	2004	8	28	1	21	24	26	29	42	27	113
92	2004	9	4	3	14	24	33	35	36	17	35
93	2004	9	11	6	22	24	36	38	44	19	34
94	2004	9	18	5	32	34	40	41	45	6	116

회차	당첨 년월일			당첨번호							패턴번호
	년도	월	일	1칸	2칸	3칸	4칸	5칸	6칸	보너스	
95	2004	9	25	8	17	27	31	34	43	14	2
96	2004	10	2	1	3	8	21	22	31	20	66
97	2004	10	9	6	7	14	15	20	36	3	14
98	2004	10	16	6	9	16	23	24	32	43	3
99	2004	10	23	1	3	10	27	29	37	11	3
100	2004	10	30	1	7	11	23	37	42	6	6
101	2004	11	6	1	3	17	32	35	45	8	28
102	2004	11	13	17	22	24	26	35	40	42	42
103	2004	11	20	5	14	15	27	30	45	10	1
104	2004	11	27	17	32	33	34	42	44	35	117
105	2004	12	4	8	10	20	34	41	45	28	10
106	2004	12	11	4	10	12	22	24	33	29	15
107	2004	12	18	1	4	5	6	9	31	17	140
108	2004	12	25	7	18	22	23	29	44	12	26
109	2005	1	1	1	5	34	36	42	44	33	59
110	2005	1	8	7	20	22	23	29	43	1	113
111	2005	1	15	7	18	31	33	36	40	27	44
112	2005	1	22	26	29	30	33	41	42	43	95
113	2005	1	29	4	9	28	33	36	45	26	24
114	2005	2	5	11	14	19	26	28	41	2	58
115	2005	2	12	1	2	6	9	25	28	31	107
116	2005	2	19	2	4	25	31	34	37	17	57
117	2005	2	26	5	10	22	34	36	44	35	2
118	2005	3	5	3	4	10	17	19	22	38	50
119	2005	3	12	3	11	13	14	17	21	38	65
120	2005	3	19	4	6	10	11	32	37	30	23
121	2005	3	26	12	28	30	34	38	43	9	17
122	2005	4	2	1	11	16	17	36	40	8	49
123	2005	4	9	7	17	18	28	30	45	27	1
124	2005	4	16	4	16	23	25	29	42	1	26
125	2005	4	23	2	8	32	33	35	36	18	97
126	2005	4	30	7	20	22	27	40	43	1	148

회차	당첨 년월일			당첨번호							패턴번호
	년도	월	일	1칸	2칸	3칸	4칸	5칸	6칸	보너스	
127	2005	5	7	3	5	10	29	32	43	35	6
128	2005	5	14	12	30	34	36	37	45	39	133
129	2005	5	21	19	23	25	28	38	42	17	42
130	2005	5	28	7	19	24	27	42	45	31	111
131	2005	6	4	8	10	11	14	15	21	37	65
132	2005	6	11	3	17	23	34	41	45	43	10
133	2005	6	18	4	7	15	18	23	26	13	31
134	2005	6	25	3	12	20	23	31	35	43	5
135	2005	7	2	6	14	22	28	35	39	16	5
136	2005	7	9	2	16	30	36	41	42	11	32
137	2005	7	16	7	9	20	25	36	39	15	40
138	2005	7	23	10	11	27	28	37	39	19	38
139	2005	7	30	9	11	15	20	28	43	13	11
140	2005	8	6	3	13	17	18	19	28	8	65
141	2005	8	13	8	12	29	31	42	43	2	10
142	2005	8	20	12	16	30	34	40	44	19	73
143	2005	8	27	26	27	28	42	43	45	8	149
144	2005	9	3	3	15	17	26	36	37	43	4
145	2005	9	10	2	3	13	20	27	44	9	12
146	2005	9	17	2	19	27	35	41	42	25	10
147	2005	9	24	4	6	13	21	40	42	36	41
148	2005	10	1	21	25	33	34	35	36	17	115
149	2005	10	8	2	11	21	34	41	42	27	10
150	2005	10	15	2	18	25	28	37	39	16	5
151	2005	10	22	1	2	10	13	18	19	15	102
152	2005	10	29	1	5	13	26	29	34	43	3
153	2005	11	5	3	8	11	12	13	36	33	71
154	2005	11	12	6	19	21	35	40	45	20	10
155	2005	11	19	16	19	20	32	33	41	4	9
156	2005	11	26	5	18	28	30	42	45	2	10
157	2005	12	3	19	26	30	33	35	39	37	120
158	2005	12	10	4	9	13	18	21	34	7	14

회차	당첨 년월일			당첨번호							패턴 번호
	년도	월	일	1칸	2칸	3칸	4칸	5칸	6칸	보너스	
159	2005	12	17	1	18	30	41	42	43	32	78
160	2005	12	24	3	7	8	34	39	41	1	137
161	2005	12	31	22	34	36	40	42	45	44	127
162	2006	1	7	1	5	21	25	38	41	24	20
163	2006	1	14	7	11	26	28	29	44	16	26
164	2006	1	21	6	9	10	11	39	41	27	19
165	2006	1	28	5	13	18	19	22	42	31	46
166	2006	2	4	9	12	27	36	39	45	14	2
167	2006	2	11	24	27	28	30	36	39	4	112
168	2006	2	18	3	10	31	40	42	43	30	79
169	2006	2	25	16	27	35	37	43	45	19	22
170	2006	3	4	2	11	13	15	31	42	10	49
171	2006	3	11	4	16	25	29	34	35	1	5
172	2006	3	18	4	19	21	24	26	41	35	26
173	2006	3	25	3	9	24	30	33	34	18	57
174	2006	4	1	13	14	18	22	35	39	16	53
175	2006	4	8	19	26	28	31	33	36	17	48
176	2006	4	15	4	17	30	32	33	34	15	119
177	2006	4	22	1	10	13	16	37	43	6	49
178	2006	4	29	1	5	11	12	18	23	9	50
179	2006	5	6	5	9	17	25	39	43	32	6
180	2006	5	13	2	15	20	21	29	34	22	21
181	2006	5	20	14	21	23	32	40	45	44	37
182	2006	5	27	13	15	27	29	34	40	35	39
183	2006	6	3	2	18	24	34	40	42	5	10
184	2006	6	10	1	2	6	16	20	33	41	33
185	2006	6	17	1	2	4	8	19	38	14	76
186	2006	6	24	4	10	14	19	21	45	9	46
187	2006	7	1	1	2	8	18	29	38	42	33
188	2006	7	8	19	24	27	30	31	34	36	48
189	2006	7	15	8	14	32	35	37	45	28	44
190	2006	7	22	8	14	18	30	31	44	15	18

회차	당첨 년월일			당첨번호							패턴 번호
	년도	월	일	1칸	2칸	3칸	4칸	5칸	6칸	보너스	
191	2006	7	29	5	6	24	25	32	37	8	40
192	2006	8	5	4	8	11	18	37	45	33	19
193	2006	8	12	6	14	18	26	36	39	13	4
194	2006	8	19	15	20	23	26	39	44	28	42
195	2006	8	26	7	10	19	22	35	40	31	1
196	2006	9	2	35	36	37	41	44	45	30	151
197	2006	9	9	7	12	16	34	42	45	4	52
198	2006	9	16	12	19	20	25	41	45	2	61
199	2006	9	23	14	21	22	25	30	36	43	63
200	2006	9	30	5	6	13	14	17	20	7	50
201	2006	10	7	3	11	24	38	39	44	26	2
202	2006	10	14	12	14	27	33	39	44	17	9
203	2006	10	21	1	3	11	24	30	32	7	16
204	2006	10	28	3	12	14	35	40	45	5	52
205	2006	11	4	1	3	21	29	35	37	30	40
206	2006	11	11	1	2	3	15	20	25	43	43
207	2006	11	18	3	11	14	31	32	37	38	36
208	2006	11	25	14	25	31	34	40	44	24	22
209	2006	12	2	2	7	18	20	24	33	37	3
210	2006	12	9	10	19	22	23	25	37	39	30
211	2006	12	16	12	13	17	20	33	41	8	62
212	2006	12	23	11	12	18	21	31	38	8	53
213	2006	12	30	2	3	4	5	20	24	42	107
214	2007	1	6	5	7	20	25	28	37	32	93
215	2007	1	13	2	3	7	15	43	44	4	104
216	2007	1	20	7	16	17	33	36	40	1	18
217	2007	1	27	16	20	27	33	35	39	38	48
218	2007	2	3	1	8	14	18	29	44	20	8
219	2007	2	10	4	11	20	26	35	37	16	5
220	2007	2	17	5	11	19	21	34	43	31	1
221	2007	2	24	2	20	33	35	37	40	10	55
222	2007	3	3	5	7	28	29	39	43	44	20

회차	당첨 년월일			당첨번호							패턴 번호
	년도	월	일	1칸	2칸	3칸	4칸	5칸	6칸	보너스	
223	2007	3	10	1	3	18	20	26	27	38	100
224	2007	3	17	4	19	26	27	30	42	7	7
225	2007	3	24	5	11	13	19	31	36	7	25
226	2007	3	31	2	6	8	14	21	22	34	43
227	2007	4	7	4	5	15	16	22	42	2	8
228	2007	4	14	17	25	35	36	39	44	23	17
229	2007	4	21	4	5	9	11	23	38	35	33
230	2007	4	28	5	11	14	29	32	33	12	4
231	2007	5	5	5	10	19	31	44	45	27	52
232	2007	5	12	8	9	10	12	24	44	35	8
233	2007	5	19	4	6	13	17	28	40	39	8
234	2007	5	26	13	21	22	24	26	37	4	113
235	2007	6	2	21	22	26	27	31	37	8	142
236	2007	6	9	1	4	8	13	37	39	7	70
237	2007	6	16	1	11	17	21	24	44	33	11
238	2007	6	23	2	4	15	28	31	34	35	16
239	2007	6	30	11	15	24	39	41	44	7	29
240	2007	7	7	6	10	16	40	41	43	21	87
241	2007	7	14	2	16	24	27	28	35	21	21
242	2007	7	21	4	19	20	21	32	34	43	5
243	2007	7	28	2	12	17	19	28	42	34	46
244	2007	8	4	13	16	25	36	37	38	19	77
245	2007	8	11	9	11	27	31	32	38	22	35
246	2007	8	18	13	18	21	23	26	39	15	30
247	2007	8	25	12	15	28	36	39	40	13	9
248	2007	9	1	3	8	17	23	38	45	13	6
249	2007	9	8	3	8	27	31	41	44	11	91
250	2007	9	15	19	23	30	37	43	45	38	22
251	2007	9	22	6	7	19	25	28	38	45	3
252	2007	9	29	14	23	26	31	39	45	28	13
253	2007	10	6	8	19	25	31	34	36	33	35
254	2007	10	13	1	5	19	20	24	30	27	3

회차	당첨 년월일			당첨번호							패턴 번호
	년도	월	일	1칸	2칸	3칸	4칸	5칸	6칸	보너스	
255	2007	10	20	1	5	6	24	27	42	32	86
256	2007	10	27	4	11	14	21	23	43	32	11
257	2007	11	3	6	13	27	31	32	37	4	35
258	2007	11	10	14	27	30	31	38	40	17	17
259	2007	11	17	4	5	14	35	42	45	34	64
260	2007	11	24	7	12	15	24	37	40	43	1
261	2007	12	1	6	11	16	18	31	43	2	49
262	2007	12	8	9	12	24	25	29	31	36	21
263	2007	12	15	1	27	28	32	37	40	18	34
264	2007	12	22	9	16	27	36	41	44	5	10
265	2007	12	29	5	9	34	37	38	39	12	97
266	2008	1	5	3	4	9	11	22	42	37	74
267	2008	1	12	7	8	24	34	36	41	1	24
268	2008	1	19	3	10	19	24	32	45	12	1
269	2008	1	26	5	18	20	36	42	43	32	10
270	2008	2	2	5	9	12	20	21	26	27	100
271	2008	2	9	3	8	9	27	29	40	36	86
272	2008	2	16	7	9	12	27	39	43	28	6
273	2008	2	23	1	8	24	31	34	44	6	24
274	2008	3	1	13	14	15	26	35	39	25	53
275	2008	3	8	14	19	20	35	38	40	26	9
276	2008	3	15	4	15	21	33	39	41	25	2
277	2008	3	22	10	12	13	15	25	29	20	89
278	2008	3	29	3	11	37	39	41	43	13	32
279	2008	4	5	7	16	31	36	37	38	11	119
280	2008	4	12	10	11	23	24	36	37	35	38
281	2008	4	19	1	3	4	6	14	41	12	138
282	2008	4	26	2	5	10	18	31	32	30	23
283	2008	5	3	6	8	18	31	38	45	42	28
284	2008	5	10	2	7	15	24	30	45	28	6
285	2008	5	17	13	33	37	40	41	45	2	80
286	2008	5	24	1	15	19	40	42	44	17	87

회차	당첨 년월일			당첨번호							패턴 번호
	년도	월	일	1칸	2칸	3칸	4칸	5칸	6칸	보너스	
287	2008	5	31	6	12	24	27	35	37	41	5
288	2008	6	7	1	12	17	28	35	41	10	1
289	2008	6	14	3	14	33	37	38	42	10	44
290	2008	6	21	8	13	18	32	39	45	7	18
291	2008	6	28	3	7	8	18	20	42	45	74
292	2008	7	5	17	18	31	32	33	34	10	124
293	2008	7	12	1	9	17	21	29	33	24	3
294	2008	7	19	6	10	17	30	37	38	40	36
295	2008	7	26	1	4	12	16	18	38	8	71
296	2008	8	2	3	8	15	27	30	45	44	6
297	2008	8	9	6	11	19	20	28	32	34	15
298	2008	8	16	5	9	27	29	37	40	19	20
299	2008	8	23	1	3	20	25	36	45	24	20
300	2008	8	30	7	9	10	12	26	38	39	14
301	2008	9	6	7	11	13	33	37	43	26	18
302	2008	9	13	13	19	20	32	38	42	4	9
303	2008	9	20	2	14	17	30	38	45	43	18
304	2008	9	27	4	10	16	26	33	41	28	1
305	2008	10	4	7	8	18	21	23	39	9	3
306	2008	10	11	4	18	23	30	34	41	19	2
307	2008	10	18	5	15	21	23	25	45	12	26
308	2008	10	25	14	15	17	19	37	45	40	110
309	2008	11	1	1	2	5	11	18	36	22	105
310	2008	11	8	1	5	19	28	34	41	16	6
311	2008	11	15	4	12	24	27	28	32	10	21
312	2008	11	22	2	3	5	6	12	20	25	106
313	2008	11	29	9	17	34	35	43	45	2	32
314	2008	12	6	15	17	19	34	38	41	2	88
315	2008	12	13	1	13	33	35	43	45	23	32
316	2008	12	20	10	11	21	27	31	39	43	38
317	2008	12	27	3	10	11	22	36	39	8	4
318	2009	1	3	2	17	19	20	34	45	21	1

회차	당첨 년월일			당첨번호							패턴번호
	년도	월	일	1칸	2칸	3칸	4칸	5칸	6칸	보너스	
319	2009	1	10	5	8	22	28	33	42	37	20
320	2009	1	17	16	19	23	25	41	45	3	61
321	2009	1	24	12	18	20	21	25	34	42	30
322	2009	1	31	9	18	29	32	38	43	20	2
323	2009	2	7	10	14	15	32	36	42	3	88
324	2009	2	14	2	4	21	25	33	36	17	40
325	2009	2	21	7	17	20	32	44	45	33	10
326	2009	2	28	16	23	25	33	36	39	40	48
327	2009	3	7	6	12	13	17	32	44	24	49
328	2009	3	14	1	6	9	16	17	28	24	92
329	2009	3	21	9	17	19	30	35	42	4	18
330	2009	3	28	3	4	16	17	19	20	23	50
331	2009	4	4	4	9	14	26	31	44	39	6
332	2009	4	11	16	17	34	36	42	45	3	73
333	2009	4	18	5	14	27	30	39	43	35	2
334	2009	4	25	13	15	21	29	39	43	33	39
335	2009	5	2	5	9	16	23	26	45	21	12
336	2009	5	9	3	5	20	34	39	44	16	24
337	2009	5	16	1	5	14	18	32	37	4	23
338	2009	5	23	2	13	34	38	42	45	16	32
339	2009	5	30	6	8	14	21	30	37	45	16
340	2009	6	6	18	24	26	29	34	38	32	63
341	2009	6	13	1	8	19	34	39	43	41	28
342	2009	6	20	1	13	14	33	34	43	25	18
343	2009	6	27	1	10	17	29	31	43	15	1
344	2009	7	4	1	2	15	28	34	45	38	6
345	2009	7	11	15	20	23	29	39	42	2	42
346	2009	7	18	5	13	14	22	44	45	33	68
347	2009	7	25	3	8	13	27	31	42	10	6
348	2009	8	1	3	14	17	20	24	31	34	15
349	2009	8	8	5	13	14	20	24	25	36	67
350	2009	8	15	1	8	18	24	29	33	35	3

회차	당첨 년월일			당첨번호							패턴번호
	년도	월	일	1칸	2칸	3칸	4칸	5칸	6칸	보너스	
351	2009	8	22	5	25	27	29	34	36	33	81
352	2009	8	29	5	16	17	20	26	41	24	11
353	2009	9	5	11	16	19	22	29	36	26	27
354	2009	9	12	14	19	36	43	44	45	1	141
355	2009	9	19	5	8	29	30	35	44	38	24
356	2009	9	26	2	8	14	25	29	45	24	12
357	2009	10	3	10	14	18	21	36	37	5	53
358	2009	10	10	1	9	10	12	21	40	37	8
359	2009	10	17	1	10	19	20	24	40	23	11
360	2009	10	24	4	16	23	25	35	40	27	7
361	2009	10	31	5	10	16	24	27	35	33	15
362	2009	11	7	2	3	22	27	30	40	29	20
363	2009	11	14	11	12	14	21	32	38	6	53
364	2009	11	21	2	5	7	14	16	40	4	75
365	2009	11	28	5	15	21	25	26	30	31	21
366	2009	12	5	5	12	19	26	27	44	38	11
367	2009	12	12	3	22	25	29	32	44	19	45
368	2009	12	19	11	21	24	30	39	45	26	13
369	2009	12	26	17	20	35	36	41	43	21	22
370	2010	1	2	16	18	24	42	44	45	17	123
371	2010	1	9	7	9	15	26	27	42	18	12
372	2010	1	16	8	11	14	16	18	21	13	65
373	2010	1	23	15	26	37	42	43	45	9	152
374	2010	1	30	11	13	15	17	25	34	26	82
375	2010	2	6	4	8	19	25	27	45	7	12
376	2010	2	13	1	11	13	24	28	40	7	11
377	2010	2	20	6	22	29	37	43	45	23	51
378	2010	2	27	5	22	29	31	34	39	43	47
379	2010	3	6	6	10	22	31	35	40	19	2
380	2010	3	13	1	2	8	17	26	37	27	33
381	2010	3	20	1	5	10	12	16	20	11	50
382	2010	3	27	10	15	22	24	27	42	19	93

회차	당첨 년월일			당첨번호							패턴 번호
	년도	월	일	1칸	2칸	3칸	4칸	5칸	6칸	보너스	
383	2010	4	3	4	15	28	33	37	40	25	2
384	2010	4	10	11	22	24	32	36	38	7	48
385	2010	4	17	7	12	19	21	29	32	9	15
386	2010	4	24	4	7	10	19	31	40	26	19
387	2010	5	1	1	26	31	34	40	43	20	60
388	2010	5	8	1	8	9	17	29	32	45	33
389	2010	5	15	7	16	18	20	23	26	3	67
390	2010	5	22	16	17	28	37	39	40	15	9
391	2010	5	29	10	11	18	22	28	39	30	27
392	2010	6	5	1	3	7	8	24	42	43	139
393	2010	6	12	9	16	28	40	41	43	21	131
394	2010	6	19	1	13	20	22	25	28	15	145
395	2010	6	26	11	15	20	26	31	35	7	38
396	2010	7	3	18	20	31	34	40	45	30	22
397	2010	7	10	12	13	17	22	25	33	8	27
398	2010	7	17	10	15	20	23	42	44	7	61
399	2010	7	24	1	2	9	17	19	42	20	75
400	2010	7	31	9	21	27	34	41	43	2	51
401	2010	8	7	6	12	18	31	38	43	9	18
402	2010	8	14	5	9	15	19	22	36	32	14
403	2010	8	21	10	14	22	24	28	37	26	30
404	2010	8	28	5	20	21	24	33	40	36	45
405	2010	9	4	1	2	10	25	26	44	4	12
406	2010	9	11	7	12	21	24	27	36	45	21
407	2010	9	18	6	7	13	16	24	25	1	31
408	2010	9	25	9	20	21	22	30	37	16	81
409	2010	10	2	6	9	21	31	32	40	38	24
410	2010	10	9	1	3	18	32	40	41	16	64
411	2010	10	16	11	14	22	35	37	39	5	77
412	2010	10	23	4	7	39	41	42	45	40	134
413	2010	10	30	2	9	15	23	34	40	3	6
414	2010	11	6	2	14	15	22	23	44	43	11

회차	당첨 년월일			당첨번호							패턴 번호
	년도	월	일	1칸	2칸	3칸	4칸	5칸	6칸	보너스	
415	2010	11	13	7	17	20	26	30	40	24	7
416	2010	11	20	5	6	8	11	22	26	44	43
417	2010	11	27	4	5	14	20	22	43	44	12
418	2010	12	4	11	13	15	26	28	34	31	27
419	2010	12	11	2	11	13	14	28	30	7	69
420	2010	12	18	4	9	10	29	31	34	27	16
421	2010	12	25	6	11	26	27	28	44	30	26
422	2011	1	1	8	15	19	21	34	44	12	1
423	2011	1	8	1	17	27	28	29	40	5	26
424	2011	1	15	10	11	26	31	34	44	30	9
425	2011	1	22	8	10	14	27	33	38	3	4
426	2011	1	29	4	17	18	27	39	43	19	1
427	2011	2	5	6	7	15	24	28	30	21	3
427	2011	2	12	12	16	19	22	37	40	8	62
429	2011	2	19	3	23	28	34	39	42	16	34
430	2011	2	26	1	3	16	18	30	34	44	23
431	2011	3	5	18	22	25	31	38	45	6	13
432	2011	3	12	2	3	5	11	27	39	33	33
433	2011	3	19	19	23	29	33	35	43	27	13
434	2011	3	26	3	13	20	24	33	37	35	5
435	2011	4	2	8	16	26	30	38	45	42	2
436	2011	4	9	9	14	20	22	33	34	28	5
437	2011	4	16	11	16	29	38	41	44	21	29
438	2011	4	23	6	12	20	26	29	38	45	21
439	2011	4	30	17	20	30	31	37	40	25	17
440	2011	5	7	10	22	28	34	36	44	2	13
441	2011	5	14	1	23	28	30	34	35	9	47
442	2011	5	21	25	27	29	36	38	40	41	72
443	2011	5	28	4	6	10	19	20	44	14	8
444	2011	6	4	11	13	23	35	43	45	17	29
445	2011	6	11	13	20	21	30	39	45	32	13
446	2011	6	18	1	11	12	14	26	35	6	69

회차	당첨 년월일			당첨번호							패턴 번호
	년도	월	일	1칸	2칸	3칸	4칸	5칸	6칸	보너스	
447	2011	6	25	2	7	8	9	17	33	34	76
448	2011	7	2	3	7	13	27	40	41	36	41
449	2011	7	9	3	10	20	26	35	43	36	7
450	2011	7	16	6	14	19	21	23	31	13	15
451	2011	7	23	12	15	20	24	30	38	29	38
452	2011	7	30	8	10	18	30	32	34	27	36
453	2011	8	6	12	24	33	38	40	42	30	22
454	2011	8	13	13	25	27	34	38	41	10	13
455	2011	8	20	4	19	20	26	30	35	24	5
456	2011	8	27	1	7	12	18	23	27	44	31
457	2011	9	3	8	10	18	23	27	40	33	11
458	2011	9	10	4	9	10	32	36	40	18	28
459	2011	9	17	4	6	10	14	25	40	12	8
460	2011	9	24	8	11	28	30	43	45	41	10
461	2011	10	1	11	18	26	31	37	40	43	9
462	2011	10	8	3	20	24	32	37	45	4	34
463	2011	10	15	23	29	31	33	34	44	40	90
464	2011	10	22	6	12	15	34	42	44	4	52
465	2011	10	29	1	8	11	13	22	38	31	14
466	2011	11	5	4	10	13	23	32	44	20	1
467	2011	11	12	2	12	14	17	24	40	39	46
468	2011	11	19	8	13	15	28	37	43	17	1
469	2011	11	26	4	21	22	34	37	38	33	47
470	2011	12	3	10	16	20	39	41	42	27	29
471	2011	12	10	6	13	29	37	39	41	43	2
472	2011	12	17	16	25	26	31	36	43	44	13
473	2011	12	24	8	13	20	22	23	36	34	21
474	2011	12	31	4	13	18	31	33	45	43	18
475	2012	1	7	1	9	14	16	21	29	3	31
476	2012	1	14	9	12	13	15	37	38	27	25
477	2012	1	21	14	25	29	32	33	45	37	13
478	2012	1	28	18	29	30	37	39	43	8	17

회차	당첨 년월일			당첨번호							패턴 번호
	년도	월	일	1칸	2칸	3칸	4칸	5칸	6칸	보너스	
479	2012	2	4	8	23	25	27	35	44	24	45
480	2012	2	11	3	5	10	17	30	31	16	23
481	2012	2	18	3	4	23	29	40	41	20	84
482	2012	2	25	1	10	16	24	25	35	43	15
483	2012	3	3	12	15	19	22	28	34	5	27
484	2012	3	10	1	3	27	28	32	45	11	20
485	2012	3	17	17	22	26	27	36	39	20	63
486	2012	3	24	1	2	23	25	38	40	43	20
487	2012	3	31	4	8	25	27	37	41	21	20
488	2012	4	7	2	8	17	30	31	38	25	54
489	2012	4	14	2	4	8	15	20	27	11	43
490	2012	4	21	2	7	26	29	40	43	42	84
491	2012	4	28	8	17	35	36	39	42	4	44
492	2012	5	5	22	27	31	35	37	40	42	90
493	2012	5	12	20	22	26	33	36	37	25	112
494	2012	5	19	5	7	8	15	30	43	22	85
495	2012	5	26	4	13	22	27	34	44	6	7
496	2012	6	2	4	13	20	29	36	41	39	7
497	2012	6	9	19	20	23	24	43	44	13	147
498	2012	6	16	13	14	24	32	39	41	3	9
499	2012	6	23	5	20	23	27	35	40	43	45
500	2012	6	30	3	4	12	20	24	34	41	3
501	2012	7	7	1	4	10	17	31	42	2	19
502	2012	7	14	6	22	28	32	34	40	26	34
503	2012	7	21	1	5	27	30	34	36	40	57
504	2012	7	28	6	14	22	26	43	44	31	111
505	2012	8	4	7	20	22	25	38	40	44	45
506	2012	8	11	6	9	11	22	24	30	31	3
507	2012	8	18	12	13	32	33	40	41	4	73
508	2012	8	25	5	27	31	34	35	43	37	55
509	2012	9	1	12	25	29	35	42	43	24	37
510	2012	9	8	12	29	32	33	39	40	42	17

회차	당첨 년월일			당첨번호							패턴번호
	년도	월	일	1칸	2칸	3칸	4칸	5칸	6칸	보너스	
511	2012	9	15	3	7	14	23	26	42	24	12
512	2012	9	22	4	5	9	13	26	27	1	43
513	2012	9	29	5	8	21	23	27	33	12	83
514	2012	10	6	1	15	20	26	35	42	9	7
515	2012	10	13	2	11	12	15	23	37	8	69
516	2012	10	20	2	8	23	41	43	44	30	101
517	2012	10	27	1	9	12	28	36	41	10	6
518	2012	11	3	14	23	30	32	34	38	6	120
519	2012	11	10	6	8	13	16	30	43	3	19
520	2012	11	17	4	22	27	28	38	40	1	45
521	2012	11	24	3	7	18	29	32	36	19	16
522	2012	12	1	4	5	13	14	37	41	11	19
523	2012	12	8	1	4	37	38	40	45	7	59
524	2012	12	15	10	11	29	38	41	45	21	29
525	2012	12	22	11	23	26	29	39	44	22	42
526	2012	12	29	7	14	17	20	35	39	31	4
527	2013	1	5	1	12	22	32	33	42	38	2
528	2013	1	12	5	17	25	31	39	40	10	2
529	2013	1	19	18	20	24	27	31	42	39	42
530	2013	1	26	16	23	27	29	33	41	22	42
531	2013	2	2	1	5	9	21	27	35	45	66
532	2013	2	9	16	17	23	24	29	44	3	93
533	2013	2	16	9	14	15	17	31	33	23	25
534	2013	2	23	10	24	26	29	37	38	32	63
535	2013	3	2	11	12	14	15	18	39	34	143
536	2013	3	9	7	8	18	32	37	43	12	28
537	2013	3	16	12	23	26	30	36	43	11	13
538	2013	3	23	6	10	18	31	32	34	11	36
539	2013	3	30	3	19	22	31	42	43	26	10
540	2013	4	6	3	12	13	15	34	36	14	25
541	2013	4	13	8	13	26	28	32	34	43	5
542	2013	4	20	5	6	19	26	41	45	34	41

회차	당첨 년월일			당첨번호							패턴 번호
	년도	월	일	1칸	2칸	3칸	4칸	5칸	6칸	보너스	
543	2013	4	27	13	18	26	31	34	44	12	9
544	2013	5	4	5	17	21	25	36	44	10	7
545	2013	5	11	4	24	25	27	34	35	2	81
546	2013	5	18	8	17	20	27	37	43	6	7
547	2013	5	25	6	7	15	22	34	39	28	16
548	2013	6	1	1	12	13	21	32	45	14	1
549	2013	6	8	29	31	35	38	40	44	17	118
550	2013	6	15	1	7	14	20	34	37	41	16
551	2013	6	22	3	6	20	24	27	44	25	78
552	2013	6	29	1	10	20	32	35	40	43	2
553	2013	7	6	2	7	17	28	29	39	37	3
554	2013	7	13	13	14	17	32	41	42	6	98
555	2013	7	20	11	17	21	24	26	36	12	30
556	2013	7	27	12	20	23	28	30	44	43	42
557	2013	8	3	4	20	26	28	35	40	31	45
558	2013	8	10	12	15	19	26	40	43	29	94
559	2013	8	17	11	12	25	32	44	45	23	29
560	2013	8	24	1	4	20	23	29	45	28	78
561	2013	8	31	5	7	18	37	42	45	20	64
562	2013	9	7	4	11	13	17	20	31	33	69
563	2013	9	14	5	10	16	17	31	32	21	25
564	2013	9	21	14	19	25	26	27	34	2	30
565	2013	9	28	4	10	18	27	40	45	38	68
566	2013	10	5	4	5	6	25	26	43	41	86
567	2013	10	12	1	10	15	16	32	41	28	108
568	2013	10	19	1	3	17	20	31	44	40	6
569	2013	10	26	3	6	13	23	24	35	1	3
570	2013	11	2	1	12	26	27	29	33	42	21
571	2013	11	9	11	18	21	26	38	43	29	39
572	2013	11	16	3	13	18	33	37	45	1	18
573	2013	11	23	2	4	20	34	35	43	14	24
574	2013	11	30	14	15	16	19	25	43	2	109

회차	당첨 년월일			당첨번호							패턴 번호
	년도	월	일	1칸	2칸	3칸	4칸	5칸	6칸	보너스	
575	2013	12	7	2	8	20	30	33	34	6	57
576	2013	12	14	10	11	15	25	35	41	13	62
577	2013	12	21	16	17	22	31	34	37	33	77
578	2013	12	28	5	12	14	32	34	42	16	18
579	2014	1	4	5	7	20	22	37	42	39	20
580	2014	1	11	5	7	9	11	32	35	33	70
581	2014	1	18	3	5	14	20	42	44	33	41
582	2014	1	25	2	12	14	33	40	41	25	52
583	2014	2	1	8	17	27	33	40	44	24	10
584	2014	2	8	7	18	30	39	40	41	36	32
585	2014	2	15	6	7	10	16	38	41	4	19
586	2014	2	22	2	7	12	15	21	34	5	14
587	2014	3	1	14	21	29	31	32	37	17	48
588	2014	3	8	2	8	15	22	25	41	30	12
589	2014	3	15	6	8	28	33	38	39	22	57
590	2014	3	22	20	30	36	38	41	45	23	118
591	2014	3	29	8	13	14	30	38	39	5	36
592	2014	4	5	2	5	6	13	28	44	43	74
593	2014	4	12	9	10	13	24	33	38	28	4
594	2014	4	19	2	8	13	25	28	37	3	3
595	2014	4	26	8	24	28	35	38	40	5	34
596	2014	5	3	3	4	12	14	25	43	17	7
597	2014	5	10	8	10	23	24	35	43	37	7
598	2014	5	17	4	12	24	33	38	45	22	2
599	2014	5	24	5	12	17	29	34	35	27	4
600	2014	5	31	5	11	14	27	29	36	44	15
601	2014	6	7	2	16	19	31	34	35	37	36
602	2014	6	14	13	14	22	27	30	38	2	38
603	2014	6	21	2	19	25	26	27	43	28	26
604	2014	6	28	2	6	18	21	33	34	30	16
605	2014	7	5	1	2	7	9	10	38	42	76
606	2014	7	12	1	5	6	14	20	39	22	33

회차	당첨 년월일			당첨번호							패턴 번호
	년도	월	일	1칸	2칸	3칸	4칸	5칸	6칸	보너스	
607	2014	7	19	8	14	23	36	38	39	13	35
608	2014	7	26	4	8	18	19	39	44	41	19
609	2014	8	2	4	8	27	34	39	40	13	24
610	2014	8	9	14	18	20	23	28	36	33	30
611	2014	8	16	2	22	27	33	36	37	14	47
612	2014	8	23	6	9	18	19	25	33	40	14
613	2014	8	30	7	8	11	16	41	44	35	99
614	2014	9	6	8	21	25	39	40	44	18	51
615	2014	9	13	10	17	18	19	23	27	35	89
616	2014	9	20	5	13	18	23	40	45	3	68
617	2014	9	27	4	5	11	12	24	27	28	31
618	2014	10	4	8	16	25	30	42	43	15	10
619	2014	10	11	6	8	13	30	35	40	21	28
620	2014	10	18	2	16	17	32	39	45	40	18
621	2014	10	25	1	2	6	16	19	42	9	75
622	2014	11	1	9	15	16	21	28	34	24	15
623	2014	11	8	7	13	30	39	41	45	25	32
624	2014	11	15	1	7	19	26	27	35	16	3
625	2014	11	22	3	6	7	20	21	39	13	66
626	2014	11	29	13	14	26	33	40	43	15	29
627	2014	12	6	2	9	22	25	31	45	12	20
628	2014	12	13	1	7	12	15	23	42	11	8
629	2014	12	20	19	28	31	38	43	44	1	22
630	2014	12	27	8	17	21	24	27	31	15	21
631	2015	1	3	1	2	4	23	31	34	8	136
632	2015	1	10	15	18	21	32	35	44	6	9
633	2015	1	17	9	12	19	20	39	41	13	1
634	2015	1	24	4	10	11	12	20	27	38	56
635	2015	1	31	11	13	25	26	29	33	32	30
636	2015	2	7	6	7	15	16	20	31	26	14
637	2015	2	14	3	16	22	37	38	44	23	2
638	2015	2	21	7	18	22	24	31	34	6	5

회차	당첨 년월일			당첨번호							패턴 번호
	년도	월	일	1칸	2칸	3칸	4칸	5칸	6칸	보너스	
639	2015	2	28	6	15	22	23	25	32	40	21
640	2015	3	7	14	15	18	21	26	35	23	27
641	2015	3	14	11	18	21	36	37	43	12	9
642	2015	3	21	8	17	18	24	39	45	32	1
643	2015	3	28	15	24	31	32	33	40	13	17
644	2015	4	4	5	13	17	23	28	36	8	15
645	2015	4	11	1	4	16	26	40	41	31	41
646	2015	4	18	2	9	24	41	43	45	30	101
647	2015	4	25	5	16	21	23	24	30	29	21
648	2015	5	2	13	19	28	37	38	43	4	9
649	2015	5	9	3	21	22	33	41	42	20	51
650	2015	5	16	3	4	7	11	31	41	35	85
651	2015	5	23	11	12	16	26	29	44	18	58
652	2015	5	30	3	13	15	40	41	44	20	87
653	2015	6	6	5	6	26	27	38	39	1	40
654	2015	6	13	16	21	26	31	36	43	6	96
655	2015	6	20	7	37	38	39	40	44	18	129
656	2015	6	27	3	7	14	16	31	40	39	19
657	2015	7	4	10	14	19	39	40	43	23	98
658	2015	7	11	8	19	25	28	32	36	37	5
659	2015	7	18	7	18	19	27	29	42	45	11
660	2015	7	25	4	9	23	33	39	44	14	24
661	2015	8	1	2	3	12	20	27	38	40	3
662	2015	8	8	5	6	9	11	15	37	26	105
663	2015	8	15	3	5	8	19	38	42	20	85
664	2015	8	22	10	20	33	36	41	44	5	22
665	2015	8	29	5	6	11	17	38	44	13	19
666	2015	9	5	2	4	6	11	17	28	16	92
667	2015	9	12	15	17	25	37	42	43	13	29
668	2015	9	19	12	14	15	24	27	32	3	27
669	2015	9	26	7	8	20	29	33	38	9	40
670	2015	10	3	11	18	26	27	40	41	25	61

회차	당첨 년월일			당첨번호							패턴 번호
	년도	월	일	1칸	2칸	3칸	4칸	5칸	6칸	보너스	
671	2015	10	10	7	9	10	13	31	35	24	23
672	2015	10	17	8	21	28	31	36	45	43	34
673	2015	10	24	7	10	17	29	33	44	5	1
674	2015	10	31	9	10	14	25	27	31	11	15
675	2015	11	7	1	8	11	15	18	45	7	103
676	2015	11	14	1	8	17	34	39	45	27	28
677	2015	11	21	12	15	24	36	41	44	42	29
678	2015	11	28	4	5	6	12	25	37	45	33
679	2015	12	5	3	5	7	14	26	34	35	33
680	2015	12	12	4	10	19	29	32	42	30	1
681	2015	12	19	21	24	27	29	43	44	7	150
682	2015	12	26	17	23	27	35	38	43	2	96
683	2016	1	2	6	13	20	27	28	40	15	26
684	2016	1	9	1	11	15	17	25	39	40	69
685	2016	1	16	6	7	12	28	38	40	18	6
686	2016	1	23	7	12	15	24	25	43	13	11
687	2016	1	30	1	8	10	13	28	42	45	8
688	2016	2	6	5	15	22	23	34	35	2	5
689	2016	2	13	7	17	19	30	36	38	34	36
690	2016	2	20	24	25	33	34	38	39	43	114
691	2016	2	27	15	27	33	35	43	45	16	22
692	2016	3	5	3	11	14	15	32	36	44	25
693	2016	3	12	1	6	11	28	34	42	30	6
694	2016	3	19	7	15	20	25	33	43	12	7
695	2016	3	26	4	18	26	33	34	38	14	35
696	2016	4	2	1	7	16	18	34	38	21	23
697	2016	4	9	2	5	8	11	33	39	31	70
698	2016	4	16	3	11	13	21	33	37	18	4
699	2016	4	23	4	5	8	16	21	29	3	43
700	2016	4	30	11	23	28	29	30	44	13	42
701	2016	5	7	3	10	14	16	36	38	35	25
702	2016	5	14	3	13	16	24	26	29	9	67

회차	당첨 년월일			당첨번호							패턴번호
	년도	월	일	1칸	2칸	3칸	4칸	5칸	6칸	보너스	
703	2016	5	21	10	28	31	33	41	44	21	22
704	2016	5	28	1	4	8	23	33	42	45	135
705	2016	6	4	1	6	17	22	28	45	23	12
706	2016	6	11	3	4	6	10	28	30	37	33
707	2016	6	18	2	12	19	24	39	44	35	1
708	2016	6	25	2	10	16	19	34	45	1	108
709	2016	7	2	10	18	30	36	39	44	32	121
710	2016	7	9	3	4	9	24	25	33	10	66
711	2016	7	16	11	15	24	35	37	45	42	9
712	2016	7	23	17	20	30	31	33	45	19	17
713	2016	7	30	2	5	15	18	19	23	44	50
714	2016	8	6	1	7	22	33	37	40	20	24
715	2016	8	13	2	7	27	33	41	44	10	91
716	2016	8	20	2	6	13	16	29	30	21	14
717	2016	8	27	2	11	19	25	28	32	44	15
718	2016	9	3	4	11	20	23	32	39	40	5
719	2016	9	10	4	8	13	19	20	43	26	8
720	2016	9	17	1	12	29	34	36	37	41	35
721	2016	9	24	1	28	35	41	43	44	31	154
722	2016	10	1	12	14	21	30	39	43	45	9
723	2016	10	8	20	30	33	35	36	44	22	131
724	2016	10	15	2	8	33	35	37	41	14	122
725	2016	10	22	6	7	19	21	41	43	38	41
726	2016	10	29	1	11	21	23	34	44	24	7
727	2016	11	5	7	8	10	19	21	31	20	14
728	2016	11	12	3	6	10	30	34	37	36	54
729	2016	11	19	11	17	21	26	36	45	16	39
730	2016	11	26	4	10	14	15	18	22	39	142
731	2016	12	3	2	7	13	25	42	45	39	41
732	2016	12	10	2	4	5	17	27	32	43	33
733	2016	12	17	11	24	32	33	35	40	13	17
734	2016	12	24	6	16	37	38	41	45	18	32

회차	당첨 년월일			당첨번호							패턴번호
	년도	월	일	1칸	2칸	3칸	4칸	5칸	6칸	보너스	
735	2016	12	31	5	10	13	27	37	41	4	1
736	2017	1	7	2	11	17	18	21	27	6	56
737	2017	1	14	13	15	18	24	27	41	11	58
738	2017	1	21	23	27	28	38	42	43	36	125
739	2017	1	28	7	22	29	33	34	35	30	47
740	2017	2	4	4	8	9	16	17	19	31	132
741	2017	2	11	5	21	27	34	44	45	16	51
742	2017	2	18	8	10	13	36	37	40	6	18
743	2017	2	25	15	19	21	34	41	44	10	29
744	2017	3	4	10	15	18	21	34	41	43	62
745	2017	3	11	1	2	3	9	12	23	10	106
746	2017	3	18	3	12	33	36	42	45	25	32
747	2017	3	25	7	9	12	14	23	28	17	31
748	2017	4	1	3	10	13	22	31	32	29	4
749	2017	4	8	12	14	24	26	34	45	41	39
750	2017	4	15	1	2	15	19	24	36	12	14
751	2017	4	22	3	4	16	20	28	44	17	12
752	2017	4	29	4	16	20	33	40	43	7	10
753	2017	5	6	2	17	19	24	37	41	3	1
754	2017	5	13	2	8	17	24	29	31	32	3
755	2017	5	20	13	14	26	28	30	36	37	38
756	2017	5	27	10	14	16	18	27	28	4	89
757	2017	6	3	6	7	11	17	33	44	1	19
758	2017	6	10	5	9	12	30	39	43	24	28
759	2017	6	17	9	33	36	40	42	43	32	116
760	2017	6	24	10	22	27	31	42	43	12	37
761	2017	7	1	4	7	11	24	42	45	30	41
762	2017	7	8	1	3	12	21	26	41	16	12
763	2017	7	15	3	8	16	32	34	43	10	28
764	2017	7	22	7	22	24	31	34	36	15	47
765	2017	7	29	1	3	8	12	42	43	33	104
766	2017	8	5	9	30	34	35	39	41	21	130

회차	당첨 년월일			당첨번호							패턴번호
	년도	월	일	1칸	2칸	3칸	4칸	5칸	6칸	보너스	
767	2017	8	12	5	15	20	31	34	42	22	2
768	2017	8	19	7	27	29	30	38	44	4	34
769	2017	8	26	5	7	11	16	41	45	4	98
770	2017	9	2	1	9	12	23	39	43	34	6
771	2017	9	9	6	10	17	18	21	29	30	56
772	2017	9	16	5	6	11	14	21	41	32	8
773	2017	9	23	8	12	19	21	31	35	44	4
774	2017	9	30	12	15	18	28	34	42	9	62
775	2017	10	7	11	12	29	33	38	42	17	9
776	2017	10	14	8	9	18	21	28	40	20	12
777	2017	10	21	6	12	17	21	34	37	18	4
778	2017	10	28	6	21	35	36	37	41	11	55
779	2017	11	4	6	12	19	24	34	41	4	1
780	2017	11	11	15	17	19	21	27	45	16	58
781	2017	11	18	11	16	18	19	24	39	43	82
782	2017	11	25	6	18	31	34	38	45	20	44
783	2017	12	2	14	15	16	17	38	45	36	110
784	2017	12	9	3	10	23	24	31	39	22	5
785	2017	12	16	4	6	15	25	26	33	40	3
786	2017	12	23	12	15	16	20	24	30	38	27
787	2017	12	30	5	6	13	16	27	28	9	31
788	2018	1	6	2	10	11	19	35	39	29	25
789	2018	1	13	2	6	7	12	19	45	38	75
790	2018	1	20	3	8	19	27	30	41	12	6
791	2018	1	27	2	10	12	31	33	42	32	18
792	2018	2	3	2	7	19	25	29	36	16	3
793	2018	2	10	10	15	21	35	38	43	31	9
794	2018	2	17	6	7	18	19	30	38	13	23
795	2018	2	24	3	10	13	26	34	38	36	4
796	2018	3	3	1	21	26	36	40	41	5	51
797	2018	3	10	5	22	31	32	39	45	36	55
798	2018	3	17	2	10	14	22	32	36	41	4

회차	당첨 년월일			당첨번호							패턴 번호
	년도	월	일	1칸	2칸	3칸	4칸	5칸	6칸	보너스	
799	2018	3	24	12	17	23	34	42	45	33	29
800	2018	3	31	1	4	10	12	28	45	26	8
801	2018	4	7	17	25	28	37	43	44	2	37
802	2018	4	14	10	11	12	18	24	42	27	109
803	2018	4	21	5	9	14	26	30	43	2	6
804	2018	4	28	1	10	13	26	32	36	9	4
805	2018	5	5	3	12	13	18	31	32	42	25
806	2018	5	12	14	20	23	31	37	38	27	48
807	2018	5	19	6	10	18	25	34	35	33	4
808	2018	5	26	15	21	31	32	41	43	24	22
809	2018	6	2	6	11	15	17	23	40	39	46
810	2018	6	9	5	10	13	21	39	43	11	1
811	2018	6	16	8	11	19	21	36	45	25	1
812	2018	6	23	1	3	12	14	16	43	10	103
813	2018	6	30	11	30	34	35	42	44	27	117
814	2018	7	7	2	21	28	38	42	45	30	51
815	2018	7	14	17	21	25	26	27	36	4	114
816	2018	7	21	12	18	19	29	31	39	7	53
817	2018	7	28	3	9	12	13	25	43	34	8
818	2018	8	4	14	15	25	28	29	30	3	30
819	2018	8	11	16	25	33	38	40	45	15	11
820	2018	8	18	10	21	22	30	35	42	6	13
821	2018	8	25	1	12	13	24	29	44	16	11
822	2018	9	1	9	18	20	24	27	36	12	21
823	2018	9	8	12	18	24	26	39	40	15	39
824	2018	9	15	7	9	24	29	34	38	26	40
825	2018	9	22	8	15	21	31	33	38	42	35
826	2018	9	29	13	16	24	25	33	36	42	38
827	2018	10	6	5	11	12	29	33	44	14	1
828	2018	10	13	4	7	13	29	31	39	18	16
829	2018	10	20	4	5	31	35	43	45	29	59
830	2018	10	27	5	6	16	18	37	38	17	23

회차	당첨 년월일			당첨번호							패턴번호
	년도	월	일	1칸	2칸	3칸	4칸	5칸	6칸	보너스	
831	2018	11	3	3	10	16	19	31	39	9	25
832	2018	11	10	13	14	19	26	40	43	30	94
833	2018	11	17	12	18	30	39	41	42	19	73
834	2018	11	24	6	8	18	35	42	43	3	64
835	2018	12	1	9	10	13	28	38	45	35	1
836	2018	12	8	1	9	11	14	26	28	19	31
837	2018	12	15	2	25	28	30	33	45	6	34
838	2018	12	22	9	14	17	33	36	38	20	36
839	2018	12	29	3	9	11	12	13	19	35	102
840	2019	1	5	2	4	11	28	29	43	27	12
841	2019	1	12	5	11	14	30	33	38	24	36
842	2019	1	19	14	26	32	36	39	42	38	17
843	2019	1	26	19	21	30	33	34	42	4	17
844	2019	2	2	7	8	13	15	33	45	18	19
845	2019	2	9	1	16	29	33	40	45	6	10
846	2019	2	16	5	18	30	41	43	45	13	79
847	2019	2	23	12	16	26	28	30	42	22	39
848	2019	3	2	1	2	16	22	38	39	34	16
849	2019	3	9	5	13	17	29	34	39	3	4
850	2019	3	16	16	20	24	28	36	39	5	63
851	2019	3	23	14	18	22	26	31	44	40	39
852	2019	3	30	11	17	28	30	33	35	9	77
853	2019	4	6	2	8	23	26	27	44	13	78
854	2019	4	13	20	25	31	32	36	43	3	90
855	2019	4	20	8	15	17	19	43	44	7	128
856	2019	4	27	10	24	40	41	43	44	17	156
857	2019	5	4	6	10	16	28	34	38	43	4
858	2019	5	11	9	13	32	38	39	43	23	44
859	2019	5	18	8	22	35	38	39	41	24	55
860	2019	5	25	4	8	18	25	27	32	42	3
861	2019	6	1	11	17	19	21	22	25	24	157
862	2019	6	8	10	34	38	40	42	43	32	80

회차	당첨 년월일			당첨번호							패턴 번호
	년도	월	일	1칸	2칸	3칸	4칸	5칸	6칸	보너스	
863	2019	6	15	16	21	28	35	39	43	12	96
864	2019	6	22	3	7	10	13	25	36	32	14
865	2019	6	29	3	15	22	32	33	45	2	2
866	2019	7	6	9	15	29	34	37	39	12	35
867	2019	7	13	14	17	19	22	24	40	41	58
868	2019	7	20	12	17	28	41	43	44	25	123
869	2019	7	27	2	6	20	27	37	39	4	40
870	2019	8	3	21	25	30	32	40	42	31	95
871	2019	8	10	2	6	12	26	30	34	38	16
872	2019	8	17	2	4	30	32	33	43	29	122
873	2019	8	24	3	5	12	13	33	39	38	23
874	2019	8	31	1	15	19	23	28	42	32	11
875	2019	9	7	19	22	30	34	39	44	36	17
876	2019	9	14	5	16	21	26	34	42	24	7
877	2019	9	21	5	17	18	22	23	43	12	11
878	2019	9	28	2	6	11	16	25	31	3	14
879	2019	10	5	1	4	10	14	15	35	20	71
880	2019	10	12	7	17	19	23	24	45	38	11
881	2019	10	19	4	18	20	26	27	32	9	21
882	2019	10	26	18	34	39	43	44	45	23	80
883	2019	11	2	9	18	32	33	37	44	22	44
884	2019	11	9	4	14	23	28	37	45	17	7
885	2019	11	16	1	3	24	27	39	45	31	20
886	2019	11	23	19	23	28	37	42	45	2	37
887	2019	11	30	8	14	17	27	36	45	10	1
888	2019	12	7	3	7	12	31	34	38	32	54
889	2019	12	14	3	13	29	38	39	42	26	2
890	2019	12	21	1	4	14	18	29	37	6	14
891	2019	12	28	9	13	28	31	39	41	19	2
892	2020	1	4	4	9	17	18	26	42	36	8
893	2020	1	11	1	15	17	23	25	41	10	11
894	2020	1	18	19	32	37	40	41	43	45	80

회차	당첨 년월일			당첨번호							패턴 번호
	년도	월	일	1칸	2칸	3칸	4칸	5칸	6칸	보너스	
895	2020	1	25	16	26	31	38	39	41	23	17
896	2020	2	1	5	12	25	26	38	45	23	7
897	2020	2	8	6	7	12	22	26	36	29	3
898	2020	2	15	18	21	28	35	37	42	17	13
899	2020	2	22	8	19	20	21	33	39	37	5
900	2020	2	29	7	13	16	18	35	38	14	25
901	2020	3	7	5	18	20	23	30	34	21	5
902	2020	3	14	7	19	23	24	36	39	30	5
903	2020	3	21	2	15	16	21	22	28	45	67
904	2020	3	28	2	6	8	26	43	45	11	158
905	2020	4	4	3	4	16	27	38	40	20	6
906	2020	4	11	2	5	14	28	31	32	20	16
907	2020	4	18	21	27	29	38	40	44	37	125
908	2020	4	25	3	16	21	22	23	44	30	26
909	2020	5	2	7	24	20	30	34	35	33	47
910	2020	5	9	1	11	17	27	35	39	31	4
911	2020	5	16	4	5	12	14	32	42	35	19
912	2020	5	23	5	8	18	21	22	38	10	3
913	2020	5	30	6	14	16	21	27	37	40	15
914	2020	6	6	16	19	24	33	42	44	27	29
915	2020	6	13	2	6	11	13	22	37	14	14
916	2020	6	20	6	21	22	32	35	36	17	47
917	2020	6	27	1	3	23	24	27	43	34	78
918	2020	7	4	7	11	12	31	33	38	5	36
919	2020	7	11	9	14	17	18	42	44	35	128
920	2020	7	18	2	3	26	33	34	43	29	24
921	2020	7	25	5	7	12	22	28	41	1	12
922	2020	8	1	2	6	13	17	27	43	36	8
923	2020	8	8	3	17	18	23	36	41	26	1
924	2020	8	15	3	11	34	42	43	44	13	79
925	2020	8	22	13	24	32	34	39	42	4	17
926	2020	8	29	10	16	18	20	25	31	6	27

회차	당첨 년월일			당첨번호							패턴 번호
	년도	월	일	1칸	2칸	3칸	4칸	5칸	6칸	보너스	
927	2020	9	5	4	15	22	38	41	43	26	10
928	2020	9	12	3	4	10	20	28	44	30	12
929	2020	9	19	7	9	12	15	19	23	4	50
930	2020	9	26	8	21	25	38	39	44	28	34
931	2020	10	3	14	15	23	25	35	43	32	39
932	2020	10	10	1	6	15	36	37	38	5	54
933	2020	10	17	23	27	29	31	36	45	37	72
934	2020	10	24	1	3	30	33	36	39	12	97
935	2020	10	31	4	10	20	32	38	44	18	2
936	2020	11	7	7	11	13	17	18	29	43	65
937	2020	11	14	2	10	13	22	29	40	26	11
938	2020	11	21	4	8	10	16	32	36	9	23
939	2020	11	28	4	11	28	39	42	45	6	10
940	2020	12	5	3	15	20	22	24	41	11	26
941	2020	12	12	12	14	25	27	39	40	35	39
942	2020	12	19	10	12	18	35	42	43	39	98
943	2020	12	26	1	8	13	36	44	45	39	64
944	2021	1	2	2	13	16	19	32	33	42	25
945	2021	1	9	9	10	15	30	33	37	26	36
946	2021	1	16	9	18	19	30	34	40	20	18
947	2021	1	23	3	8	17	20	27	35	26	3
948	2021	1	30	13	18	30	31	38	41	5	121
949	2021	2	6	14	21	35	36	40	44	30	22
950	2021	2	13	3	4	15	22	28	40	10	12
951	2021	2	20	2	12	30	31	39	43	38	44
952	2021	2	27	4	12	22	24	33	41	38	7
953	2021	3	6	7	9	22	27	37	42	34	20
954	2021	3	13	1	9	26	28	30	41	32	20
955	2021	3	20	4	9	23	26	29	33	8	83
956	2021	3	27	10	11	20	21	25	41	40	93
957	2021	4	3	4	15	24	35	36	40	1	2
958	2021	4	10	2	9	10	16	35	37	1	23

회차	당첨 년월일			당첨번호							패턴 번호
	년도	월	일	1칸	2칸	3칸	4칸	5칸	6칸	보너스	
959	2021	4	17	1	14	15	24	40	41	35	68
960	2021	4	24	2	18	24	30	32	45	14	2
961	2021	5	1	11	20	29	31	33	42	43	13
962	2021	5	8	1	18	28	31	34	43	40	2
963	2021	5	15	6	12	19	23	34	42	35	1
964	2021	5	22	6	21	36	38	39	43	30	55
965	2021	5	29	2	13	25	28	29	36	34	21
966	2021	6	5	1	21	25	29	34	37	36	81
967	2021	6	12	1	6	13	37	38	40	9	28
968	2021	6	19	2	5	12	14	24	39	33	14
969	2021	6	26	3	9	10	29	40	45	7	41
970	2021	7	3	9	11	16	21	28	36	5	15
971	2021	7	10	2	6	17	18	21	26	7	31
972	2021	7	17	3	6	17	23	37	39	26	16
973	2021	7	24	22	26	31	37	41	42	24	95
974	2021	7	31	1	2	11	16	39	44	32	19
975	2021	8	7	7	8	9	17	22	24	5	43
976	2021	8	14	4	12	14	25	35	37	2	4
977	2021	8	21	2	9	10	14	22	44	16	8
978	2021	8	28	1	7	15	32	34	42	8	28
979	2021	9	4	7	11	16	21	27	33	24	15
980	2021	9	11	3	13	16	23	24	35	14	15
981	2021	9	18	27	36	37	41	43	45	32	127
982	2021	9	25	5	7	13	20	21	44	33	12
983	2021	10	2	13	23	26	31	35	43	15	13
984	2021	10	9	3	10	23	35	36	37	18	35
985	2021	10	16	17	21	23	30	34	44	19	13
986	2021	10	23	7	10	16	28	41	42	40	68
987	2021	10	30	2	4	15	23	29	38	7	3
988	2021	11	6	2	13	20	30	31	41	27	2
989	2021	11	13	17	18	21	27	29	33	26	30
990	2021	11	20	2	4	25	26	36	37	28	40

회차	당첨 년월일			당첨번호							패턴 번호
	년도	월	일	1칸	2칸	3칸	4칸	5칸	6칸	보너스	
991	2021	11	27	13	18	25	31	33	44	38	9
992	2021	12	4	12	20	26	33	44	45	24	37
993	2021	12	11	6	14	16	18	24	42	44	46
994	2021	12	18	1	3	8	24	27	35	28	66
995	2021	12	25	1	4	13	29	38	39	7	16
996	2022	1	1	6	11	15	24	32	39	28	4
997	2022	1	8	4	7	14	16	24	44	20	8
998	2022	1	15	13	17	18	20	42	45	41	94
999	2022	1	22	1	3	9	14	18	28	34	92
1000	2022	1	29	2	8	19	22	32	42	39	6
1001	2022	2	5	6	10	12	14	20	42	15	46
1002	2022	2	12	17	25	33	35	38	45	15	17
1003	2022	2	19	1	4	29	39	43	45	31	91
1004	2022	2	26	7	15	30	37	39	44	18	44
1005	2022	3	5	8	13	18	24	27	29	17	67
1006	2022	3	12	8	11	15	16	17	37	36	126
1007	2022	3	19	8	11	16	19	21	25	40	56
1008	2022	3	26	9	11	30	31	41	44	33	32
1009	2022	4	2	15	23	29	34	40	44	20	37
1010	2022	4	9	9	12	15	25	34	36	3	4
1011	2022	4	16	1	9	12	26	35	38	42	16
1012	2022	4	23	5	11	18	20	35	45	3	1
1013	2022	4	30	21	22	26	34	36	41	32	72
1014	2022	5	7	3	11	14	18	26	27	21	56
1015	2022	5	14	14	23	31	33	37	40	44	17
1016	2022	5	21	15	26	28	34	41	42	44	37
1017	2022	5	28	12	18	22	23	30	34	32	38
1018	2022	6	4	3	19	21	25	37	45	35	7
1019	2022	6	11	1	4	13	17	34	39	6	23
1020	2022	6	18	12	27	29	38	41	45	6	37
1021	2022	6	25	12	15	17	24	29	45	16	58
1022	2022	7	2	5	6	11	29	42	45	28	41

회차	당첨 년월일			당첨번호							패턴번호
	년도	월	일	1칸	2칸	3칸	4칸	5칸	6칸	보너스	
1023	2022	7	9	10	14	16	18	29	35	25	82
1024	2022	7	16	9	18	20	22	38	44	10	7
1025	2022	7	23	8	9	20	25	29	33	7	93
1026	2022	7	30	5	12	13	31	32	41	34	18
1027	2022	8	6	14	16	27	35	39	45	5	9
1028	2022	8	13	5	7	12	13	18	35	23	71
1029	2022	8	20	12	30	32	37	39	41	24	133
1030	2022	8	27	2	5	11	17	24	29	9	31
1031	2022	9	3	6	7	22	32	35	36	19	57
1032	2022	9	10	1	6	12	19	36	42	28	19
1033	2022	9	17	3	11	15	20	35	44	10	1
1034	2022	9	24	26	31	32	33	38	40	11	131
1035	2022	10	1	9	14	34	35	41	42	2	32
1036	2022	10	8	2	5	22	32	34	45	39	24
1037	2022	10	15	2	14	15	22	27	33	31	15
1038	2022	10	22	7	16	24	27	37	44	2	7
1039	2022	10	29	2	3	6	19	36	39	26	70
1040	2022	11	5	8	16	26	29	31	36	11	5
1041	2022	11	12	6	7	9	11	17	19	45	132
1042	2022	11	19	5	14	15	23	34	43	4	1
1043	2022	11	26	3	5	12	22	26	31	19	3
1044	2022	12	3	12	17	20	26	28	36	4	30
1045	2022	12	10	6	14	15	19	21	41	37	46
1046	2022	12	17	7	16	25	29	35	36	28	5
1047	2022	12	23	2	20	33	40	42	44	32	134
1048	2022	12	31	6	12	17	21	32	39	30	4

순위별 패턴 집계표

패턴 번호	한국로또(6/45)						2002	2003	2004	2005	2006	2007	2008
1	1	10	10	20	30	40		1	2	1	1	2	3
2	1	10	20	30	30	40		2	1	1	2		2
3	1	1	10	20	20	30		1	3	1	1	2	2
4	1	10	10	20	30	30		2		1	1	1	1
5	1	10	20	20	30	30		2	1	3	1	2	1
6	1	1	10	20	30	40		1	1	1	1	1	4
7	1	10	20	20	30	40	1	1	1			1	
8	1	1	10	10	20	40		2	1			4	
9	10	10	20	30	30	40		2		1	1	1	2
10	1	10	20	30	40	40			2	6	1	1	1
11	1	10	10	20	20	40			1	1		2	
12	1	1	10	20	20	40		1		1			
13	10	20	20	30	30	40	1	1	1			1	
14	1	1	10	10	20	30			3	1			1
15	1	10	10	20	20	30			1				1
16	1	1	10	20	30	30			1		1	1	
17	10	20	30	30	30	40				1		2	
18	1	10	10	30	30	40					1	1	3
19	1	1	10	10	30	40		1			2		
20	1	1	20	20	30	40		1			1	1	2
21	1	10	20	20	20	30					1	2	1
22	10	20	30	30	40	40	1	1			2	1	
23	1	1	10	10	30	30		1	1	1			1
24	1	1	20	30	30	40		1	2	1			2
25	1	10	10	10	30	30		2				1	
26	1	10	20	20	20	40		1	2	1	2		1
27	10	10	10	20	20	30	1	2	1				
28	1	1	10	30	30	40		2	1				1
29	10	10	20	30	40	40						1	
30	10	10	20	20	20	30			1		1	1	

2009	2010	2011	2012	2013	2014	2015	2016	2017	2018	2019	2020	2021	2022	합계
2		4		1		4	2	2	4	1	1	1	3	35
2	2	2		3	1	1		1		3	1	4		28
1		1	2	2	2	1		2	1	1	2	2	1	28
		1	1		2		1	3	4	2	1	1	3	25
		3		1		2	2	1			3		2	24
3	1		1	1			3	1	2		1		1	23
1	1	1	3	2	1		2			2	1	1	3	22
1		2			2		2	1	2		2	1	1	21
	1	2	1	1		3	2	1	1			1	1	21
1		1		1	2			1		1	2			20
3	2	1				1	1		1	3	2			18
2	4		1		1			3		1	2	2		18
1		6	1	1					1		1	3		18
	1	1			2	1	2	1		3	1	1		18
2	1	1	1		2	2	1				1	3	1	17
1	1		1	2	1				1	2	1	2	1	16
		1	2			1	2			3	2		2	16
2	1	1		2	1			1	1			1	1	16
	1		3		2	2		1		1	1	1	1	16
2			3		2						1		2	15
1	1	2		1	1	2			1	1		1		15
1	1	1			1	1	2		2			1		15
1		1	1			1	1		2	1	1	1	1	15
2	1			1	1	1	1				1		1	15
			1	3			2		3		1	1		14
	1	1			1		1				2			13
1	3		1			2		1			1			13
1		1		1	1	1		2				2		13
		3	1	1	1	2		1	1		1			12
1	1			2	1	1			1			1	1	12

패턴번호	한국로또(6/45)						2002	2003	2004	2005	2006	2007	2008
31	1	1	10	10	20	20		1	1	1			
32	1	10	30	30	40	40			1	1			3
33	1	1	1	10	20	30					2	1	
34	1	20	20	30	30	40			2			1	
35	1	10	20	30	30	30		1	1			3	
36	1	10	10	30	30	30					1		1
37	10	20	20	30	40	40			2		1		
38	10	10	20	20	30	30			1	1			2
39	10	10	20	20	30	40					1		
40	1	1	20	20	30	30		1		1	2		
41	1	1	10	20	40	40				1			
42	10	20	20	20	30	40			1	1	1		
43	1	1	1	10	20	20		1	1		1	1	
44	1	10	30	30	30	40				1	1		1
45	1	20	20	20	30	40		1	1				
46	1	10	10	10	20	40		1			2	1	
47	1	20	20	30	30	30							
48	10	20	20	30	30	30					2	1	
49	1	10	10	10	30	40		1	1	1	2	1	
50	1	1	10	10	10	20				1	2		
51	1	20	20	30	40	40							
52	1	10	10	30	40	40			1		2	1	
53	10	10	10	20	30	30					2		1
54	1	1	10	30	30	30		2					
55	1	20	30	30	30	40						1	
56	1	10	10	10	20	20		1					
57	1	1	20	30	30	30				1	1		
58	10	10	10	20	20	40				1			
59	1	1	30	30	40	40		2		1			
60	1	20	30	30	40	40		2	2				
61	10	10	20	20	40	40		1			1		
62	10	10	10	20	30	40					1		

2009	2010	2011	2012	2013	2014	2015	2016	2017	2018	2019	2020	2021	2022	합계
	1	1	1		1			2	1			1	1	12
1					2		1	1					2	12
	2	1			1	2	2							11
	2	1			1	1		1	1		1			11
					1		2		1	1		1		11
	1		1		2		1		1	1	1	1		11
		1						1	1	1		1	3	11
	1	1			1			1	1				1	10
1			1				1	1	1	2	2			10
1						2		1	1		1			10
		1		1	1	1	2	1				1	1	10
1			1	3			1							9
	1		2				1					1		9
			1					1		2		1	1	9
1	1		4	1										9
	1								1			1	2	9
	1	2			1			2			2			8
1	1				1				1					7
1														7
1	1						1				1			7
	2				1	1		1	2					7
		1			1									6
2									1					6
			1				1			1	1			6
			1					1	1	1		1		6
					1			2					2	6
			1	1	1								1	6
					1			2		1			1	6
			1						1					5
	1													5
1	1					1								5
		1		1				2						5

패턴번호	한국로또(6/45)						2002	2003	2004	2005	2006	2007	2008
63	10	20	20	20	30	30					1		
64	1	1	10	30	40	40						1	
65	1	10	10	10	10	20				3			
66	1	1	1	20	20	30			1				
67	1	10	10	20	20	20							
68	1	10	10	20	40	40							
69	1	10	10	10	20	30							
70	1	1	1	10	30	30		1				1	
71	1	1	10	10	10	30			1	1			1
72	20	20	20	30	30	40		1					
73	10	10	30	30	40	40				1			
74	1	1	1	10	20	40			1				2
75	1	1	1	10	10	40							
76	1	1	1	1	10	30		1			1		
77	10	10	20	30	30	30						1	
78	1	1	20	20	20	40							
79	1	10	30	40	40	40				1	1		
80	10	30	30	40	40	40							1
81	1	20	20	20	30	30							
82	10	10	10	10	20	30			1				
83	1	1	20	20	20	30						1	
84	1	1	20	20	40	40		1					
85	1	1	1	10	30	40							
86	1	1	1	20	20	40						1	1
87	1	10	10	40	40	40						1	1
88	10	10	10	30	30	40			1				1
89	10	10	10	10	20	20							1
90	20	20	30	30	30	40							
91	1	1	20	30	40	40						1	
92	1	1	1	10	10	20							
93	10	10	20	20	20	40							
94	10	10	10	20	40	40							

2009	2010	2011	2012	2013	2014	2015	2016	2017	2018	2019	2020	2021	2022	합계
1		1	1							1				5
	1		1						1		1			5
	1										1			5
			1	1			1					1		5
1	1						1				1		1	5
1			1	1								2		5
	1	1	1	1			1							5
					1		1						1	5
										1			1	5
	1										2		1	5
1			1						1					4
					1									4
1	1				1				1					4
		1			1									4
	1			1						1				4
				2						1	1			4
										1	1			4
										2	1			4
1	1			1								1		4
	1							1					1	4
		1										1	1	4
		2												3
		1				2								3
				1										3
						1								3
1														3
					1			1						3
		1	1							1				3
							1						1	3
1						1							1	3
	1			1								1		3
				1					1				1	3

패턴번호	한국로또(6/45)						2002	2003	2004	2005	2006	2007	2008
95	20	20	30	30	40	40				1			
96	10	20	20	30	30	40							
97	1	1	30	30	30	30				1		1	
98	10	10	10	30	40	40							
99	1	1	10	10	40	40							
100	1	1	10	20	20	20						1	1
101	1	1	20	40	40	40							
102	1	1	10	10	10	10				1			
103	1	1	10	10	10	40							
104	1	1	1	10	40	40						1	
105	1	1	1	10	10	30							1
106	1	1	1	1	10	20							1
107	1	1	1	1	20	20				1	1		
108	1	10	10	10	30	40							
109	10	10	10	10	20	40							
110	10	10	10	10	30	40							1
111	1	10	20	20	40	40				1			
112	20	20	20	30	30	30					1		
113	1	20	20	20	20	40			1	1			
114	10	20	20	20	20	30						1	
115	20	20	30	30	30	30				1			
116	1	30	30	40	40	40			1				
117	10	30	30	30	40	40			1				
118	20	30	30	30	40	40							
119	1	10	30	30	30	30					1		1
120	10	20	30	30	30	30					1		
121	10	10	30	30	30	40							
122	1	1	30	30	30	40							
123	10	10	20	40	40	40							
124	10	10	30	30	30	30		1					1
125	20	20	20	30	40	40							
126	1	10	10	10	10	30			1				

2009	2010	2011	2012	2013	2014	2015	2016	2017	2018	2019	2020	2021	2022	합계
										1		1		3
						2				1				3
											1			3
				1		1					1			3
					1			1						2
														2
			1			1								2
									1					2
						1			1					2
								1						2
						1								2
								1						2
														2
				1			1							2
				1					1					2
								1						2
			1											2
			1											2
														2
									1					2
							1							2
								1						2
									1					2
				1	1									2
														2
			1											2
							1					1		2
							1			1				2
	1									1				2
														2
								1			1			2
													1	2

패턴번호	한국로또(6/45)						2002	2003	2004	2005	2006	2007	2008
127	20	30	30	40	40	40				1			
128	1	10	10	10	40	40							
129	1	30	30	30	40	40		1					
130	1	30	30	30	30	40		1					
131	20	30	30	30	30	40							
132	1	1	1	10	10	10							
133	10	30	30	30	30	40				1			
134	1	20	30	40	40	40							
135	1	1	30	40	40	40							
136	1	1	1	20	30	40							
137	1	1	1	20	30	30							
138	1	1	1	30	30	40				1			
139	1	1	1	1	10	40							1
140	1	1	1	1	20	40							
141	1	1	1	1	1	30	1						
142	10	10	30	40	40	40							
143	1	10	10	10	10	20							
144	10	10	10	10	10	30							
145	10	20	20	40	40	40		1					
146	1	10	20	20	20	20							
147	20	20	20	20	30	30						1	
148	10	20	20	20	40	40							
149	1	20	20	20	40	40				1			
150	20	20	20	40	40	40				1			
151	20	20	20	20	40	40							
152	30	30	30	40	40	40					1		
153	1	20	30	30	30	30		1					
154	1	10	20	40	40	40							
155	10	20	30	40	40	40							
156	10	20	40	40	40	40							
157	10	10	10	20	20	20							
158	1	1	1	20	40	40							

2009	2010	2011	2012	2013	2014	2015	2016	2017	2018	2019	2020	2021	2022	합계
												1		2
										1	1			2
						1								2
								1						2
							1						1	2
							1						1	2
													1	2
							1						1	2
	1													1
							1							1
						1								1
														1
														1
	1													1
														1
1														1
							1							1
			1											1
														1
	1													1
														1
			1											1
														1
														1
						1								1
														1
														1
	1													1
	1													1
										1				1
										1				1
											1			1

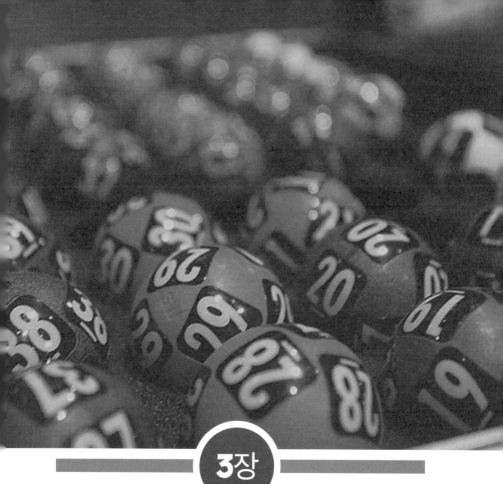

3장

순위별 158종류 패턴 보기

이번주 당첨번호를 찾아라!

이번 주에 어떤 번호가 나올까요? 어떤 번호를 써야 확률이 높을까요? 이 책의 당첨 패턴을 이해한다면 그동안 여러분들이 로또 구입에 고정적으로 사용했던 생년월일, 기념일, 좋아하는 숫자 조합 등이 당첨 확률이 높은 조합인지 아닌지 알 수 있습니다.

이 책을 살펴보면 1단위1~9번 1개, 10단위10~19번 2개, 20단위20~29번 1개, 30단위30~39번 1개, 40단위40~45번 1개는 패턴 숫자 '1, 10, 10, 20, 30, 40'으로 '패턴 번호 1번'[페이지 58~59 참고]에 해당되는 것을 알 수 있습니다. 이 패턴 숫자는 로또 1~1048회차까지의 당첨번호로 추출하면 총 35회로, 가장 많이 나온 '패턴 1위'입니다.

만약 또 다른 로또 구입자가 고정적으로 '1단위 2개', '10단위 1개', '30단위 1개', '40단위 2개'를 쓴다면 패턴 숫자는 '1, 1, 10, 30,

40, 40'입니다. 이 패턴 숫자를 찾아보면 '팬터 번호 64번'[페이지 62~63 참고]으로 로또 1~1048회차까지의 당첨번호로 추출하면 5번만이 나왔음을 알 수 있습니다.

이처럼 패턴을 알면 로또의 확률을 높일 수 있습니다. 따라서 여기에 수록된 각 패턴을 참고로 한두 개에 숫자를 원하는 숫자로 교체하는 방법을 쓴다면, 일반적인 숫자 조합보다는 당첨 확률이 높을 것이라고 봅니다. 이 책에서는 패턴 1~25까지만 집중적으로 조합하였습니다. 그 이유는 1~25까지의 패턴에서 당첨번호 30% 정도가 통계적으로 나왔기 때문입니다.

이젠 여러분도 어떤 당첨번호가 몇 번 패턴에서 몇 번이 나왔는지 알 수 있을 것입니다. 따라서 여러분들이 이 책을 참고로 한다면 확률 높은 로또 게임을 즐길 수 있을 것입니다.

로또 조합 도표 활용하기

상세한 로또 패턴 번호 1~25회까지 살펴보면 '2개 묶음 숫자 조합 도표'와 '3개 묶음 숫자 조합 도표'를 볼 수 있습니다. 2개 묶음과 3개 묶음의 숫자 조합은 다음의 도표 예시와 같습니다.

2개 묶음 숫자 조합

1칸	횟수	2칸	횟수	3칸	횟수	4칸	횟수	5칸	횟수	6칸	횟수
5	7	**10**	10	**19**	13	**24**	6	**34**	8	**45**	10
4	5	**12**	8	**18**	5	**21**	5	**39**	5	**43**	8
8	5	**17**	6	**13**	5	**23**	5	**32**	4	**41**	7
7	4	**11**	5	**15**	5	**20**	4	**33**	4	**44**	7
1	3	**14**	4	**17**	4	**27**	4	**37**	4	**40**	2
2	3	**13**	1	**16**	2	**28**	4	**35**	3	**42**	1
3	3	**15**	1	**12**	1	**29**	4	**36**	3		
6	3	**16**	0	**14**	0	**22**	1	**30**	2		
9	2	**18**	0	**11**	0	**25**	1	**31**	1		
		19	0	**10**	0	**26**	1	**38**	1		

좀더 살펴보면 1단위 5번이 7개, 4번이 5개 / 10단위 10번이 10개, 12번이 8개, 19번이 13개, 18번이 5개 / 20단위 24번이 6개, 21번이 5개 / 30단위 34번이 8개, 39번이 5개 / 40단위 45번이 10개, 43번이 8개 입니다.

이렇게 패턴당 '2개 묶음 숫자' 조합의 수는 16×4(A,B,C,D)=64조합이고, 좀

더 확장된 '3개의 묶음 숫자 조합'의 패턴당 조합 수는 243×3(A,B,C)=729 조합입니다.

3개 묶음 숫자 조합

1칸	횟수	2칸	횟수	3칸	횟수	4칸	횟수	5칸	횟수	6칸	횟수
5	7	10	10	19	13	24	6	34	8	45	10
4	5	12	8	18	5	21	5	39	5	43	8
8	5	17	6	13	5	23	5	32	4	41	7
7	4	11	5	15	5	20	4	33	4	44	7
1	3	14	4	17	4	27	4	37	4	40	2
2	3	13	1	16	2	28	4	35	3	42	1
3	3	15	1	12	1	29	4	36	3		
6	3	16	0	14	0	22	1	30	2		
9	2	18	0	11	0	25	1	31	1		
		19	0	10	0	26	1	38	1		

2~3개 묶음 숫자 조합 분포도

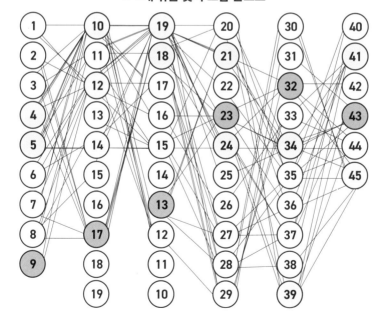

패턴 1

패턴 1 | 2002~2022년도까지 35번의 단위별 당첨 횟수를 보임

횟수	년도	월	일	1	10	10	20	30	40	B/N
1	2003	7	12	6	14	19	25	34	44	11
2	2004	7	31	4	12	16	23	34	43	26
3	2004	11	20	5	14	15	27	30	45	10
4	2005	4	9	7	17	18	28	30	45	27
5	2006	8	26	7	10	19	22	35	40	31
6	2007	2	17	5	11	19	21	34	43	31
7	2007	11	24	7	12	15	24	37	40	43
8	2008	1	19	3	10	19	24	32	45	12
9	2008	6	7	1	12	17	28	35	41	10
10	2008	9	27	4	10	16	26	33	41	28
11	2009	1	3	2	17	19	20	34	45	21
12	2009	6	27	1	10	17	29	31	43	15
13	2011	1	1	8	15	19	21	34	44	12
14	2011	1	29	4	17	18	27	39	43	19
15	2011	11	5	4	10	13	23	32	44	20
16	2011	11	19	8	13	15	28	37	43	17
17	2013	6	1	1	12	13	21	32	45	14
18	2015	1	17	9	12	19	20	39	41	13
19	2015	3	21	8	17	18	24	39	45	32
20	2015	10	24	7	10	17	29	33	44	5
21	2015	12	12	4	10	19	29	32	42	30
22	2016	6	18	2	12	19	24	39	44	35
23	2016	12	31	5	10	13	27	37	41	4
24	2017	5	6	2	17	19	24	37	41	3
25	2017	11	4	6	12	19	24	34	41	4
26	2018	6	9	5	10	13	21	39	43	11
27	2018	6	16	8	11	19	21	36	45	25
28	2018	10	6	5	11	12	29	33	44	14
29	2018	12	1	9	10	13	28	38	45	35
30	2019	11	30	8	14	17	27	36	45	10
31	2020	8	8	3	17	18	23	36	41	26
32	2021	5	15	6	12	19	23	34	43	30
33	2022	4	23	5	11	18	20	35	45	3
34	2022	9	17	3	11	15	20	35	44	10
35	2022	11	19	5	14	15	23	34	43	4

패턴 1 | 각 칸별 많이 나온 숫자

1칸	횟수	2칸	횟수	3칸	횟수	4칸	횟수	5칸	횟수	6칸	횟수
5	7	10	10	19	13	24	6	34	8	45	10
4	5	12	8	18	5	21	5	39	5	43	8
8	5	17	6	13	5	23	5	32	4	41	7
7	4	11	5	15	5	20	4	33	4	44	7
1	3	14	4	17	4	27	4	37	4	40	2
2	3	13	1	16	2	28	4	35	3	42	1
3	3	15	1	12	1	29	4	36	3		
6	3	16	0	14	0	22	1	30	2		
9	2	18	0	11	0	25	1	31	1		
		19	0	10	0	26	1	38	1		

패턴 1번의 2개 묶음 조합 도표

패턴 1 | 2개 숫자를 조합한 도표   4개 ■ 5개 ■ 6개

N	A						B						C						D					
1	4	10	18	21	34	43	4	10	18	21	39	43	4	10	18	21	34	45	4	10	18	21	39	45
2	5	10	18	21	34	43	5	10	18	21	39	43	5	10	18	21	34	45	5	10	18	21	39	45
3	4	12	18	21	34	43	4	12	18	21	39	43	4	12	18	21	34	45	4	12	18	21	39	45
4	5	12	18	21	34	43	5	12	18	21	39	43	5	12	18	21	34	45	5	12	18	21	39	45
5	4	10	19	21	34	43	4	10	19	21	39	43	4	10	19	21	34	45	4	10	19	21	39	45
6	5	10	19	21	34	43	5	10	19	21	39	43	5	10	19	21	34	45	5	10	19	21	39	45
7	4	12	19	21	34	43	4	12	19	21	39	43	4	12	19	21	34	45	4	12	19	21	39	45
8	5	12	19	21	34	43	5	12	19	21	39	43	5	12	19	21	34	45	5	12	19	21	39	45
9	4	10	18	24	34	43	4	10	18	24	39	43	4	10	18	24	34	45	4	10	18	24	39	45
10	5	10	18	24	34	43	5	10	18	24	39	43	5	10	18	24	34	45	5	10	18	24	39	45
11	4	12	18	24	34	43	4	12	18	24	39	43	4	12	18	24	34	45	4	12	18	24	39	45
12	5	12	18	24	34	43	5	12	18	24	39	43	5	12	18	24	34	45	5	12	18	24	39	45
13	4	10	19	24	34	43	4	10	19	24	39	43	4	10	19	24	34	45	4	10	19	24	39	45
14	5	10	19	24	34	43	5	10	19	24	39	43	5	10	19	24	34	45	5	10	19	24	39	45
15	4	12	19	24	34	43	4	12	19	24	39	43	4	12	19	24	34	45	4	12	19	24	39	45
16	5	12	19	24	34	43	5	12	19	24	39	43	5	12	19	24	34	45	5	12	19	24	39	45

패턴 1번의 3개 묶음 조합 도표

패턴 1 | 많이 나온 숫자 3개 조합 도표 　4개 　5개 　6개 나온 숫자

N	A						B						C					
1	4	10	13	21	32	41	4	10	13	21	32	43	4	10	13	21	32	45
2	5	10	13	21	32	41	5	10	13	21	32	43	5	10	13	21	32	45
3	8	10	13	21	32	41	8	10	13	21	32	43	8	10	13	21	32	45
4	4	11	13	21	32	41	4	11	13	21	32	43	4	11	13	21	32	45
5	5	11	13	21	32	41	5	11	13	21	32	43	5	11	13	21	32	45
6	8	11	13	21	32	41	8	11	13	21	32	43	8	11	13	21	32	45
7	4	12	13	21	32	41	4	12	13	21	32	43	4	12	13	21	32	45
8	5	12	13	21	32	41	5	12	13	21	32	43	5	12	13	21	32	45
9	8	12	13	21	32	41	8	12	13	21	32	43	8	12	13	21	32	45
10	4	10	18	21	32	41	4	10	18	21	32	43	4	10	18	21	32	45
11	5	10	18	21	32	41	5	10	18	21	32	43	5	10	18	21	32	45
12	8	10	18	21	32	41	8	10	18	21	32	43	8	10	18	21	32	45
13	4	11	18	21	32	41	4	11	18	21	32	43	4	11	18	21	32	45
14	5	11	18	21	32	41	5	11	18	21	32	43	5	11	18	21	32	45
15	8	11	18	21	32	41	8	11	18	21	32	43	8	11	18	21	32	45
16	4	12	18	21	32	41	4	12	18	21	32	43	4	12	18	21	32	45
17	5	12	18	21	32	41	5	12	18	21	32	43	5	12	18	21	32	45
18	8	12	18	21	32	41	8	12	18	21	32	43	8	12	18	21	32	45
19	4	10	19	21	32	41	4	10	19	21	32	43	4	10	19	21	32	45
20	5	10	19	21	32	41	5	10	19	21	32	43	5	10	19	21	32	45
21	8	10	19	21	32	41	8	10	19	21	32	43	8	10	19	21	32	45
22	4	11	19	21	32	41	4	11	19	21	32	43	4	11	19	21	32	45
23	5	11	19	21	32	41	5	11	19	21	32	43	5	11	19	21	32	45
24	8	11	19	21	32	41	8	11	19	21	32	43	8	11	19	21	32	45
25	4	12	19	21	32	41	4	12	19	21	32	43	4	12	19	21	32	45
26	5	12	19	21	32	41	5	12	19	21	32	43	5	12	19	21	32	45
27	8	12	19	21	32	41	8	12	19	21	32	43	8	12	19	21	32	45
28	4	10	13	23	32	41	4	10	13	23	32	43	4	10	13	23	32	45
29	5	10	13	23	32	41	5	10	13	23	32	43	5	10	13	23	32	45
30	8	10	13	23	32	41	8	10	13	23	32	43	8	10	13	23	32	45

패턴 1 | 많이 나온 숫자 3개 조합 도표 　4개 　5개 　6개 나온 숫자

N	A						B						C					
31	4	11	13	23	32	41	4	11	13	23	32	43	4	11	13	23	32	45
32	5	11	13	23	32	41	5	11	13	23	32	43	5	11	13	23	32	45
33	8	11	13	23	32	41	8	11	13	23	32	43	8	11	13	23	32	45
34	4	12	13	23	32	41	4	12	13	23	32	43	4	12	13	23	32	45
35	5	12	13	23	32	41	5	12	13	23	32	43	5	12	13	23	32	45
36	8	12	13	23	32	41	8	12	13	23	32	43	8	12	13	23	32	45
37	4	10	18	23	32	41	4	10	18	23	32	43	4	10	18	23	32	45
38	5	10	18	23	32	41	5	10	18	23	32	43	5	10	18	23	32	45
39	8	10	18	23	32	41	8	10	18	23	32	43	8	10	18	23	32	45
40	4	11	18	23	32	41	4	11	18	23	32	43	4	11	18	23	32	45
41	5	11	18	23	32	41	5	11	18	23	32	43	5	11	18	23	32	45
42	8	11	18	23	32	41	8	11	18	23	32	43	8	11	18	23	32	45
43	4	12	18	23	32	41	4	12	18	23	32	43	4	12	18	23	32	45
44	5	12	18	23	32	41	5	12	18	23	32	43	5	12	18	23	32	45
45	8	12	18	23	32	41	8	12	18	23	32	43	8	12	18	23	32	45
46	4	10	19	23	32	41	4	10	19	23	32	43	4	10	19	23	32	45
47	5	10	19	23	32	41	5	10	19	23	32	43	5	10	19	23	32	45
48	8	10	19	23	32	41	8	10	19	23	32	43	8	10	19	23	32	45
49	4	11	19	23	32	41	4	11	19	23	32	43	4	11	19	23	32	45
50	5	11	19	23	32	41	5	11	19	23	32	43	5	11	19	23	32	45
51	8	11	19	23	32	41	8	11	19	23	32	43	8	11	19	23	32	45
52	4	12	19	23	32	41	4	12	19	23	32	43	4	12	19	23	32	45
53	5	12	19	23	32	41	5	12	19	23	32	43	5	12	19	23	32	45
54	8	12	19	23	32	41	8	12	19	23	32	43	8	12	19	23	32	45
55	4	10	13	24	32	41	4	10	13	24	32	43	4	10	13	24	32	45
56	5	10	13	24	32	41	5	10	13	24	32	43	5	10	13	24	32	45
57	8	10	13	24	32	41	8	10	13	24	32	43	8	10	13	24	32	45
58	4	11	13	24	32	41	4	11	13	24	32	43	4	11	13	24	32	45
59	5	11	13	24	32	41	5	11	13	24	32	43	5	11	13	24	32	45
60	8	11	13	24	32	41	8	11	13	24	32	43	8	11	13	24	32	45
61	4	12	13	24	32	41	4	12	13	24	32	43	4	12	13	24	32	45
62	5	12	13	24	32	41	5	12	13	24	32	43	5	12	13	24	32	45

패턴 1 | 많이 나온 숫자 3개 조합 도표 　 4개 　 5개 　 6개 나온 숫자

N	A						B						C					
63	8	12	13	24	32	41	8	12	13	24	32	43	8	12	13	24	32	45
64	4	10	18	24	32	41	4	10	18	24	32	43	4	10	18	24	32	45
65	5	10	18	24	32	41	5	10	18	24	32	43	5	10	18	24	32	45
66	8	10	18	24	32	41	8	10	18	24	32	43	8	10	18	24	32	45
67	4	11	18	24	32	41	4	11	18	24	32	43	4	11	18	24	32	45
68	5	11	18	24	32	41	5	11	18	24	32	43	5	11	18	24	32	45
69	8	11	18	24	32	41	8	11	18	24	32	43	8	11	18	24	32	45
70	4	12	18	24	32	41	4	12	18	24	32	43	4	12	18	24	32	45
71	5	12	18	24	32	41	5	12	18	24	32	43	5	12	18	24	32	45
72	8	12	18	24	32	41	8	12	18	24	32	43	8	12	18	24	32	45
73	4	10	19	24	32	41	4	10	19	24	32	43	4	10	19	24	32	45
74	5	10	19	24	32	41	5	10	19	24	32	43	5	10	19	24	32	45
75	8	10	19	24	32	41	8	10	19	24	32	43	8	10	19	24	32	45
76	4	11	19	24	32	41	4	11	19	24	32	43	4	11	19	24	32	45
77	5	11	19	24	32	41	5	11	19	24	32	43	5	11	19	24	32	45
78	8	11	19	24	32	41	8	11	19	24	32	43	8	11	19	24	32	45
79	4	12	19	24	32	41	4	12	19	24	32	43	4	12	19	24	32	45
80	5	12	19	24	32	41	5	12	19	24	32	43	5	12	19	24	32	45
81	8	12	19	24	32	41	8	12	19	24	32	43	8	12	19	24	32	45
82	4	10	13	21	34	41	4	10	13	21	34	43	4	10	13	21	34	45
83	5	10	13	21	34	41	5	10	13	21	34	43	5	10	13	21	34	45
84	8	10	13	21	34	41	8	10	13	21	34	43	8	10	13	21	34	45
85	4	11	13	21	34	41	4	11	13	21	34	43	4	11	13	21	34	45
86	5	11	13	21	34	41	5	11	13	21	34	43	5	11	13	21	34	45
87	8	11	13	21	34	41	8	11	13	21	34	43	8	11	13	21	34	45
88	4	12	13	21	34	41	4	12	13	21	34	43	4	12	13	21	34	45
89	5	12	13	21	34	41	5	12	13	21	34	43	5	12	13	21	34	45
90	8	12	13	21	34	41	8	12	13	21	34	43	8	12	13	21	34	45
91	4	10	18	21	34	41	4	10	18	21	34	43	4	10	18	21	34	45
92	5	10	18	21	34	41	5	10	18	21	34	43	5	10	18	21	34	45
93	8	10	18	21	34	41	8	10	18	21	34	43	8	10	18	21	34	45
94	4	11	18	21	34	41	4	11	18	21	34	43	4	11	18	21	34	45

패턴 1 | 많이 나온 숫자 3개 조합 도표 4개 5개 ■ 6개 나온 숫자

N	A						B						C					
95	5	11	18	21	34	41	5	11	18	21	34	43	5	11	18	21	34	45
96	8	11	18	21	34	41	8	11	18	21	34	43	8	11	18	21	34	45
97	4	12	18	21	34	41	4	12	18	21	34	43	4	12	18	21	34	45
98	5	12	18	21	34	41	5	12	18	21	34	43	5	12	18	21	34	45
99	8	12	18	21	34	41	8	12	18	21	34	43	8	12	18	21	34	45
100	4	10	19	21	34	41	4	10	19	21	34	43	4	10	19	21	34	45
101	5	10	19	21	34	41	5	10	19	21	34	43	5	10	19	21	34	45
102	8	10	19	21	34	41	8	10	19	21	34	43	8	10	19	21	34	45
103	4	11	19	21	34	41	4	11	19	21	34	43	4	11	19	21	34	45
104	5	11	19	21	34	41	5	11	19	21	34	43	5	11	19	21	34	45
105	8	11	19	21	34	41	8	11	19	21	34	43	8	11	19	21	34	45
106	4	12	19	21	34	41	4	12	19	21	34	43	4	12	19	21	34	45
107	5	12	19	21	34	41	5	12	19	21	34	43	5	12	19	21	34	45
108	8	12	19	21	34	41	8	12	19	21	34	43	8	12	19	21	34	45
109	4	10	13	23	34	41	4	10	13	23	34	43	4	10	13	23	34	45
110	5	10	13	23	34	41	5	10	13	23	34	43	5	10	13	23	34	45
111	8	10	13	23	34	41	8	10	13	23	34	43	8	10	13	23	34	45
112	4	11	13	23	34	41	4	11	13	23	34	43	4	11	13	23	34	45
113	5	11	13	23	34	41	5	11	13	23	34	43	5	11	13	23	34	45
114	8	11	13	23	34	41	8	11	13	23	34	43	8	11	13	23	34	45
115	4	12	13	23	34	41	4	12	13	23	34	43	4	12	13	23	34	45
116	5	12	13	23	34	41	5	12	13	23	34	43	5	12	13	23	34	45
117	8	12	13	23	34	41	8	12	13	23	34	43	8	12	13	23	34	45
118	4	10	18	23	34	41	4	10	18	23	34	43	4	10	18	23	34	45
119	5	10	18	23	34	41	5	10	18	23	34	43	5	10	18	23	34	45
120	8	10	18	23	34	41	8	10	18	23	34	43	8	10	18	23	34	45
121	4	11	18	23	34	41	4	11	18	23	34	43	4	11	18	23	34	45
122	5	11	18	23	34	41	5	11	18	23	34	43	5	11	18	23	34	45
123	8	11	18	23	34	41	8	11	18	23	34	43	8	11	18	23	34	45
124	4	12	18	23	34	41	4	12	18	23	34	43	4	12	18	23	34	45
125	5	12	18	23	34	41	5	12	18	23	34	43	5	12	18	23	34	45
126	8	12	18	23	34	41	8	12	18	23	34	43	8	12	18	23	34	45

패턴 1 | 많이 나온 숫자 3개 조합 도표 　4개 ■ 5개 ■ 6개 나온 숫자

N	A						B						C					
127	4	10	19	23	34	41	4	10	19	23	34	43	4	10	19	23	34	45
128	5	10	19	23	34	41	5	10	19	23	34	43	5	10	19	23	34	45
129	8	10	19	23	34	41	8	10	19	23	34	43	8	10	19	23	34	45
130	4	11	19	23	34	41	4	11	19	23	34	43	4	11	19	23	34	45
131	5	11	19	23	34	41	5	11	19	23	34	43	5	11	19	23	34	45
132	8	11	19	23	34	41	8	11	19	23	34	43	8	11	19	23	34	45
133	4	12	19	23	34	41	4	12	19	23	34	43	4	12	19	23	34	45
134	5	12	19	23	34	41	5	12	19	23	34	43	5	12	19	23	34	45
135	8	12	19	23	34	41	8	12	19	23	34	43	8	12	19	23	34	45
136	4	10	13	24	34	41	4	10	13	24	34	43	4	10	13	24	34	45
137	5	10	13	24	34	41	5	10	13	24	34	43	5	10	13	24	34	45
138	8	10	13	24	34	41	8	10	13	24	34	43	8	10	13	24	34	45
139	4	11	13	24	34	41	4	11	13	24	34	43	4	11	13	24	34	45
140	5	11	13	24	34	41	5	11	13	24	34	43	5	11	13	24	34	45
141	8	11	13	24	34	41	8	11	13	24	34	43	8	11	13	24	34	45
142	4	12	13	24	34	41	4	12	13	24	34	43	4	12	13	24	34	45
143	5	12	13	24	34	41	5	12	13	24	34	43	5	12	13	24	34	45
144	8	12	13	24	34	41	8	12	13	24	34	43	8	12	13	24	34	45
145	4	10	18	24	34	41	4	10	18	24	34	43	4	10	18	24	34	45
146	5	10	18	24	34	41	5	10	18	24	34	43	5	10	18	24	34	45
147	8	10	18	24	34	41	8	10	18	24	34	43	8	10	18	24	34	45
148	4	11	18	24	34	41	4	11	18	24	34	43	4	11	18	24	34	45
149	5	11	18	24	34	41	5	11	18	24	34	43	5	11	18	24	34	45
150	8	11	18	24	34	41	8	11	18	24	34	43	8	11	18	24	34	45
151	4	12	18	24	34	41	4	12	18	24	34	43	4	12	18	24	34	45
152	5	12	18	24	34	41	5	12	18	24	34	43	5	12	18	24	34	45
153	8	12	18	24	34	41	8	12	18	24	34	43	8	12	18	24	34	45
154	4	10	19	24	34	41	4	10	19	24	34	43	4	10	19	24	34	45
155	5	10	19	24	34	41	5	10	19	24	34	43	5	10	19	24	34	45
156	8	10	19	24	34	41	8	10	19	24	34	43	8	10	19	24	34	45
157	4	11	19	24	34	41	4	11	19	24	34	43	4	11	19	24	34	45
158	5	11	19	24	34	41	5	11	19	24	34	43	5	11	19	24	34	45

패턴 1 | 많이 나온 숫자 3개 조합 도표   4개 ▨ 5개 ■ 6개 나온 숫자

N	A						B						C					
159	8	11	19	24	34	41	8	11	19	24	34	43	8	11	19	24	34	45
160	4	12	19	24	34	41	4	12	19	24	34	43	4	12	19	24	34	45
161	5	12	19	24	34	41	5	12	19	24	34	43	5	12	19	24	34	45
162	8	12	19	24	34	41	8	12	19	24	34	43	8	12	19	24	34	45
163	4	10	13	21	39	41	4	10	13	21	39	43	4	10	13	21	39	45
164	5	10	13	21	39	41	5	10	13	21	39	43	5	10	13	21	39	45
165	8	10	13	21	39	41	8	10	13	21	39	43	8	10	13	21	39	45
166	4	11	13	21	39	41	4	11	13	21	39	43	4	11	13	21	39	45
167	5	11	13	21	39	41	5	11	13	21	39	43	5	11	13	21	39	45
168	8	11	13	21	39	41	8	11	13	21	39	43	8	11	13	21	39	45
169	4	12	13	21	39	41	4	12	13	21	39	43	4	12	13	21	39	45
170	5	12	13	21	39	41	5	12	13	21	39	43	5	12	13	21	39	45
171	8	12	13	21	39	41	8	12	13	21	39	43	8	12	13	21	39	45
172	4	10	18	21	39	41	4	10	18	21	39	43	4	10	18	21	39	45
173	5	10	18	21	39	41	5	10	18	21	39	43	5	10	18	21	39	45
174	8	10	18	21	39	41	8	10	18	21	39	43	8	10	18	21	39	45
175	4	11	18	21	39	41	4	11	18	21	39	43	4	11	18	21	39	45
176	5	11	18	21	39	41	5	11	18	21	39	43	5	11	18	21	39	45
177	8	11	18	21	39	41	8	11	18	21	39	43	8	11	18	21	39	45
178	4	12	18	21	39	41	4	12	18	21	39	43	4	12	18	21	39	45
179	5	12	18	21	39	41	5	12	18	21	39	43	5	12	18	21	39	45
180	8	12	18	21	39	41	8	12	18	21	39	43	8	12	18	21	39	45
181	4	10	19	21	39	41	4	10	19	21	39	43	4	10	19	21	39	45
182	5	10	19	21	39	41	5	10	19	21	39	43	5	10	19	21	39	45
183	8	10	19	21	39	41	8	10	19	21	39	43	8	10	19	21	39	45
184	4	11	19	21	39	41	4	11	19	21	39	43	4	11	19	21	39	45
185	5	11	19	21	39	41	5	11	19	21	39	43	5	11	19	21	39	45
186	8	11	19	21	39	41	8	11	19	21	39	43	8	11	19	21	39	45
187	4	12	19	21	39	41	4	12	19	21	39	43	4	12	19	21	39	45
188	5	12	19	21	39	41	5	12	19	21	39	43	5	12	19	21	39	45
189	8	12	19	21	39	41	8	12	19	21	39	43	8	12	19	21	39	45
190	4	10	13	23	39	41	4	10	13	23	39	43	4	10	13	23	39	45

패턴 1 | 많이 나온 숫자 3개 조합 도표   4개 ▨ 5개 ■ 6개 나온 숫자

N	A						B						C					
191	5	10	13	23	39	41	5	10	13	23	39	43	5	10	13	23	39	45
192	8	10	13	23	39	41	8	10	13	23	39	43	8	10	13	23	39	45
193	4	11	13	23	39	41	4	11	13	23	39	43	4	11	13	23	39	45
194	5	11	13	23	39	41	5	11	13	23	39	43	5	11	13	23	39	45
195	8	11	13	23	39	41	8	11	13	23	39	43	8	11	13	23	39	45
196	4	12	13	23	39	41	4	12	13	23	39	43	4	12	13	23	39	45
197	5	12	13	23	39	41	5	12	13	23	39	43	5	12	13	23	39	45
198	8	12	13	23	39	41	8	12	13	23	39	43	8	12	13	23	39	45
199	4	10	18	23	39	41	4	10	18	23	39	43	4	10	18	23	39	45
200	5	10	18	23	39	41	5	10	18	23	39	43	5	10	18	23	39	45
201	8	10	18	23	39	41	8	10	18	23	39	43	8	10	18	23	39	45
202	4	11	18	23	39	41	4	11	18	23	39	43	4	11	18	23	39	45
203	5	11	18	23	39	41	5	11	18	23	39	43	5	11	18	23	39	45
204	8	11	18	23	39	41	8	11	18	23	39	43	8	11	18	23	39	45
205	4	12	18	23	39	41	4	12	18	23	39	43	4	12	18	23	39	45
206	5	12	18	23	39	41	5	12	18	23	39	43	5	12	18	23	39	45
207	8	12	18	23	39	41	8	12	18	23	39	43	8	12	18	23	39	45
208	4	10	19	23	39	41	4	10	19	23	39	43	4	10	19	23	39	45
209	5	10	19	23	39	41	5	10	19	23	39	43	5	10	19	23	39	45
210	8	10	19	23	39	41	8	10	19	23	39	43	8	10	19	23	39	45
211	4	11	19	23	39	41	4	11	19	23	39	43	4	11	19	23	39	45
212	5	11	19	23	39	41	5	11	19	23	39	43	5	11	19	23	39	45
213	8	11	19	23	39	41	8	11	19	23	39	43	8	11	19	23	39	45
214	4	12	19	23	39	41	4	12	19	23	39	43	4	12	19	23	39	45
215	5	12	19	23	39	41	5	12	19	23	39	43	5	12	19	23	39	45
216	8	12	19	23	39	41	8	12	19	23	39	43	8	12	19	23	39	45
217	4	10	13	24	39	41	4	10	13	24	39	43	4	10	13	24	39	45
218	5	10	13	24	39	41	5	10	13	24	39	43	5	10	13	24	39	45
219	8	10	13	24	39	41	8	10	13	24	39	43	8	10	13	24	39	45
220	4	11	13	24	39	41	4	11	13	24	39	43	4	11	13	24	39	45
221	5	11	13	24	39	41	5	11	13	24	39	43	5	11	13	24	39	45
222	8	11	13	24	39	41	8	11	13	24	39	43	8	11	13	24	39	45

패턴 1 | 많이 나온 숫자 3개 조합 도표   4개 ■ 5개 ■ 6개 나온 숫자

N	A						B						C					
223	4	12	13	24	39	41	4	12	13	24	39	43	4	12	13	24	39	45
224	5	12	13	24	39	41	5	12	13	24	39	43	5	12	13	24	39	45
225	8	12	13	24	39	41	8	12	13	24	39	43	8	12	13	24	39	45
226	4	10	18	24	39	41	4	10	18	24	39	43	4	10	18	24	39	45
227	5	10	18	24	39	41	5	10	18	24	39	43	5	10	18	24	39	45
228	8	10	18	24	39	41	8	10	18	24	39	43	8	10	18	24	39	45
229	4	11	18	24	39	41	4	11	18	24	39	43	4	11	18	24	39	45
230	5	11	18	24	39	41	5	11	18	24	39	43	5	11	18	24	39	45
231	8	11	18	24	39	41	8	11	18	24	39	43	8	11	18	24	39	45
232	4	12	18	24	39	41	4	12	18	24	39	43	4	12	18	24	39	45
233	5	12	18	24	39	41	5	12	18	24	39	43	5	12	18	24	39	45
234	8	12	18	24	39	41	8	12	18	24	39	43	8	12	18	24	39	45
235	4	10	19	24	39	41	4	10	19	24	39	43	4	10	19	24	39	45
236	5	10	19	24	39	41	5	10	19	24	39	43	5	10	19	24	39	45
237	8	10	19	24	39	41	8	10	19	24	39	43	8	10	19	24	39	45
238	4	11	19	24	39	41	4	11	19	24	39	43	4	11	19	24	39	45
239	5	11	19	24	39	41	5	11	19	24	39	43	5	11	19	24	39	45
240	8	11	19	24	39	41	8	11	19	24	39	43	8	11	19	24	39	45
241	4	12	19	24	39	41	4	12	19	24	39	43	4	12	19	24	39	45
242	5	12	19	24	39	41	5	12	19	24	39	43	5	12	19	24	39	45
243	8	12	19	24	39	41	8	12	19	24	39	43	8	12	19	24	39	45

1등 당첨!

도표 B칸 104번 **5 11 19 21 34 43** 2007년 2월 17일 당첨

도표 B칸 164번 **5 10 13 21 39 43** 2018년 6월 9일 당첨

패턴 2

패턴 1 | 2002~2022년도까지 28번의 단위별 당첨 횟수를 보임

횟수	년도	월	일	1	10	20	30	30	40	B/N
1	2003	6	28	8	17	20	35	36	44	4
2	2003	10	4	3	11	21	30	38	45	39
3	2004	9	25	8	17	27	31	34	43	14
4	2005	2	26	5	10	22	34	36	44	35
5	2006	2	4	9	12	27	36	39	45	14
6	2006	10	7	3	11	24	38	39	44	26
7	2008	3	15	4	15	21	33	39	41	25
8	2008	10	11	4	18	23	30	34	41	19
9	2009	1	31	9	18	29	32	38	43	20
10	2009	4	18	5	14	27	30	39	43	35
11	2010	3	6	6	10	22	31	35	40	19
12	2010	4	3	4	15	28	33	37	40	25
13	2011	4	2	8	16	26	30	38	45	42
14	2011	12	10	6	13	29	37	39	41	43
15	2013	1	5	1	12	22	32	33	42	38
16	2013	1	12	5	17	25	31	39	40	10
17	2013	6	29	1	10	20	32	35	40	43
18	2014	5	17	4	12	24	33	38	45	22
19	2015	2	14	3	16	22	37	38	44	23
20	2017	8	12	5	15	20	31	34	42	22
21	2019	6	29	3	15	22	32	33	45	2
22	2019	12	14	3	13	29	38	39	42	26
23	2019	12	28	9	13	28	31	39	41	19
24	2020	10	31	4	10	20	32	38	44	18
25	2021	4	3	4	15	24	35	36	40	1
26	2021	4	24	2	18	24	30	32	45	14
27	2021	5	8	1	18	28	31	34	43	40
28	2021	11	6	2	13	20	30	31	41	27

패턴 1 | 각 칸별 많이 나온 숫자

1칸	횟수	2칸	횟수	3칸	횟수	4칸	횟수	5칸	횟수	6칸	횟수
4	6	15	5	20	5	30	6	39	8	45	6
3	5	10	4	22	5	31	6	38	6	40	5
5	4	13	4	24	4	32	5	34	4	41	5
1	3	18	4	27	3	33	3	36	3	44	5
8	3	12	3	28	3	35	2	35	2	43	4
9	3	17	3	29	3	37	2	33	2	42	3
2	2	11	2	21	2	38	2	37	1		
6	2	16	2	23	1	34	1	32	1		
7	0	14	1	25	1	36	1	31	1		
		19	0	26	1	39	0	30	0		

패턴 2번의 2개 묶음 조합 도표

패턴 2 | 2개 숫자를 조합한 도표 　　4개 ▒ 5개 ■ 6개

N	A						B						C						D					
1	3	10	20	30	38	40	3	10	20	30	39	40	3	10	20	30	38	45	3	10	20	30	39	45
2	4	10	20	30	38	40	4	10	20	30	39	40	4	10	20	30	38	45	4	10	20	30	39	45
3	3	15	20	30	38	40	3	15	20	30	39	40	3	15	20	30	38	45	3	15	20	30	39	45
4	4	15	20	30	38	40	4	15	20	30	39	40	4	15	20	30	38	45	4	15	20	30	39	45
5	3	10	22	30	38	40	3	10	22	30	39	40	3	10	22	30	38	45	3	10	22	30	39	45
6	4	10	22	30	38	40	4	10	22	30	39	40	4	10	22	30	38	45	4	10	22	30	39	45
7	3	15	22	30	38	40	3	15	22	30	39	40	3	15	22	30	38	45	3	15	22	30	39	45
8	4	15	22	30	38	40	4	15	22	30	39	40	4	15	22	30	38	45	4	15	22	30	39	45
9	3	10	20	31	38	40	3	10	20	31	39	40	3	10	20	31	38	45	3	10	20	31	39	45
10	4	10	20	31	38	40	4	10	20	31	39	40	4	10	20	31	38	45	4	10	20	31	39	45
11	3	15	20	31	38	40	3	15	20	31	39	40	3	15	20	31	38	45	3	15	20	31	39	45
12	4	15	20	31	38	40	4	15	20	31	39	40	4	15	20	31	38	45	4	15	20	31	39	45
13	3	10	22	31	38	40	3	10	22	31	39	40	3	10	22	31	38	45	3	10	22	31	39	45
14	4	10	22	31	38	40	4	10	22	31	39	40	4	10	22	31	38	45	4	10	22	31	39	45
15	3	15	22	31	38	40	3	15	22	31	39	40	3	15	22	31	38	45	3	15	22	31	39	45
16	4	15	22	31	38	40	4	15	22	31	39	40	4	15	22	31	38	45	4	15	22	31	39	45

패턴 2번의 3개 묶음 조합 도표

패턴 2 | 많이 나온 숫자 3개 조합 도표 　4개 　5개 　6개 나온 숫자

N	A						B						C					
1	3	10	20	30	34	40	3	10	20	30	34	41	3	10	20	30	34	45
2	4	10	20	30	34	40	4	10	20	30	34	41	4	10	20	30	34	45
3	5	10	20	30	34	40	5	10	20	30	34	41	5	10	20	30	34	45
4	3	13	20	30	34	40	3	13	20	30	34	41	3	13	20	30	34	45
5	4	13	20	30	34	40	4	13	20	30	34	41	4	13	20	30	34	45
6	5	13	20	30	34	40	5	13	20	30	34	41	5	13	20	30	34	45
7	3	15	20	30	34	40	3	15	20	30	34	41	3	15	20	30	34	45
8	4	15	20	30	34	40	4	15	20	30	34	41	4	15	20	30	34	45
9	5	15	20	30	34	40	5	15	20	30	34	41	5	15	20	30	34	45
10	3	10	22	30	34	40	3	10	22	30	34	41	3	10	22	30	34	45
11	4	10	22	30	34	40	4	10	22	30	34	41	4	10	22	30	34	45
12	5	10	22	30	34	40	5	10	22	30	34	41	5	10	22	30	34	45
13	3	13	22	30	34	40	3	13	22	30	34	41	3	13	22	30	34	45
14	4	13	22	30	34	40	4	13	22	30	34	41	4	13	22	30	34	45
15	5	13	22	30	34	40	5	13	22	30	34	41	5	13	22	30	34	45
16	3	15	22	30	34	40	3	15	22	30	34	41	3	15	22	30	34	45
17	4	15	22	30	34	40	4	15	22	30	34	41	4	15	22	30	34	45
18	5	15	22	30	34	40	5	15	22	30	34	41	5	15	22	30	34	45
19	3	10	24	30	34	40	3	10	24	30	34	41	3	10	24	30	34	45
20	4	10	24	30	34	40	4	10	24	30	34	41	4	10	24	30	34	45
21	5	10	24	30	34	40	5	10	24	30	34	41	5	10	24	30	34	45
22	3	13	24	30	34	40	3	13	24	30	34	41	3	13	24	30	34	45
23	4	13	24	30	34	40	4	13	24	30	34	41	4	13	24	30	34	45
24	5	13	24	30	34	40	5	13	24	30	34	41	5	13	24	30	34	45
25	3	15	24	30	34	40	3	15	24	30	34	41	3	15	24	30	34	45
26	4	15	24	30	34	40	4	15	24	30	34	41	4	15	24	30	34	45
27	5	15	24	30	34	40	5	15	24	30	34	41	5	15	24	30	34	45
28	3	10	20	31	34	40	3	10	20	31	34	41	3	10	20	31	34	45
29	4	10	20	31	34	40	4	10	20	31	34	41	4	10	20	31	34	45
30	5	10	20	31	34	40	5	10	20	31	34	41	5	10	20	31	34	45

패턴 2 | 많이 나온 숫자 3개 조합 도표　　　4개 ▒ 5개 ■ 6개 나온 숫자

N	A						B						C					
31	3	13	20	31	34	40	3	13	20	31	34	41	3	13	20	31	34	45
32	4	13	20	31	34	40	4	13	20	31	34	41	4	13	20	31	34	45
33	5	13	20	31	34	40	5	13	20	31	34	41	5	13	20	31	34	45
34	3	15	20	31	34	40	3	15	20	31	34	41	3	15	20	31	34	45
35	4	15	20	31	34	40	4	15	20	31	34	41	4	15	20	31	34	45
36	5	15	20	31	34	40	5	15	20	31	34	41	5	15	20	31	34	45
37	3	10	22	31	34	40	3	10	22	31	34	41	3	10	22	31	34	45
38	4	10	22	31	34	40	4	10	22	31	34	41	4	10	22	31	34	45
39	5	10	22	31	34	40	5	10	22	31	34	41	5	10	22	31	34	45
40	3	13	22	31	34	40	3	13	22	31	34	41	3	13	22	31	34	45
41	4	13	22	31	34	40	4	13	22	31	34	41	4	13	22	31	34	45
42	5	13	22	31	34	40	5	13	22	31	34	41	5	13	22	31	34	45
43	3	15	22	31	34	40	3	15	22	31	34	41	3	15	22	31	34	45
44	4	15	22	31	34	40	4	15	22	31	34	41	4	15	22	31	34	45
45	5	15	22	31	34	40	5	15	22	31	34	41	5	15	22	31	34	45
46	3	10	24	31	34	40	3	10	24	31	34	41	3	10	24	31	34	45
47	4	10	24	31	34	40	4	10	24	31	34	41	4	10	24	31	34	45
48	5	10	24	31	34	40	5	10	24	31	34	41	5	10	24	31	34	45
49	3	13	24	31	34	40	3	13	24	31	34	41	3	13	24	31	34	45
50	4	13	24	31	34	40	4	13	24	31	34	41	4	13	24	31	34	45
51	5	13	24	31	34	40	5	13	24	31	34	41	5	13	24	31	34	45
52	3	15	24	31	34	40	3	15	24	31	34	41	3	15	24	31	34	45
53	4	15	24	31	34	40	4	15	24	31	34	41	4	15	24	31	34	45
54	5	15	24	31	34	40	5	15	24	31	34	41	5	15	24	31	34	45
55	3	10	20	32	34	40	3	10	20	32	34	41	3	10	20	32	34	45
56	4	10	20	32	34	40	4	10	20	32	34	41	4	10	20	32	34	45
57	5	10	20	32	34	40	5	10	20	32	34	41	5	10	20	32	34	45
58	3	13	20	32	34	40	3	13	20	32	34	41	3	13	20	32	34	45
59	4	13	20	32	34	40	4	13	20	32	34	41	4	13	20	32	34	45
60	5	13	20	32	34	40	5	13	20	32	34	41	5	13	20	32	34	45
61	3	15	20	32	34	40	3	15	20	32	34	41	3	15	20	32	34	45
62	4	15	20	32	34	40	4	15	20	32	34	41	4	15	20	32	34	45

패턴 2 | 많이 나온 숫자 3개 조합 도표 4개 5개 6개 나온 숫자

N	A						B						C					
63	5	15	20	32	34	40	5	15	20	32	34	41	5	15	20	32	34	45
64	3	10	22	32	34	40	3	10	22	32	34	41	3	10	22	32	34	45
65	4	10	22	32	34	40	4	10	22	32	34	41	4	10	22	32	34	45
66	5	10	22	32	34	40	5	10	22	32	34	41	5	10	22	32	34	45
67	3	13	22	32	34	40	3	13	22	32	34	41	3	13	22	32	34	45
68	4	13	22	32	34	40	4	13	22	32	34	41	4	13	22	32	34	45
69	5	13	22	32	34	40	5	13	22	32	34	41	5	13	22	32	34	45
70	3	15	22	32	34	40	3	15	22	32	34	41	3	15	22	32	34	45
71	4	15	22	32	34	40	4	15	22	32	34	41	4	15	22	32	34	45
72	5	15	22	32	34	40	5	15	22	32	34	41	5	15	22	32	34	45
73	3	10	24	32	34	40	3	10	24	32	34	41	3	10	24	32	34	45
74	4	10	24	32	34	40	4	10	24	32	34	41	4	10	24	32	34	45
75	5	10	24	32	34	40	5	10	24	32	34	41	5	10	24	32	34	45
76	3	13	24	32	34	40	3	13	24	32	34	41	3	13	24	32	34	45
77	4	13	24	32	34	40	4	13	24	32	34	41	4	13	24	32	34	45
78	5	13	24	32	34	40	5	13	24	32	34	41	5	13	24	32	34	45
79	3	15	24	32	34	40	3	15	24	32	34	41	3	15	24	32	34	45
80	4	15	24	32	34	40	4	15	24	32	34	41	4	15	24	32	34	45
81	5	15	24	32	34	40	5	15	24	32	34	41	5	15	24	32	34	45
82	3	10	20	30	38	40	3	10	20	30	38	41	3	10	20	30	38	45
83	4	10	20	30	38	40	4	10	20	30	38	41	4	10	20	30	38	45
84	5	10	20	30	38	40	5	10	20	30	38	41	5	10	20	30	38	45
85	3	13	20	30	38	40	3	13	20	30	38	41	3	13	20	30	38	45
86	4	13	20	30	38	40	4	13	20	30	38	41	4	13	20	30	38	45
87	5	13	20	30	38	40	5	13	20	30	38	41	5	13	20	30	38	45
88	3	15	20	30	38	40	3	15	20	30	38	41	3	15	20	30	38	45
89	4	15	20	30	38	40	4	15	20	30	38	41	4	15	20	30	38	45
90	5	15	20	30	38	40	5	15	20	30	38	41	5	15	20	30	38	45
91	3	10	22	30	38	40	3	10	22	30	38	41	3	10	22	30	38	45
92	4	10	22	30	38	40	4	10	22	30	38	41	4	10	22	30	38	45
93	5	10	22	30	38	40	5	10	22	30	38	41	5	10	22	30	38	45
94	3	13	22	30	38	40	3	13	22	30	38	41	3	13	22	30	38	45

패턴 2 | 많이 나온 숫자 3개 조합 도표   4개 ▓ 5개 ■ 6개 나온 숫자

N	A						B						C					
95	4	13	22	30	38	40	4	13	22	30	38	41	4	13	22	30	38	45
96	5	13	22	30	38	40	5	13	22	30	38	41	5	13	22	30	38	45
97	3	15	22	30	38	40	3	15	22	30	38	41	3	15	22	30	38	45
98	4	15	22	30	38	40	4	15	22	30	38	41	4	15	22	30	38	45
99	5	15	22	30	38	40	5	15	22	30	38	41	5	15	22	30	38	45
100	3	10	24	30	38	40	3	10	24	30	38	41	3	10	24	30	38	45
101	4	10	24	30	38	40	4	10	24	30	38	41	4	10	24	30	38	45
102	5	10	24	30	38	40	5	10	24	30	38	41	5	10	24	30	38	45
103	3	13	24	30	38	40	3	13	24	30	38	41	3	13	24	30	38	45
104	4	13	24	30	38	40	4	13	24	30	38	41	4	13	24	30	38	45
105	5	13	24	30	38	40	5	13	24	30	38	41	5	13	24	30	38	45
106	3	15	24	30	38	40	3	15	24	30	38	41	3	15	24	30	38	45
107	4	15	24	30	38	40	4	15	24	30	38	41	4	15	24	30	38	45
108	5	15	24	30	38	40	5	15	24	30	38	41	5	15	24	30	38	45
109	3	10	20	31	38	40	3	10	20	31	38	41	3	10	20	31	38	45
110	4	10	20	31	38	40	4	10	20	31	38	41	4	10	20	31	38	45
111	5	10	20	31	38	40	5	10	20	31	38	41	5	10	20	31	38	45
112	3	13	20	31	38	40	3	13	20	31	38	41	3	13	20	31	38	45
113	4	13	20	31	38	40	4	13	20	31	38	41	4	13	20	31	38	45
114	5	13	20	31	38	40	5	13	20	31	38	41	5	13	20	31	38	45
115	3	15	20	31	38	40	3	15	20	31	38	41	3	15	20	31	38	45
116	4	15	20	31	38	40	4	15	20	31	38	41	4	15	20	31	38	45
117	5	15	20	31	38	40	5	15	20	31	38	41	5	15	20	31	38	45
118	3	10	22	31	38	40	3	10	22	31	38	41	3	10	22	31	38	45
119	4	10	22	31	38	40	4	10	22	31	38	41	4	10	22	31	38	45
120	5	10	22	31	38	40	5	10	22	31	38	41	5	10	22	31	38	45
121	3	13	22	31	38	40	3	13	22	31	38	41	3	13	22	31	38	45
122	4	13	22	31	38	40	4	13	22	31	38	41	4	13	22	31	38	45
123	5	13	22	31	38	40	5	13	22	31	38	41	5	13	22	31	38	45
124	3	15	22	31	38	40	3	15	22	31	38	41	3	15	22	31	38	45
125	4	15	22	31	38	40	4	15	22	31	38	41	4	15	22	31	38	45
126	5	15	22	31	38	40	5	15	22	31	38	41	5	15	22	31	38	45

패턴 **2** | 많이 나온 숫자 3개 조합 도표   4개 ■ 5개 ■ 6개 나온 숫자

N	A						B						C					
127	3	10	24	31	38	40	3	10	24	31	38	41	3	10	24	31	38	45
128	4	10	24	31	38	40	4	10	24	31	38	41	4	10	24	31	38	45
129	5	10	24	31	38	40	5	10	24	31	38	41	5	10	24	31	38	45
130	3	13	24	31	38	40	3	13	24	31	38	41	3	13	24	31	38	45
131	4	13	24	31	38	40	4	13	24	31	38	41	4	13	24	31	38	45
132	5	13	24	31	38	40	5	13	24	31	38	41	5	13	24	31	38	45
133	3	15	24	31	38	40	3	15	24	31	38	41	3	15	24	31	38	45
134	4	15	24	31	38	40	4	15	24	31	38	41	4	15	24	31	38	45
135	5	15	24	31	38	40	5	15	24	31	38	41	5	15	24	31	38	45
136	3	10	20	32	38	40	3	10	20	32	38	41	3	10	20	32	38	45
137	4	10	20	32	38	40	4	10	20	32	38	41	4	10	20	32	38	45
138	5	10	20	32	38	40	5	10	20	32	38	41	5	10	20	32	38	45
139	3	13	20	32	38	40	3	13	20	32	38	41	3	13	20	32	38	45
140	4	13	20	32	38	40	4	13	20	32	38	41	4	13	20	32	38	45
141	5	13	20	32	38	40	5	13	20	32	38	41	5	13	20	32	38	45
142	3	15	20	32	38	40	3	15	20	32	38	41	3	15	20	32	38	45
143	4	15	20	32	38	40	4	15	20	32	38	41	4	15	20	32	38	45
144	5	15	20	32	38	40	5	15	20	32	38	41	5	15	20	32	38	45
145	3	10	22	32	38	40	3	10	22	32	38	41	3	10	22	32	38	45
146	4	10	22	32	38	40	4	10	22	32	38	41	4	10	22	32	38	45
147	5	10	22	32	38	40	5	10	22	32	38	41	5	10	22	32	38	45
148	3	13	22	32	38	40	3	13	22	32	38	41	3	13	22	32	38	45
149	4	13	22	32	38	40	4	13	22	32	38	41	4	13	22	32	38	45
150	5	13	22	32	38	40	5	13	22	32	38	41	5	13	22	32	38	45
151	3	15	22	32	38	40	3	15	22	32	38	41	3	15	22	32	38	45
152	4	15	22	32	38	40	4	15	22	32	38	41	4	15	22	32	38	45
153	5	15	22	32	38	40	5	15	22	32	38	41	5	15	22	32	38	45
154	3	10	24	32	38	40	3	10	24	32	38	41	3	10	24	32	38	45
155	4	10	24	32	38	40	4	10	24	32	38	41	4	10	24	32	38	45
156	5	10	24	32	38	40	5	10	24	32	38	41	5	10	24	32	38	45
157	3	13	24	32	38	40	3	13	24	32	38	41	3	13	24	32	38	45
158	4	13	24	32	38	40	4	13	24	32	38	41	4	13	24	32	38	45

패턴 2 | 많이 나온 숫자 3개 조합 도표　　4개 5개 ■ 6개 나온 숫자

N	A						B						C					
159	5	13	24	32	38	40	5	13	24	32	38	41	5	13	24	32	38	45
160	3	15	24	32	38	40	3	15	24	32	38	41	3	15	24	32	38	45
161	4	15	24	32	38	40	4	15	24	32	38	41	4	15	24	32	38	45
162	5	15	24	32	38	40	5	15	24	32	38	41	5	15	24	32	38	45
163	3	10	20	30	39	40	3	10	20	30	39	41	3	10	20	30	39	45
164	4	10	20	30	39	40	4	10	20	30	39	41	4	10	20	30	39	45
165	5	10	20	30	39	40	5	10	20	30	39	41	5	10	20	30	39	45
166	3	13	20	30	39	40	3	13	20	30	39	41	3	13	20	30	39	45
167	4	13	20	30	39	40	4	13	20	30	39	41	4	13	20	30	39	45
168	5	13	20	30	39	40	5	13	20	30	39	41	5	13	20	30	39	45
169	3	15	20	30	39	40	3	15	20	30	39	41	3	15	20	30	39	45
170	4	15	20	30	39	40	4	15	20	30	39	41	4	15	20	30	39	45
171	5	15	20	30	39	40	5	15	20	30	39	41	5	15	20	30	39	45
172	3	10	22	30	39	40	3	10	22	30	39	41	3	10	22	30	39	45
173	4	10	22	30	39	40	4	10	22	30	39	41	4	10	22	30	39	45
174	5	10	22	30	39	40	5	10	22	30	39	41	5	10	22	30	39	45
175	3	13	22	30	39	40	3	13	22	30	39	41	3	13	22	30	39	45
176	4	13	22	30	39	40	4	13	22	30	39	41	4	13	22	30	39	45
177	5	13	22	30	39	40	5	13	22	30	39	41	5	13	22	30	39	45
178	3	15	22	30	39	40	3	15	22	30	39	41	3	15	22	30	39	45
179	4	15	22	30	39	40	4	15	22	30	39	41	4	15	22	30	39	45
180	5	15	22	30	39	40	5	15	22	30	39	41	5	15	22	30	39	45
181	3	10	24	30	39	40	3	10	24	30	39	41	3	10	24	30	39	45
182	4	10	24	30	39	40	4	10	24	30	39	41	4	10	24	30	39	45
183	5	10	24	30	39	40	5	10	24	30	39	41	5	10	24	30	39	45
184	3	13	24	30	39	40	3	13	24	30	39	41	3	13	24	30	39	45
185	4	13	24	30	39	40	4	13	24	30	39	41	4	13	24	30	39	45
186	5	13	24	30	39	40	5	13	24	30	39	41	5	13	24	30	39	45
187	3	15	24	30	39	40	3	15	24	30	39	41	3	15	24	30	39	45
188	4	15	24	30	39	40	4	15	24	30	39	41	4	15	24	30	39	45
189	5	15	24	30	39	40	5	15	24	30	39	41	5	15	24	30	39	45
190	3	10	20	31	39	40	3	10	20	31	39	41	3	10	20	31	39	45

패턴 2 | 많이 나온 숫자 3개 조합 도표 ☐ 4개 ▨ 5개 ■ 6개 나온 숫자

N	A						B						C					
191	4	10	20	31	39	40	4	10	20	31	39	41	4	10	20	31	39	45
192	5	10	20	31	39	40	5	10	20	31	39	41	5	10	20	31	39	45
193	3	13	20	31	39	40	3	13	20	31	39	41	3	13	20	31	39	45
194	4	13	20	31	39	40	4	13	20	31	39	41	4	13	20	31	39	45
195	5	13	20	31	39	40	5	13	20	31	39	41	5	13	20	31	39	45
196	3	15	20	31	39	40	3	15	20	31	39	41	3	15	20	31	39	45
197	4	15	20	31	39	40	4	15	20	31	39	41	4	15	20	31	39	45
198	5	15	20	31	39	40	5	15	20	31	39	41	5	15	20	31	39	45
199	3	10	22	31	39	40	3	10	22	31	39	41	3	10	22	31	39	45
200	4	10	22	31	39	40	4	10	22	31	39	41	4	10	22	31	39	45
201	5	10	22	31	39	40	5	10	22	31	39	41	5	10	22	31	39	45
202	3	13	22	31	39	40	3	13	22	31	39	41	3	13	22	31	39	45
203	4	13	22	31	39	40	4	13	22	31	39	41	4	13	22	31	39	45
204	5	13	22	31	39	40	5	13	22	31	39	41	5	13	22	31	39	45
205	3	15	22	31	39	40	3	15	22	31	39	41	3	15	22	31	39	45
206	4	15	22	31	39	40	4	15	22	31	39	41	4	15	22	31	39	45
207	5	15	22	31	39	40	5	15	22	31	39	41	5	15	22	31	39	45
208	3	10	24	31	39	40	3	10	24	31	39	41	3	10	24	31	39	45
209	4	10	24	31	39	40	4	10	24	31	39	41	4	10	24	31	39	45
210	5	10	24	31	39	40	5	10	24	31	39	41	5	10	24	31	39	45
211	3	13	24	31	39	40	3	13	24	31	39	41	3	13	24	31	39	45
212	4	13	24	31	39	40	4	13	24	31	39	41	4	13	24	31	39	45
213	5	13	24	31	39	40	5	13	24	31	39	41	5	13	24	31	39	45
214	3	15	24	31	39	40	3	15	24	31	39	41	3	15	24	31	39	45
215	4	15	24	31	39	40	4	15	24	31	39	41	4	15	24	31	39	45
216	5	15	24	31	39	40	5	15	24	31	39	41	5	15	24	31	39	45
217	3	10	20	32	39	40	3	10	20	32	39	41	3	10	20	32	39	45
218	4	10	20	32	39	40	4	10	20	32	39	41	4	10	20	32	39	45
219	5	10	20	32	39	40	5	10	20	32	39	41	5	10	20	32	39	45
220	3	13	20	32	39	40	3	13	20	32	39	41	3	13	20	32	39	45
221	4	13	20	32	39	40	4	13	20	32	39	41	4	13	20	32	39	45
222	5	13	20	32	39	40	5	13	20	32	39	41	5	13	20	32	39	45

패턴 2 | 많이 나온 숫자 3개 조합 도표 4개 5개 ■ 6개 나온 숫자

N	A						B						C					
223	3	15	20	32	39	40	3	15	20	32	39	41	3	15	20	32	39	45
224	4	15	20	32	39	40	4	15	20	32	39	41	4	15	20	32	39	45
225	5	15	20	32	39	40	5	15	20	32	39	41	5	15	20	32	39	45
226	3	10	22	32	39	40	3	10	22	32	39	41	3	10	22	32	39	45
227	4	10	22	32	39	40	4	10	22	32	39	41	4	10	22	32	39	45
228	5	10	22	32	39	40	5	10	22	32	39	41	5	10	22	32	39	45
229	3	13	22	32	39	40	3	13	22	32	39	41	3	13	22	32	39	45
230	4	13	22	32	39	40	4	13	22	32	39	41	4	13	22	32	39	45
231	5	13	22	32	39	40	5	13	22	32	39	41	5	13	22	32	39	45
232	3	15	22	32	39	40	3	15	22	32	39	41	3	15	22	32	39	45
233	4	15	22	32	39	40	4	15	22	32	39	41	4	15	22	32	39	45
234	5	15	22	32	39	40	5	15	22	32	39	41	5	15	22	32	39	45
235	3	10	24	32	39	40	3	10	24	32	39	41	3	10	24	32	39	45
236	4	10	24	32	39	40	4	10	24	32	39	41	4	10	24	32	39	45
237	5	10	24	32	39	40	5	10	24	32	39	41	5	10	24	32	39	45
238	3	13	24	32	39	40	3	13	24	32	39	41	3	13	24	32	39	45
239	4	13	24	32	39	40	4	13	24	32	39	41	4	13	24	32	39	45
240	5	13	24	32	39	40	5	13	24	32	39	41	5	13	24	32	39	45
241	3	15	24	32	39	40	3	15	24	32	39	41	3	15	24	32	39	45
242	4	15	24	32	39	40	4	15	24	32	39	41	4	15	24	32	39	45
243	5	15	24	32	39	40	5	15	24	32	39	41	5	15	24	32	39	45

패턴 3

패턴 3 | 2002~2022년도까지 28번의 단위별 당첨 횟수를 보임

횟수	년도	월	일	1	1	10	20	20	30	B/N
1	2003	7	5	7	9	18	23	28	35	32
2	2004	5	15	1	3	15	22	25	37	43
3	2004	10	16	6	9	16	23	24	32	43
4	2004	10	23	1	3	10	27	29	37	11
5	2005	10	29	1	5	13	26	29	34	43
6	2006	12	2	2	7	18	20	24	33	37
7	2007	9	22	6	7	19	25	28	38	45
8	2007	10	13	1	5	19	20	24	30	27
9	2008	7	12	1	9	17	21	29	33	24
10	2008	10	4	7	8	18	21	23	39	9
11	2009	8	15	1	8	18	24	29	33	35
12	2011	2	5	6	7	15	24	28	30	21
13	2012	6	30	3	4	12	20	24	34	41
14	2012	8	11	6	9	11	22	24	30	31
15	2013	7	6	2	7	17	28	29	39	37
16	2013	10	26	3	6	13	23	24	35	1
17	2014	4	19	2	8	13	25	28	37	3
18	2014	11	15	1	7	19	26	27	35	16
19	2015	8	1	2	3	12	20	27	38	40
20	2017	5	13	2	8	17	24	29	31	32
21	2017	12	16	4	6	15	25	26	33	40
22	2018	2	3	2	7	19	25	29	36	16
23	2019	5	25	4	8	18	25	27	32	42
24	2020	2	8	6	7	12	22	26	36	29
25	2020	5	23	5	8	18	21	22	38	10
26	2021	1	23	3	8	17	20	27	35	26
27	2021	10	30	2	4	15	23	29	38	7
28	2022	11	26	3	5	12	22	26	31	19

패턴 3 | 각 칸별 많이 나온 숫자

1칸	횟수	2칸	횟수	3칸	횟수	4칸	횟수	5칸	횟수	6칸	횟수
1	7	8	7	18	6	20	5	29	8	33	4
2	7	7	7	15	4	25	5	24	6	35	4
6	5	9	4	17	4	23	4	28	4	38	4
3	4	5	3	19	4	22	4	27	4	30	3
4	2	3	3	12	4	21	3	26	3	37	3
7	2	6	2	13	3	24	3	25	1	32	2
5	1	4	2	10	1	26	2	23	1	34	2
8	0	2	0	11	1	27	1	22	1	36	2
9	0	1	0	16	1	28	1	21	0	39	2
				14	0	29	0	20	0	31	2

패턴 3번의 2개 묶음 조합 도표

패턴 3 | 2개 숫자를 조합한 도표   4개 ■ 5개 ■ 6개

N	A						B						C						D					
1	1	7	15	20	24	33	1	7	15	20	29	33	1	7	15	20	24	35	1	7	15	20	29	35
2	2	7	15	20	24	33	2	7	15	20	29	33	2	7	15	20	24	35	2	7	15	20	29	35
3	1	8	15	20	24	33	1	8	15	20	29	33	1	8	15	20	24	35	1	8	15	20	29	35
4	2	8	15	20	24	33	2	8	15	20	29	33	2	8	15	20	24	35	2	8	15	20	29	35
5	1	7	18	20	24	33	1	7	18	20	29	33	1	7	18	20	24	35	1	7	18	20	29	35
6	2	7	18	20	24	33	2	7	18	20	29	33	2	7	18	20	24	35	2	7	18	20	29	35
7	1	8	18	20	24	33	1	8	18	20	29	33	1	8	18	20	24	35	1	8	18	20	29	35
8	2	8	18	20	24	33	2	8	18	20	29	33	2	8	18	20	24	35	2	8	18	20	29	35
9	1	7	15	25	28	33	1	7	15	25	29	33	1	7	15	25	28	35	1	7	15	25	29	35
10	2	7	15	25	28	33	2	7	15	25	29	33	2	7	15	25	28	35	2	7	15	25	29	35
11	1	8	15	25	28	33	1	8	15	25	29	33	1	8	15	25	28	35	1	8	15	25	29	35
12	2	8	15	25	28	33	2	8	15	25	29	33	2	8	15	25	28	35	2	8	15	25	29	35
13	1	7	18	25	28	33	1	7	18	25	29	33	1	7	18	25	28	35	1	7	18	25	29	35
14	2	7	18	25	28	33	2	7	18	25	29	33	2	7	18	25	28	35	2	7	18	25	29	35
15	1	8	18	25	28	33	1	8	18	25	29	33	1	8	18	25	28	35	1	8	18	25	29	35
16	2	8	18	25	28	33	2	8	18	25	29	33	2	8	18	25	28	35	2	8	18	25	29	35

1등 당첨!

도표 A칸 6번   2 7 18 20 24 33   2006년 12월 2일 당첨

패턴 3번의 3개 묶음 조합 도표

패턴 3 | 많이 나온 숫자 3개 조합 도표 　4개 　5개 　6개 나온 숫자

N	A						B						C					
1	1	7	15	20	24	33	1	7	15	20	24	35	1	7	15	20	24	38
2	2	7	15	20	24	33	2	7	15	20	24	35	2	7	15	20	24	38
3	6	7	15	20	24	33	6	7	15	20	24	35	6	7	15	20	24	38
4	1	8	15	20	24	33	1	8	15	20	24	35	1	8	15	20	24	38
5	2	8	15	20	24	33	2	8	15	20	24	35	2	8	15	20	24	38
6	6	8	15	20	24	33	6	8	15	20	24	35	6	8	15	20	24	38
7	1	9	15	20	24	33	1	9	15	20	24	35	1	9	15	20	24	38
8	2	9	15	20	24	33	2	9	15	20	24	35	2	9	15	20	24	38
9	6	9	15	20	24	33	6	9	15	20	24	35	6	9	15	20	24	38
10	1	7	17	20	24	33	1	7	17	20	24	35	1	7	17	20	24	38
11	2	7	17	20	24	33	2	7	17	20	24	35	2	7	17	20	24	38
12	6	7	17	20	24	33	6	7	17	20	24	35	6	7	17	20	24	38
13	1	8	17	20	24	33	1	8	17	20	24	35	1	8	17	20	24	38
14	2	8	17	20	24	33	2	8	17	20	24	35	2	8	17	20	24	38
15	6	8	17	20	24	33	6	8	17	20	24	35	6	8	17	20	24	38
16	1	9	17	20	24	33	1	9	17	20	24	35	1	9	17	20	24	38
17	2	9	17	20	24	33	2	9	17	20	24	35	2	9	17	20	24	38
18	6	9	17	20	24	33	6	9	17	20	24	35	6	9	17	20	24	38
19	1	7	18	20	24	33	1	7	18	20	24	35	1	7	18	20	24	38
20	2	7	18	20	24	33	2	7	18	20	24	35	2	7	18	20	24	38
21	6	7	18	20	24	33	6	7	18	20	24	35	6	7	18	20	24	38
22	1	8	18	20	24	33	1	8	18	20	24	35	1	8	18	20	24	38
23	2	8	18	20	24	33	2	8	18	20	24	35	2	8	18	20	24	38
24	6	8	18	20	24	33	6	8	18	20	24	35	6	8	18	20	24	38
25	1	9	18	20	24	33	1	9	18	20	24	35	1	9	18	20	24	38
26	2	9	18	20	24	33	2	9	18	20	24	35	2	9	18	20	24	38
27	6	9	18	20	24	33	6	9	18	20	24	35	6	9	18	20	24	38
28	1	7	15	21	24	33	1	7	15	21	24	35	1	7	15	21	24	38
29	2	7	15	21	24	33	2	7	15	21	24	35	2	7	15	21	24	38
30	6	7	15	21	24	33	6	7	15	21	24	35	6	7	15	21	24	38
31	1	8	15	21	24	33	1	8	15	21	24	35	1	8	15	21	24	38
32	2	8	15	21	24	33	2	8	15	21	24	35	2	8	15	21	24	38

패턴 3 | 많이 나온 숫자 3개 조합 도표   4개 ▒ 5개 ■ 6개 나온 숫자

N	A						B						C					
33	6	8	15	21	24	33	6	8	15	21	24	35	6	8	15	21	24	38
34	1	9	15	21	24	33	1	9	15	21	24	35	1	9	15	21	24	38
35	2	9	15	21	24	33	2	9	15	21	24	35	2	9	15	21	24	38
36	6	9	15	21	24	33	6	9	15	21	24	35	6	9	15	21	24	38
37	1	7	17	21	24	33	1	7	17	21	24	35	1	7	17	21	24	38
38	2	7	17	21	24	33	2	7	17	21	24	35	2	7	17	21	24	38
39	6	7	17	21	24	33	6	7	17	21	24	35	6	7	17	21	24	38
40	1	8	17	21	24	33	1	8	17	21	24	35	1	8	17	21	24	38
41	2	8	17	21	24	33	2	8	17	21	24	35	2	8	17	21	24	38
42	6	8	17	21	24	33	6	8	17	21	24	35	6	8	17	21	24	38
43	1	9	17	21	24	33	1	9	17	21	24	35	1	9	17	21	24	38
44	2	9	17	21	24	33	2	9	17	21	24	35	2	9	17	21	24	38
45	6	9	17	21	24	33	6	9	17	21	24	35	6	9	17	21	24	38
46	1	7	18	21	24	33	1	7	18	21	24	35	1	7	18	21	24	38
47	2	7	18	21	24	33	2	7	18	21	24	35	2	7	18	21	24	38
48	6	7	18	21	24	33	6	7	18	21	24	35	6	7	18	21	24	38
49	1	8	18	21	24	33	1	8	18	21	24	35	1	8	18	21	24	38
50	2	8	18	21	24	33	2	8	18	21	24	35	2	8	18	21	24	38
51	6	8	18	21	24	33	6	8	18	21	24	35	6	8	18	21	24	38
52	1	9	18	21	24	33	1	9	18	21	24	35	1	9	18	21	24	38
53	2	9	18	21	24	33	2	9	18	21	24	35	2	9	18	21	24	38
54	6	9	18	21	24	33	6	9	18	21	24	35	6	9	18	21	24	38
55	1	7	15	23	24	33	1	7	15	23	24	35	1	7	15	23	24	38
56	2	7	15	23	24	33	2	7	15	23	24	35	2	7	15	23	24	38
57	6	7	15	23	24	33	6	7	15	23	24	35	6	7	15	23	24	38
58	1	8	15	23	24	33	1	8	15	23	24	35	1	8	15	23	24	38
59	2	8	15	23	24	33	2	8	15	23	24	35	2	8	15	23	24	38
60	6	8	15	23	24	33	6	8	15	23	24	35	6	8	15	23	24	38
61	1	9	15	23	24	33	1	9	15	23	24	35	1	9	15	23	24	38
62	2	9	15	23	24	33	2	9	15	23	24	35	2	9	15	23	24	38
63	6	9	15	23	24	33	6	9	15	23	24	35	6	9	15	23	24	38
64	1	7	17	23	24	33	1	7	17	23	24	35	1	7	17	23	24	38
65	2	7	17	23	24	33	2	7	17	23	24	35	2	7	17	23	24	38
66	6	7	17	23	24	33	6	7	17	23	24	35	6	7	17	23	24	38

패턴 3 | 많이 나온 숫자 3개 조합 도표　　■ 4개　■ 5개　■ 6개 나온 숫자

N	A						B						C					
67	1	8	17	23	24	33	1	8	17	23	24	35	1	8	17	23	24	38
68	2	8	17	23	24	33	2	8	17	23	24	35	2	8	17	23	24	38
69	6	8	17	23	24	33	6	8	17	23	24	35	6	8	17	23	24	38
70	1	9	17	23	24	33	1	9	17	23	24	35	1	9	17	23	24	38
71	2	9	17	23	24	33	2	9	17	23	24	35	2	9	17	23	24	38
72	6	9	17	23	24	33	6	9	17	23	24	35	6	9	17	23	24	38
73	1	7	18	23	24	33	1	7	18	23	24	35	1	7	18	23	24	38
74	2	7	18	23	24	33	2	7	18	23	24	35	2	7	18	23	24	38
75	6	7	18	23	24	33	6	7	18	23	24	35	6	7	18	23	24	38
76	1	8	18	23	24	33	1	8	18	23	24	35	1	8	18	23	24	38
77	2	8	18	23	24	33	2	8	18	23	24	35	2	8	18	23	24	38
78	6	8	18	23	24	33	6	8	18	23	24	35	6	8	18	23	24	38
79	1	9	18	23	24	33	1	9	18	23	24	35	1	9	18	23	24	38
80	2	9	18	23	24	33	2	9	18	23	24	35	2	9	18	23	24	38
81	6	9	18	23	24	33	6	9	18	23	24	35	6	9	18	23	24	38
82	1	7	15	20	28	33	1	7	15	20	28	35	1	7	15	20	28	38
83	2	7	15	20	28	33	2	7	15	20	28	35	2	7	15	20	28	38
84	6	7	15	20	28	33	6	7	15	20	28	35	6	7	15	20	28	38
85	1	8	15	20	28	33	1	8	15	20	28	35	1	8	15	20	28	38
86	2	8	15	20	28	33	2	8	15	20	28	35	2	8	15	20	28	38
87	6	8	15	20	28	33	6	8	15	20	28	35	6	8	15	20	28	38
88	1	9	15	20	28	33	1	9	15	20	28	35	1	9	15	20	28	38
89	2	9	15	20	28	33	2	9	15	20	28	35	2	9	15	20	28	38
90	6	9	15	20	28	33	6	9	15	20	28	35	6	9	15	20	28	38
91	1	7	17	20	28	33	1	7	17	20	28	35	1	7	17	20	28	38
92	2	7	17	20	28	33	2	7	17	20	28	35	2	7	17	20	28	38
93	6	7	17	20	28	33	6	7	17	20	28	35	6	7	17	20	28	38
94	1	8	17	20	28	33	1	8	17	20	28	35	1	8	17	20	28	38
95	2	8	17	20	28	33	2	8	17	20	28	35	2	8	17	20	28	38
96	6	8	17	20	28	33	6	8	17	20	28	35	6	8	17	20	28	38
97	1	9	17	20	28	33	1	9	17	20	28	35	1	9	17	20	28	38
98	2	9	17	20	28	33	2	9	17	20	28	35	2	9	17	20	28	38
99	6	9	17	20	28	33	6	9	17	20	28	35	6	9	17	20	28	38
100	1	7	18	20	28	33	1	7	18	20	28	35	1	7	18	20	28	38

패턴 3 | 많이 나온 숫자 3개 조합 도표　　　4개 ▦ 5개 ■ 6개 나온 숫자

N	A						B						C					
101	2	7	18	20	28	33	2	7	18	20	28	35	2	7	18	20	28	38
102	6	7	18	20	28	33	6	7	18	20	28	35	6	7	18	20	28	38
103	1	8	18	20	28	33	1	8	18	20	28	35	1	8	18	20	28	38
104	2	8	18	20	28	33	2	8	18	20	28	35	2	8	18	20	28	38
105	6	8	18	20	28	33	6	8	18	20	28	35	6	8	18	20	28	38
106	1	9	18	20	28	33	1	9	18	20	28	35	1	9	18	20	28	38
107	2	9	18	20	28	33	2	9	18	20	28	35	2	9	18	20	28	38
108	6	9	18	20	28	33	6	9	18	20	28	35	6	9	18	20	28	38
109	1	7	15	21	28	33	1	7	15	21	28	35	1	7	15	21	28	38
110	2	7	15	21	28	33	2	7	15	21	28	35	2	7	15	21	28	38
111	6	7	15	21	28	33	6	7	15	21	28	35	6	7	15	21	28	38
112	1	8	15	21	28	33	1	8	15	21	28	35	1	8	15	21	28	38
113	2	8	15	21	28	33	2	8	15	21	28	35	2	8	15	21	28	38
114	6	8	15	21	28	33	6	8	15	21	28	35	6	8	15	21	28	38
115	1	9	15	21	28	33	1	9	15	21	28	35	1	9	15	21	28	38
116	2	9	15	21	28	33	2	9	15	21	28	35	2	9	15	21	28	38
117	6	9	15	21	28	33	6	9	15	21	28	35	6	9	15	21	28	38
118	1	7	17	21	28	33	1	7	17	21	28	35	1	7	17	21	28	38
119	2	7	17	21	28	33	2	7	17	21	28	35	2	7	17	21	28	38
120	6	7	17	21	28	33	6	7	17	21	28	35	6	7	17	21	28	38
121	1	8	17	21	28	33	1	8	17	21	28	35	1	8	17	21	28	38
122	2	8	17	21	28	33	2	8	17	21	28	35	2	8	17	21	28	38
123	6	8	17	21	28	33	6	8	17	21	28	35	6	8	17	21	28	38
124	1	9	17	21	28	33	1	9	17	21	28	35	1	9	17	21	28	38
125	2	9	17	21	28	33	2	9	17	21	28	35	2	9	17	21	28	38
126	6	9	17	21	28	33	6	9	17	21	28	35	6	9	17	21	28	38
127	1	7	18	21	28	33	1	7	18	21	28	35	1	7	18	21	28	38
128	2	7	18	21	28	33	2	7	18	21	28	35	2	7	18	21	28	38
129	6	7	18	21	28	33	6	7	18	21	28	35	6	7	18	21	28	38
130	1	8	18	21	28	33	1	8	18	21	28	35	1	8	18	21	28	38
131	2	8	18	21	28	33	2	8	18	21	28	35	2	8	18	21	28	38
132	6	8	18	21	28	33	6	8	18	21	28	35	6	8	18	21	28	38
133	1	9	18	21	28	33	1	9	18	21	28	35	1	9	18	21	28	38
134	2	9	18	21	28	33	2	9	18	21	28	35	2	9	18	21	28	38

패턴 3 | 많이 나온 숫자 3개 조합 도표 　　4개 ■ 5개 ■ 6개 나온 숫자

N	A						B						C					
135	6	9	18	21	28	33	6	9	18	21	28	35	6	9	18	21	28	38
136	1	7	15	23	28	33	1	7	15	23	28	35	1	7	15	23	28	38
137	2	7	15	23	28	33	2	7	15	23	28	35	2	7	15	23	28	38
138	6	7	15	23	28	33	6	7	15	23	28	35	6	7	15	23	28	38
139	1	8	15	23	28	33	1	8	15	23	28	35	1	8	15	23	28	38
140	2	8	15	23	28	33	2	8	15	23	28	35	2	8	15	23	28	38
141	6	8	15	23	28	33	6	8	15	23	28	35	6	8	15	23	28	38
142	1	9	15	23	28	33	1	9	15	23	28	35	1	9	15	23	28	38
143	2	9	15	23	28	33	2	9	15	23	28	35	2	9	15	23	28	38
144	6	9	15	23	28	33	6	9	15	23	28	35	6	9	15	23	28	38
145	1	7	17	23	28	33	1	7	17	23	28	35	1	7	17	23	28	38
146	2	7	17	23	28	33	2	7	17	23	28	35	2	7	17	23	28	38
147	6	7	17	23	28	33	6	7	17	23	28	35	6	7	17	23	28	38
148	1	8	17	23	28	33	1	8	17	23	28	35	1	8	17	23	28	38
149	2	8	17	23	28	33	2	8	17	23	28	35	2	8	17	23	28	38
150	6	8	17	23	28	33	6	8	17	23	28	35	6	8	17	23	28	38
151	1	9	17	23	28	33	1	9	17	23	28	35	1	9	17	23	28	38
152	2	9	17	23	28	33	2	9	17	23	28	35	2	9	17	23	28	38
153	6	9	17	23	28	33	6	9	17	23	28	35	6	9	17	23	28	38
154	1	7	18	23	28	33	1	7	18	23	28	35	1	7	18	23	28	38
155	2	7	18	23	28	33	2	7	18	23	28	35	2	7	18	23	28	38
156	6	7	18	23	28	33	6	7	18	23	28	35	6	7	18	23	28	38
157	1	8	18	23	28	33	1	8	18	23	28	35	1	8	18	23	28	38
158	2	8	18	23	28	33	2	8	18	23	28	35	2	8	18	23	28	38
159	6	8	18	23	28	33	6	8	18	23	28	35	6	8	18	23	28	38
160	1	9	18	23	28	33	1	9	18	23	28	35	1	9	18	23	28	38
161	2	9	18	23	28	33	2	9	18	23	28	35	2	9	18	23	28	38
162	6	9	18	23	28	33	6	9	18	23	28	35	6	9	18	23	28	38
163	1	7	15	20	29	33	1	7	15	20	29	35	1	7	15	20	29	38
164	2	7	15	20	29	33	2	7	15	20	29	35	2	7	15	20	29	38
165	6	7	15	20	29	33	6	7	15	20	29	35	6	7	15	20	29	38
166	1	8	15	20	29	33	1	8	15	20	29	35	1	8	15	20	29	38
167	2	8	15	20	29	33	2	8	15	20	29	35	2	8	15	20	29	38
168	6	8	15	20	29	33	6	8	15	20	29	35	6	8	15	20	29	38

패턴 3 | 많이 나온 숫자 3개 조합 도표 4개 5개 ■ 6개 나온 숫자

N	A						B						C					
169	1	9	15	20	29	33	1	9	15	20	29	35	1	9	15	20	29	38
170	2	9	15	20	29	33	2	9	15	20	29	35	2	9	15	20	29	38
171	6	9	15	20	29	33	6	9	15	20	29	35	6	9	15	20	29	38
172	1	7	17	20	29	33	1	7	17	20	29	35	1	7	17	20	29	38
173	2	7	17	20	29	33	2	7	17	20	29	35	2	7	17	20	29	38
174	6	7	17	20	29	33	6	7	17	20	29	35	6	7	17	20	29	38
175	1	8	17	20	29	33	1	8	17	20	29	35	1	8	17	20	29	38
176	2	8	17	20	29	33	2	8	17	20	29	35	2	8	17	20	29	38
177	6	8	17	20	29	33	6	8	17	20	29	35	6	8	17	20	29	38
178	1	9	17	20	29	33	1	9	17	20	29	35	1	9	17	20	29	38
179	2	9	17	20	29	33	2	9	17	20	29	35	2	9	17	20	29	38
180	6	9	17	20	29	33	6	9	17	20	29	35	6	9	17	20	29	38
181	1	7	18	20	29	33	1	7	18	20	29	35	1	7	18	20	29	38
182	2	7	18	20	29	33	2	7	18	20	29	35	2	7	18	20	29	38
183	6	7	18	20	29	33	6	7	18	20	29	35	6	7	18	20	29	38
184	1	8	18	20	29	33	1	8	18	20	29	35	1	8	18	20	29	38
185	2	8	18	20	29	33	2	8	18	20	29	35	2	8	18	20	29	38
186	6	8	18	20	29	33	6	8	18	20	29	35	6	8	18	20	29	38
187	1	9	18	20	29	33	1	9	18	20	29	35	1	9	18	20	29	38
188	2	9	18	20	29	33	2	9	18	20	29	35	2	9	18	20	29	38
189	6	9	18	20	29	33	6	9	18	20	29	35	6	9	18	20	29	38
190	1	7	15	21	29	33	1	7	15	21	29	35	1	7	15	21	29	38
191	2	7	15	21	29	33	2	7	15	21	29	35	2	7	15	21	29	38
192	6	7	15	21	29	33	6	7	15	21	29	35	6	7	15	21	29	38
193	1	8	15	21	29	33	1	8	15	21	29	35	1	8	15	21	29	38
194	2	8	15	21	29	33	2	8	15	21	29	35	2	8	15	21	29	38
195	6	8	15	21	29	33	6	8	15	21	29	35	6	8	15	21	29	38
196	1	9	15	21	29	33	1	9	15	21	29	35	1	9	15	21	29	38
197	2	9	15	21	29	33	2	9	15	21	29	35	2	9	15	21	29	38
198	6	9	15	21	29	33	6	9	15	21	29	35	6	9	15	21	29	38
199	1	7	17	21	29	33	1	7	17	21	29	35	1	7	17	21	29	38
200	2	7	17	21	29	33	2	7	17	21	29	35	2	7	17	21	29	38
201	6	7	17	21	29	33	6	7	17	21	29	35	6	7	17	21	29	38
202	1	8	17	21	29	33	1	8	17	21	29	35	1	8	17	21	29	38

패턴 3 | 많이 나온 숫자 3개 조합 도표 4개 ■ 5개 ■ 6개 나온 숫자

N	A						B						C					
203	2	8	17	21	29	33	2	8	17	21	29	35	2	8	17	21	29	38
204	6	8	17	21	29	33	6	8	17	21	29	35	6	8	17	21	29	38
205	1	9	17	21	29	33	1	9	17	21	29	35	1	9	17	21	29	38
206	2	9	17	21	29	33	2	9	17	21	29	35	2	9	17	21	29	38
207	6	9	17	21	29	33	6	9	17	21	29	35	6	9	17	21	29	38
208	1	7	18	21	29	33	1	7	18	21	29	35	1	7	18	21	29	38
209	2	7	18	21	29	33	2	7	18	21	29	35	2	7	18	21	29	38
210	6	7	18	21	29	33	6	7	18	21	29	35	6	7	18	21	29	38
211	1	8	18	21	29	33	1	8	18	21	29	35	1	8	18	21	29	38
212	2	8	18	21	29	33	2	8	18	21	29	35	2	8	18	21	29	38
213	6	8	18	21	29	33	6	8	18	21	29	35	6	8	18	21	29	38
214	1	9	18	21	29	33	1	9	18	21	29	35	1	9	18	21	29	38
215	2	9	18	21	29	33	2	9	18	21	29	35	2	9	18	21	29	38
216	6	9	18	21	29	33	6	9	18	21	29	35	6	9	18	21	29	38
217	1	7	15	23	29	33	1	7	15	23	29	35	1	7	15	23	29	38
218	2	7	15	23	29	33	2	7	15	23	29	35	2	7	15	23	29	38
219	6	7	15	23	29	33	6	7	15	23	29	35	6	7	15	23	29	38
220	1	8	15	23	29	33	1	8	15	23	29	35	1	8	15	23	29	38
221	2	8	15	23	29	33	2	8	15	23	29	35	2	8	15	23	29	38
222	6	8	15	23	29	33	6	8	15	23	29	35	6	8	15	23	29	38
223	1	9	15	23	29	33	1	9	15	23	29	35	1	9	15	23	29	38
224	2	9	15	23	29	33	2	9	15	23	29	35	2	9	15	23	29	38
225	6	9	15	23	29	33	6	9	15	23	29	35	6	9	15	23	29	38
226	1	7	17	23	29	33	1	7	17	23	29	35	1	7	17	23	29	38
227	2	7	17	23	29	33	2	7	17	23	29	35	2	7	17	23	29	38
228	6	7	17	23	29	33	6	7	17	23	29	35	6	7	17	23	29	38
229	1	8	17	23	29	33	1	8	17	23	29	35	1	8	17	23	29	38
230	2	8	17	23	29	33	2	8	17	23	29	35	2	8	17	23	29	38
231	6	8	17	23	29	33	6	8	17	23	29	35	6	8	17	23	29	38
232	1	9	17	23	29	33	1	9	17	23	29	35	1	9	17	23	29	38
233	2	9	17	23	29	33	2	9	17	23	29	35	2	9	17	23	29	38
234	6	9	17	23	29	33	6	9	17	23	29	35	6	9	17	23	29	38
235	1	7	18	23	29	33	1	7	18	23	29	35	1	7	18	23	29	38
236	2	7	18	23	29	33	2	7	18	23	29	35	2	7	18	23	29	38

패턴 3 | 많이 나온 숫자 3개 조합 도표 4개 ■ 5개 ■ 6개 나온 숫자

N	A						B						C					
237	6	7	18	23	29	33	6	7	18	23	29	35	6	7	18	23	29	38
238	1	8	18	23	29	33	1	8	18	23	29	35	1	8	18	23	29	38
239	2	8	18	23	29	33	2	8	18	23	29	35	2	8	18	23	29	38
240	6	8	18	23	29	33	6	8	18	23	29	35	6	8	18	23	29	38
241	1	9	18	23	29	33	1	9	18	23	29	35	1	9	18	23	29	38
242	2	9	18	23	29	33	2	9	18	23	29	35	2	9	18	23	29	38
243	6	9	18	23	29	33	6	9	18	23	29	35	6	9	18	23	29	38

1등 당첨!

도표 A칸 20번	2	7	18	20	24	33	2006년 12월 2일 당첨
도표 A칸 205번	1	9	17	21	29	33	2008년 7월 12일 당첨

패턴 4

패턴 4 | 2002~2022년도까지 25번의 단위별 당첨 횟수를 보임

횟수	년도	월	일	1	10	10	20	30	30	B/N
1	2003	10	18	**8**	**13**	**15**	**23**	**31**	**38**	39
2	2003	11	1	**6**	**10**	**18**	**26**	**37**	**38**	3
3	2005	9	3	**3**	**15**	**17**	**26**	**36**	**37**	43
4	2006	8	12	**6**	**14**	**18**	**26**	**36**	**39**	13
5	2007	4	28	**5**	**11**	**14**	**29**	**32**	**33**	12
6	2008	12	27	**3**	**10**	**11**	**22**	**36**	**39**	8
7	2011	1	22	**8**	**10**	**14**	**27**	**33**	**38**	3
8	2012	12	29	**7**	**14**	**17**	**20**	**35**	**39**	31
9	2014	4	12	**9**	**10**	**13**	**24**	**33**	**38**	28
10	2014	5	24	**5**	**12**	**17**	**29**	**34**	**35**	27
11	2016	4	16	**3**	**11**	**13**	**21**	**33**	**37**	18
12	2017	4	1	**3**	**10**	**13**	**22**	**31**	**32**	29
13	2017	9	23	**8**	**12**	**19**	**21**	**31**	**35**	44
14	2017	10	21	**6**	**12**	**17**	**21**	**34**	**37**	18
15	2018	2	24	**3**	**10**	**13**	**26**	**34**	**38**	36
16	2018	3	17	**2**	**10**	**14**	**22**	**32**	**36**	41
17	2018	4	28	**1**	**10**	**13**	**26**	**32**	**36**	9
18	2018	5	19	**6**	**10**	**18**	**25**	**34**	**35**	33
19	2019	3	9	**5**	**13**	**17**	**29**	**34**	**39**	3
20	2019	5	4	**6**	**10**	**16**	**28**	**34**	**38**	43
21	2020	5	9	**1**	**11**	**17**	**27**	**35**	**39**	31
22	2021	8	14	**4**	**12**	**14**	**25**	**35**	**37**	2
23	2022	1	1	**6**	**11**	**15**	**24**	**32**	**39**	28
24	2022	4	9	**9**	**12**	**15**	**25**	**34**	**36**	3
25	2022	12	31	**6**	**12**	**17**	**21**	**32**	**39**	30

패턴 4 | 각 칸별 많이 나온 숫자

1칸	횟수	2칸	횟수	3칸	횟수	4칸	횟수	5칸	횟수	6칸	횟수
6	7	**10**	10	**17**	7	**26**	5	**34**	7	**39**	7
3	5	**12**	6	**13**	5	**21**	4	**32**	5	**38**	6
5	3	**11**	4	**14**	4	**22**	3	**31**	3	**37**	4
8	3	**13**	2	**18**	3	**25**	3	**33**	3	**36**	3
1	2	**14**	2	**15**	3	**29**	3	**35**	3	**35**	3
9	2	**15**	1	**19**	1	**24**	2	**36**	3	**33**	1
2	1	**16**	0	**16**	1	**27**	2	**37**	1	**32**	1
4	1	**17**	0	**11**	1	**20**	1	**30**	0	**34**	0
7	1	**18**	0	**12**	0	**23**	1	**38**	0	**31**	0
		19	0	**10**	0	**28**	1	**39**	0	**30**	0

패턴 4번의 2개 묶음 조합 도표

패턴 4 | 2개 숫자를 조합한 도표 　　4개 ▒ 5개 ■ 6개

N	A						B						C						D					
1	3	10	13	21	32	38	3	10	13	21	34	38	3	10	13	21	32	39	3	10	13	21	34	39
2	6	10	13	21	32	38	6	10	13	21	34	38	6	10	13	21	32	39	6	10	13	21	34	39
3	3	12	13	21	32	38	3	12	13	21	34	38	3	12	13	21	32	39	3	12	13	21	34	39
4	6	12	13	21	32	38	6	12	13	21	34	38	6	12	13	21	32	39	6	12	13	21	34	39
5	3	10	17	21	32	38	3	10	17	21	34	38	3	10	17	21	32	39	3	10	17	21	34	39
6	6	10	17	21	32	38	6	10	17	21	34	38	6	10	17	21	32	39	6	10	17	21	34	39
7	3	12	17	21	32	38	3	12	17	21	34	38	3	12	17	21	32	39	3	12	17	21	34	39
8	6	12	17	21	32	38	6	12	17	21	34	38	6	12	17	21	32	39	6	12	17	21	34	39
9	3	10	13	26	32	38	3	10	13	26	34	38	3	10	13	26	32	39	3	10	13	26	34	39
10	6	10	13	26	32	38	6	10	13	26	34	38	6	10	13	26	32	39	6	10	13	26	34	39
11	3	12	13	26	32	38	3	12	13	26	34	38	3	12	13	26	32	39	3	12	13	26	34	39
12	6	12	13	26	32	38	6	12	13	26	34	38	6	12	13	26	32	39	6	12	13	26	34	39
13	3	10	17	26	32	38	3	10	17	26	34	38	3	10	17	26	32	39	3	10	17	26	34	39
14	6	10	17	26	32	38	6	10	17	26	34	38	6	10	17	26	32	39	6	10	17	26	34	39
15	3	12	17	26	32	38	3	12	17	26	34	38	3	12	17	26	32	39	3	12	17	26	34	39
16	6	12	17	26	32	38	6	12	17	26	34	38	6	12	17	26	32	39	6	12	17	26	34	39

1등 당첨!

도표 B칸 9번 3 10 13 26 34 38 2018년 2월 24일 당첨

도표 C칸 8번 6 12 17 21 32 39 2022년 12월 31일 당첨

패턴 4번의 3개 묶음 조합 도표

패턴 4 | 많이 나온 숫자 3개 조합 도표 　 4개 　 5개 　 6개 나온 숫자

N	A						B						C					
1	3	10	13	21	31	37	3	10	13	21	31	38	3	10	13	21	31	39
2	5	10	13	21	31	37	5	10	13	21	31	38	5	10	13	21	31	39
3	6	10	13	21	31	37	6	10	13	21	31	38	6	10	13	21	31	39
4	3	11	13	21	31	37	3	11	13	21	31	38	3	11	13	21	31	39
5	5	11	13	21	31	37	5	11	13	21	31	38	5	11	13	21	31	39
6	6	11	13	21	31	37	6	11	13	21	31	38	6	11	13	21	31	39
7	3	12	13	21	31	37	3	12	13	21	31	38	3	12	13	21	31	39
8	5	12	13	21	31	37	5	12	13	21	31	38	5	12	13	21	31	39
9	6	12	13	21	31	37	6	12	13	21	31	38	6	12	13	21	31	39
10	3	10	14	21	31	37	3	10	14	21	31	38	3	10	14	21	31	39
11	5	10	14	21	31	37	5	10	14	21	31	38	5	10	14	21	31	39
12	6	10	14	21	31	37	6	10	14	21	31	38	6	10	14	21	31	39
13	3	11	14	21	31	37	3	11	14	21	31	38	3	11	14	21	31	39
14	5	11	14	21	31	37	5	11	14	21	31	38	5	11	14	21	31	39
15	6	11	14	21	31	37	6	11	14	21	31	38	6	11	14	21	31	39
16	3	12	14	21	31	37	3	12	14	21	31	38	3	12	14	21	31	39
17	5	12	14	21	31	37	5	12	14	21	31	38	5	12	14	21	31	39
18	6	12	14	21	31	37	6	12	14	21	31	38	6	12	14	21	31	39
19	3	10	17	21	31	37	3	10	17	21	31	38	3	10	17	21	31	39
20	5	10	17	21	31	37	5	10	17	21	31	38	5	10	17	21	31	39
21	6	10	17	21	31	37	6	10	17	21	31	38	6	10	17	21	31	39
22	3	11	17	21	31	37	3	11	17	21	31	38	3	11	17	21	31	39
23	5	11	17	21	31	37	5	11	17	21	31	38	5	11	17	21	31	39
24	6	11	17	21	31	37	6	11	17	21	31	38	6	11	17	21	31	39
25	3	12	17	21	31	37	3	12	17	21	31	38	3	12	17	21	31	39
26	5	12	17	21	31	37	5	12	17	21	31	38	5	12	17	21	31	39
27	6	12	17	21	31	37	6	12	17	21	31	38	6	12	17	21	31	39
28	3	10	13	22	31	37	3	10	13	22	31	38	3	10	13	22	31	39
29	5	10	13	22	31	37	5	10	13	22	31	38	5	10	13	22	31	39
30	6	10	13	22	31	37	6	10	13	22	31	38	6	10	13	22	31	39
31	3	11	13	22	31	37	3	11	13	22	31	38	3	11	13	22	31	39
32	5	11	13	22	31	37	5	11	13	22	31	38	5	11	13	22	31	39

패턴 4 | 많이 나온 숫자 3개 조합 도표　　4개 ▨ 5개 ■ 6개 나온 숫자

N	A						B						C					
33	6	11	13	22	31	37	6	11	13	22	31	38	6	11	13	22	31	39
34	3	12	13	22	31	37	3	12	13	22	31	38	3	12	13	22	31	39
35	5	12	13	22	31	37	5	12	13	22	31	38	5	12	13	22	31	39
36	6	12	13	22	31	37	6	12	13	22	31	38	6	12	13	22	31	39
37	3	10	14	22	31	37	3	10	14	22	31	38	3	10	14	22	31	39
38	5	10	14	22	31	37	5	10	14	22	31	38	5	10	14	22	31	39
39	6	10	14	22	31	37	6	10	14	22	31	38	6	10	14	22	31	39
40	3	11	14	22	31	37	3	11	14	22	31	38	3	11	14	22	31	39
41	5	11	14	22	31	37	5	11	14	22	31	38	5	11	14	22	31	39
42	6	11	14	22	31	37	6	11	14	22	31	38	6	11	14	22	31	39
43	3	12	14	22	31	37	3	12	14	22	31	38	3	12	14	22	31	39
44	5	12	14	22	31	37	5	12	14	22	31	38	5	12	14	22	31	39
45	6	12	14	22	31	37	6	12	14	22	31	38	6	12	14	22	31	39
46	3	10	17	22	31	37	3	10	17	22	31	38	3	10	17	22	31	39
47	5	10	17	22	31	37	5	10	17	22	31	38	5	10	17	22	31	39
48	6	10	17	22	31	37	6	10	17	22	31	38	6	10	17	22	31	39
49	3	11	17	22	31	37	3	11	17	22	31	38	3	11	17	22	31	39
50	5	11	17	22	31	37	5	11	17	22	31	38	5	11	17	22	31	39
51	6	11	17	22	31	37	6	11	17	22	31	38	6	11	17	22	31	39
52	3	12	17	22	31	37	3	12	17	22	31	38	3	12	17	22	31	39
53	5	12	17	22	31	37	5	12	17	22	31	38	5	12	17	22	31	39
54	6	12	17	22	31	37	6	12	17	22	31	38	6	12	17	22	31	39
55	3	10	13	26	31	37	3	10	13	26	31	38	3	10	13	26	31	39
56	5	10	13	26	31	37	5	10	13	26	31	38	5	10	13	26	31	39
57	6	10	13	26	31	37	6	10	13	26	31	38	6	10	13	26	31	39
58	3	11	13	26	31	37	3	11	13	26	31	38	3	11	13	26	31	39
59	5	11	13	26	31	37	5	11	13	26	31	38	5	11	13	26	31	39
60	6	11	13	26	31	37	6	11	13	26	31	38	6	11	13	26	31	39
61	3	12	13	26	31	37	3	12	13	26	31	38	3	12	13	26	31	39
62	5	12	13	26	31	37	5	12	13	26	31	38	5	12	13	26	31	39
63	6	12	13	26	31	37	6	12	13	26	31	38	6	12	13	26	31	39
64	3	10	14	26	31	37	3	10	14	26	31	38	3	10	14	26	31	39
65	5	10	14	26	31	37	5	10	14	26	31	38	5	10	14	26	31	39
66	6	10	14	26	31	37	6	10	14	26	31	38	6	10	14	26	31	39

패턴 4 | 많이 나온 숫자 3개 조합 도표

4개 ■ 5개 ■ 6개 나온 숫자

N	A						B						C					
67	3	11	14	26	31	37	3	11	14	26	31	38	3	11	14	26	31	39
68	5	11	14	26	31	37	5	11	14	26	31	38	5	11	14	26	31	39
69	6	11	14	26	31	37	6	11	14	26	31	38	6	11	14	26	31	39
70	3	12	14	26	31	37	3	12	14	26	31	38	3	12	14	26	31	39
71	5	12	14	26	31	37	5	12	14	26	31	38	5	12	14	26	31	39
72	6	12	14	26	31	37	6	12	14	26	31	38	6	12	14	26	31	39
73	3	10	17	26	31	37	3	10	17	26	31	38	3	10	17	26	31	39
74	5	10	17	26	31	37	5	10	17	26	31	38	5	10	17	26	31	39
75	6	10	17	26	31	37	6	10	17	26	31	38	6	10	17	26	31	39
76	3	11	17	26	31	37	3	11	17	26	31	38	3	11	17	26	31	39
77	5	11	17	26	31	37	5	11	17	26	31	38	5	11	17	26	31	39
78	6	11	17	26	31	37	6	11	17	26	31	38	6	11	17	26	31	39
79	3	12	17	26	31	37	3	12	17	26	31	38	3	12	17	26	31	39
80	5	12	17	26	31	37	5	12	17	26	31	38	5	12	17	26	31	39
81	6	12	17	26	31	37	6	12	17	26	31	38	6	12	17	26	31	39
82	3	10	13	21	32	37	3	10	13	21	32	38	3	10	13	21	32	39
83	5	10	13	21	32	37	5	10	13	21	32	38	5	10	13	21	32	39
84	6	10	13	21	32	37	6	10	13	21	32	38	6	10	13	21	32	39
85	3	11	13	21	32	37	3	11	13	21	32	38	3	11	13	21	32	39
86	5	11	13	21	32	37	5	11	13	21	32	38	5	11	13	21	32	39
87	6	11	13	21	32	37	6	11	13	21	32	38	6	11	13	21	32	39
88	3	12	13	21	32	37	3	12	13	21	32	38	3	12	13	21	32	39
89	5	12	13	21	32	37	5	12	13	21	32	38	5	12	13	21	32	39
90	6	12	13	21	32	37	6	12	13	21	32	38	6	12	13	21	32	39
91	3	10	14	21	32	37	3	10	14	21	32	38	3	10	14	21	32	39
92	5	10	14	21	32	37	5	10	14	21	32	38	5	10	14	21	32	39
93	6	10	14	21	32	37	6	10	14	21	32	38	6	10	14	21	32	39
94	3	11	14	21	32	37	3	11	14	21	32	38	3	11	14	21	32	39
95	5	11	14	21	32	37	5	11	14	21	32	38	5	11	14	21	32	39
96	6	11	14	21	32	37	6	11	14	21	32	38	6	11	14	21	32	39
97	3	12	14	21	32	37	3	12	14	21	32	38	3	12	14	21	32	39
98	5	12	14	21	32	37	5	12	14	21	32	38	5	12	14	21	32	39
99	6	12	14	21	32	37	6	12	14	21	32	38	6	12	14	21	32	39
100	3	10	17	21	32	37	3	10	17	21	32	38	3	10	17	21	32	39

패턴 4 | 많이 나온 숫자 3개 조합 도표 4개 ■ 5개 ■ 6개 나온 숫자

N	A						B						C					
101	5	10	17	21	32	37	5	10	17	21	32	38	5	10	17	21	32	39
102	6	10	17	21	32	37	6	10	17	21	32	38	6	10	17	21	32	39
103	3	11	17	21	32	37	3	11	17	21	32	38	3	11	17	21	32	39
104	5	11	17	21	32	37	5	11	17	21	32	38	5	11	17	21	32	39
105	6	11	17	21	32	37	6	11	17	21	32	38	6	11	17	21	32	39
106	3	12	17	21	32	37	3	12	17	21	32	38	3	12	17	21	32	39
107	5	12	17	21	32	37	5	12	17	21	32	38	5	12	17	21	32	39
108	6	12	17	21	32	37	6	12	17	21	32	38	6	12	17	21	32	39
109	3	10	13	22	32	37	3	10	13	22	32	38	3	10	13	22	32	39
110	5	10	13	22	32	37	5	10	13	22	32	38	5	10	13	22	32	39
111	6	10	13	22	32	37	6	10	13	22	32	38	6	10	13	22	32	39
112	3	11	13	22	32	37	3	11	13	22	32	38	3	11	13	22	32	39
113	5	11	13	22	32	37	5	11	13	22	32	38	5	11	13	22	32	39
114	6	11	13	22	32	37	6	11	13	22	32	38	6	11	13	22	32	39
115	3	12	13	22	32	37	3	12	13	22	32	38	3	12	13	22	32	39
116	5	12	13	22	32	37	5	12	13	22	32	38	5	12	13	22	32	39
117	6	12	13	22	32	37	6	12	13	22	32	38	6	12	13	22	32	39
118	3	10	14	22	32	37	3	10	14	22	32	38	3	10	14	22	32	39
119	5	10	14	22	32	37	5	10	14	22	32	38	5	10	14	22	32	39
120	6	10	14	22	32	37	6	10	14	22	32	38	6	10	14	22	32	39
121	3	11	14	22	32	37	3	11	14	22	32	38	3	11	14	22	32	39
122	5	11	14	22	32	37	5	11	14	22	32	38	5	11	14	22	32	39
123	6	11	14	22	32	37	6	11	14	22	32	38	6	11	14	22	32	39
124	3	12	14	22	32	37	3	12	14	22	32	38	3	12	14	22	32	39
125	5	12	14	22	32	37	5	12	14	22	32	38	5	12	14	22	32	39
126	6	12	14	22	32	37	6	12	14	22	32	38	6	12	14	22	32	39
127	3	10	17	22	32	37	3	10	17	22	32	38	3	10	17	22	32	39
128	5	10	17	22	32	37	5	10	17	22	32	38	5	10	17	22	32	39
129	6	10	17	22	32	37	6	10	17	22	32	38	6	10	17	22	32	39
130	3	11	17	22	32	37	3	11	17	22	32	38	3	11	17	22	32	39
131	5	11	17	22	32	37	5	11	17	22	32	38	5	11	17	22	32	39
132	6	11	17	22	32	37	6	11	17	22	32	38	6	11	17	22	32	39
133	3	12	17	22	32	37	3	12	17	22	32	38	3	12	17	22	32	39
134	5	12	17	22	32	37	5	12	17	22	32	38	5	12	17	22	32	39

패턴 4 | 많이 나온 숫자 3개 조합 도표   4개 ■ 5개 ■ 6개 나온 숫자

N	A						B						C					
135	6	12	17	22	32	37	6	12	17	22	32	38	6	12	17	22	32	39
136	3	10	13	26	32	37	3	10	13	26	32	38	3	10	13	26	32	39
137	5	10	13	26	32	37	5	10	13	26	32	38	5	10	13	26	32	39
138	6	10	13	26	32	37	6	10	13	26	32	38	6	10	13	26	32	39
139	3	11	13	26	32	37	3	11	13	26	32	38	3	11	13	26	32	39
140	5	11	13	26	32	37	5	11	13	26	32	38	5	11	13	26	32	39
141	6	11	13	26	32	37	6	11	13	26	32	38	6	11	13	26	32	39
142	3	12	13	26	32	37	3	12	13	26	32	38	3	12	13	26	32	39
143	5	12	13	26	32	37	5	12	13	26	32	38	5	12	13	26	32	39
144	6	12	13	26	32	37	6	12	13	26	32	38	6	12	13	26	32	39
145	3	10	14	26	32	37	3	10	14	26	32	38	3	10	14	26	32	39
146	5	10	14	26	32	37	5	10	14	26	32	38	5	10	14	26	32	39
147	6	10	14	26	32	37	6	10	14	26	32	38	6	10	14	26	32	39
148	3	11	14	26	32	37	3	11	14	26	32	38	3	11	14	26	32	39
149	5	11	14	26	32	37	5	11	14	26	32	38	5	11	14	26	32	39
150	6	11	14	26	32	37	6	11	14	26	32	38	6	11	14	26	32	39
151	3	12	14	26	32	37	3	12	14	26	32	38	3	12	14	26	32	39
152	5	12	14	26	32	37	5	12	14	26	32	38	5	12	14	26	32	39
153	6	12	14	26	32	37	6	12	14	26	32	38	6	12	14	26	32	39
154	3	10	17	26	32	37	3	10	17	26	32	38	3	10	17	26	32	39
155	5	10	17	26	32	37	5	10	17	26	32	38	5	10	17	26	32	39
156	6	10	17	26	32	37	6	10	17	26	32	38	6	10	17	26	32	39
157	3	11	17	26	32	37	3	11	17	26	32	38	3	11	17	26	32	39
158	5	11	17	26	32	37	5	11	17	26	32	38	5	11	17	26	32	39
159	6	11	17	26	32	37	6	11	17	26	32	38	6	11	17	26	32	39
160	3	12	17	26	32	37	3	12	17	26	32	38	3	12	17	26	32	39
161	5	12	17	26	32	37	5	12	17	26	32	38	5	12	17	26	32	39
162	6	12	17	26	32	37	6	12	17	26	32	38	6	12	17	26	32	39
163	3	10	13	21	34	37	3	10	13	21	34	38	3	10	13	21	34	39
164	5	10	13	21	34	37	5	10	13	21	34	38	5	10	13	21	34	39
165	6	10	13	21	34	37	6	10	13	21	34	38	6	10	13	21	34	39
166	3	11	13	21	34	37	3	11	13	21	34	38	3	11	13	21	34	39
167	5	11	13	21	34	37	5	11	13	21	34	38	5	11	13	21	34	39
168	6	11	13	21	34	37	6	11	13	21	34	38	6	11	13	21	34	39

패턴 4 | 많이 나온 숫자 3개 조합 도표 4개 ■ 5개 ■ 6개 나온 숫자

N	A						B						C					
169	3	12	13	21	34	37	3	12	13	21	34	38	3	12	13	21	34	39
170	5	12	13	21	34	37	5	12	13	21	34	38	5	12	13	21	34	39
171	6	12	13	21	34	37	6	12	13	21	34	38	6	12	13	21	34	39
172	3	10	14	21	34	37	3	10	14	21	34	38	3	10	14	21	34	39
173	5	10	14	21	34	37	5	10	14	21	34	38	5	10	14	21	34	39
174	6	10	14	21	34	37	6	10	14	21	34	38	6	10	14	21	34	39
175	3	11	14	21	34	37	3	11	14	21	34	38	3	11	14	21	34	39
176	5	11	14	21	34	37	5	11	14	21	34	38	5	11	14	21	34	39
177	6	11	14	21	34	37	6	11	14	21	34	38	6	11	14	21	34	39
178	3	12	14	21	34	37	3	12	14	21	34	38	3	12	14	21	34	39
179	5	12	14	21	34	37	5	12	14	21	34	38	5	12	14	21	34	39
180	6	12	14	21	34	37	6	12	14	21	34	38	6	12	14	21	34	39
181	3	10	17	21	34	37	3	10	17	21	34	38	3	10	17	21	34	39
182	5	10	17	21	34	37	5	10	17	21	34	38	5	10	17	21	34	39
183	6	10	17	21	34	37	6	10	17	21	34	38	6	10	17	21	34	39
184	3	11	17	21	34	37	3	11	17	21	34	38	3	11	17	21	34	39
185	5	11	17	21	34	37	5	11	17	21	34	38	5	11	17	21	34	39
186	6	11	17	21	34	37	6	11	17	21	34	38	6	11	17	21	34	39
187	3	12	17	21	34	37	3	12	17	21	34	38	3	12	17	21	34	39
188	5	12	17	21	34	37	5	12	17	21	34	38	5	12	17	21	34	39
189	6	12	17	21	34	37	6	12	17	21	34	38	6	12	17	21	34	39
190	3	10	13	22	34	37	3	10	13	22	34	38	3	10	13	22	34	39
191	5	10	13	22	34	37	5	10	13	22	34	38	5	10	13	22	34	39
192	6	10	13	22	34	37	6	10	13	22	34	38	6	10	13	22	34	39
193	3	11	13	22	34	37	3	11	13	22	34	38	3	11	13	22	34	39
194	5	11	13	22	34	37	5	11	13	22	34	38	5	11	13	22	34	39
195	6	11	13	22	34	37	6	11	13	22	34	38	6	11	13	22	34	39
196	3	12	13	22	34	37	3	12	13	22	34	38	3	12	13	22	34	39
197	5	12	13	22	34	37	5	12	13	22	34	38	5	12	13	22	34	39
198	6	12	13	22	34	37	6	12	13	22	34	38	6	12	13	22	34	39
199	3	10	14	22	34	37	3	10	14	22	34	38	3	10	14	22	34	39
200	5	10	14	22	34	37	5	10	14	22	34	38	5	10	14	22	34	39
201	6	10	14	22	34	37	6	10	14	22	34	38	6	10	14	22	34	39
202	3	11	14	22	34	37	3	11	14	22	34	38	3	11	14	22	34	39

패턴 4 | 많이 나온 숫자 3개 조합 도표 4개 ■ 5개 ■ 6개 나온 숫자

N	A						B						C					
203	5	11	14	22	34	37	5	11	14	22	34	38	5	11	14	22	34	39
204	6	11	14	22	34	37	6	11	14	22	34	38	6	11	14	22	34	39
205	3	12	14	22	34	37	3	12	14	22	34	38	3	12	14	22	34	39
206	5	12	14	22	34	37	5	12	14	22	34	38	5	12	14	22	34	39
207	6	12	14	22	34	37	6	12	14	22	34	38	6	12	14	22	34	39
208	3	10	17	22	34	37	3	10	17	22	34	38	3	10	17	22	34	39
209	5	10	17	22	34	37	5	10	17	22	34	38	5	10	17	22	34	39
210	6	10	17	22	34	37	6	10	17	22	34	38	6	10	17	22	34	39
211	3	11	17	22	34	37	3	11	17	22	34	38	3	11	17	22	34	39
212	5	11	17	22	34	37	5	11	17	22	34	38	5	11	17	22	34	39
213	6	11	17	22	34	37	6	11	17	22	34	38	6	11	17	22	34	39
214	3	12	17	22	34	37	3	12	17	22	34	38	3	12	17	22	34	39
215	5	12	17	22	34	37	5	12	17	22	34	38	5	12	17	22	34	39
216	6	12	17	22	34	37	6	12	17	22	34	38	6	12	17	22	34	39
217	3	10	13	26	34	37	3	10	13	26	34	38	3	10	13	26	34	39
218	5	10	13	26	34	37	5	10	13	26	34	38	5	10	13	26	34	39
219	6	10	13	26	34	37	6	10	13	26	34	38	6	10	13	26	34	39
220	3	11	13	26	34	37	3	11	13	26	34	38	3	11	13	26	34	39
221	5	11	13	26	34	37	5	11	13	26	34	38	5	11	13	26	34	39
222	6	11	13	26	34	37	6	11	13	26	34	38	6	11	13	26	34	39
223	3	12	13	26	34	37	3	12	13	26	34	38	3	12	13	26	34	39
224	5	12	13	26	34	37	5	12	13	26	34	38	5	12	13	26	34	39
225	6	12	13	26	34	37	6	12	13	26	34	38	6	12	13	26	34	39
226	3	10	14	26	34	37	3	10	14	26	34	38	3	10	14	26	34	39
227	5	10	14	26	34	37	5	10	14	26	34	38	5	10	14	26	34	39
228	6	10	14	26	34	37	6	10	14	26	34	38	6	10	14	26	34	39
229	3	11	14	26	34	37	3	11	14	26	34	38	3	11	14	26	34	39
230	5	11	14	26	34	37	5	11	14	26	34	38	5	11	14	26	34	39
231	6	11	14	26	34	37	6	11	14	26	34	38	6	11	14	26	34	39
232	3	12	14	26	34	37	3	12	14	26	34	38	3	12	14	26	34	39
233	5	12	14	26	34	37	5	12	14	26	34	38	5	12	14	26	34	39
234	6	12	14	26	34	37	6	12	14	26	34	38	6	12	14	26	34	39
235	3	10	17	26	34	37	3	10	17	26	34	38	3	10	17	26	34	39
236	5	10	17	26	34	37	5	10	17	26	34	38	5	10	17	26	34	39

패턴 4 | 많이 나온 숫자 3개 조합 도표   4개 ▨ 5개 ■ 6개 나온 숫자

N	A						B						C					
237	6	10	17	26	34	37	6	10	17	26	34	38	6	10	17	26	34	39
238	3	11	17	26	34	37	3	11	17	26	34	38	3	11	17	26	34	39
239	5	11	17	26	34	37	5	11	17	26	34	38	5	11	17	26	34	39
240	6	11	17	26	34	37	6	11	17	26	34	38	6	11	17	26	34	39
241	3	12	17	26	34	37	3	12	17	26	34	38	3	12	17	26	34	39
242	5	12	17	26	34	37	5	12	17	26	34	38	5	12	17	26	34	39
243	6	12	17	26	34	37	6	12	17	26	34	38	6	12	17	26	34	39

1등 당첨!

도표 C칸 108번   6 12 17 21 32 39   2022년 13월 31일 당첨

도표 A칸 189번   6 12 17 21 34 37   2017년 10월 21일 당첨

도표 B칸 217번   3 10 13 26 34 38   2018년 2월 24일 당첨

패턴 5

패턴 5 | 2002~2022년도까지 24번의 단위별 당첨 횟수를 보임

횟수	년도	월	일	1	10	20	20	30	30	B/N
1	2003	6	14	**9**	**18**	**23**	**25**	**35**	**37**	1
2	2003	10	11	**1**	**10**	**20**	**27**	**33**	**35**	17
3	2004	6	5	**3**	**12**	**24**	**27**	**30**	**32**	14
4	2005	6	25	**3**	**12**	**20**	**23**	**31**	**35**	43
5	2005	7	2	**6**	**14**	**22**	**28**	**35**	**39**	16
6	2005	10	15	**2**	**18**	**25**	**28**	**37**	**39**	16
7	2006	3	11	**4**	**16**	**25**	**29**	**34**	**35**	1
8	2007	2	10	**4**	**11**	**20**	**26**	**35**	**37**	16
9	2007	7	21	**4**	**19**	**20**	**21**	**32**	**34**	43
10	2008	5	31	**6**	**12**	**24**	**27**	**35**	**37**	41
11	2011	3	26	**3**	**13**	**20**	**24**	**33**	**37**	35
12	2011	4	9	**9**	**14**	**20**	**22**	**33**	**34**	28
13	2011	8	20	**4**	**19**	**20**	**26**	**30**	**35**	24
14	2013	4	13	**8**	**13**	**26**	**28**	**32**	**34**	43
15	2015	2	21	**7**	**18**	**22**	**24**	**31**	**34**	6
16	2015	7	11	**8**	**19**	**25**	**28**	**32**	**36**	37
17	2016	2	6	**5**	**15**	**22**	**23**	**34**	**35**	2
18	2016	9	3	**4**	**11**	**20**	**23**	**32**	**39**	40
19	2017	12	9	**3**	**10**	**23**	**24**	**31**	**39**	22
20	2020	2	25	**8**	**19**	**20**	**21**	**33**	**39**	37
21	2020	3	7	**5**	**18**	**20**	**23**	**30**	**34**	21
22	2020	3	14	**7**	**19**	**23**	**24**	**36**	**39**	30
23	2022	11	5	**8**	**16**	**26**	**29**	**31**	**36**	11
24	2022	12	17	**7**	**16**	**25**	**29**	**35**	**36**	28

패턴 5 | 각 칸별 많이 나온 숫자

1칸	횟수	2칸	횟수	3칸	횟수	4칸	횟수	5칸	횟수	6칸	횟수
4	5	**19**	5	**20**	10	**28**	4	**32**	4	**39**	6
3	4	**18**	4	**22**	3	**24**	4	**33**	4	**35**	5
8	3	**12**	3	**23**	3	**23**	4	**35**	4	**34**	5
5	2	**10**	2	**25**	3	**27**	3	**30**	3	**37**	4
6	2	**11**	2	**24**	2	**26**	2	**31**	3	**36**	1
7	2	**13**	2	**26**	1	**21**	2	**34**	2	**32**	1
9	2	**14**	2	**21**	0	**29**	1	**36**	1	**38**	0
1	1	**15**	1	**27**	0	**25**	1	**37**	1	**33**	0
2	1	**16**	1	**28**	0	**22**	1	**38**	0	**31**	0
		17	0	**29**	0	**20**	0	**39**	0	**30**	0

패턴 5번의 2개 묶음 조합 도표

패턴 5 | 2개 숫자를 조합한 도표 4개 5개 6개

N	A						B						C						D					
1	3	18	20	24	32	35	3	18	20	24	33	35	3	18	20	24	32	39	3	18	20	24	33	39
2	4	18	20	24	32	35	4	18	20	24	33	35	4	18	20	24	32	39	4	18	20	24	33	39
3	3	19	20	24	32	35	3	19	20	24	33	35	3	19	20	24	32	39	3	19	20	24	33	39
4	4	19	20	24	32	35	4	19	20	24	33	35	4	19	20	24	32	39	4	19	20	24	33	39
5	3	18	22	24	32	35	3	18	22	24	33	35	3	18	22	24	32	39	3	18	22	24	33	39
6	4	18	22	24	32	35	4	18	22	24	33	35	4	18	22	24	32	39	4	18	22	24	33	39
7	3	19	22	24	32	35	3	19	22	24	33	35	3	19	22	24	32	39	3	19	22	24	33	39
8	4	19	22	24	32	35	4	19	22	24	33	35	4	19	22	24	32	39	4	19	22	24	33	39
9	3	18	20	28	32	35	3	18	20	28	33	35	3	18	20	28	32	39	3	18	20	28	33	39
10	4	18	20	28	32	35	4	18	20	28	33	35	4	18	20	28	32	39	4	18	20	28	33	39
11	3	19	20	28	32	35	3	19	20	28	33	35	3	19	20	28	32	39	3	19	20	28	33	39
12	4	19	20	28	32	35	4	19	20	28	33	35	4	19	20	28	32	39	4	19	20	28	33	39
13	3	18	22	28	32	35	3	18	22	28	33	35	3	18	22	28	32	39	3	18	22	28	33	39
14	4	18	22	28	32	35	4	18	22	28	33	35	4	18	22	28	32	39	4	18	22	28	33	39
15	3	19	22	28	32	35	3	19	22	28	33	35	3	19	22	28	32	39	3	19	22	28	33	39
16	4	19	22	28	32	35	4	19	22	28	33	35	4	19	22	28	32	39	4	19	22	28	33	39

패턴 5번의 3개 묶음 조합 도표

패턴 5 | 많이 나온 숫자 3개 조합 도표 　 4개 　 5개 　 ■ 6개 나온 숫자

N	A						B						C					
1	3	12	20	24	32	34	3	12	20	24	33	34	3	12	20	24	35	37
2	3	18	20	24	32	34	3	18	20	24	33	34	3	18	20	24	35	37
3	3	19	20	24	32	34	3	19	20	24	33	34	3	19	20	24	35	37
4	4	12	20	24	32	34	4	12	20	24	33	34	4	12	20	24	35	37
5	4	18	20	24	32	34	4	18	20	24	33	34	4	18	20	24	35	37
6	4	19	20	24	32	34	4	19	20	24	33	34	4	19	20	24	35	37
7	8	12	20	24	32	34	8	12	20	24	33	34	8	12	20	24	35	37
8	8	18	20	24	32	34	8	18	20	24	33	34	8	18	20	24	35	37
9	8	19	20	24	32	34	8	19	20	24	33	34	8	19	20	24	35	37
10	3	12	22	24	32	34	3	12	22	24	33	34	3	12	22	24	35	37
11	3	18	22	24	32	34	3	18	22	24	33	34	3	18	22	24	35	37
12	3	19	22	24	32	34	3	19	22	24	33	34	3	19	22	24	35	37
13	4	12	22	24	32	34	4	12	22	24	33	34	4	12	22	24	35	37
14	4	18	22	24	32	34	4	18	22	24	33	34	4	18	22	24	35	37
15	4	19	22	24	32	34	4	19	22	24	33	34	4	19	22	24	35	37
16	8	12	22	24	32	34	8	12	22	24	33	34	8	12	22	24	35	37
17	8	18	22	24	32	34	8	18	22	24	33	34	8	18	22	24	35	37
18	8	19	22	24	32	34	8	19	22	24	33	34	8	19	22	24	35	37
19	3	12	23	24	32	34	3	12	23	24	33	34	3	12	23	24	35	37
20	3	18	23	24	32	34	3	18	23	24	33	34	3	18	23	24	35	37
21	3	19	23	24	32	34	3	19	23	24	33	34	3	19	23	24	35	37
22	4	12	23	24	32	34	4	12	23	24	33	34	4	12	23	24	35	37
23	4	18	23	24	32	34	4	18	23	24	33	34	4	18	23	24	35	37
24	4	19	23	24	32	34	4	19	23	24	33	34	4	19	23	24	35	37
25	8	12	23	24	32	34	8	12	23	24	33	34	8	12	23	24	35	37
26	8	18	23	24	32	34	8	18	23	24	33	34	8	18	23	24	35	37
27	8	19	23	24	32	34	8	19	23	24	33	34	8	19	23	24	35	37
28	3	12	20	27	32	34	3	12	20	27	33	34	3	12	20	27	35	37
29	3	18	20	27	32	34	3	18	20	27	33	34	3	18	20	27	35	37
30	3	19	20	27	32	34	3	19	20	27	33	34	3	19	20	27	35	37
31	4	12	20	27	32	34	4	12	20	27	33	34	4	12	20	27	35	37
32	4	18	20	27	32	34	4	18	20	27	33	34	4	18	20	27	35	37

패턴 5 | 많이 나온 숫자 3개 조합 도표

4개 5개 ■ 6개 나온 숫자

N	A						B						C					
33	4	19	20	27	32	34	4	19	20	27	33	34	4	19	20	27	35	37
34	8	12	20	27	32	34	8	12	20	27	33	34	8	12	20	27	35	37
35	8	18	20	27	32	34	8	18	20	27	33	34	8	18	20	27	35	37
36	8	19	20	27	32	34	8	19	20	27	33	34	8	19	20	27	35	37
37	3	12	22	27	32	34	3	12	22	27	33	34	3	12	22	27	35	37
38	3	18	22	27	32	34	3	18	22	27	33	34	3	18	22	27	35	37
39	3	19	22	27	32	34	3	19	22	27	33	34	3	19	22	27	35	37
40	4	12	22	27	32	34	4	12	22	27	33	34	4	12	22	27	35	37
41	4	18	22	27	32	34	4	18	22	27	33	34	4	18	22	27	35	37
42	4	19	22	27	32	34	4	19	22	27	33	34	4	19	22	27	35	37
43	8	12	22	27	32	34	8	12	22	27	33	34	8	12	22	27	35	37
44	8	18	22	27	32	34	8	18	22	27	33	34	8	18	22	27	35	37
45	8	19	22	27	32	34	8	19	22	27	33	34	8	19	22	27	35	37
46	3	12	23	27	32	34	3	12	23	27	33	34	3	12	23	27	35	37
47	3	18	23	27	32	34	3	18	23	27	33	34	3	18	23	27	35	37
48	3	19	23	27	32	34	3	19	23	27	33	34	3	19	23	27	35	37
49	4	12	23	27	32	34	4	12	23	27	33	34	4	12	23	27	35	37
50	4	18	23	27	32	34	4	18	23	27	33	34	4	18	23	27	35	37
51	4	19	23	27	32	34	4	19	23	27	33	34	4	19	23	27	35	37
52	8	12	23	27	32	34	8	12	23	27	33	34	8	12	23	27	35	37
53	8	18	23	27	32	34	8	18	23	27	33	34	8	18	23	27	35	37
54	8	19	23	27	32	34	8	19	23	27	33	34	8	19	23	27	35	37
55	3	12	20	28	32	34	3	12	20	28	33	34	3	12	20	28	35	37
56	3	18	20	28	32	34	3	18	20	28	33	34	3	18	20	28	35	37
57	3	19	20	28	32	34	3	19	20	28	33	34	3	19	20	28	35	37
58	4	12	20	28	32	34	4	12	20	28	33	34	4	12	20	28	35	37
59	4	18	20	28	32	34	4	18	20	28	33	34	4	18	20	28	35	37
60	4	19	20	28	32	34	4	19	20	28	33	34	4	19	20	28	35	37
61	8	12	20	28	32	34	8	12	20	28	33	34	8	12	20	28	35	37
62	8	18	20	28	32	34	8	18	20	28	33	34	8	18	20	28	35	37
63	8	19	20	28	32	34	8	19	20	28	33	34	8	19	20	28	35	37
64	3	12	22	28	32	34	3	12	22	28	33	34	3	12	22	28	35	37
65	3	18	22	28	32	34	3	18	22	28	33	34	3	18	22	28	35	37
66	3	19	22	28	32	34	3	19	22	28	33	34	3	19	22	28	35	37

패턴 5 | 많이 나온 숫자 3개 조합 도표 4개 ■ 5개 ■ 6개 나온 숫자

N	A						B						C					
67	4	12	22	28	32	34	4	12	22	28	33	34	4	12	22	28	35	37
68	4	18	22	28	32	34	4	18	22	28	33	34	4	18	22	28	35	37
69	4	19	22	28	32	34	4	19	22	28	33	34	4	19	22	28	35	37
70	8	12	22	28	32	34	8	12	22	28	33	34	8	12	22	28	35	37
71	8	18	22	28	32	34	8	18	22	28	33	34	8	18	22	28	35	37
72	8	19	22	28	32	34	8	19	22	28	33	34	8	19	22	28	35	37
73	3	12	23	28	32	34	3	12	23	28	33	34	3	12	23	28	35	37
74	3	18	23	28	32	34	3	18	23	28	33	34	3	18	23	28	35	37
75	3	19	23	28	32	34	3	19	23	28	33	34	3	19	23	28	35	37
76	4	12	23	28	32	34	4	12	23	28	33	34	4	12	23	28	35	37
77	4	18	23	28	32	34	4	18	23	28	33	34	4	18	23	28	35	37
78	4	19	23	28	32	34	4	19	23	28	33	34	4	19	23	28	35	37
79	8	12	23	28	32	34	8	12	23	28	33	34	8	12	23	28	35	37
80	8	18	23	28	32	34	8	18	23	28	33	34	8	18	23	28	35	37
81	8	19	23	28	32	34	8	19	23	28	33	34	8	19	23	28	35	37
82	3	12	20	24	32	35	3	12	20	24	33	35	3	12	20	24	35	38
83	3	18	20	24	32	35	3	18	20	24	33	35	3	18	20	24	35	38
84	3	19	20	24	32	35	3	19	20	24	33	35	3	19	20	24	35	38
85	4	12	20	24	32	35	4	12	20	24	33	35	4	12	20	24	35	38
86	4	18	20	24	32	35	4	18	20	24	33	35	4	18	20	24	35	38
87	4	19	20	24	32	35	4	19	20	24	33	35	4	19	20	24	35	38
88	8	12	20	24	32	35	8	12	20	24	33	35	8	12	20	24	35	38
89	8	18	20	24	32	35	8	18	20	24	33	35	8	18	20	24	35	38
90	8	19	20	24	32	35	8	19	20	24	33	35	8	19	20	24	35	38
91	3	12	22	24	32	35	3	12	22	24	33	35	3	12	22	24	35	38
92	3	18	22	24	32	35	3	18	22	24	33	35	3	18	22	24	35	38
93	3	19	22	24	32	35	3	19	22	24	33	35	3	19	22	24	35	38
94	4	12	22	24	32	35	4	12	22	24	33	35	4	12	22	24	35	38
95	4	18	22	24	32	35	4	18	22	24	33	35	4	18	22	24	35	38
96	4	19	22	24	32	35	4	19	22	24	33	35	4	19	22	24	35	38
97	8	12	22	24	32	35	8	12	22	24	33	35	8	12	22	24	35	38
98	8	18	22	24	32	35	8	18	22	24	33	35	8	18	22	24	35	38
99	8	19	22	24	32	35	8	19	22	24	33	35	8	19	22	24	35	38
100	3	12	23	24	32	35	3	12	23	24	33	35	3	12	23	24	35	38

패턴 5 | 많이 나온 숫자 3개 조합 도표 　　4개 ▒ 5개 ■ 6개 나온 숫자

N	A						B						C					
101	3	18	23	24	32	35	3	18	23	24	33	35	3	18	23	24	35	38
102	3	19	23	24	32	35	3	19	23	24	33	35	3	19	23	24	35	38
103	4	12	23	24	32	35	4	12	23	24	33	35	4	12	23	24	35	38
104	4	18	23	24	32	35	4	18	23	24	33	35	4	18	23	24	35	38
105	4	19	23	24	32	35	4	19	23	24	33	35	4	19	23	24	35	38
106	8	12	23	24	32	35	8	12	23	24	33	35	8	12	23	24	35	38
107	8	18	23	24	32	35	8	18	23	24	33	35	8	18	23	24	35	38
108	8	19	23	24	32	35	8	19	23	24	33	35	8	19	23	24	35	38
109	3	12	20	27	32	35	3	12	20	27	33	35	3	12	20	27	35	38
110	3	18	20	27	32	35	3	18	20	27	33	35	3	18	20	27	35	38
111	3	19	20	27	32	35	3	19	20	27	33	35	3	19	20	27	35	38
112	4	12	20	27	32	35	4	12	20	27	33	35	4	12	20	27	35	38
113	4	18	20	27	32	35	4	18	20	27	33	35	4	18	20	27	35	38
114	4	19	20	27	32	35	4	19	20	27	33	35	4	19	20	27	35	38
115	8	12	20	27	32	35	8	12	20	27	33	35	8	12	20	27	35	38
116	8	18	20	27	32	35	8	18	20	27	33	35	8	18	20	27	35	38
117	8	19	20	27	32	35	8	19	20	27	33	35	8	19	20	27	35	38
118	3	12	22	27	32	35	3	12	22	27	33	35	3	12	22	27	35	38
119	3	18	22	27	32	35	3	18	22	27	33	35	3	18	22	27	35	38
120	3	19	22	27	32	35	3	19	22	27	33	35	3	19	22	27	35	38
121	4	12	22	27	32	35	4	12	22	27	33	35	4	12	22	27	35	38
122	4	18	22	27	32	35	4	18	22	27	33	35	4	18	22	27	35	38
123	4	19	22	27	32	35	4	19	22	27	33	35	4	19	22	27	35	38
124	8	12	22	27	32	35	8	12	22	27	33	35	8	12	22	27	35	38
125	8	18	22	27	32	35	8	18	22	27	33	35	8	18	22	27	35	38
126	8	19	22	27	32	35	8	19	22	27	33	35	8	19	22	27	35	38
127	3	12	23	27	32	35	3	12	23	27	33	35	3	12	23	27	35	38
128	3	18	23	27	32	35	3	18	23	27	33	35	3	18	23	27	35	38
129	3	19	23	27	32	35	3	19	23	27	33	35	3	19	23	27	35	38
130	4	12	23	27	32	35	4	12	23	27	33	35	4	12	23	27	35	38
131	4	18	23	27	32	35	4	18	23	27	33	35	4	18	23	27	35	38
132	4	19	23	27	32	35	4	19	23	27	33	35	4	19	23	27	35	38
133	8	12	23	27	32	35	8	12	23	27	33	35	8	12	23	27	35	38
134	8	18	23	27	32	35	8	18	23	27	33	35	8	18	23	27	35	38

패턴 5 | 많이 나온 숫자 3개 조합 도표 4개 ■ 5개 ■ 6개 나온 숫자

N	A						B						C					
135	8	19	23	27	32	35	8	19	23	27	33	35	8	19	23	27	35	38
136	3	12	20	28	32	35	3	12	20	28	33	35	3	12	20	28	35	38
137	3	18	20	28	32	35	3	18	20	28	33	35	3	18	20	28	35	38
138	3	19	20	28	32	35	3	19	20	28	33	35	3	19	20	28	35	38
139	4	12	20	28	32	35	4	12	20	28	33	35	4	12	20	28	35	38
140	4	18	20	28	32	35	4	18	20	28	33	35	4	18	20	28	35	38
141	4	19	20	28	32	35	4	19	20	28	33	35	4	19	20	28	35	38
142	8	12	20	28	32	35	8	12	20	28	33	35	8	12	20	28	35	38
143	8	18	20	28	32	35	8	18	20	28	33	35	8	18	20	28	35	38
144	8	19	20	28	32	35	8	19	20	28	33	35	8	19	20	28	35	38
145	3	12	22	28	32	35	3	12	22	28	33	35	3	12	22	28	35	38
146	3	18	22	28	32	35	3	18	22	28	33	35	3	18	22	28	35	38
147	3	19	22	28	32	35	3	19	22	28	33	35	3	19	22	28	35	38
148	4	12	22	28	32	35	4	12	22	28	33	35	4	12	22	28	35	38
149	4	18	22	28	32	35	4	18	22	28	33	35	4	18	22	28	35	38
150	4	19	22	28	32	35	4	19	22	28	33	35	4	19	22	28	35	38
151	8	12	22	28	32	35	8	12	22	28	33	35	8	12	22	28	35	38
152	8	18	22	28	32	35	8	18	22	28	33	35	8	18	22	28	35	38
153	8	19	22	28	32	35	8	19	22	28	33	35	8	19	22	28	35	38
154	3	12	23	28	32	35	3	12	23	28	33	35	3	12	23	28	35	38
155	3	18	23	28	32	35	3	18	23	28	33	35	3	18	23	28	35	38
156	3	19	23	28	32	35	3	19	23	28	33	35	3	19	23	28	35	38
157	4	12	23	28	32	35	4	12	23	28	33	35	4	12	23	28	35	38
158	4	18	23	28	32	35	4	18	23	28	33	35	4	18	23	28	35	38
159	4	19	23	28	32	35	4	19	23	28	33	35	4	19	23	28	35	38
160	8	12	23	28	32	35	8	12	23	28	33	35	8	12	23	28	35	38
161	8	18	23	28	32	35	8	18	23	28	33	35	8	18	23	28	35	38
162	8	19	23	28	32	35	8	19	23	28	33	35	8	19	23	28	35	38
163	3	12	20	24	32	39	3	12	20	24	33	39	3	12	20	24	35	39
164	3	18	20	24	32	39	3	18	20	24	33	39	3	18	20	24	35	39
165	3	19	20	24	32	39	3	19	20	24	33	39	3	19	20	24	35	39
166	4	12	20	24	32	39	4	12	20	24	33	39	4	12	20	24	35	39
167	4	18	20	24	32	39	4	18	20	24	33	39	4	18	20	24	35	39
168	4	19	20	24	32	39	4	19	20	24	33	39	4	19	20	24	35	39

패턴 5 | 많이 나온 숫자 3개 조합 도표　　4개 ■ 5개 ■ 6개 나온 숫자

N	A						B						C					
169	8	12	20	24	32	39	8	12	20	24	33	39	8	12	20	24	35	39
170	8	18	20	24	32	39	8	18	20	24	33	39	8	18	20	24	35	39
171	8	19	20	24	32	39	8	19	20	24	33	39	8	19	20	24	35	39
172	3	12	22	24	32	39	3	12	22	24	33	39	3	12	22	24	35	39
173	3	18	22	24	32	39	3	18	22	24	33	39	3	18	22	24	35	39
174	3	19	22	24	32	39	3	19	22	24	33	39	3	19	22	24	35	39
175	4	12	22	24	32	39	4	12	22	24	33	39	4	12	22	24	35	39
176	4	18	22	24	32	39	4	18	22	24	33	39	4	18	22	24	35	39
177	4	19	22	24	32	39	4	19	22	24	33	39	4	19	22	24	35	39
178	8	12	22	24	32	39	8	12	22	24	33	39	8	12	22	24	35	39
179	8	18	22	24	32	39	8	18	22	24	33	39	8	18	22	24	35	39
180	8	19	22	24	32	39	8	19	22	24	33	39	8	19	22	24	35	39
181	3	12	23	24	32	39	3	12	23	24	33	39	3	12	23	24	35	39
182	3	18	23	24	32	39	3	18	23	24	33	39	3	18	23	24	35	39
183	3	19	23	24	32	39	3	19	23	24	33	39	3	19	23	24	35	39
184	4	12	23	24	32	39	4	12	23	24	33	39	4	12	23	24	35	39
185	4	18	23	24	32	39	4	18	23	24	33	39	4	18	23	24	35	39
186	4	19	23	24	32	39	4	19	23	24	33	39	4	19	23	24	35	39
187	8	12	23	24	32	39	8	12	23	24	33	39	8	12	23	24	35	39
188	8	18	23	24	32	39	8	18	23	24	33	39	8	18	23	24	35	39
189	8	19	23	24	32	39	8	19	23	24	33	39	8	19	23	24	35	39
190	3	12	20	27	32	39	3	12	20	27	33	39	3	12	20	27	35	39
191	3	18	20	27	32	39	3	18	20	27	33	39	3	18	20	27	35	39
192	3	19	20	27	32	39	3	19	20	27	33	39	3	19	20	27	35	39
193	4	12	20	27	32	39	4	12	20	27	33	39	4	12	20	27	35	39
194	4	18	20	27	32	39	4	18	20	27	33	39	4	18	20	27	35	39
195	4	19	20	27	32	39	4	19	20	27	33	39	4	19	20	27	35	39
196	8	12	20	27	32	39	8	12	20	27	33	39	8	12	20	27	35	39
197	8	18	20	27	32	39	8	18	20	27	33	39	8	18	20	27	35	39
198	8	19	20	27	32	39	8	19	20	27	33	39	8	19	20	27	35	39
199	3	12	22	27	32	39	3	12	22	27	33	39	3	12	22	27	35	39
200	3	18	22	27	32	39	3	18	22	27	33	39	3	18	22	27	35	39
201	3	19	22	27	32	39	3	19	22	27	33	39	3	19	22	27	35	39
202	4	12	22	27	32	39	4	12	22	27	33	39	4	12	22	27	35	39

패턴 5 | 많이 나온 숫자 3개 조합 도표　　4개 ■ 5개 ■ 6개 나온 숫자

N	A						B						C					
203	4	18	22	27	32	39	4	18	22	27	33	39	4	18	22	27	35	39
204	4	19	22	27	32	39	4	19	22	27	33	39	4	19	22	27	35	39
205	8	12	22	27	32	39	8	12	22	27	33	39	8	12	22	27	35	39
206	8	18	22	27	32	39	8	18	22	27	33	39	8	18	22	27	35	39
207	8	19	22	27	32	39	8	19	22	27	33	39	8	19	22	27	35	39
208	3	12	23	27	32	39	3	12	23	27	33	39	3	12	23	27	35	39
209	3	18	23	27	32	39	3	18	23	27	33	39	3	18	23	27	35	39
210	3	19	23	27	32	39	3	19	23	27	33	39	3	19	23	27	35	39
211	4	12	23	27	32	39	4	12	23	27	33	39	4	12	23	27	35	39
212	4	18	23	27	32	39	4	18	23	27	33	39	4	18	23	27	35	39
213	4	19	23	27	32	39	4	19	23	27	33	39	4	19	23	27	35	39
214	8	12	23	27	32	39	8	12	23	27	33	39	8	12	23	27	35	39
215	8	18	23	27	32	39	8	18	23	27	33	39	8	18	23	27	35	39
216	8	19	23	27	32	39	8	19	23	27	33	39	8	19	23	27	35	39
217	3	12	20	28	32	39	3	12	20	28	33	39	3	12	20	28	35	39
218	3	18	20	28	32	39	3	18	20	28	33	39	3	18	20	28	35	39
219	3	19	20	28	32	39	3	19	20	28	33	39	3	19	20	28	35	39
220	4	12	20	28	32	39	4	12	20	28	33	39	4	12	20	28	35	39
221	4	18	20	28	32	39	4	18	20	28	33	39	4	18	20	28	35	39
222	4	19	20	28	32	39	4	19	20	28	33	39	4	19	20	28	35	39
223	8	12	20	28	32	39	8	12	20	28	33	39	8	12	20	28	35	39
224	8	18	20	28	32	39	8	18	20	28	33	39	8	18	20	28	35	39
225	8	19	20	28	32	39	8	19	20	28	33	39	8	19	20	28	35	39
226	3	12	22	28	32	39	3	12	22	28	33	39	3	12	22	28	35	39
227	3	18	22	28	32	39	3	18	22	28	33	39	3	18	22	28	35	39
228	3	19	22	28	32	39	3	19	22	28	33	39	3	19	22	28	35	39
229	4	12	22	28	32	39	4	12	22	28	33	39	4	12	22	28	35	39
230	4	18	22	28	32	39	4	18	22	28	33	39	4	18	22	28	35	39
231	4	19	22	28	32	39	4	19	22	28	33	39	4	19	22	28	35	39
232	8	12	22	28	32	39	8	12	22	28	33	39	8	12	22	28	35	39
233	8	18	22	28	32	39	8	18	22	28	33	39	8	18	22	28	35	39
234	8	19	22	28	32	39	8	19	22	28	33	39	8	19	22	28	35	39
235	3	12	23	28	32	39	3	12	23	28	33	39	3	12	23	28	35	39
236	3	18	23	28	32	39	3	18	23	28	33	39	3	18	23	28	35	39

패턴 5 | 많이 나온 숫자 3개 조합 도표　　　4개 ▒ 5개 ■ 6개 나온 숫자

N	A						B						C					
237	3	19	23	28	32	39	3	19	23	28	33	39	3	19	23	28	35	39
238	4	12	23	28	32	39	4	12	23	28	33	39	4	12	23	28	35	39
239	4	18	23	28	32	39	4	18	23	28	33	39	4	18	23	28	35	39
240	4	19	23	28	32	39	4	19	23	28	33	39	4	19	23	28	35	39
241	8	12	23	28	32	39	8	12	23	28	33	39	8	12	23	28	35	39
242	8	18	23	28	32	39	8	18	23	28	33	39	8	18	23	28	35	39
243	8	19	23	28	32	39	8	19	23	28	33	39	8	19	23	28	35	39

패턴 6

패턴 6 | 2002~2022년도까지 23번의 단위별 당첨 횟수를 보임

횟수	년도	월	일	1	1	10	20	30	40	B/N
1	2003	8	2	2	3	11	26	37	43	39
2	2004	10	30	1	7	11	23	37	42	6
3	2005	5	7	3	5	10	29	32	43	35
4	2006	5	6	5	9	17	25	39	43	32
5	2007	9	1	3	8	17	23	38	45	13
6	2008	2	16	7	9	12	27	39	43	28
7	2008	5	10	2	7	15	24	30	45	28
8	2008	8	2	3	8	15	27	30	45	44
9	2008	11	8	1	5	19	28	34	41	16
10	2009	4	4	4	9	14	26	31	44	39
11	2009	7	4	1	2	15	28	34	45	38
12	2009	7	25	3	8	13	27	31	42	10
13	2010	10	30	2	9	15	23	34	40	3
14	2012	10	27	1	9	12	28	36	41	10
15	2013	10	19	1	3	17	20	31	44	40
16	2016	1	16	6	7	12	28	38	40	18
17	2016	3	12	1	6	11	28	34	42	30
18	2016	6	4	1	6	17	22	38	45	23
19	2017	9	2	1	9	12	23	39	43	34
20	2018	1	20	3	8	19	27	30	41	12
21	2018	4	21	5	9	14	26	30	43	2
22	2020	4	4	3	4	16	27	38	40	20
23	2022	1	29	2	8	19	22	32	42	39

패턴 6 | 각 칸별 많이 나온 숫자

1칸	횟수	2칸	횟수	3칸	횟수	4칸	횟수	5칸	횟수	6칸	횟수
1	8	9	7	12	4	27	5	30	4	43	6
3	6	8	5	15	4	28	5	34	4	45	5
2	4	7	3	17	4	23	4	38	4	42	4
7	2	6	2	11	3	26	3	31	3	40	3
4	1	5	2	19	3	22	2	39	3	41	3
5	1	3	2	14	2	20	1	32	2	44	2
6	1	4	1	10	1	24	1	37	2		
8	0	2	1	13	1	25	1	36	1		
9	0	1	0	16	1	29	1	33	0		
				18	0	21	0	35	0		

패턴 6번의 2개 묶음 조합 도표

패턴 6 | 2개 숫자를 조합한 도표 4개 5개 6개

N	A						B						C						D					
1	1	8	12	27	30	43	1	8	12	27	34	43	1	8	12	27	30	45	1	8	12	27	34	45
2	3	8	12	27	30	43	3	8	12	27	34	43	3	8	12	27	30	45	3	8	12	27	34	45
3	1	9	12	27	30	43	1	9	12	27	34	43	1	9	12	27	30	45	1	9	12	27	34	45
4	3	9	12	27	30	43	3	9	12	27	34	43	3	9	12	27	30	45	3	9	12	27	34	45
5	1	8	15	27	30	43	1	8	15	27	34	43	1	8	15	27	30	45	1	8	15	27	34	45
6	3	8	15	27	30	43	3	8	15	27	34	43	3	8	15	27	30	45	3	8	15	27	34	45
7	1	9	15	27	30	43	1	9	15	27	34	43	1	9	15	27	30	45	1	9	15	27	34	45
8	3	9	15	27	30	43	3	9	15	27	34	43	3	9	15	27	30	45	3	9	15	27	34	45
9	1	8	12	28	30	43	1	8	12	28	34	43	1	8	12	28	30	45	1	8	12	28	34	45
10	3	8	12	28	30	43	3	8	12	28	34	43	3	8	12	28	30	45	3	8	12	28	34	45
11	1	9	12	28	30	43	1	9	12	28	34	43	1	9	12	28	30	45	1	9	12	28	34	45
12	3	9	12	28	30	43	3	9	12	28	34	43	3	9	12	28	30	45	3	9	12	28	34	45
13	1	8	15	28	30	43	1	8	15	28	34	43	1	8	15	28	30	45	1	8	15	28	34	45
14	3	8	15	28	30	43	3	8	15	28	34	43	3	8	15	28	30	45	3	8	15	28	34	45
15	1	9	15	28	30	43	1	9	15	28	34	43	1	9	15	28	30	45	1	9	15	28	34	45
16	3	9	15	28	30	43	3	9	15	28	34	43	3	9	15	28	30	45	3	9	15	28	34	45

패턴 6번의 3개 묶음 조합 도표

패턴 6 | 많이 나온 숫자 3개 조합 도표　　4개 　5개 　■ 6개 나온 숫자

N	A						B						C					
1	1	7	12	23	30	42	1	7	12	23	30	43	1	7	12	23	30	45
2	2	7	12	23	30	42	2	7	12	23	30	43	2	7	12	23	30	45
3	3	7	12	23	30	42	3	7	12	23	30	43	3	7	12	23	30	45
4	1	8	12	23	30	42	1	8	12	23	30	43	1	8	12	23	30	45
5	2	8	12	23	30	42	2	8	12	23	30	43	2	8	12	23	30	45
6	3	8	12	23	30	42	3	8	12	23	30	43	3	8	12	23	30	45
7	1	9	12	23	30	42	1	9	12	23	30	43	1	9	12	23	30	45
8	2	9	12	23	30	42	2	9	12	23	30	43	2	9	12	23	30	45
9	3	9	12	23	30	42	3	9	12	23	30	43	3	9	12	23	30	45
10	1	7	15	23	30	42	1	7	15	23	30	43	1	7	15	23	30	45
11	2	7	15	23	30	42	2	7	15	23	30	43	2	7	15	23	30	45
12	3	7	15	23	30	42	3	7	15	23	30	43	3	7	15	23	30	45
13	1	8	15	23	30	42	1	8	15	23	30	43	1	8	15	23	30	45
14	2	8	15	23	30	42	2	8	15	23	30	43	2	8	15	23	30	45
15	3	8	15	23	30	42	3	8	15	23	30	43	3	8	15	23	30	45
16	1	9	15	23	30	42	1	9	15	23	30	43	1	9	15	23	30	45
17	2	9	15	23	30	42	2	9	15	23	30	43	2	9	15	23	30	45
18	3	9	15	23	30	42	3	9	15	23	30	43	3	9	15	23	30	45
19	1	7	17	23	30	42	1	7	17	23	30	43	1	7	17	23	30	45
20	2	7	17	23	30	42	2	7	17	23	30	43	2	7	17	23	30	45
21	3	7	17	23	30	42	3	7	17	23	30	43	3	7	17	23	30	45
22	1	8	17	23	30	42	1	8	17	23	30	43	1	8	17	23	30	45
23	2	8	17	23	30	42	2	8	17	23	30	43	2	8	17	23	30	45
24	3	8	17	23	30	42	3	8	17	23	30	43	3	8	17	23	30	45
25	1	9	17	23	30	42	1	9	17	23	30	43	1	9	17	23	30	45
26	2	9	17	23	30	42	2	9	17	23	30	43	2	9	17	23	30	45
27	3	9	17	23	30	42	3	9	17	23	30	43	3	9	17	23	30	45
28	1	7	12	27	30	42	1	7	12	27	30	43	1	7	12	27	30	45
29	2	7	12	27	30	42	2	7	12	27	30	43	2	7	12	27	30	45
30	3	7	12	27	30	42	3	7	12	27	30	43	3	7	12	27	30	45
31	1	8	12	27	30	42	1	8	12	27	30	43	1	8	12	27	30	45
32	2	8	12	27	30	42	2	8	12	27	30	43	2	8	12	27	30	45

패턴 6 | 많이 나온 숫자 3개 조합 도표　　　4개 ▒ 5개 ■ 6개 나온 숫자

N	A						B						C					
33	3	8	12	27	30	42	3	8	12	27	30	43	3	8	12	27	30	45
34	1	9	12	27	30	42	1	9	12	27	30	43	1	9	12	27	30	45
35	2	9	12	27	30	42	2	9	12	27	30	43	2	9	12	27	30	45
36	3	9	12	27	30	42	3	9	12	27	30	43	3	9	12	27	30	45
37	1	7	15	27	30	42	1	7	15	27	30	43	1	7	15	27	30	45
38	2	7	15	27	30	42	2	7	15	27	30	43	2	7	15	27	30	45
39	3	7	15	27	30	42	3	7	15	27	30	43	3	7	15	27	30	45
40	1	8	15	27	30	42	1	8	15	27	30	43	1	8	15	27	30	45
41	2	8	15	27	30	42	2	8	15	27	30	43	2	8	15	27	30	45
42	3	8	15	27	30	42	3	8	15	27	30	43	3	8	15	27	30	45
43	1	9	15	27	30	42	1	9	15	27	30	43	1	9	15	27	30	45
44	2	9	15	27	30	42	2	9	15	27	30	43	2	9	15	27	30	45
45	3	9	15	27	30	42	3	9	15	27	30	43	3	9	15	27	30	45
46	1	7	17	27	30	42	1	7	17	27	30	43	1	7	17	27	30	45
47	2	7	17	27	30	42	2	7	17	27	30	43	2	7	17	27	30	45
48	3	7	17	27	30	42	3	7	17	27	30	43	3	7	17	27	30	45
49	1	8	17	27	30	42	1	8	17	27	30	43	1	8	17	27	30	45
50	2	8	17	27	30	42	2	8	17	27	30	43	2	8	17	27	30	45
51	3	8	17	27	30	42	3	8	17	27	30	43	3	8	17	27	30	45
52	1	9	17	27	30	42	1	9	17	27	30	43	1	9	17	27	30	45
53	2	9	17	27	30	42	2	9	17	27	30	43	2	9	17	27	30	45
54	3	9	17	27	30	42	3	9	17	27	30	43	3	9	17	27	30	45
55	1	7	12	28	30	42	1	7	12	28	30	43	1	7	12	28	30	45
56	2	7	12	28	30	42	2	7	12	28	30	43	2	7	12	28	30	45
57	3	7	12	28	30	42	3	7	12	28	30	43	3	7	12	28	30	45
58	1	8	12	28	30	42	1	8	12	28	30	43	1	8	12	28	30	45
59	2	8	12	28	30	42	2	8	12	28	30	43	2	8	12	28	30	45
60	3	8	12	28	30	42	3	8	12	28	30	43	3	8	12	28	30	45
61	1	9	12	28	30	42	1	9	12	28	30	43	1	9	12	28	30	45
62	2	9	12	28	30	42	2	9	12	28	30	43	2	9	12	28	30	45
63	3	9	12	28	30	42	3	9	12	28	30	43	3	9	12	28	30	45
64	1	7	15	28	30	42	1	7	15	28	30	43	1	7	15	28	30	45
65	2	7	15	28	30	42	2	7	15	28	30	43	2	7	15	28	30	45
66	3	7	15	28	30	42	3	7	15	28	30	43	3	7	15	28	30	45

패턴 6 | 많이 나온 숫자 3개 조합 도표 4개 ▒ 5개 ■ 6개 나온 숫자

N	A						B						C					
67	1	8	15	28	30	42	1	8	15	28	30	43	1	8	15	28	30	45
68	2	8	15	28	30	42	2	8	15	28	30	43	2	8	15	28	30	45
69	3	8	15	28	30	42	3	8	15	28	30	43	3	8	15	28	30	45
70	1	9	15	28	30	42	1	9	15	28	30	43	1	9	15	28	30	45
71	2	9	15	28	30	42	2	9	15	28	30	43	2	9	15	28	30	45
72	3	9	15	28	30	42	3	9	15	28	30	43	3	9	15	28	30	45
73	1	7	17	28	30	42	1	7	17	28	30	43	1	7	17	28	30	45
74	2	7	17	28	30	42	2	7	17	28	30	43	2	7	17	28	30	45
75	3	7	17	28	30	42	3	7	17	28	30	43	3	7	17	28	30	45
76	1	8	17	28	30	42	1	8	17	28	30	43	1	8	17	28	30	45
77	2	8	17	28	30	42	2	8	17	28	30	43	2	8	17	28	30	45
78	3	8	17	28	30	42	3	8	17	28	30	43	3	8	17	28	30	45
79	1	9	17	28	30	42	1	9	17	28	30	43	1	9	17	28	30	45
80	2	9	17	28	30	42	2	9	17	28	30	43	2	9	17	28	30	45
81	3	9	17	28	30	42	3	9	17	28	30	43	3	9	17	28	30	45
82	1	7	12	23	34	42	1	7	12	23	34	43	1	7	12	23	34	45
83	2	7	12	23	34	42	2	7	12	23	34	43	2	7	12	23	34	45
84	3	7	12	23	34	42	3	7	12	23	34	43	3	7	12	23	34	45
85	1	8	12	23	34	42	1	8	12	23	34	43	1	8	12	23	34	45
86	2	8	12	23	34	42	2	8	12	23	34	43	2	8	12	23	34	45
87	3	8	12	23	34	42	3	8	12	23	34	43	3	8	12	23	34	45
88	1	9	12	23	34	42	1	9	12	23	34	43	1	9	12	23	34	45
89	2	9	12	23	34	42	2	9	12	23	34	43	2	9	12	23	34	45
90	3	9	12	23	34	42	3	9	12	23	34	43	3	9	12	23	34	45
91	1	7	15	23	34	42	1	7	15	23	34	43	1	7	15	23	34	45
92	2	7	15	23	34	42	2	7	15	23	34	43	2	7	15	23	34	45
93	3	7	15	23	34	42	3	7	15	23	34	43	3	7	15	23	34	45
94	1	8	15	23	34	42	1	8	15	23	34	43	1	8	15	23	34	45
95	2	8	15	23	34	42	2	8	15	23	34	43	2	8	15	23	34	45
96	3	8	15	23	34	42	3	8	15	23	34	43	3	8	15	23	34	45
97	1	9	15	23	34	42	1	9	15	23	34	43	1	9	15	23	34	45
98	2	9	15	23	34	42	2	9	15	23	34	43	2	9	15	23	34	45
99	3	9	15	23	34	42	3	9	15	23	34	43	3	9	15	23	34	45
100	1	7	17	23	34	42	1	7	17	23	34	43	1	7	17	23	34	45

패턴 6 | 많이 나온 숫자 3개 조합 도표

4개 ▨ 5개 ■ 6개 나온 숫자

N	A						B						C					
101	2	7	17	23	34	42	2	7	17	23	34	43	2	7	17	23	34	45
102	3	7	17	23	34	42	3	7	17	23	34	43	3	7	17	23	34	45
103	1	8	17	23	34	42	1	8	17	23	34	43	1	8	17	23	34	45
104	2	8	17	23	34	42	2	8	17	23	34	43	2	8	17	23	34	45
105	3	8	17	23	34	42	3	8	17	23	34	43	3	8	17	23	34	45
106	1	9	17	23	34	42	1	9	17	23	34	43	1	9	17	23	34	45
107	2	9	17	23	34	42	2	9	17	23	34	43	2	9	17	23	34	45
108	3	9	17	23	34	42	3	9	17	23	34	43	3	9	17	23	34	45
109	1	7	12	27	34	42	1	7	12	27	34	43	1	7	12	27	34	45
110	2	7	12	27	34	42	2	7	12	27	34	43	2	7	12	27	34	45
111	3	7	12	27	34	42	3	7	12	27	34	43	3	7	12	27	34	45
112	1	8	12	27	34	42	1	8	12	27	34	43	1	8	12	27	34	45
113	2	8	12	27	34	42	2	8	12	27	34	43	2	8	12	27	34	45
114	3	8	12	27	34	42	3	8	12	27	34	43	3	8	12	27	34	45
115	1	9	12	27	34	42	1	9	12	27	34	43	1	9	12	27	34	45
116	2	9	12	27	34	42	2	9	12	27	34	43	2	9	12	27	34	45
117	3	9	12	27	34	42	3	9	12	27	34	43	3	9	12	27	34	45
118	1	7	15	27	34	42	1	7	15	27	34	43	1	7	15	27	34	45
119	2	7	15	27	34	42	2	7	15	27	34	43	2	7	15	27	34	45
120	3	7	15	27	34	42	3	7	15	27	34	43	3	7	15	27	34	45
121	1	8	15	27	34	42	1	8	15	27	34	43	1	8	15	27	34	45
122	2	8	15	27	34	42	2	8	15	27	34	43	2	8	15	27	34	45
123	3	8	15	27	34	42	3	8	15	27	34	43	3	8	15	27	34	45
124	1	9	15	27	34	42	1	9	15	27	34	43	1	9	15	27	34	45
125	2	9	15	27	34	42	2	9	15	27	34	43	2	9	15	27	34	45
126	3	9	15	27	34	42	3	9	15	27	34	43	3	9	15	27	34	45
127	1	7	17	27	34	42	1	7	17	27	34	43	1	7	17	27	34	45
128	2	7	17	27	34	42	2	7	17	27	34	43	2	7	17	27	34	45
129	3	7	17	27	34	42	3	7	17	27	34	43	3	7	17	27	34	45
130	1	8	17	27	34	42	1	8	17	27	34	43	1	8	17	27	34	45
131	2	8	17	27	34	42	2	8	17	27	34	43	2	8	17	27	34	45
132	3	8	17	27	34	42	3	8	17	27	34	43	3	8	17	27	34	45
133	1	9	17	27	34	42	1	9	17	27	34	43	1	9	17	27	34	45
134	2	9	17	27	34	42	2	9	17	27	34	43	2	9	17	27	34	45

패턴 6 | 많이 나온 숫자 3개 조합 도표 4개 ▒ 5개 ■ 6개 나온 숫자

N	A						B						C					
135	3	9	17	27	34	42	3	9	17	27	34	43	3	9	17	27	34	45
136	1	7	12	28	34	42	1	7	12	28	34	43	1	7	12	28	34	45
137	2	7	12	28	34	42	2	7	12	28	34	43	2	7	12	28	34	45
138	3	7	12	28	34	42	3	7	12	28	34	43	3	7	12	28	34	45
139	1	8	12	28	34	42	1	8	12	28	34	43	1	8	12	28	34	45
140	2	8	12	28	34	42	2	8	12	28	34	43	2	8	12	28	34	45
141	3	8	12	28	34	42	3	8	12	28	34	43	3	8	12	28	34	45
142	1	9	12	28	34	42	1	9	12	28	34	43	1	9	12	28	34	45
143	2	9	12	28	34	42	2	9	12	28	34	43	2	9	12	28	34	45
144	3	9	12	28	34	42	3	9	12	28	34	43	3	9	12	28	34	45
145	1	7	15	28	34	42	1	7	15	28	34	43	1	7	15	28	34	45
146	2	7	15	28	34	42	2	7	15	28	34	43	2	7	15	28	34	45
147	3	7	15	28	34	42	3	7	15	28	34	43	3	7	15	28	34	45
148	1	8	15	28	34	42	1	8	15	28	34	43	1	8	15	28	34	45
149	2	8	15	28	34	42	2	8	15	28	34	43	2	8	15	28	34	45
150	3	8	15	28	34	42	3	8	15	28	34	43	3	8	15	28	34	45
151	1	9	15	28	34	42	1	9	15	28	34	43	1	9	15	28	34	45
152	2	9	15	28	34	42	2	9	15	28	34	43	2	9	15	28	34	45
153	3	9	15	28	34	42	3	9	15	28	34	43	3	9	15	28	34	45
154	1	7	17	28	34	42	1	7	17	28	34	43	1	7	17	28	34	45
155	2	7	17	28	34	42	2	7	17	28	34	43	2	7	17	28	34	45
156	3	7	17	28	34	42	3	7	17	28	34	43	3	7	17	28	34	45
157	1	8	17	28	34	42	1	8	17	28	34	43	1	8	17	28	34	45
158	2	8	17	28	34	42	2	8	17	28	34	43	2	8	17	28	34	45
159	3	8	17	28	34	42	3	8	17	28	34	43	3	8	17	28	34	45
160	1	9	17	28	34	42	1	9	17	28	34	43	1	9	17	28	34	45
161	2	9	17	28	34	42	2	9	17	28	34	43	2	9	17	28	34	45
162	3	9	17	28	34	42	3	9	17	28	34	43	3	9	17	28	34	45
163	1	7	12	23	38	42	1	7	12	23	38	43	1	7	12	23	38	45
164	2	7	12	23	38	42	2	7	12	23	38	43	2	7	12	23	38	45
165	3	7	12	23	38	42	3	7	12	23	38	43	3	7	12	23	38	45
166	1	8	12	23	38	42	1	8	12	23	38	43	1	8	12	23	38	45
167	2	8	12	23	38	42	2	8	12	23	38	43	2	8	12	23	38	45
168	3	8	12	23	38	42	3	8	12	23	38	43	3	8	12	23	38	45

패턴 6 | 많이 나온 숫자 3개 조합 도표 4개 ■ 5개 ■ 6개 나온 숫자

N	A						B						C					
169	1	9	12	23	38	42	1	9	12	23	38	43	1	9	12	23	38	45
170	2	9	12	23	38	42	2	9	12	23	38	43	2	9	12	23	38	45
171	3	9	12	23	38	42	3	9	12	23	38	43	3	9	12	23	38	45
172	1	7	15	23	38	42	1	7	15	23	38	43	1	7	15	23	38	45
173	2	7	15	23	38	42	2	7	15	23	38	43	2	7	15	23	38	45
174	3	7	15	23	38	42	3	7	15	23	38	43	3	7	15	23	38	45
175	1	8	15	23	38	42	1	8	15	23	38	43	1	8	15	23	38	45
176	2	8	15	23	38	42	2	8	15	23	38	43	2	8	15	23	38	45
177	3	8	15	23	38	42	3	8	15	23	38	43	3	8	15	23	38	45
178	1	9	15	23	38	42	1	9	15	23	38	43	1	9	15	23	38	45
179	2	9	15	23	38	42	2	9	15	23	38	43	2	9	15	23	38	45
180	3	9	15	23	38	42	3	9	15	23	38	43	3	9	15	23	38	45
181	1	7	17	23	38	42	1	7	17	23	38	43	1	7	17	23	38	45
182	2	7	17	23	38	42	2	7	17	23	38	43	2	7	17	23	38	45
183	3	7	17	23	38	42	3	7	17	23	38	43	3	7	17	23	38	45
184	1	8	17	23	38	42	1	8	17	23	38	43	1	8	17	23	38	45
185	2	8	17	23	38	42	2	8	17	23	38	43	2	8	17	23	38	45
186	3	8	17	23	38	42	3	8	17	23	38	43	3	8	17	23	38	45
187	1	9	17	23	38	42	1	9	17	23	38	43	1	9	17	23	38	45
188	2	9	17	23	38	42	2	9	17	23	38	43	2	9	17	23	38	45
189	3	9	17	23	38	42	3	9	17	23	38	43	3	9	17	23	38	45
190	1	7	12	27	38	42	1	7	12	27	38	43	1	7	12	27	38	45
191	2	7	12	27	38	42	2	7	12	27	38	43	2	7	12	27	38	45
192	3	7	12	27	38	42	3	7	12	27	38	43	3	7	12	27	38	45
193	1	8	12	27	38	42	1	8	12	27	38	43	1	8	12	27	38	45
194	2	8	12	27	38	42	2	8	12	27	38	43	2	8	12	27	38	45
195	3	8	12	27	38	42	3	8	12	27	38	43	3	8	12	27	38	45
196	1	9	12	27	38	42	1	9	12	27	38	43	1	9	12	27	38	45
197	2	9	12	27	38	42	2	9	12	27	38	43	2	9	12	27	38	45
198	3	9	12	27	38	42	3	9	12	27	38	43	3	9	12	27	38	45
199	1	7	15	27	38	42	1	7	15	27	38	43	1	7	15	27	38	45
200	2	7	15	27	38	42	2	7	15	27	38	43	2	7	15	27	38	45
201	3	7	15	27	38	42	3	7	15	27	38	43	3	7	15	27	38	45
202	1	8	15	27	38	42	1	8	15	27	38	43	1	8	15	27	38	45

패턴 6 | 많이 나온 숫자 3개 조합 도표

4개 ▒ 5개 ■ 6개 나온 숫자

N	A						B						C					
203	2	8	15	27	38	42	2	8	15	27	38	43	2	8	15	27	38	45
204	3	8	15	27	38	42	3	8	15	27	38	43	3	8	15	27	38	45
205	1	9	15	27	38	42	1	9	15	27	38	43	1	9	15	27	38	45
206	2	9	15	27	38	42	2	9	15	27	38	43	2	9	15	27	38	45
207	3	9	15	27	38	42	3	9	15	27	38	43	3	9	15	27	38	45
208	1	7	17	27	38	42	1	7	17	27	38	43	1	7	17	27	38	45
209	2	7	17	27	38	42	2	7	17	27	38	43	2	7	17	27	38	45
210	3	7	17	27	38	42	3	7	17	27	38	43	3	7	17	27	38	45
211	1	8	17	27	38	42	1	8	17	27	38	43	1	8	17	27	38	45
212	2	8	17	27	38	42	2	8	17	27	38	43	2	8	17	27	38	45
213	3	8	17	27	38	42	3	8	17	27	38	43	3	8	17	27	38	45
214	1	9	17	27	38	42	1	9	17	27	38	43	1	9	17	27	38	45
215	2	9	17	27	38	42	2	9	17	27	38	43	2	9	17	27	38	45
216	3	9	17	27	38	42	3	9	17	27	38	43	3	9	17	27	38	45
217	1	7	12	28	38	42	1	7	12	28	38	43	1	7	12	28	38	45
218	2	7	12	28	38	42	2	7	12	28	38	43	2	7	12	28	38	45
219	3	7	12	28	38	42	3	7	12	28	38	43	3	7	12	28	38	45
220	1	8	12	28	38	42	1	8	12	28	38	43	1	8	12	28	38	45
221	2	8	12	28	38	42	2	8	12	28	38	43	2	8	12	28	38	45
222	3	8	12	28	38	42	3	8	12	28	38	43	3	8	12	28	38	45
223	1	9	12	28	38	42	1	9	12	28	38	43	1	9	12	28	38	45
224	2	9	12	28	38	42	2	9	12	28	38	43	2	9	12	28	38	45
225	3	9	12	28	38	42	3	9	12	28	38	43	3	9	12	28	38	45
226	1	7	15	28	38	42	1	7	15	28	38	43	1	7	15	28	38	45
227	2	7	15	28	38	42	2	7	15	28	38	43	2	7	15	28	38	45
228	3	7	15	28	38	42	3	7	15	28	38	43	3	7	15	28	38	45
229	1	8	15	28	38	42	1	8	15	28	38	43	1	8	15	28	38	45
230	2	8	15	28	38	42	2	8	15	28	38	43	2	8	15	28	38	45
231	3	8	15	28	38	42	3	8	15	28	38	43	3	8	15	28	38	45
232	1	9	15	28	38	42	1	9	15	28	38	43	1	9	15	28	38	45
233	2	9	15	28	38	42	2	9	15	28	38	43	2	9	15	28	38	45
234	3	9	15	28	38	42	3	9	15	28	38	43	3	9	15	28	38	45
235	1	7	17	28	38	42	1	7	17	28	38	43	1	7	17	28	38	45
236	2	7	17	28	38	42	2	7	17	28	38	43	2	7	17	28	38	45

패턴 6 | 많이 나온 숫자 3개 조합 도표   4개 ▨ 5개 ■ 6개 나온 숫자

N	A						B						C					
237	3	7	17	28	38	42	3	7	17	28	38	43	3	7	17	28	38	45
238	1	8	17	28	38	42	1	8	17	28	38	43	1	8	17	28	38	45
239	2	8	17	28	38	42	2	8	17	28	38	43	2	8	17	28	38	45
240	3	8	17	28	38	42	3	8	17	28	38	43	3	8	17	28	38	45
241	1	9	17	28	38	42	1	9	17	28	38	43	1	9	17	28	38	45
242	2	9	17	28	38	42	2	9	17	28	38	43	2	9	17	28	38	45
243	3	9	17	28	38	42	3	9	17	28	38	43	3	9	17	28	38	45

1등 당첨!

도표 C칸 42번   3 8 15 27 30 45   2008년 8월 2일 당첨

도표 C칸 186번   3 8 17 23 38 45   2007년 9월 1일 당첨

패턴 7

패턴 7 | 2002~2022년도까지 22번의 단위별 당첨 횟수를 보임

횟수	년도	월	일	1	10	20	20	30	40	B/N
1	2002	12	14	9	13	21	25	32	42	2
2	2003	2	22	2	11	21	25	39	45	44
3	2004	8	7	1	17	20	24	30	41	27
4	2007	3	17	4	19	26	27	30	42	7
5	2009	10	24	4	16	23	25	35	40	27
6	2010	11	13	7	17	20	26	30	40	24
7	2011	7	9	3	10	20	26	35	43	36
8	2012	5	26	4	13	22	27	34	44	6
9	2012	6	2	4	13	20	29	36	41	39
10	2012	10	6	1	15	20	26	35	42	9
11	2013	5	4	5	17	21	25	36	44	10
12	2013	5	18	8	17	20	27	37	43	6
13	2014	5	10	8	10	23	24	35	43	37
14	2016	3	19	7	15	20	25	33	43	12
15	2016	10	29	1	11	21	23	34	44	24
16	2019	9	14	5	16	21	26	34	42	24
17	2019	11	9	4	14	23	28	37	45	17
18	2020	2	1	5	12	25	26	38	45	23
19	2021	2	27	4	12	22	24	33	41	38
20	2022	6	4	3	19	21	25	37	45	35
21	2022	7	16	9	18	20	22	38	44	10
22	2022	10	22	7	16	24	27	37	44	2

패턴 7 | 각 칸별 많이 나온 숫자

1칸	횟수	2칸	횟수	3칸	횟수	4칸	횟수	5칸	횟수	6칸	횟수
4	6	17	4	20	8	25	6	35	4	44	5
1	3	13	3	21	6	26	5	37	4	43	4
5	3	16	3	23	3	27	4	34	3	42	4
7	3	10	2	22	2	24	3	35	4	45	4
3	2	11	2	25	1	29	1	33	2	41	3
8	2	12	2	26	1	28	1	36	2	40	2
2	1	15	2	24	1	23	1	32	1		
9	2	19	2	27	0	22	1	38	2		
6	0	14	1	28	0	21	0	39	1		
		18	1	29	0	20	0	31	0		

패턴 7번의 2개 묶음 조합 도표

패턴 7 | 2개 숫자를 조합한 도표　　4개 ▒ 5개 ■ 6개

N	A						B						C						D					
1	1	13	20	25	35	43	1	13	20	25	37	43	1	13	20	25	35	44	1	13	20	25	37	44
2	4	13	20	25	35	43	4	13	20	25	37	43	4	13	20	25	35	44	4	13	20	25	37	44
3	1	17	20	25	35	43	1	17	20	25	37	43	1	17	20	25	35	44	1	17	20	25	37	44
4	4	17	20	25	35	43	4	17	20	25	37	43	4	17	20	25	35	44	4	17	20	25	37	44
5	1	13	21	25	35	43	1	13	21	25	37	43	1	13	21	25	35	44	1	13	21	25	37	44
6	4	13	21	25	35	43	4	13	21	25	37	43	4	13	21	25	35	44	4	13	21	25	37	44
7	1	17	21	25	35	43	1	17	21	25	37	43	1	17	21	25	35	44	1	17	21	25	37	44
8	4	17	21	25	35	43	4	17	21	25	37	43	4	17	21	25	35	44	4	17	21	25	37	44
9	1	13	20	26	35	43	1	13	20	26	37	43	1	13	20	26	35	44	1	13	20	26	37	44
10	4	13	20	26	35	43	4	13	20	26	37	43	4	13	20	26	35	44	4	13	20	26	37	44
11	1	17	20	26	35	43	1	17	20	26	37	43	1	17	20	26	35	44	1	17	20	26	37	44
12	4	17	20	26	35	43	4	17	20	26	37	43	4	17	20	26	35	44	4	17	20	26	37	44
13	1	13	21	26	35	43	1	13	21	26	37	43	1	13	21	26	35	44	1	13	21	26	37	44
14	4	13	21	26	35	43	4	13	21	26	37	43	4	13	21	26	35	44	4	13	21	26	37	44
15	1	17	21	26	35	43	1	17	21	26	37	43	1	17	21	26	35	44	1	17	21	26	37	44
16	4	17	21	26	35	43	4	17	21	26	37	43	4	17	21	26	35	44	4	17	21	26	37	44

패턴 7번의 3개 묶음 조합 도표

패턴 7 | 많이 나온 숫자 3개 조합 도표 4개 ▒ 5개 ■ 6개 나온 숫자

N	A						B						C					
1	1	13	20	25	34	42	1	13	20	25	34	43	1	13	20	25	34	45
2	4	13	20	25	34	42	4	13	20	25	34	43	4	13	20	25	34	45
3	5	13	20	25	34	42	5	13	20	25	34	43	5	13	20	25	34	45
4	1	16	20	25	34	42	1	16	20	25	34	43	1	16	20	25	34	45
5	4	16	20	25	34	42	4	16	20	25	34	43	4	16	20	25	34	45
6	5	16	20	25	34	42	5	16	20	25	34	43	5	16	20	25	34	45
7	1	17	20	25	34	42	1	17	20	25	34	43	1	17	20	25	34	45
8	4	17	20	25	34	42	4	17	20	25	34	43	4	17	20	25	34	45
9	5	17	20	25	34	42	5	17	20	25	34	43	5	17	20	25	34	45
10	1	13	21	25	34	42	1	13	21	25	34	43	1	13	21	25	34	45
11	4	13	21	25	34	42	4	13	21	25	34	43	4	13	21	25	34	45
12	5	13	21	25	34	42	5	13	21	25	34	43	5	13	21	25	34	45
13	1	16	21	25	34	42	1	16	21	25	34	43	1	16	21	25	34	45
14	4	16	21	25	34	42	4	16	21	25	34	43	4	16	21	25	34	45
15	5	16	21	25	34	42	5	16	21	25	34	43	5	16	21	25	34	45
16	1	17	21	25	34	42	1	17	21	25	34	43	1	17	21	25	34	45
17	4	17	21	25	34	42	4	17	21	25	34	43	4	17	21	25	34	45
18	5	17	21	25	34	42	5	17	21	25	34	43	5	17	21	25	34	45
19	1	13	23	25	34	42	1	13	23	25	34	43	1	13	23	25	34	45
20	4	13	23	25	34	42	4	13	23	25	34	43	4	13	23	25	34	45
21	5	13	23	25	34	42	5	13	23	25	34	43	5	13	23	25	34	45
22	1	16	23	25	34	42	1	16	23	25	34	43	1	16	23	25	34	45
23	4	16	23	25	34	42	4	16	23	25	34	43	4	16	23	25	34	45
24	5	16	23	25	34	42	5	16	23	25	34	43	5	16	23	25	34	45
25	1	17	23	25	34	42	1	17	23	25	34	43	1	17	23	25	34	45
26	4	17	23	25	34	42	4	17	23	25	34	43	4	17	23	25	34	45
27	5	17	23	25	34	42	5	17	23	25	34	43	5	17	23	25	34	45
28	1	13	20	26	34	42	1	13	20	26	34	43	1	13	20	26	34	45
29	4	13	20	26	34	42	4	13	20	26	34	43	4	13	20	26	34	45
30	5	13	20	26	34	42	5	13	20	26	34	43	5	13	20	26	34	45
31	1	16	20	26	34	42	1	16	20	26	34	43	1	16	20	26	34	45
32	4	16	20	26	34	42	4	16	20	26	34	43	4	16	20	26	34	45

패턴 7 | 많이 나온 숫자 3개 조합 도표

4개 ■ 5개 ■ 6개 나온 숫자

N	A						B						C					
33	5	16	20	26	34	42	5	16	20	26	34	43	5	16	20	26	34	45
34	1	17	20	26	34	42	1	17	20	26	34	43	1	17	20	26	34	45
35	4	17	20	26	34	42	4	17	20	26	34	43	4	17	20	26	34	45
36	5	17	20	26	34	42	5	17	20	26	34	43	5	17	20	26	34	45
37	1	13	21	26	34	42	1	13	21	26	34	43	1	13	21	26	34	45
38	4	13	21	26	34	42	4	13	21	26	34	43	4	13	21	26	34	45
39	5	13	21	26	34	42	5	13	21	26	34	43	5	13	21	26	34	45
40	1	16	21	26	34	42	1	16	21	26	34	43	1	16	21	26	34	45
41	4	16	21	26	34	42	4	16	21	26	34	43	4	16	21	26	34	45
42	5	16	21	26	34	42	5	16	21	26	34	43	5	16	21	26	34	45
43	1	17	21	26	34	42	1	17	21	26	34	43	1	17	21	26	34	45
44	4	17	21	26	34	42	4	17	21	26	34	43	4	17	21	26	34	45
45	5	17	21	26	34	42	5	17	21	26	34	43	5	17	21	26	34	45
46	1	13	23	26	34	42	1	13	23	26	34	43	1	13	23	26	34	45
47	4	13	23	26	34	42	4	13	23	26	34	43	4	13	23	26	34	45
48	5	13	23	26	34	42	5	13	23	26	34	43	5	13	23	26	34	45
49	1	16	23	26	34	42	1	16	23	26	34	43	1	16	23	26	34	45
50	4	16	23	26	34	42	4	16	23	26	34	43	4	16	23	26	34	45
51	5	16	23	26	34	42	5	16	23	26	34	43	5	16	23	26	34	45
52	1	17	23	26	34	42	1	17	23	26	34	43	1	17	23	26	34	45
53	4	17	23	26	34	42	4	17	23	26	34	43	4	17	23	26	34	45
54	5	17	23	26	34	42	5	17	23	26	34	43	5	17	23	26	34	45
55	1	13	20	27	34	42	1	13	20	27	34	43	1	13	20	27	34	45
56	4	13	20	27	34	42	4	13	20	27	34	43	4	13	20	27	34	45
57	5	13	20	27	34	42	5	13	20	27	34	43	5	13	20	27	34	45
58	1	16	20	27	34	42	1	16	20	27	34	43	1	16	20	27	34	45
59	4	16	20	27	34	42	4	16	20	27	34	43	4	16	20	27	34	45
60	5	16	20	27	34	42	5	16	20	27	34	43	5	16	20	27	34	45
61	1	17	20	27	34	42	1	17	20	27	34	43	1	17	20	27	34	45
62	4	17	20	27	34	42	4	17	20	27	34	43	4	17	20	27	34	45
63	5	17	20	27	34	42	5	17	20	27	34	43	5	17	20	27	34	45
64	1	13	21	27	34	42	1	13	21	27	34	43	1	13	21	27	34	45
65	4	13	21	27	34	42	4	13	21	27	34	43	4	13	21	27	34	45
66	5	13	21	27	34	42	5	13	21	27	34	43	5	13	21	27	34	45

패턴 7 | 많이 나온 숫자 3개 조합 도표　　4개　5개　■ 6개 나온 숫자

N	A						B						C					
67	1	16	21	27	34	42	1	16	21	27	34	43	1	16	21	27	34	45
68	4	16	21	27	34	42	4	16	21	27	34	43	4	16	21	27	34	45
69	5	16	21	27	34	42	5	16	21	27	34	43	5	16	21	27	34	45
70	1	17	21	27	34	42	1	17	21	27	34	43	1	17	21	27	34	45
71	4	17	21	27	34	42	4	17	21	27	34	43	4	17	21	27	34	45
72	5	17	21	27	34	42	5	17	21	27	34	43	5	17	21	27	34	45
73	1	13	23	27	34	42	1	13	23	27	34	43	1	13	23	27	34	45
74	4	13	23	27	34	42	4	13	23	27	34	43	4	13	23	27	34	45
75	5	13	23	27	34	42	5	13	23	27	34	43	5	13	23	27	34	45
76	1	16	23	27	34	42	1	16	23	27	34	43	1	16	23	27	34	45
77	4	16	23	27	34	42	4	16	23	27	34	43	4	16	23	27	34	45
78	5	16	23	27	34	42	5	16	23	27	34	43	5	16	23	27	34	45
79	1	17	23	27	34	42	1	17	23	27	34	43	1	17	23	27	34	45
80	4	17	23	27	34	42	4	17	23	27	34	43	4	17	23	27	34	45
81	5	17	23	27	34	42	5	17	23	27	34	43	5	17	23	27	34	45
82	1	13	20	25	35	42	1	13	20	25	35	43	1	13	20	25	35	45
83	4	13	20	25	35	42	4	13	20	25	35	43	4	13	20	25	35	45
84	5	13	20	25	35	42	5	13	20	25	35	43	5	13	20	25	35	45
85	1	16	20	25	35	42	1	16	20	25	35	43	1	16	20	25	35	45
86	4	16	20	25	35	42	4	16	20	25	35	43	4	16	20	25	35	45
87	5	16	20	25	35	42	5	16	20	25	35	43	5	16	20	25	35	45
88	1	17	20	25	35	42	1	17	20	25	35	43	1	17	20	25	35	45
89	4	17	20	25	35	42	4	17	20	25	35	43	4	17	20	25	35	45
90	5	17	20	25	35	42	5	17	20	25	35	43	5	17	20	25	35	45
91	1	13	21	25	35	42	1	13	21	25	35	43	1	13	21	25	35	45
92	4	13	21	25	35	42	4	13	21	25	35	43	4	13	21	25	35	45
93	5	13	21	25	35	42	5	13	21	25	35	43	5	13	21	25	35	45
94	1	16	21	25	35	42	1	16	21	25	35	43	1	16	21	25	35	45
95	4	16	21	25	35	42	4	16	21	25	35	43	4	16	21	25	35	45
96	5	16	21	25	35	42	5	16	21	25	35	43	5	16	21	25	35	45
97	1	17	21	25	35	42	1	17	21	25	35	43	1	17	21	25	35	45
98	4	17	21	25	35	42	4	17	21	25	35	43	4	17	21	25	35	45
99	5	17	21	25	35	42	5	17	21	25	35	43	5	17	21	25	35	45
100	1	13	23	25	35	42	1	13	23	25	35	43	1	13	23	25	35	45

패턴 7 | 많이 나온 숫자 3개 조합 도표

4개 ▒ 5개 ■ 6개 나온 숫자

N	A						B						C					
101	4	13	23	25	35	42	4	13	23	25	35	43	4	13	23	25	35	45
102	5	13	23	25	35	42	5	13	23	25	35	43	5	13	23	25	35	45
103	1	16	23	25	35	42	1	16	23	25	35	43	1	16	23	25	35	45
104	4	16	23	25	35	42	4	16	23	25	35	43	4	16	23	25	35	45
105	5	16	23	25	35	42	5	16	23	25	35	43	5	16	23	25	35	45
106	1	17	23	25	35	42	1	17	23	25	35	43	1	17	23	25	35	45
107	4	17	23	25	35	42	4	17	23	25	35	43	4	17	23	25	35	45
108	5	17	23	25	35	42	5	17	23	25	35	43	5	17	23	25	35	45
109	1	13	20	26	35	42	1	13	20	26	35	43	1	13	20	26	35	45
110	4	13	20	26	35	42	4	13	20	26	35	43	4	13	20	26	35	45
111	5	13	20	26	35	42	5	13	20	26	35	43	5	13	20	26	35	45
112	1	16	20	26	35	42	1	16	20	26	35	43	1	16	20	26	35	45
113	4	16	20	26	35	42	4	16	20	26	35	43	4	16	20	26	35	45
114	5	16	20	26	35	42	5	16	20	26	35	43	5	16	20	26	35	45
115	1	17	20	26	35	42	1	17	20	26	35	43	1	17	20	26	35	45
116	4	17	20	26	35	42	4	17	20	26	35	43	4	17	20	26	35	45
117	5	17	20	26	35	42	5	17	20	26	35	43	5	17	20	26	35	45
118	1	13	21	26	35	42	1	13	21	26	35	43	1	13	21	26	35	45
119	4	13	21	26	35	42	4	13	21	26	35	43	4	13	21	26	35	45
120	5	13	21	26	35	42	5	13	21	26	35	43	5	13	21	26	35	45
121	1	16	21	26	35	42	1	16	21	26	35	43	1	16	21	26	35	45
122	4	16	21	26	35	42	4	16	21	26	35	43	4	16	21	26	35	45
123	5	16	21	26	35	42	5	16	21	26	35	43	5	16	21	26	35	45
124	1	17	21	26	35	42	1	17	21	26	35	43	1	17	21	26	35	45
125	4	17	21	26	35	42	4	17	21	26	35	43	4	17	21	26	35	45
126	5	17	21	26	35	42	5	17	21	26	35	43	5	17	21	26	35	45
127	1	13	23	26	35	42	1	13	23	26	35	43	1	13	23	26	35	45
128	4	13	23	26	35	42	4	13	23	26	35	43	4	13	23	26	35	45
129	5	13	23	26	35	42	5	13	23	26	35	43	5	13	23	26	35	45
130	1	16	23	26	35	42	1	16	23	26	35	43	1	16	23	26	35	45
131	4	16	23	26	35	42	4	16	23	26	35	43	4	16	23	26	35	45
132	5	16	23	26	35	42	5	16	23	26	35	43	5	16	23	26	35	45
133	1	17	23	26	35	42	1	17	23	26	35	43	1	17	23	26	35	45
134	4	17	23	26	35	42	4	17	23	26	35	43	4	17	23	26	35	45

패턴 7 | 많이 나온 숫자 3개 조합 도표 　 4개 5개 6개 나온 숫자

N	A						B						C					
135	5	17	23	26	35	42	5	17	23	26	35	43	5	17	23	26	35	45
136	1	13	20	27	35	42	1	13	20	27	35	43	1	13	20	27	35	45
137	4	13	20	27	35	42	4	13	20	27	35	43	4	13	20	27	35	45
138	5	13	20	27	35	42	5	13	20	27	35	43	5	13	20	27	35	45
139	1	16	20	27	35	42	1	16	20	27	35	43	1	16	20	27	35	45
140	4	16	20	27	35	42	4	16	20	27	35	43	4	16	20	27	35	45
141	5	16	20	27	35	42	5	16	20	27	35	43	5	16	20	27	35	45
142	1	17	20	27	35	42	1	17	20	27	35	43	1	17	20	27	35	45
143	4	17	20	27	35	42	4	17	20	27	35	43	4	17	20	27	35	45
144	5	17	20	27	35	42	5	17	20	27	35	43	5	17	20	27	35	45
145	1	13	21	27	35	42	1	13	21	27	35	43	1	13	21	27	35	45
146	4	13	21	27	35	42	4	13	21	27	35	43	4	13	21	27	35	45
147	5	13	21	27	35	42	5	13	21	27	35	43	5	13	21	27	35	45
148	1	16	21	27	35	42	1	16	21	27	35	43	1	16	21	27	35	45
149	4	16	21	27	35	42	4	16	21	27	35	43	4	16	21	27	35	45
150	5	16	21	27	35	42	5	16	21	27	35	43	5	16	21	27	35	45
151	1	17	21	27	35	42	1	17	21	27	35	43	1	17	21	27	35	45
152	4	17	21	27	35	42	4	17	21	27	35	43	4	17	21	27	35	45
153	5	17	21	27	35	42	5	17	21	27	35	43	5	17	21	27	35	45
154	1	13	23	27	35	42	1	13	23	27	35	43	1	13	23	27	35	45
155	4	13	23	27	35	42	4	13	23	27	35	43	4	13	23	27	35	45
156	5	13	23	27	35	42	5	13	23	27	35	43	5	13	23	27	35	45
157	1	16	23	27	35	42	1	16	23	27	35	43	1	16	23	27	35	45
158	4	16	23	27	35	42	4	16	23	27	35	43	4	16	23	27	35	45
159	5	16	23	27	35	42	5	16	23	27	35	43	5	16	23	27	35	45
160	1	17	23	27	35	42	1	17	23	27	35	43	1	17	23	27	35	45
161	4	17	23	27	35	42	4	17	23	27	35	43	4	17	23	27	35	45
162	5	17	23	27	35	42	5	17	23	27	35	43	5	17	23	27	35	45
163	1	13	20	25	37	42	1	13	20	25	37	43	1	13	20	25	37	45
164	4	13	20	25	37	42	4	13	20	25	37	43	4	13	20	25	37	45
165	5	13	20	25	37	42	5	13	20	25	37	43	5	13	20	25	37	45
166	1	16	20	25	37	42	1	16	20	25	37	43	1	16	20	25	37	45
167	4	16	20	25	37	42	4	16	20	25	37	43	4	16	20	25	37	45
168	5	16	20	25	37	42	5	16	20	25	37	43	5	16	20	25	37	45

패턴 7 | 많이 나온 숫자 3개 조합 도표 4개 ■ 5개 ■ 6개 나온 숫자

N	A						B						C					
169	1	17	20	25	37	42	1	17	20	25	37	43	1	17	20	25	37	45
170	4	17	20	25	37	42	4	17	20	25	37	43	4	17	20	25	37	45
171	5	17	20	25	37	42	5	17	20	25	37	43	5	17	20	25	37	45
172	1	13	21	25	37	42	1	13	21	25	37	43	1	13	21	25	37	45
173	4	13	21	25	37	42	4	13	21	25	37	43	4	13	21	25	37	45
174	5	13	21	25	37	42	5	13	21	25	37	43	5	13	21	25	37	45
175	1	16	21	25	37	42	1	16	21	25	37	43	1	16	21	25	37	45
176	4	16	21	25	37	42	4	16	21	25	37	43	4	16	21	25	37	45
177	5	16	21	25	37	42	5	16	21	25	37	43	5	16	21	25	37	45
178	1	17	21	25	37	42	1	17	21	25	37	43	1	17	21	25	37	45
179	4	17	21	25	37	42	4	17	21	25	37	43	4	17	21	25	37	45
180	5	17	21	25	37	42	5	17	21	25	37	43	5	17	21	25	37	45
181	1	13	23	25	37	42	1	13	23	25	37	43	1	13	23	25	37	45
182	4	13	23	25	37	42	4	13	23	25	37	43	4	13	23	25	37	45
183	5	13	23	25	37	42	5	13	23	25	37	43	5	13	23	25	37	45
184	1	16	23	25	37	42	1	16	23	25	37	43	1	16	23	25	37	45
185	4	16	23	25	37	42	4	16	23	25	37	43	4	16	23	25	37	45
186	5	16	23	25	37	42	5	16	23	25	37	43	5	16	23	25	37	45
187	1	17	23	25	37	42	1	17	23	25	37	43	1	17	23	25	37	45
188	4	17	23	25	37	42	4	17	23	25	37	43	4	17	23	25	37	45
189	5	17	23	25	37	42	5	17	23	25	37	43	5	17	23	25	37	45
190	1	13	20	26	37	42	1	13	20	26	37	43	1	13	20	26	37	45
191	4	13	20	26	37	42	4	13	20	26	37	43	4	13	20	26	37	45
192	5	13	20	26	37	42	5	13	20	26	37	43	5	13	20	26	37	45
193	1	16	20	26	37	42	1	16	20	26	37	43	1	16	20	26	37	45
194	4	16	20	26	37	42	4	16	20	26	37	43	4	16	20	26	37	45
195	5	16	20	26	37	42	5	16	20	26	37	43	5	16	20	26	37	45
196	1	17	20	26	37	42	1	17	20	26	37	43	1	17	20	26	37	45
197	4	17	20	26	37	42	4	17	20	26	37	43	4	17	20	26	37	45
198	5	17	20	26	37	42	5	17	20	26	37	43	5	17	20	26	37	45
199	1	13	21	26	37	42	1	13	21	26	37	43	1	13	21	26	37	45
200	4	13	21	26	37	42	4	13	21	26	37	43	4	13	21	26	37	45
201	5	13	21	26	37	42	5	13	21	26	37	43	5	13	21	26	37	45
202	1	16	21	26	37	42	1	16	21	26	37	43	1	16	21	26	37	45

패턴 7 | 많이 나온 숫자 3개 조합 도표 4개 5개 ■ 6개 나온 숫자

N	A						B						C					
203	4	16	21	26	37	42	4	16	21	26	37	43	4	16	21	26	37	45
204	5	16	21	26	37	42	5	16	21	26	37	43	5	16	21	26	37	45
205	1	17	21	26	37	42	1	17	21	26	37	43	1	17	21	26	37	45
206	4	17	21	26	37	42	4	17	21	26	37	43	4	17	21	26	37	45
207	5	17	21	26	37	42	5	17	21	26	37	43	5	17	21	26	37	45
208	1	13	23	26	37	42	1	13	23	26	37	43	1	13	23	26	37	45
209	4	13	23	26	37	42	4	13	23	26	37	43	4	13	23	26	37	45
210	5	13	23	26	37	42	5	13	23	26	37	43	5	13	23	26	37	45
211	1	16	23	26	37	42	1	16	23	26	37	43	1	16	23	26	37	45
212	4	16	23	26	37	42	4	16	23	26	37	43	4	16	23	26	37	45
213	5	16	23	26	37	42	5	16	23	26	37	43	5	16	23	26	37	45
214	1	17	23	26	37	42	1	17	23	26	37	43	1	17	23	26	37	45
215	4	17	23	26	37	42	4	17	23	26	37	43	4	17	23	26	37	45
216	5	17	23	26	37	42	5	17	23	26	37	43	5	17	23	26	37	45
217	1	13	20	27	37	42	1	13	20	27	37	43	1	13	20	27	37	45
218	4	13	20	27	37	42	4	13	20	27	37	43	4	13	20	27	37	45
219	5	13	20	27	37	42	5	13	20	27	37	43	5	13	20	27	37	45
220	1	16	20	27	37	42	1	16	20	27	37	43	1	16	20	27	37	45
221	4	16	20	27	37	42	4	16	20	27	37	43	4	16	20	27	37	45
222	5	16	20	27	37	42	5	16	20	27	37	43	5	16	20	27	37	45
223	1	17	20	27	37	42	1	17	20	27	37	43	1	17	20	27	37	45
224	4	17	20	27	37	42	4	17	20	27	37	43	4	17	20	27	37	45
225	5	17	20	27	37	42	5	17	20	27	37	43	5	17	20	27	37	45
226	1	13	21	27	37	42	1	13	21	27	37	43	1	13	21	27	37	45
227	4	13	21	27	37	42	4	13	21	27	37	43	4	13	21	27	37	45
228	5	13	21	27	37	42	5	13	21	27	37	43	5	13	21	27	37	45
229	1	16	21	27	37	42	1	16	21	27	37	43	1	16	21	27	37	45
230	4	16	21	27	37	42	4	16	21	27	37	43	4	16	21	27	37	45
231	5	16	21	27	37	42	5	16	21	27	37	43	5	16	21	27	37	45
232	1	17	21	27	37	42	1	17	21	27	37	43	1	17	21	27	37	45
233	4	17	21	27	37	42	4	17	21	27	37	43	4	17	21	27	37	45
234	5	17	21	27	37	42	5	17	21	27	37	43	5	17	21	27	37	45
235	1	13	23	27	37	42	1	13	23	27	37	43	1	13	23	27	37	45
236	4	13	23	27	37	42	4	13	23	27	37	43	4	13	23	27	37	45

패턴 7 | 많이 나온 숫자 3개 조합 도표 4개 ▒ 5개 ■ 6개 나온 숫자

N	A						B						C					
237	5	13	23	27	37	42	5	13	23	27	37	43	5	13	23	27	37	45
238	1	16	23	27	37	42	1	16	23	27	37	43	1	16	23	27	37	45
239	4	16	23	27	37	42	4	16	23	27	37	43	4	16	23	27	37	45
240	5	16	23	27	37	42	5	16	23	27	37	43	5	16	23	27	37	45
241	1	17	23	27	37	42	1	17	23	27	37	43	1	17	23	27	37	45
242	4	17	23	27	37	42	4	17	23	27	37	43	4	17	23	27	37	45
243	5	17	23	27	37	42	5	17	23	27	37	43	5	17	23	27	37	45

1등 당첨!

도표 A칸 42번 5 16 21 26 34 42 2019년 9월 14일 당첨

패턴 8

패턴 8 | 2002~2022년도까지 21번의 단위별 당첨 횟수를 보임

횟수	년도	월	일	1	1	10	10	20	40	B/N
1	2003	8	30	**6**	**7**	**13**	**15**	**21**	**43**	8
2	2003	11	22	**2**	**3**	**11**	**16**	**26**	**44**	35
3	2004	4	10	**5**	**9**	**12**	**16**	**29**	**41**	21
4	2007	2	3	**1**	**8**	**14**	**18**	**29**	**44**	20
5	2007	4	7	**4**	**5**	**15**	**16**	**22**	**42**	2
6	2007	5	12	**8**	**9**	**10**	**12**	**24**	**44**	35
7	2007	5	19	**4**	**6**	**13**	**17**	**28**	**40**	39
8	2009	10	10	**1**	**9**	**10**	**12**	**21**	**40**	37
9	2011	5	28	**4**	**6**	**10**	**19**	**20**	**44**	14
10	2011	9	17	**4**	**6**	**10**	**14**	**25**	**40**	12
11	2014	5	3	**3**	**4**	**12**	**14**	**25**	**43**	17
12	2014	12	13	**1**	**7**	**12**	**15**	**23**	**42**	11
13	2016	1	30	**1**	**8**	**10**	**13**	**28**	**42**	45
14	2016	9	10	**4**	**8**	**13**	**19**	**20**	**43**	26
15	2017	9	16	**5**	**6**	**11**	**14**	**21**	**41**	32
16	2018	3	31	**1**	**4**	**10**	**12**	**28**	**45**	26
17	2018	7	28	**3**	**9**	**12**	**13**	**25**	**43**	34
18	2020	1	4	**4**	**9**	**17**	**18**	**26**	**42**	36
19	2020	8	1	**2**	**6**	**13**	**17**	**27**	**43**	36
20	2021	8	21	**2**	**9**	**10**	**14**	**22**	**44**	16
21	2022	1	8	**4**	**7**	**14**	**16**	**24**	**44**	20

패턴 8 | 각 칸별 많이 나온 숫자

1칸	횟수	2칸	횟수	3칸	횟수	4칸	횟수	5칸	횟수	6칸	횟수
4	7	**9**	6	**10**	7	**16**	4	**21**	3	**44**	6
1	5	**6**	5	**12**	4	**14**	4	**25**	3	**43**	5
2	3	**8**	3	**13**	4	**12**	3	**28**	3	**42**	4
3	2	**7**	3	**11**	2	**19**	2	**20**	2	**40**	3
5	2	**4**	2	**14**	2	**18**	2	**22**	2	**41**	2
6	1	**5**	1	**15**	1	**17**	2	**24**	2	**45**	1
8	1	**3**	1	**17**	1	**15**	2	**26**	2		
7	0	**2**	0	**16**	0	**13**	2	**29**	2		
9	0	**1**	0	**18**	0	**11**	0	**23**	1		
				19	0	**10**	0	**27**	1		

패턴 8번의 2개 묶음 조합 도표

패턴 8 | 2개 숫자를 조합한 도표 4개 ▒ 5개 ■ 6개

N	A						B						C						D					
1	1	6	10	14	21	43	1	6	10	14	25	43	1	6	10	14	21	44	1	6	10	14	25	44
2	4	6	10	14	21	43	4	6	10	14	25	43	4	6	10	14	21	44	4	6	10	14	25	44
3	1	9	10	14	21	43	1	9	10	14	25	43	1	9	10	14	21	44	1	9	10	14	25	44
4	4	9	10	14	21	43	4	9	10	14	25	43	4	9	10	14	21	44	4	9	10	14	25	44
5	1	6	12	14	21	43	1	6	12	14	25	43	1	6	12	14	21	44	1	6	12	14	25	44
6	4	6	12	14	21	43	4	6	12	14	25	43	4	6	12	14	21	44	4	6	12	14	25	44
7	1	9	12	14	21	43	1	9	12	14	25	43	1	9	12	14	21	44	1	9	12	14	25	44
8	4	9	12	14	21	43	4	9	12	14	25	43	4	9	12	14	21	44	4	9	12	14	25	44
9	1	6	10	16	21	43	1	6	10	16	25	43	1	6	10	16	21	44	1	6	10	16	25	44
10	4	6	10	16	21	43	4	6	10	16	25	43	4	6	10	16	21	44	4	6	10	16	25	44
11	1	9	10	16	21	43	1	9	10	16	25	43	1	9	10	16	21	44	1	9	10	16	25	44
12	4	9	10	16	21	43	4	9	10	16	25	43	4	9	10	16	21	44	4	9	10	16	25	44
13	1	6	12	16	21	43	1	6	12	16	25	43	1	6	12	16	21	44	1	6	12	16	25	44
14	4	6	12	16	21	43	4	6	12	16	25	43	4	6	12	16	21	44	4	6	12	16	25	44
15	1	9	12	16	21	43	1	9	12	16	25	43	1	9	12	16	21	44	1	9	12	16	25	44
16	4	9	12	16	21	43	4	9	12	16	25	43	4	9	12	16	21	44	4	9	12	16	25	44

패턴 8번의 3개 묶음 조합 도표

패턴 8 | 많이 나온 숫자 3개 조합 도표　　4개 5개 6개 나온 숫자

N	A						B						C					
1	1	6	10	14	21	42	1	6	10	14	21	43	1	6	10	14	21	44
2	2	6	10	14	21	42	2	6	10	14	21	43	2	6	10	14	21	44
3	4	6	10	14	21	42	4	6	10	14	21	43	4	6	10	14	21	44
4	1	8	10	14	21	42	1	8	10	14	21	43	1	8	10	14	21	44
5	2	8	10	14	21	42	2	8	10	14	21	43	2	8	10	14	21	44
6	4	8	10	14	21	42	4	8	10	14	21	43	4	8	10	14	21	44
7	1	9	10	14	21	42	1	9	10	14	21	43	1	9	10	14	21	44
8	2	9	10	14	21	42	2	9	10	14	21	43	2	9	10	14	21	44
9	4	9	10	14	21	42	4	9	10	14	21	43	4	9	10	14	21	44
10	1	6	12	14	21	42	1	6	12	14	21	43	1	6	12	14	21	44
11	2	6	12	14	21	42	2	6	12	14	21	43	2	6	12	14	21	44
12	4	6	12	14	21	42	4	6	12	14	21	43	4	6	12	14	21	44
13	1	8	12	14	21	42	1	8	12	14	21	43	1	8	12	14	21	44
14	2	8	12	14	21	42	2	8	12	14	21	43	2	8	12	14	21	44
15	4	8	12	14	21	42	4	8	12	14	21	43	4	8	12	14	21	44
16	1	9	12	14	21	42	1	9	12	14	21	43	1	9	12	14	21	44
17	2	9	12	14	21	42	2	9	12	14	21	43	2	9	12	14	21	44
18	4	9	12	14	21	42	4	9	12	14	21	43	4	9	12	14	21	44
19	1	6	13	14	21	42	1	6	13	14	21	43	1	6	13	14	21	44
20	2	6	13	14	21	42	2	6	13	14	21	43	2	6	13	14	21	44
21	4	6	13	14	21	42	4	6	13	14	21	43	4	6	13	14	21	44
22	1	8	13	14	21	42	1	8	13	14	21	43	1	8	13	14	21	44
23	2	8	13	14	21	42	2	8	13	14	21	43	2	8	13	14	21	44
24	4	8	13	14	21	42	4	8	13	14	21	43	4	8	13	14	21	44
25	1	9	13	14	21	42	1	9	13	14	21	43	1	9	13	14	21	44
26	2	9	13	14	21	42	2	9	13	14	21	43	2	9	13	14	21	44
27	4	9	13	14	21	42	4	9	13	14	21	43	4	9	13	14	21	44
28	1	6	10	16	21	42	1	6	10	16	21	43	1	6	10	16	21	44
29	2	6	10	16	21	42	2	6	10	16	21	43	2	6	10	16	21	44
30	4	6	10	16	21	42	4	6	10	16	21	43	4	6	10	16	21	44
31	1	8	10	16	21	42	1	8	10	16	21	43	1	8	10	16	21	44
32	2	8	10	16	21	42	2	8	10	16	21	43	2	8	10	16	21	44

패턴 8 | 많이 나온 숫자 3개 조합 도표   4개 ▨ 5개 ■ 6개 나온 숫자

N	A						B						C					
33	4	8	10	16	21	42	4	8	10	16	21	43	4	8	10	16	21	44
34	1	9	10	16	21	42	1	9	10	16	21	43	1	9	10	16	21	44
35	2	9	10	16	21	42	2	9	10	16	21	43	2	9	10	16	21	44
36	4	9	10	16	21	42	4	9	10	16	21	43	4	9	10	16	21	44
37	1	6	12	16	21	42	1	6	12	16	21	43	1	6	12	16	21	44
38	2	6	12	16	21	42	2	6	12	16	21	43	2	6	12	16	21	44
39	4	6	12	16	21	42	4	6	12	16	21	43	4	6	12	16	21	44
40	1	8	12	16	21	42	1	8	12	16	21	43	1	8	12	16	21	44
41	2	8	12	16	21	42	2	8	12	16	21	43	2	8	12	16	21	44
42	4	8	12	16	21	42	4	8	12	16	21	43	4	8	12	16	21	44
43	1	9	12	16	21	42	1	9	12	16	21	43	1	9	12	16	21	44
44	2	9	12	16	21	42	2	9	12	16	21	43	2	9	12	16	21	44
45	4	9	12	16	21	42	4	9	12	16	21	43	4	9	12	16	21	44
46	1	6	13	16	21	42	1	6	13	16	21	43	1	6	13	16	21	44
47	2	6	13	16	21	42	2	6	13	16	21	43	2	6	13	16	21	44
48	4	6	13	16	21	42	4	6	13	16	21	43	4	6	13	16	21	44
49	1	8	13	16	21	42	1	8	13	16	21	43	1	8	13	16	21	44
50	2	8	13	16	21	42	2	8	13	16	21	43	2	8	13	16	21	44
51	4	8	13	16	21	42	4	8	13	16	21	43	4	8	13	16	21	44
52	1	9	13	16	21	42	1	9	13	16	21	43	1	9	13	16	21	44
53	2	9	13	16	21	42	2	9	13	16	21	43	2	9	13	16	21	44
54	4	9	13	16	21	42	4	9	13	16	21	43	4	9	13	16	21	44
55	1	6	10	19	21	42	1	6	10	19	21	43	1	6	10	19	21	44
56	2	6	10	19	21	42	2	6	10	19	21	43	2	6	10	19	21	44
57	4	6	10	19	21	42	4	6	10	19	21	43	4	6	10	19	21	44
58	1	8	10	19	21	42	1	8	10	19	21	43	1	8	10	19	21	44
59	2	8	10	19	21	42	2	8	10	19	21	43	2	8	10	19	21	44
60	4	8	10	19	21	42	4	8	10	19	21	43	4	8	10	19	21	44
61	1	9	10	19	21	42	1	9	10	19	21	43	1	9	10	19	21	44
62	2	9	10	19	21	42	2	9	10	19	21	43	2	9	10	19	21	44
63	4	9	10	19	21	42	4	9	10	19	21	43	4	9	10	19	21	44
64	1	6	12	19	21	42	1	6	12	19	21	43	1	6	12	19	21	44
65	2	6	12	19	21	42	2	6	12	19	21	43	2	6	12	19	21	44
66	4	6	12	19	21	42	4	6	12	19	21	43	4	6	12	19	21	44

패턴 8 | 많이 나온 숫자 3개 조합 도표

4개 5개 ■ 6개 나온 숫자

N	A						B						C					
67	1	8	12	19	21	42	1	8	12	19	21	43	1	8	12	19	21	44
68	2	8	12	19	21	42	2	8	12	19	21	43	2	8	12	19	21	44
69	4	8	12	19	21	42	4	8	12	19	21	43	4	8	12	19	21	44
70	1	9	12	19	21	42	1	9	12	19	21	43	1	9	12	19	21	44
71	2	9	12	19	21	42	2	9	12	19	21	43	2	9	12	19	21	44
72	4	9	12	19	21	42	4	9	12	19	21	43	4	9	12	19	21	44
73	1	6	13	19	21	42	1	6	13	19	21	43	1	6	13	19	21	44
74	2	6	13	19	21	42	2	6	13	19	21	43	2	6	13	19	21	44
75	4	6	13	19	21	42	4	6	13	19	21	43	4	6	13	19	21	44
76	1	8	13	19	21	42	1	8	13	19	21	43	1	8	13	19	21	44
77	2	8	13	19	21	42	2	8	13	19	21	43	2	8	13	19	21	44
78	4	8	13	19	21	42	4	8	13	19	21	43	4	8	13	19	21	44
79	1	9	13	19	21	42	1	9	13	19	21	43	1	9	13	19	21	44
80	2	9	13	19	21	42	2	9	13	19	21	43	2	9	13	19	21	44
81	4	9	13	19	21	42	4	9	13	19	21	43	4	9	13	19	21	44
82	1	6	10	14	25	42	1	6	10	14	25	43	1	6	10	14	25	44
83	2	6	10	14	25	42	2	6	10	14	25	43	2	6	10	14	25	44
84	4	6	10	14	25	42	4	6	10	14	25	43	4	6	10	14	25	44
85	1	8	10	14	25	42	1	8	10	14	25	43	1	8	10	14	25	44
86	2	8	10	14	25	42	2	8	10	14	25	43	2	8	10	14	25	44
87	4	8	10	14	25	42	4	8	10	14	25	43	4	8	10	14	25	44
88	1	9	10	14	25	42	1	9	10	14	25	43	1	9	10	14	25	44
89	2	9	10	14	25	42	2	9	10	14	25	43	2	9	10	14	25	44
90	4	9	10	14	25	42	4	9	10	14	25	43	4	9	10	14	25	44
91	1	6	12	14	25	42	1	6	12	14	25	43	1	6	12	14	25	44
92	2	6	12	14	25	42	2	6	12	14	25	43	2	6	12	14	25	44
93	4	6	12	14	25	42	4	6	12	14	25	43	4	6	12	14	25	44
94	1	8	12	14	25	42	1	8	12	14	25	43	1	8	12	14	25	44
95	2	8	12	14	25	42	2	8	12	14	25	43	2	8	12	14	25	44
96	4	8	12	14	25	42	4	8	12	14	25	43	4	8	12	14	25	44
97	1	9	12	14	25	42	1	9	12	14	25	43	1	9	12	14	25	44
98	2	9	12	14	25	42	2	9	12	14	25	43	2	9	12	14	25	44
99	4	9	12	14	25	42	4	9	12	14	25	43	4	9	12	14	25	44
100	1	6	13	14	25	42	1	6	13	14	25	43	1	6	13	14	25	44

패턴 8 | 많이 나온 숫자 3개 조합 도표

4개 ▒ 5개 ■ 6개 나온 숫자

N	A						B						C					
101	2	6	13	14	25	42	2	6	13	14	25	43	2	6	13	14	25	44
102	4	6	13	14	25	42	4	6	13	14	25	43	4	6	13	14	25	44
103	1	8	13	14	25	42	1	8	13	14	25	43	1	8	13	14	25	44
104	2	8	13	14	25	42	2	8	13	14	25	43	2	8	13	14	25	44
105	4	8	13	14	25	42	4	8	13	14	25	43	4	8	13	14	25	44
106	1	9	13	14	25	42	1	9	13	14	25	43	1	9	13	14	25	44
107	2	9	13	14	25	42	2	9	13	14	25	43	2	9	13	14	25	44
108	4	9	13	14	25	42	4	9	13	14	25	43	4	9	13	14	25	44
109	1	6	10	16	25	42	1	6	10	16	25	43	1	6	10	16	25	44
110	2	6	10	16	25	42	2	6	10	16	25	43	2	6	10	16	25	44
111	4	6	10	16	25	42	4	6	10	16	25	43	4	6	10	16	25	44
112	1	8	10	16	25	42	1	8	10	16	25	43	1	8	10	16	25	44
113	2	8	10	16	25	42	2	8	10	16	25	43	2	8	10	16	25	44
114	4	8	10	16	25	42	4	8	10	16	25	43	4	8	10	16	25	44
115	1	9	10	16	25	42	1	9	10	16	25	43	1	9	10	16	25	44
116	2	9	10	16	25	42	2	9	10	16	25	43	2	9	10	16	25	44
117	4	9	10	16	25	42	4	9	10	16	25	43	4	9	10	16	25	44
118	1	6	12	16	25	42	1	6	12	16	25	43	1	6	12	16	25	44
119	2	6	12	16	25	42	2	6	12	16	25	43	2	6	12	16	25	44
120	4	6	12	16	25	42	4	6	12	16	25	43	4	6	12	16	25	44
121	1	8	12	16	25	42	1	8	12	16	25	43	1	8	12	16	25	44
122	2	8	12	16	25	42	2	8	12	16	25	43	2	8	12	16	25	44
123	4	8	12	16	25	42	4	8	12	16	25	43	4	8	12	16	25	44
124	1	9	12	16	25	42	1	9	12	16	25	43	1	9	12	16	25	44
125	2	9	12	16	25	42	2	9	12	16	25	43	2	9	12	16	25	44
126	4	9	12	16	25	42	4	9	12	16	25	43	4	9	12	16	25	44
127	1	6	13	16	25	42	1	6	13	16	25	43	1	6	13	16	25	44
128	2	6	13	16	25	42	2	6	13	16	25	43	2	6	13	16	25	44
129	4	6	13	16	25	42	4	6	13	16	25	43	4	6	13	16	25	44
130	1	8	13	16	25	42	1	8	13	16	25	43	1	8	13	16	25	44
131	2	8	13	16	25	42	2	8	13	16	25	43	2	8	13	16	25	44
132	4	8	13	16	25	42	4	8	13	16	25	43	4	8	13	16	25	44
133	1	9	13	16	25	42	1	9	13	16	25	43	1	9	13	16	25	44
134	2	9	13	16	25	42	2	9	13	16	25	43	2	9	13	16	25	44

패턴 8 | 많이 나온 숫자 3개 조합 도표   4개 ■ 5개 ■ 6개 나온 숫자

N	A						B						C					
135	4	9	13	16	25	42	4	9	13	16	25	43	4	9	13	16	25	44
136	1	6	10	19	25	42	1	6	10	19	25	43	1	6	10	19	25	44
137	2	6	10	19	25	42	2	6	10	19	25	43	2	6	10	19	25	44
138	4	6	10	19	25	42	4	6	10	19	25	43	4	6	10	19	25	44
139	1	8	10	19	25	42	1	8	10	19	25	43	1	8	10	19	25	44
140	2	8	10	19	25	42	2	8	10	19	25	43	2	8	10	19	25	44
141	4	8	10	19	25	42	4	8	10	19	25	43	4	8	10	19	25	44
142	1	9	10	19	25	42	1	9	10	19	25	43	1	9	10	19	25	44
143	2	9	10	19	25	42	2	9	10	19	25	43	2	9	10	19	25	44
144	4	9	10	19	25	42	4	9	10	19	25	43	4	9	10	19	25	44
145	1	6	12	19	25	42	1	6	12	19	25	43	1	6	12	19	25	44
146	2	6	12	19	25	42	2	6	12	19	25	43	2	6	12	19	25	44
147	4	6	12	19	25	42	4	6	12	19	25	43	4	6	12	19	25	44
148	1	8	12	19	25	42	1	8	12	19	25	43	1	8	12	19	25	44
149	2	8	12	19	25	42	2	8	12	19	25	43	2	8	12	19	25	44
150	4	8	12	19	25	42	4	8	12	19	25	43	4	8	12	19	25	44
151	1	9	12	19	25	42	1	9	12	19	25	43	1	9	12	19	25	44
152	2	9	12	19	25	42	2	9	12	19	25	43	2	9	12	19	25	44
153	4	9	12	19	25	42	4	9	12	19	25	43	4	9	12	19	25	44
154	1	6	13	19	25	42	1	6	13	19	25	43	1	6	13	19	25	44
155	2	6	13	19	25	42	2	6	13	19	25	43	2	6	13	19	25	44
156	4	6	13	19	25	42	4	6	13	19	25	43	4	6	13	19	25	44
157	1	8	13	19	25	42	1	8	13	19	25	43	1	8	13	19	25	44
158	2	8	13	19	25	42	2	8	13	19	25	43	2	8	13	19	25	44
159	4	8	13	19	25	42	4	8	13	19	25	43	4	8	13	19	25	44
160	1	9	13	19	25	42	1	9	13	19	25	43	1	9	13	19	25	44
161	2	9	13	19	25	42	2	9	13	19	25	43	2	9	13	19	25	44
162	4	9	13	19	25	42	4	9	13	19	25	43	4	9	13	19	25	44
163	1	6	10	14	28	42	1	6	10	14	28	43	1	6	10	14	28	44
164	2	6	10	14	28	42	2	6	10	14	28	43	2	6	10	14	28	44
165	4	6	10	14	28	42	4	6	10	14	28	43	4	6	10	14	28	44
166	1	8	10	14	28	42	1	8	10	14	28	43	1	8	10	14	28	44
167	2	8	10	14	28	42	2	8	10	14	28	43	2	8	10	14	28	44
168	4	8	10	14	28	42	4	8	10	14	28	43	4	8	10	14	28	44

패턴 8 | 많이 나온 숫자 3개 조합 도표   4개 ■ 5개 ■ 6개 나온 숫자

N	A						B						C					
169	1	9	10	14	28	42	1	9	10	14	28	43	1	9	10	14	28	44
170	2	9	10	14	28	42	2	9	10	14	28	43	2	9	10	14	28	44
171	4	9	10	14	28	42	4	9	10	14	28	43	4	9	10	14	28	44
172	1	6	12	14	28	42	1	6	12	14	28	43	1	6	12	14	28	44
173	2	6	12	14	28	42	2	6	12	14	28	43	2	6	12	14	28	44
174	4	6	12	14	28	42	4	6	12	14	28	43	4	6	12	14	28	44
175	1	8	12	14	28	42	1	8	12	14	28	43	1	8	12	14	28	44
176	2	8	12	14	28	42	2	8	12	14	28	43	2	8	12	14	28	44
177	4	8	12	14	28	42	4	8	12	14	28	43	4	8	12	14	28	44
178	1	9	12	14	28	42	1	9	12	14	28	43	1	9	12	14	28	44
179	2	9	12	14	28	42	2	9	12	14	28	43	2	9	12	14	28	44
180	4	9	12	14	28	42	4	9	12	14	28	43	4	9	12	14	28	44
181	1	6	13	14	28	42	1	6	13	14	28	43	1	6	13	14	28	44
182	2	6	13	14	28	42	2	6	13	14	28	43	2	6	13	14	28	44
183	4	6	13	14	28	42	4	6	13	14	28	43	4	6	13	14	28	44
184	1	8	13	14	28	42	1	8	13	14	28	43	1	8	13	14	28	44
185	2	8	13	14	28	42	2	8	13	14	28	43	2	8	13	14	28	44
186	4	8	13	14	28	42	4	8	13	14	28	43	4	8	13	14	28	44
187	1	9	13	14	28	42	1	9	13	14	28	43	1	9	13	14	28	44
188	2	9	13	14	28	42	2	9	13	14	28	43	2	9	13	14	28	44
189	4	9	13	14	28	42	4	9	13	14	28	43	4	9	13	14	28	44
190	1	6	10	16	28	42	1	6	10	16	28	43	1	6	10	16	28	44
191	2	6	10	16	28	42	2	6	10	16	28	43	2	6	10	16	28	44
192	4	6	10	16	28	42	4	6	10	16	28	43	4	6	10	16	28	44
193	1	8	10	16	28	42	1	8	10	16	28	43	1	8	10	16	28	44
194	2	8	10	16	28	42	2	8	10	16	28	43	2	8	10	16	28	44
195	4	8	10	16	28	42	4	8	10	16	28	43	4	8	10	16	28	44
196	1	9	10	16	28	42	1	9	10	16	28	43	1	9	10	16	28	44
197	2	9	10	16	28	42	2	9	10	16	28	43	2	9	10	16	28	44
198	4	9	10	16	28	42	4	9	10	16	28	43	4	9	10	16	28	44
199	1	6	12	16	28	42	1	6	12	16	28	43	1	6	12	16	28	44
200	2	6	12	16	28	42	2	6	12	16	28	43	2	6	12	16	28	44
201	4	6	12	16	28	42	4	6	12	16	28	43	4	6	12	16	28	44
202	1	8	12	16	28	42	1	8	12	16	28	43	1	8	12	16	28	44

패턴 8 | 많이 나온 숫자 3개 조합 도표

4개 5개 6개 나온 숫자

N	A						B						C					
203	2	8	12	16	28	42	2	8	12	16	28	43	2	8	12	16	28	44
204	4	8	12	16	28	42	4	8	12	16	28	43	4	8	12	16	28	44
205	1	9	12	16	28	42	1	9	12	16	28	43	1	9	12	16	28	44
206	2	9	12	16	28	42	2	9	12	16	28	43	2	9	12	16	28	44
207	4	9	12	16	28	42	4	9	12	16	28	43	4	9	12	16	28	44
208	1	6	13	16	28	42	1	6	13	16	28	43	1	6	13	16	28	44
209	2	6	13	16	28	42	2	6	13	16	28	43	2	6	13	16	28	44
210	4	6	13	16	28	42	4	6	13	16	28	43	4	6	13	16	28	44
211	1	8	13	16	28	42	1	8	13	16	28	43	1	8	13	16	28	44
212	2	8	13	16	28	42	2	8	13	16	28	43	2	8	13	16	28	44
213	4	8	13	16	28	42	4	8	13	16	28	43	4	8	13	16	28	44
214	1	9	13	16	28	42	1	9	13	16	28	43	1	9	13	16	28	44
215	2	9	13	16	28	42	2	9	13	16	28	43	2	9	13	16	28	44
216	4	9	13	16	28	42	4	9	13	16	28	43	4	9	13	16	28	44
217	1	6	10	19	28	42	1	6	10	19	28	43	1	6	10	19	28	44
218	2	6	10	19	28	42	2	6	10	19	28	43	2	6	10	19	28	44
219	4	6	10	19	28	42	4	6	10	19	28	43	4	6	10	19	28	44
220	1	8	10	19	28	42	1	8	10	19	28	43	1	8	10	19	28	44
221	2	8	10	19	28	42	2	8	10	19	28	43	2	8	10	19	28	44
222	4	8	10	19	28	42	4	8	10	19	28	43	4	8	10	19	28	44
223	1	9	10	19	28	42	1	9	10	19	28	43	1	9	10	19	28	44
224	2	9	10	19	28	42	2	9	10	19	28	43	2	9	10	19	28	44
225	4	9	10	19	28	42	4	9	10	19	28	43	4	9	10	19	28	44
226	1	6	12	19	28	42	1	6	12	19	28	43	1	6	12	19	28	44
227	2	6	12	19	28	42	2	6	12	19	28	43	2	6	12	19	28	44
228	4	6	12	19	28	42	4	6	12	19	28	43	4	6	12	19	28	44
229	1	8	12	19	28	42	1	8	12	19	28	43	1	8	12	19	28	44
230	2	8	12	19	28	42	2	8	12	19	28	43	2	8	12	19	28	44
231	4	8	12	19	28	42	4	8	12	19	28	43	4	8	12	19	28	44
232	1	9	12	19	28	42	1	9	12	19	28	43	1	9	12	19	28	44
233	2	9	12	19	28	42	2	9	12	19	28	43	2	9	12	19	28	44
234	4	9	12	19	28	42	4	9	12	19	28	43	4	9	12	19	28	44
235	1	6	13	19	28	42	1	6	13	19	28	43	1	6	13	19	28	44
236	2	6	13	19	28	42	2	6	13	19	28	43	2	6	13	19	28	44

패턴 8 | 많이 나온 숫자 3개 조합 도표　　　4개 ▧ 5개 ■ 6개 나온 숫자

N	A						B						C					
237	4	6	13	19	28	42	4	6	13	19	28	43	4	6	13	19	28	44
238	1	8	13	19	28	42	1	8	13	19	28	43	1	8	13	19	28	44
239	2	8	13	19	28	42	2	8	13	19	28	43	2	8	13	19	28	44
240	4	8	13	19	28	42	4	8	13	19	28	43	4	8	13	19	28	44
241	1	9	13	19	28	42	1	9	13	19	28	43	1	9	13	19	28	44
242	2	9	13	19	28	42	2	9	13	19	28	43	2	9	13	19	28	44
243	4	9	13	19	28	42	4	9	13	19	28	43	4	9	13	19	28	44

패턴 9

패턴 9 | 2002~2022년도까지 21번의 단위별 당첨 횟수를 보임

횟수	년도	월	일	10	10	20	30	30	40	B/N
1	2003	8	23	16	17	22	30	37	43	36
2	2003	10	25	14	17	26	31	36	45	27
3	2005	11	19	16	19	20	32	33	41	4
4	2006	10	14	12	14	27	33	39	44	17
5	2007	8	25	12	15	28	36	39	40	13
6	2008	3	8	14	19	20	35	38	40	26
7	2008	9	13	13	19	20	32	38	42	4
8	2010	5	22	16	17	28	37	39	40	15
9	2011	1	15	10	11	26	31	34	44	30
10	2011	10	1	11	18	26	31	37	40	43
11	2012	6	16	13	14	24	32	39	41	3
12	2013	4	27	13	18	26	31	34	44	12
13	2015	1	10	15	18	21	32	35	44	6
14	2015	3	14	11	18	21	36	37	43	12
15	2015	5	2	13	19	28	37	38	43	4
16	2016	7	16	11	15	24	35	37	45	42
17	2016	10	1	12	14	21	30	39	43	45
18	2017	10	7	11	12	29	33	38	42	17
19	2018	2	10	10	15	21	35	38	43	31
20	2021	11	27	13	18	25	31	33	44	38
21	2022	8	6	14	16	27	35	39	45	5

패턴 9 | 각 칸별 많이 나온 숫자

1칸	횟수	2칸	횟수	3칸	횟수	4칸	횟수	5칸	횟수	6칸	횟수
13	5	18	5	21	4	31	5	39	6	43	5
11	4	19	4	26	4	32	4	38	5	44	5
12	3	17	3	20	3	35	4	37	4	40	4
16	3	15	3	28	3	30	2	34	2	45	3
14	3	14	3	24	2	33	2	33	2	41	2
10	2	12	1	27	2	36	2	36	1	42	2
15	1	11	1	22	1	37	2	35	1		
17	0	16	1	25	1	34	0	32	0		
18	0	13	0	29	1	38	0	31	0		
19	0	10	0	23	0	39	0	30	0		

패턴 9번의 2개 묶음 조합 도표

패턴 9 | 2개 숫자를 조합한 도표 4개 5개 6개

N	A						B						C						D					
1	11	18	21	31	38	43	11	18	21	31	39	43	11	18	21	31	38	44	11	18	21	31	39	44
2	13	18	21	31	38	43	13	18	21	31	39	43	13	18	21	31	38	44	13	18	21	31	39	44
3	11	19	21	31	38	43	11	19	21	31	39	43	11	19	21	31	38	44	11	19	21	31	39	44
4	13	19	21	31	38	43	13	19	21	31	39	43	13	19	21	31	38	44	13	19	21	31	39	44
5	11	18	26	31	38	43	11	18	26	31	39	43	11	18	26	31	38	44	11	18	26	31	39	44
6	13	18	26	31	38	43	13	18	26	31	39	43	13	18	26	31	38	44	13	18	26	31	39	44
7	11	19	26	31	38	43	11	19	26	31	39	43	11	19	26	31	38	44	11	19	26	31	39	44
8	13	19	26	31	38	43	13	19	26	31	39	43	13	19	26	31	38	44	13	19	26	31	39	44
9	11	18	21	32	38	43	11	18	21	32	39	43	11	18	21	32	38	44	11	18	21	32	39	44
10	13	18	21	32	38	43	13	18	21	32	39	43	13	18	21	32	38	44	13	18	21	32	39	44
11	11	19	21	32	38	43	11	19	21	32	39	43	11	19	21	32	38	44	11	19	21	32	39	44
12	13	19	21	32	38	43	13	19	21	32	39	43	13	19	21	32	38	44	13	19	21	32	39	44
13	11	18	26	32	38	43	11	18	26	32	39	43	11	18	26	32	38	44	11	18	26	32	39	44
14	13	18	26	32	38	43	13	18	26	32	39	43	13	18	26	32	38	44	13	18	26	32	39	44
15	11	19	26	32	38	43	11	19	26	32	39	43	11	19	26	32	38	44	11	19	26	32	39	44
16	13	19	26	32	38	43	13	19	26	32	39	43	13	19	26	32	38	44	13	19	26	32	39	44

패턴 9번의 3개 묶음 조합 도표

패턴 9 | 많이 나온 숫자 3개 조합 도표 　 4개 ■ 5개 ■ 6개 나온 숫자

N	A						B						C					
1	11	17	20	31	37	40	11	17	20	31	37	43	11	17	20	31	37	44
2	12	17	20	31	37	40	12	17	20	31	37	43	12	17	20	31	37	44
3	13	17	20	31	37	40	13	17	20	31	37	43	13	17	20	31	37	44
4	11	18	20	31	37	40	11	18	20	31	37	43	11	18	20	31	37	44
5	12	18	20	31	37	40	12	18	20	31	37	43	12	18	20	31	37	44
6	13	18	20	31	37	40	13	18	20	31	37	43	13	18	20	31	37	44
7	11	19	20	31	37	40	11	19	20	31	37	43	11	19	20	31	37	44
8	12	19	20	31	37	40	12	19	20	31	37	43	12	19	20	31	37	44
9	13	19	20	31	37	40	13	19	20	31	37	43	13	19	20	31	37	44
10	11	17	21	31	37	40	11	17	21	31	37	43	11	17	21	31	37	44
11	12	17	21	31	37	40	12	17	21	31	37	43	12	17	21	31	37	44
12	13	17	21	31	37	40	13	17	21	31	37	43	13	17	21	31	37	44
13	11	18	21	31	37	40	11	18	21	31	37	43	11	18	21	31	37	44
14	12	18	21	31	37	40	12	18	21	31	37	43	12	18	21	31	37	44
15	13	18	21	31	37	40	13	18	21	31	37	43	13	18	21	31	37	44
16	11	19	21	31	37	40	11	19	21	31	37	43	11	19	21	31	37	44
17	12	19	21	31	37	40	12	19	21	31	37	43	12	19	21	31	37	44
18	13	19	21	31	37	40	13	19	21	31	37	43	13	19	21	31	37	44
19	11	17	26	31	37	40	11	17	26	31	37	43	11	17	26	31	37	44
20	12	17	26	31	37	40	12	17	26	31	37	43	12	17	26	31	37	44
21	13	17	26	31	37	40	13	17	26	31	37	43	13	17	26	31	37	44
22	11	18	26	31	37	40	11	18	26	31	37	43	11	18	26	31	37	44
23	12	18	26	31	37	40	12	18	26	31	37	43	12	18	26	31	37	44
24	13	18	26	31	37	40	13	18	26	31	37	43	13	18	26	31	37	44
25	11	19	26	31	37	40	11	19	26	31	37	43	11	19	26	31	37	44
26	12	19	26	31	37	40	12	19	26	31	37	43	12	19	26	31	37	44
27	13	19	26	31	37	40	13	19	26	31	37	43	13	19	26	31	37	44
28	11	17	20	32	37	40	11	17	20	32	37	43	11	17	20	32	37	44
29	12	17	20	32	37	40	12	17	20	32	37	43	12	17	20	32	37	44
30	13	17	20	32	37	40	13	17	20	32	37	43	13	17	20	32	37	44
31	11	18	20	32	37	40	11	18	20	32	37	43	11	18	20	32	37	44
32	12	18	20	32	37	40	12	18	20	32	37	43	12	18	20	32	37	44

패턴 9 | 많이 나온 숫자 3개 조합 도표   4개 ▨ 5개 ■ 6개 나온 숫자

N	A						B						C					
33	13	18	20	32	37	40	13	18	20	32	37	43	13	18	20	32	37	44
34	11	19	20	32	37	40	11	19	20	32	37	43	11	19	20	32	37	44
35	12	19	20	32	37	40	12	19	20	32	37	43	12	19	20	32	37	44
36	13	19	20	32	37	40	13	19	20	32	37	43	13	19	20	32	37	44
37	11	17	21	32	37	40	11	17	21	32	37	43	11	17	21	32	37	44
38	12	17	21	32	37	40	12	17	21	32	37	43	12	17	21	32	37	44
39	13	17	21	32	37	40	13	17	21	32	37	43	13	17	21	32	37	44
40	11	18	21	32	37	40	11	18	21	32	37	43	11	18	21	32	37	44
41	12	18	21	32	37	40	12	18	21	32	37	43	12	18	21	32	37	44
42	13	18	21	32	37	40	13	18	21	32	37	43	13	18	21	32	37	44
43	11	19	21	32	37	40	11	19	21	32	37	43	11	19	21	32	37	44
44	12	19	21	32	37	40	12	19	21	32	37	43	12	19	21	32	37	44
45	13	19	21	32	37	40	13	19	21	32	37	43	13	19	21	32	37	44
46	11	17	26	32	37	40	11	17	26	32	37	43	11	17	26	32	37	44
47	12	17	26	32	37	40	12	17	26	32	37	43	12	17	26	32	37	44
48	13	17	26	32	37	40	13	17	26	32	37	43	13	17	26	32	37	44
49	11	18	26	32	37	40	11	18	26	32	37	43	11	18	26	32	37	44
50	12	18	26	32	37	40	12	18	26	32	37	43	12	18	26	32	37	44
51	13	18	26	32	37	40	13	18	26	32	37	43	13	18	26	32	37	44
52	11	19	26	32	37	40	11	19	26	32	37	43	11	19	26	32	37	44
53	12	19	26	32	37	40	12	19	26	32	37	43	12	19	26	32	37	44
54	13	19	26	32	37	40	13	19	26	32	37	43	13	19	26	32	37	44
55	11	17	20	35	37	40	11	17	20	35	37	43	11	17	20	35	37	44
56	12	17	20	35	37	40	12	17	20	35	37	43	12	17	20	35	37	44
57	13	17	20	35	37	40	13	17	20	35	37	43	13	17	20	35	37	44
58	11	18	20	35	37	40	11	18	20	35	37	43	11	18	20	35	37	44
59	12	18	20	35	37	40	12	18	20	35	37	43	12	18	20	35	37	44
60	13	18	20	35	37	40	13	18	20	35	37	43	13	18	20	35	37	44
61	11	19	20	35	37	40	11	19	20	35	37	43	11	19	20	35	37	44
62	12	19	20	35	37	40	12	19	20	35	37	43	12	19	20	35	37	44
63	13	19	20	35	37	40	13	19	20	35	37	43	13	19	20	35	37	44
64	11	17	21	35	37	40	11	17	21	35	37	43	11	17	21	35	37	44
65	12	17	21	35	37	40	12	17	21	35	37	43	12	17	21	35	37	44
66	13	17	21	35	37	40	13	17	21	35	37	43	13	17	21	35	37	44

패턴 9 | 많이 나온 숫자 3개 조합 도표

4개 ■ 5개 ■ 6개 나온 숫자

N	A						B						C					
67	11	18	21	35	37	40	11	18	21	35	37	43	11	18	21	35	37	44
68	12	18	21	35	37	40	12	18	21	35	37	43	12	18	21	35	37	44
69	13	18	21	35	37	40	13	18	21	35	37	43	13	18	21	35	37	44
70	11	19	21	35	37	40	11	19	21	35	37	43	11	19	21	35	37	44
71	12	19	21	35	37	40	12	19	21	35	37	43	12	19	21	35	37	44
72	13	19	21	35	37	40	13	19	21	35	37	43	13	19	21	35	37	44
73	11	17	26	35	37	40	11	17	26	35	37	43	11	17	26	35	37	44
74	12	17	26	35	37	40	12	17	26	35	37	43	12	17	26	35	37	44
75	13	17	26	35	37	40	13	17	26	35	37	43	13	17	26	35	37	44
76	11	18	26	35	37	40	11	18	26	35	37	43	11	18	26	35	37	44
77	12	18	26	35	37	40	12	18	26	35	37	43	12	18	26	35	37	44
78	13	18	26	35	37	40	13	18	26	35	37	43	13	18	26	35	37	44
79	11	19	26	35	37	40	11	19	26	35	37	43	11	19	26	35	37	44
80	12	19	26	35	37	40	12	19	26	35	37	43	12	19	26	35	37	44
81	13	19	26	35	37	40	13	19	26	35	37	43	13	19	26	35	37	44
82	11	17	20	31	38	40	11	17	20	31	38	43	11	17	20	31	38	44
83	12	17	20	31	38	40	12	17	20	31	38	43	12	17	20	31	38	44
84	13	17	20	31	38	40	13	17	20	31	38	43	13	17	20	31	38	44
85	11	18	20	31	38	40	11	18	20	31	38	43	11	18	20	31	38	44
86	12	18	20	31	38	40	12	18	20	31	38	43	12	18	20	31	38	44
87	13	18	20	31	38	40	13	18	20	31	38	43	13	18	20	31	38	44
88	11	19	20	31	38	40	11	19	20	31	38	43	11	19	20	31	38	44
89	12	19	20	31	38	40	12	19	20	31	38	43	12	19	20	31	38	44
90	13	19	20	31	38	40	13	19	20	31	38	43	13	19	20	31	38	44
91	11	17	21	31	38	40	11	17	21	31	38	43	11	17	21	31	38	44
92	12	17	21	31	38	40	12	17	21	31	38	43	12	17	21	31	38	44
93	13	17	21	31	38	40	13	17	21	31	38	43	13	17	21	31	38	44
94	11	18	21	31	38	40	11	18	21	31	38	43	11	18	21	31	38	44
95	12	18	21	31	38	40	12	18	21	31	38	43	12	18	21	31	38	44
96	13	18	21	31	38	40	13	18	21	31	38	43	13	18	21	31	38	44
97	11	19	21	31	38	40	11	19	21	31	38	43	11	19	21	31	38	44
98	12	19	21	31	38	40	12	19	21	31	38	43	12	19	21	31	38	44
99	13	19	21	31	38	40	13	19	21	31	38	43	13	19	21	31	38	44
100	11	17	26	31	38	40	11	17	26	31	38	43	11	17	26	31	38	44

패턴 9 | 많이 나온 숫자 3개 조합 도표 4개 ■ 5개 ■ 6개 나온 숫자

N	A						B						C					
101	12	17	26	31	38	40	12	17	26	31	38	43	12	17	26	31	38	44
102	13	17	26	31	38	40	13	17	26	31	38	43	13	17	26	31	38	44
103	11	18	26	31	38	40	11	18	26	31	38	43	11	18	26	31	38	44
104	12	18	26	31	38	40	12	18	26	31	38	43	12	18	26	31	38	44
105	13	18	26	31	38	40	13	18	26	31	38	43	13	18	26	31	38	44
106	11	19	26	31	38	40	11	19	26	31	38	43	11	19	26	31	38	44
107	12	19	26	31	38	40	12	19	26	31	38	43	12	19	26	31	38	44
108	13	19	26	31	38	40	13	19	26	31	38	43	13	19	26	31	38	44
109	11	17	20	32	38	40	11	17	20	32	38	43	11	17	20	32	38	44
110	12	17	20	32	38	40	12	17	20	32	38	43	12	17	20	32	38	44
111	13	17	20	32	38	40	13	17	20	32	38	43	13	17	20	32	38	44
112	11	18	20	32	38	40	11	18	20	32	38	43	11	18	20	32	38	44
113	12	18	20	32	38	40	12	18	20	32	38	43	12	18	20	32	38	44
114	13	18	20	32	38	40	13	18	20	32	38	43	13	18	20	32	38	44
115	11	19	20	32	38	40	11	19	20	32	38	43	11	19	20	32	38	44
116	12	19	20	32	38	40	12	19	20	32	38	43	12	19	20	32	38	44
117	13	19	20	32	38	40	13	19	20	32	38	43	13	19	20	32	38	44
118	11	17	21	32	38	40	11	17	21	32	38	43	11	17	21	32	38	44
119	12	17	21	32	38	40	12	17	21	32	38	43	12	17	21	32	38	44
120	13	17	21	32	38	40	13	17	21	32	38	43	13	17	21	32	38	44
121	11	18	21	32	38	40	11	18	21	32	38	43	11	18	21	32	38	44
122	12	18	21	32	38	40	12	18	21	32	38	43	12	18	21	32	38	44
123	13	18	21	32	38	40	13	18	21	32	38	43	13	18	21	32	38	44
124	11	19	21	32	38	40	11	19	21	32	38	43	11	19	21	32	38	44
125	12	19	21	32	38	40	12	19	21	32	38	43	12	19	21	32	38	44
126	13	19	21	32	38	40	13	19	21	32	38	43	13	19	21	32	38	44
127	11	17	26	32	38	40	11	17	26	32	38	43	11	17	26	32	38	44
128	12	17	26	32	38	40	12	17	26	32	38	43	12	17	26	32	38	44
129	13	17	26	32	38	40	13	17	26	32	38	43	13	17	26	32	38	44
130	11	18	26	32	38	40	11	18	26	32	38	43	11	18	26	32	38	44
131	12	18	26	32	38	40	12	18	26	32	38	43	12	18	26	32	38	44
132	13	18	26	32	38	40	13	18	26	32	38	43	13	18	26	32	38	44
133	11	19	26	32	38	40	11	19	26	32	38	43	11	19	26	32	38	44
134	12	19	26	32	38	40	12	19	26	32	38	43	12	19	26	32	38	44

패턴 9 | 많이 나온 숫자 3개 조합 도표

4개 ■ 5개 ■ 6개 나온 숫자

N	A						B						C					
135	13	19	26	32	38	40	13	19	26	32	38	43	13	19	26	32	38	44
136	11	17	20	35	38	40	11	17	20	35	38	43	11	17	20	35	38	44
137	12	17	20	35	38	40	12	17	20	35	38	43	12	17	20	35	38	44
138	13	17	20	35	38	40	13	17	20	35	38	43	13	17	20	35	38	44
139	11	18	20	35	38	40	11	18	20	35	38	43	11	18	20	35	38	44
140	12	18	20	35	38	40	12	18	20	35	38	43	12	18	20	35	38	44
141	13	18	20	35	38	40	13	18	20	35	38	43	13	18	20	35	38	44
142	11	19	20	35	38	40	11	19	20	35	38	43	11	19	20	35	38	44
143	12	19	20	35	38	40	12	19	20	35	38	43	12	19	20	35	38	44
144	13	19	20	35	38	40	13	19	20	35	38	43	13	19	20	35	38	44
145	11	17	21	35	38	40	11	17	21	35	38	43	11	17	21	35	38	44
146	12	17	21	35	38	40	12	17	21	35	38	43	12	17	21	35	38	44
147	13	17	21	35	38	40	13	17	21	35	38	43	13	17	21	35	38	44
148	11	18	21	35	38	40	11	18	21	35	38	43	11	18	21	35	38	44
149	12	18	21	35	38	40	12	18	21	35	38	43	12	18	21	35	38	44
150	13	18	21	35	38	40	13	18	21	35	38	43	13	18	21	35	38	44
151	11	19	21	35	38	40	11	19	21	35	38	43	11	19	21	35	38	44
152	12	19	21	35	38	40	12	19	21	35	38	43	12	19	21	35	38	44
153	13	19	21	35	38	40	13	19	21	35	38	43	13	19	21	35	38	44
154	11	17	26	35	38	40	11	17	26	35	38	43	11	17	26	35	38	44
155	12	17	26	35	38	40	12	17	26	35	38	43	12	17	26	35	38	44
156	13	17	26	35	38	40	13	17	26	35	38	43	13	17	26	35	38	44
157	11	18	26	35	38	40	11	18	26	35	38	43	11	18	26	35	38	44
158	12	18	26	35	38	40	12	18	26	35	38	43	12	18	26	35	38	44
159	13	18	26	35	38	40	13	18	26	35	38	43	13	18	26	35	38	44
160	11	19	26	35	38	40	11	19	26	35	38	43	11	19	26	35	38	44
161	12	19	26	35	38	40	12	19	26	35	38	43	12	19	26	35	38	44
162	13	19	26	35	38	40	13	19	26	35	38	43	13	19	26	35	38	44
163	11	17	20	31	39	40	11	17	20	31	39	43	11	17	20	31	39	44
164	12	17	20	31	39	40	12	17	20	31	39	43	12	17	20	31	39	44
165	13	17	20	31	39	40	13	17	20	31	39	43	13	17	20	31	39	44
166	11	18	20	31	39	40	11	18	20	31	39	43	11	18	20	31	39	44
167	12	18	20	31	39	40	12	18	20	31	39	43	12	18	20	31	39	44
168	13	18	20	31	39	40	13	18	20	31	39	43	13	18	20	31	39	44

패턴 9 | 많이 나온 숫자 3개 조합 도표　　4개 ▒ 5개 ■ 6개 나온 숫자

N	A						B						C					
169	11	19	20	31	39	40	11	19	20	31	39	43	11	19	20	31	39	44
170	12	19	20	31	39	40	12	19	20	31	39	43	12	19	20	31	39	44
171	13	19	20	31	39	40	13	19	20	31	39	43	13	19	20	31	39	44
172	11	17	21	31	39	40	11	17	21	31	39	43	11	17	21	31	39	44
173	12	17	21	31	39	40	12	17	21	31	39	43	12	17	21	31	39	44
174	13	17	21	31	39	40	13	17	21	31	39	43	13	17	21	31	39	44
175	11	18	21	31	39	40	11	18	21	31	39	43	11	18	21	31	39	44
176	12	18	21	31	39	40	12	18	21	31	39	43	12	18	21	31	39	44
177	13	18	21	31	39	40	13	18	21	31	39	43	13	18	21	31	39	44
178	11	19	21	31	39	40	11	19	21	31	39	43	11	19	21	31	39	44
179	12	19	21	31	39	40	12	19	21	31	39	43	12	19	21	31	39	44
180	13	19	21	31	39	40	13	19	21	31	39	43	13	19	21	31	39	44
181	11	17	26	31	39	40	11	17	26	31	39	43	11	17	26	31	39	44
182	12	17	26	31	39	40	12	17	26	31	39	43	12	17	26	31	39	44
183	13	17	26	31	39	40	13	17	26	31	39	43	13	17	26	31	39	44
184	11	18	26	31	39	40	11	18	26	31	39	43	11	18	26	31	39	44
185	12	18	26	31	39	40	12	18	26	31	39	43	12	18	26	31	39	44
186	13	18	26	31	39	40	13	18	26	31	39	43	13	18	26	31	39	44
187	11	19	26	31	39	40	11	19	26	31	39	43	11	19	26	31	39	44
188	12	19	26	31	39	40	12	19	26	31	39	43	12	19	26	31	39	44
189	13	19	26	31	39	40	13	19	26	31	39	43	13	19	26	31	39	44
190	11	17	20	32	39	40	11	17	20	32	39	43	11	17	20	32	39	44
191	12	17	20	32	39	40	12	17	20	32	39	43	12	17	20	32	39	44
192	13	17	20	32	39	40	13	17	20	32	39	43	13	17	20	32	39	44
193	11	18	20	32	39	40	11	18	20	32	39	43	11	18	20	32	39	44
194	12	18	20	32	39	40	12	18	20	32	39	43	12	18	20	32	39	44
195	13	18	20	32	39	40	13	18	20	32	39	43	13	18	20	32	39	44
196	11	19	20	32	39	40	11	19	20	32	39	43	11	19	20	32	39	44
197	12	19	20	32	39	40	12	19	20	32	39	43	12	19	20	32	39	44
198	13	19	20	32	39	40	13	19	20	32	39	43	13	19	20	32	39	44
199	11	17	21	32	39	40	11	17	21	32	39	43	11	17	21	32	39	44
200	12	17	21	32	39	40	12	17	21	32	39	43	12	17	21	32	39	44
201	13	17	21	32	39	40	13	17	21	32	39	43	13	17	21	32	39	44
202	11	18	21	32	39	40	11	18	21	32	39	43	11	18	21	32	39	44

패턴 9 | 많이 나온 숫자 3개 조합 도표　　4개 ▨ 5개 ■ 6개 나온 숫자

N	A						B						C					
203	12	18	21	32	39	40	12	18	21	32	39	43	12	18	21	32	39	44
204	13	18	21	32	39	40	13	18	21	32	39	43	13	18	21	32	39	44
205	11	19	21	32	39	40	11	19	21	32	39	43	11	19	21	32	39	44
206	12	19	21	32	39	40	12	19	21	32	39	43	12	19	21	32	39	44
207	13	19	21	32	39	40	13	19	21	32	39	43	13	19	21	32	39	44
208	11	17	26	32	39	40	11	17	26	32	39	43	11	17	26	32	39	44
209	12	17	26	32	39	40	12	17	26	32	39	43	12	17	26	32	39	44
210	13	17	26	32	39	40	13	17	26	32	39	43	13	17	26	32	39	44
211	11	18	26	32	39	40	11	18	26	32	39	43	11	18	26	32	39	44
212	12	18	26	32	39	40	12	18	26	32	39	43	12	18	26	32	39	44
213	13	18	26	32	39	40	13	18	26	32	39	43	13	18	26	32	39	44
214	11	19	26	32	39	40	11	19	26	32	39	43	11	19	26	32	39	44
215	12	19	26	32	39	40	12	19	26	32	39	43	12	19	26	32	39	44
216	13	19	26	32	39	40	13	19	26	32	39	43	13	19	26	32	39	44
217	11	17	20	35	39	40	11	17	20	35	39	43	11	17	20	35	39	44
218	12	17	20	35	39	40	12	17	20	35	39	43	12	17	20	35	39	44
219	13	17	20	35	39	40	13	17	20	35	39	43	13	17	20	35	39	44
220	11	18	20	35	39	40	11	18	20	35	39	43	11	18	20	35	39	44
221	12	18	20	35	39	40	12	18	20	35	39	43	12	18	20	35	39	44
222	13	18	20	35	39	40	13	18	20	35	39	43	13	18	20	35	39	44
223	11	19	20	35	39	40	11	19	20	35	39	43	11	19	20	35	39	44
224	12	19	20	35	39	40	12	19	20	35	39	43	12	19	20	35	39	44
225	13	19	20	35	39	40	13	19	20	35	39	43	13	19	20	35	39	44
226	11	17	21	35	39	40	11	17	21	35	39	43	11	17	21	35	39	44
227	12	17	21	35	39	40	12	17	21	35	39	43	12	17	21	35	39	44
228	13	17	21	35	39	40	13	17	21	35	39	43	13	17	21	35	39	44
229	11	18	21	35	39	40	11	18	21	35	39	43	11	18	21	35	39	44
230	12	18	21	35	39	40	12	18	21	35	39	43	12	18	21	35	39	44
231	13	18	21	35	39	40	13	18	21	35	39	43	13	18	21	35	39	44
232	11	19	21	35	39	40	11	19	21	35	39	43	11	19	21	35	39	44
233	12	19	21	35	39	40	12	19	21	35	39	43	12	19	21	35	39	44
234	13	19	21	35	39	40	13	19	21	35	39	43	13	19	21	35	39	44
235	11	17	26	35	39	40	11	17	26	35	39	43	11	17	26	35	39	44
236	12	17	26	35	39	40	12	17	26	35	39	43	12	17	26	35	39	44

패턴 9 | 많이 나온 숫자 3개 조합 도표   4개 ▨ 5개 ■ 6개 나온 숫자

N	A						B						C					
237	13	17	26	35	39	40	13	17	26	35	39	43	13	17	26	35	39	44
238	11	18	26	35	39	40	11	18	26	35	39	43	11	18	26	35	39	44
239	12	18	26	35	39	40	12	18	26	35	39	43	12	18	26	35	39	44
240	13	18	26	35	39	40	13	18	26	35	39	43	13	18	26	35	39	44
241	11	19	26	35	39	40	11	19	26	35	39	43	11	19	26	35	39	44
242	12	19	26	35	39	40	12	19	26	35	39	43	12	19	26	35	39	44
243	13	19	26	35	39	40	13	19	26	35	39	43	13	19	26	35	39	44

1등 당첨!

도표 A칸 22번   11 18 26 31 37 40   2011년 10월 1일 당첨

패턴 10

패턴 10 | 2002~2022년도까지 20번의 단위별 당첨 횟수를 보임

횟수	년도	월	일	1	10	20	30	40	40	B/N
1	2004	5	22	**2**	**18**	**29**	**32**	**43**	**44**	37
2	2004	12	4	**8**	**10**	**20**	**34**	**41**	**45**	28
3	2005	6	11	**3**	**17**	**23**	**34**	**41**	**45**	43
4	2005	8	13	**8**	**12**	**29**	**31**	**42**	**43**	2
5	2005	9	17	**2**	**19**	**27**	**35**	**41**	**42**	25
6	2005	10	8	**2**	**11**	**21**	**34**	**41**	**42**	27
7	2005	11	12	**6**	**19**	**21**	**35**	**40**	**45**	20
8	2005	11	26	**5**	**18**	**28**	**30**	**42**	**45**	2
9	2006	6	3	**2**	**18**	**24**	**34**	**40**	**42**	5
10	2007	12	22	**9**	**16**	**27**	**36**	**41**	**44**	5
11	2008	1	26	**5**	**18**	**20**	**36**	**42**	**43**	32
12	2009	2	21	**7**	**17**	**20**	**32**	**44**	**45**	33
13	2011	9	24	**8**	**11**	**28**	**30**	**43**	**45**	41
14	2013	3	30	**3**	**19**	**22**	**31**	**42**	**43**	26
15	2014	2	1	**8**	**17**	**27**	**33**	**40**	**44**	24
16	2014	10	4	**8**	**16**	**25**	**30**	**42**	**43**	15
17	2017	4	29	**4**	**16**	**20**	**33**	**40**	**43**	7
18	2019	2	9	**1**	**16**	**29**	**33**	**40**	**45**	6
19	2020	9	5	**4**	**15**	**22**	**38**	**41**	**43**	26
20	2020	11	28	**4**	**11**	**28**	**39**	**42**	**45**	6

패턴 10 | 각 칸별 많이 나온 숫자

1칸	횟수	2칸	횟수	3칸	횟수	4칸	횟수	5칸	횟수	6칸	횟수
8	5	**16**	4	**20**	4	**34**	4	**41**	6	**45**	8
2	4	**18**	4	**27**	3	**30**	3	**42**	6	**43**	6
4	3	**11**	3	**28**	3	**33**	3	**40**	5	**44**	3
3	2	**17**	3	**29**	3	**31**	2	**43**	2	**42**	3
5	2	**19**	3	**21**	2	**32**	2	**44**	1	**41**	0
1	1	**10**	1	**22**	2	**35**	2	**45**	0	**40**	0
6	1	**12**	1	**23**	1	**36**	2				
7	1	**15**	1	**24**	1	**38**	1				
9	1	**13**	0	**25**	1	**39**	1				
		14	0	**26**	0	**37**	0				

패턴 10번의 2개 묶음 조합 도표

패턴 10 | 2개 숫자를 조합한 도표 4개 ▒ 5개 ■ 6개

N	A						B						C						D					
1	2	16	20	30	41	43	2	16	20	30	42	43	2	16	20	30	41	45	2	16	20	30	42	45
2	8	16	20	30	41	43	8	16	20	30	42	43	8	16	20	30	41	45	8	16	20	30	42	45
3	2	18	20	30	41	43	2	18	20	30	42	43	2	18	20	30	41	45	2	18	20	30	42	45
4	8	18	20	30	41	43	8	18	20	30	42	43	8	18	20	30	41	45	8	18	20	30	42	45
5	2	16	27	30	41	43	2	16	27	30	42	43	2	16	27	30	41	45	2	16	27	30	42	45
6	8	16	27	30	41	43	8	16	27	30	42	43	8	16	27	30	41	45	8	16	27	30	42	45
7	2	18	27	30	41	43	2	18	27	30	42	43	2	18	27	30	41	45	2	18	27	30	42	45
8	8	18	27	30	41	43	8	18	27	30	42	43	8	18	27	30	41	45	8	18	27	30	42	45
9	2	16	20	34	41	43	2	16	20	34	42	43	2	16	20	34	41	45	2	16	20	34	42	45
10	8	16	20	34	41	43	8	16	20	34	42	43	8	16	20	34	41	45	8	16	20	34	42	45
11	2	18	20	34	41	43	2	18	20	34	42	43	2	18	20	34	41	45	2	18	20	34	42	45
12	8	18	20	34	41	43	8	18	20	34	42	43	8	18	20	34	41	45	8	18	20	34	42	45
13	2	16	27	34	41	43	2	16	27	34	42	43	2	16	27	34	41	45	2	16	27	34	42	45
14	8	16	27	34	41	43	8	16	27	34	42	43	8	16	27	34	41	45	8	16	27	34	42	45
15	2	18	27	34	41	43	2	18	27	34	42	43	2	18	27	34	41	45	2	18	27	34	42	45
16	8	18	27	34	41	43	8	18	27	34	42	43	8	18	27	34	41	45	8	18	27	34	42	45

패턴 10번의 3개 묶음 조합 도표

패턴 10 | 많이 나온 숫자 3개 조합 도표　　4개 ■ 5개 ■ 6개 나온 숫자

N	A						B						C					
1	2	11	20	30	40	43	2	11	20	30	40	44	2	11	20	30	40	45
2	4	11	20	30	40	43	4	11	20	30	40	44	4	11	20	30	40	45
3	8	11	20	30	40	43	8	11	20	30	40	44	8	11	20	30	40	45
4	2	16	20	30	40	43	2	16	20	30	40	44	2	16	20	30	40	45
5	4	16	20	30	40	43	4	16	20	30	40	44	4	16	20	30	40	45
6	8	16	20	30	40	43	8	16	20	30	40	44	8	16	20	30	40	45
7	2	18	20	30	40	43	2	18	20	30	40	44	2	18	20	30	40	45
8	4	18	20	30	40	43	4	18	20	30	40	44	4	18	20	30	40	45
9	8	18	20	30	40	43	8	18	20	30	40	44	8	18	20	30	40	45
10	2	11	27	30	40	43	2	11	27	30	40	44	2	11	27	30	40	45
11	4	11	27	30	40	43	4	11	27	30	40	44	4	11	27	30	40	45
12	8	11	27	30	40	43	8	11	27	30	40	44	8	11	27	30	40	45
13	2	16	27	30	40	43	2	16	27	30	40	44	2	16	27	30	40	45
14	4	16	27	30	40	43	4	16	27	30	40	44	4	16	27	30	40	45
15	8	16	27	30	40	43	8	16	27	30	40	44	8	16	27	30	40	45
16	2	18	27	30	40	43	2	18	27	30	40	44	2	18	27	30	40	45
17	4	18	27	30	40	43	4	18	27	30	40	44	4	18	27	30	40	45
18	8	18	27	30	40	43	8	18	27	30	40	44	8	18	27	30	40	45
19	2	11	28	30	40	43	2	11	28	30	40	44	2	11	28	30	40	45
20	4	11	28	30	40	43	4	11	28	30	40	44	4	11	28	30	40	45
21	8	11	28	30	40	43	8	11	28	30	40	44	8	11	28	30	40	45
22	2	16	28	30	40	43	2	16	28	30	40	44	2	16	28	30	40	45
23	4	16	28	30	40	43	4	16	28	30	40	44	4	16	28	30	40	45
24	8	16	28	30	40	43	8	16	28	30	40	44	8	16	28	30	40	45
25	2	18	28	30	40	43	2	18	28	30	40	44	2	18	28	30	40	45
26	4	18	28	30	40	43	4	18	28	30	40	44	4	18	28	30	40	45
27	8	18	28	30	40	43	8	18	28	30	40	44	8	18	28	30	40	45
28	2	11	20	33	40	43	2	11	20	33	40	44	2	11	20	33	40	45
29	4	11	20	33	40	43	4	11	20	33	40	44	4	11	20	33	40	45
30	8	11	20	33	40	43	8	11	20	33	40	44	8	11	20	33	40	45
31	2	16	20	33	40	43	2	16	20	33	40	44	2	16	20	33	40	45
32	4	16	20	33	40	43	4	16	20	33	40	44	4	16	20	33	40	45

패턴 10 | 많이 나온 숫자 3개 조합 도표　　4개 ▒ 5개 ■ 6개 나온 숫자

N	A						B						C					
33	8	16	20	33	40	43	8	16	20	33	40	44	8	16	20	33	40	45
34	2	18	20	33	40	43	2	18	20	33	40	44	2	18	20	33	40	45
35	4	18	20	33	40	43	4	18	20	33	40	44	4	18	20	33	40	45
36	8	18	20	33	40	43	8	18	20	33	40	44	8	18	20	33	40	45
37	2	11	27	33	40	43	2	11	27	33	40	44	2	11	27	33	40	45
38	4	11	27	33	40	43	4	11	27	33	40	44	4	11	27	33	40	45
39	8	11	27	33	40	43	8	11	27	33	40	44	8	11	27	33	40	45
40	2	16	27	33	40	43	2	16	27	33	40	44	2	16	27	33	40	45
41	4	16	27	33	40	43	4	16	27	33	40	44	4	16	27	33	40	45
42	8	16	27	33	40	43	8	16	27	33	40	44	8	16	27	33	40	45
43	2	18	27	33	40	43	2	18	27	33	40	44	2	18	27	33	40	45
44	4	18	27	33	40	43	4	18	27	33	40	44	4	18	27	33	40	45
45	8	18	27	33	40	43	8	18	27	33	40	44	8	18	27	33	40	45
46	2	11	28	33	40	43	2	11	28	33	40	44	2	11	28	33	40	45
47	4	11	28	33	40	43	4	11	28	33	40	44	4	11	28	33	40	45
48	8	11	28	33	40	43	8	11	28	33	40	44	8	11	28	33	40	45
49	2	16	28	33	40	43	2	16	28	33	40	44	2	16	28	33	40	45
50	4	16	28	33	40	43	4	16	28	33	40	44	4	16	28	33	40	45
51	8	16	28	33	40	43	8	16	28	33	40	44	8	16	28	33	40	45
52	2	18	28	33	40	43	2	18	28	33	40	44	2	18	28	33	40	45
53	4	18	28	33	40	43	4	18	28	33	40	44	4	18	28	33	40	45
54	8	18	28	33	40	43	8	18	28	33	40	44	8	18	28	33	40	45
55	2	11	20	34	40	43	2	11	20	34	40	44	2	11	20	34	40	45
56	4	11	20	34	40	43	4	11	20	34	40	44	4	11	20	34	40	45
57	8	11	20	34	40	43	8	11	20	34	40	44	8	11	20	34	40	45
58	2	16	20	34	40	43	2	16	20	34	40	44	2	16	20	34	40	45
59	4	16	20	34	40	43	4	16	20	34	40	44	4	16	20	34	40	45
60	8	16	20	34	40	43	8	16	20	34	40	44	8	16	20	34	40	45
61	2	18	20	34	40	43	2	18	20	34	40	44	2	18	20	34	40	45
62	4	18	20	34	40	43	4	18	20	34	40	44	4	18	20	34	40	45
63	8	18	20	34	40	43	8	18	20	34	40	44	8	18	20	34	40	45
64	2	11	27	34	40	43	2	11	27	34	40	44	2	11	27	34	40	45
65	4	11	27	34	40	43	4	11	27	34	40	44	4	11	27	34	40	45
66	8	11	27	34	40	43	8	11	27	34	40	44	8	11	27	34	40	45

패턴 10 | 많이 나온 숫자 3개 조합 도표

4개 ▒ 5개 ■ 6개 나온 숫자

N	A						B						C					
67	2	16	27	34	40	43	2	16	27	34	40	44	2	16	27	34	40	45
68	4	16	27	34	40	43	4	16	27	34	40	44	4	16	27	34	40	45
69	8	16	27	34	40	43	8	16	27	34	40	44	8	16	27	34	40	45
70	2	18	27	34	40	43	2	18	27	34	40	44	2	18	27	34	40	45
71	4	18	27	34	40	43	4	18	27	34	40	44	4	18	27	34	40	45
72	8	18	27	34	40	43	8	18	27	34	40	44	8	18	27	34	40	45
73	2	11	28	34	40	43	2	11	28	34	40	44	2	11	28	34	40	45
74	4	11	28	34	40	43	4	11	28	34	40	44	4	11	28	34	40	45
75	8	11	28	34	40	43	8	11	28	34	40	44	8	11	28	34	40	45
76	2	16	28	34	40	43	2	16	28	34	40	44	2	16	28	34	40	45
77	4	16	28	34	40	43	4	16	28	34	40	44	4	16	28	34	40	45
78	8	16	28	34	40	43	8	16	28	34	40	44	8	16	28	34	40	45
79	2	18	28	34	40	43	2	18	28	34	40	44	2	18	28	34	40	45
80	4	18	28	34	40	43	4	18	28	34	40	44	4	18	28	34	40	45
81	8	18	28	34	40	43	8	18	28	34	40	44	8	18	28	34	40	45
82	2	11	20	30	41	43	2	11	20	30	41	44	2	11	20	30	41	45
83	4	11	20	30	41	43	4	11	20	30	41	44	4	11	20	30	41	45
84	8	11	20	30	41	43	8	11	20	30	41	44	8	11	20	30	41	45
85	2	16	20	30	41	43	2	16	20	30	41	44	2	16	20	30	41	45
86	4	16	20	30	41	43	4	16	20	30	41	44	4	16	20	30	41	45
87	8	16	20	30	41	43	8	16	20	30	41	44	8	16	20	30	41	45
88	2	18	20	30	41	43	2	18	20	30	41	44	2	18	20	30	41	45
89	4	18	20	30	41	43	4	18	20	30	41	44	4	18	20	30	41	45
90	8	18	20	30	41	43	8	18	20	30	41	44	8	18	20	30	41	45
91	2	11	27	30	41	43	2	11	27	30	41	44	2	11	27	30	41	45
92	4	11	27	30	41	43	4	11	27	30	41	44	4	11	27	30	41	45
93	8	11	27	30	41	43	8	11	27	30	41	44	8	11	27	30	41	45
94	2	16	27	30	41	43	2	16	27	30	41	44	2	16	27	30	41	45
95	4	16	27	30	41	43	4	16	27	30	41	44	4	16	27	30	41	45
96	8	16	27	30	41	43	8	16	27	30	41	44	8	16	27	30	41	45
97	2	18	27	30	41	43	2	18	27	30	41	44	2	18	27	30	41	45
98	4	18	27	30	41	43	4	18	27	30	41	44	4	18	27	30	41	45
99	8	18	27	30	41	43	8	18	27	30	41	44	8	18	27	30	41	45
100	2	11	28	30	41	43	2	11	28	30	41	44	2	11	28	30	41	45

패턴 10 | 많이 나온 숫자 3개 조합 도표

4개 ▒ 5개 ■ 6개 나온 숫자

N	A						B						C					
101	4	11	28	30	41	43	4	11	28	30	41	44	4	11	28	30	41	45
102	8	11	28	30	41	43	8	11	28	30	41	44	8	11	28	30	41	45
103	2	16	28	30	41	43	2	16	28	30	41	44	2	16	28	30	41	45
104	4	16	28	30	41	43	4	16	28	30	41	44	4	16	28	30	41	45
105	8	16	28	30	41	43	8	16	28	30	41	44	8	16	28	30	41	45
106	2	18	28	30	41	43	2	18	28	30	41	44	2	18	28	30	41	45
107	4	18	28	30	41	43	4	18	28	30	41	44	4	18	28	30	41	45
108	8	18	28	30	41	43	8	18	28	30	41	44	8	18	28	30	41	45
109	2	11	20	33	41	43	2	11	20	33	41	44	2	11	20	33	41	45
110	4	11	20	33	41	43	4	11	20	33	41	44	4	11	20	33	41	45
111	8	11	20	33	41	43	8	11	20	33	41	44	8	11	20	33	41	45
112	2	16	20	33	41	43	2	16	20	33	41	44	2	16	20	33	41	45
113	4	16	20	33	41	43	4	16	20	33	41	44	4	16	20	33	41	45
114	8	16	20	33	41	43	8	16	20	33	41	44	8	16	20	33	41	45
115	2	18	20	33	41	43	2	18	20	33	41	44	2	18	20	33	41	45
116	4	18	20	33	41	43	4	18	20	33	41	44	4	18	20	33	41	45
117	8	18	20	33	41	43	8	18	20	33	41	44	8	18	20	33	41	45
118	2	11	27	33	41	43	2	11	27	33	41	44	2	11	27	33	41	45
119	4	11	27	33	41	43	4	11	27	33	41	44	4	11	27	33	41	45
120	8	11	27	33	41	43	8	11	27	33	41	44	8	11	27	33	41	45
121	2	16	27	33	41	43	2	16	27	33	41	44	2	16	27	33	41	45
122	4	16	27	33	41	43	4	16	27	33	41	44	4	16	27	33	41	45
123	8	16	27	33	41	43	8	16	27	33	41	44	8	16	27	33	41	45
124	2	18	27	33	41	43	2	18	27	33	41	44	2	18	27	33	41	45
125	4	18	27	33	41	43	4	18	27	33	41	44	4	18	27	33	41	45
126	8	18	27	33	41	43	8	18	27	33	41	44	8	18	27	33	41	45
127	2	11	28	33	41	43	2	11	28	33	41	44	2	11	28	33	41	45
128	4	11	28	33	41	43	4	11	28	33	41	44	4	11	28	33	41	45
129	8	11	28	33	41	43	8	11	28	33	41	44	8	11	28	33	41	45
130	2	16	28	33	41	43	2	16	28	33	41	44	2	16	28	33	41	45
131	4	16	28	33	41	43	4	16	28	33	41	44	4	16	28	33	41	45
132	8	16	28	33	41	43	8	16	28	33	41	44	8	16	28	33	41	45
133	2	18	28	33	41	43	2	18	28	33	41	44	2	18	28	33	41	45
134	4	18	28	33	41	43	4	18	28	33	41	44	4	18	28	33	41	45

패턴 10 | 많이 나온 숫자 3개 조합 도표 4개 5개 ■ 6개 나온 숫자

N	A						B						C					
135	8	18	28	33	41	43	8	18	28	33	41	44	8	18	28	33	41	45
136	2	11	20	34	41	43	2	11	20	34	41	44	2	11	20	34	41	45
137	4	11	20	34	41	43	4	11	20	34	41	44	4	11	20	34	41	45
138	8	11	20	34	41	43	8	11	20	34	41	44	8	11	20	34	41	45
139	2	16	20	34	41	43	2	16	20	34	41	44	2	16	20	34	41	45
140	4	16	20	34	41	43	4	16	20	34	41	44	4	16	20	34	41	45
141	8	16	20	34	41	43	8	16	20	34	41	44	8	16	20	34	41	45
142	2	18	20	34	41	43	2	18	20	34	41	44	2	18	20	34	41	45
143	4	18	20	34	41	43	4	18	20	34	41	44	4	18	20	34	41	45
144	8	18	20	34	41	43	8	18	20	34	41	44	8	18	20	34	41	45
145	2	11	27	34	41	43	2	11	27	34	41	44	2	11	27	34	41	45
146	4	11	27	34	41	43	4	11	27	34	41	44	4	11	27	34	41	45
147	8	11	27	34	41	43	8	11	27	34	41	44	8	11	27	34	41	45
148	2	16	27	34	41	43	2	16	27	34	41	44	2	16	27	34	41	45
149	4	16	27	34	41	43	4	16	27	34	41	44	4	16	27	34	41	45
150	8	16	27	34	41	43	8	16	27	34	41	44	8	16	27	34	41	45
151	2	18	27	34	41	43	2	18	27	34	41	44	2	18	27	34	41	45
152	4	18	27	34	41	43	4	18	27	34	41	44	4	18	27	34	41	45
153	8	18	27	34	41	43	8	18	27	34	41	44	8	18	27	34	41	45
154	2	11	28	34	41	43	2	11	28	34	41	44	2	11	28	34	41	45
155	4	11	28	34	41	43	4	11	28	34	41	44	4	11	28	34	41	45
156	8	11	28	34	41	43	8	11	28	34	41	44	8	11	28	34	41	45
157	2	16	28	34	41	43	2	16	28	34	41	44	2	16	28	34	41	45
158	4	16	28	34	41	43	4	16	28	34	41	44	4	16	28	34	41	45
159	8	16	28	34	41	43	8	16	28	34	41	44	8	16	28	34	41	45
160	2	18	28	34	41	43	2	18	28	34	41	44	2	18	28	34	41	45
161	4	18	28	34	41	43	4	18	28	34	41	44	4	18	28	34	41	45
162	8	18	28	34	41	43	8	18	28	34	41	44	8	18	28	34	41	45
163	2	11	20	30	42	43	2	11	20	30	42	44	2	11	20	30	42	45
164	4	11	20	30	42	43	4	11	20	30	42	44	4	11	20	30	42	45
165	8	11	20	30	42	43	8	11	20	30	42	44	8	11	20	30	42	45
166	2	16	20	30	42	43	2	16	20	30	42	44	2	16	20	30	42	45
167	4	16	20	30	42	43	4	16	20	30	42	44	4	16	20	30	42	45
168	8	16	20	30	42	43	8	16	20	30	42	44	8	16	20	30	42	45

패턴 10 | 많이 나온 숫자 3개 조합 도표 4개 ▒ 5개 ■ 6개 나온 숫자

N	A						B						C					
169	2	18	20	30	42	43	2	18	20	30	42	44	2	18	20	30	42	45
170	4	18	20	30	42	43	4	18	20	30	42	44	4	18	20	30	42	45
171	8	18	20	30	42	43	8	18	20	30	42	44	8	18	20	30	42	45
172	2	11	27	30	42	43	2	11	27	30	42	44	2	11	27	30	42	45
173	4	11	27	30	42	43	4	11	27	30	42	44	4	11	27	30	42	45
174	8	11	27	30	42	43	8	11	27	30	42	44	8	11	27	30	42	45
175	2	16	27	30	42	43	2	16	27	30	42	44	2	16	27	30	42	45
176	4	16	27	30	42	43	4	16	27	30	42	44	4	16	27	30	42	45
177	8	16	27	30	42	43	8	16	27	30	42	44	8	16	27	30	42	45
178	2	18	27	30	42	43	2	18	27	30	42	44	2	18	27	30	42	45
179	4	18	27	30	42	43	4	18	27	30	42	44	4	18	27	30	42	45
180	8	18	27	30	42	43	8	18	27	30	42	44	8	18	27	30	42	45
181	2	11	28	30	42	43	2	11	28	30	42	44	2	11	28	30	42	45
182	4	11	28	30	42	43	4	11	28	30	42	44	4	11	28	30	42	45
183	8	11	28	30	42	43	8	11	28	30	42	44	8	11	28	30	42	45
184	2	16	28	30	42	43	2	16	28	30	42	44	2	16	28	30	42	45
185	4	16	28	30	42	43	4	16	28	30	42	44	4	16	28	30	42	45
186	8	16	28	30	42	43	8	16	28	30	42	44	8	16	28	30	42	45
187	2	18	28	30	42	43	2	18	28	30	42	44	2	18	28	30	42	45
188	4	18	28	30	42	43	4	18	28	30	42	44	4	18	28	30	42	45
189	8	18	28	30	42	43	8	18	28	30	42	44	8	18	28	30	42	45
190	2	11	20	33	42	43	2	11	20	33	42	44	2	11	20	33	42	45
191	4	11	20	33	42	43	4	11	20	33	42	44	4	11	20	33	42	45
192	8	11	20	33	42	43	8	11	20	33	42	44	8	11	20	33	42	45
193	2	16	20	33	42	43	2	16	20	33	42	44	2	16	20	33	42	45
194	4	16	20	33	42	43	4	16	20	33	42	44	4	16	20	33	42	45
195	8	16	20	33	42	43	8	16	20	33	42	44	8	16	20	33	42	45
196	2	18	20	33	42	43	2	18	20	33	42	44	2	18	20	33	42	45
197	4	18	20	33	42	43	4	18	20	33	42	44	4	18	20	33	42	45
198	8	18	20	33	42	43	8	18	20	33	42	44	8	18	20	33	42	45
199	2	11	27	33	42	43	2	11	27	33	42	44	2	11	27	33	42	45
200	4	11	27	33	42	43	4	11	27	33	42	44	4	11	27	33	42	45
201	8	11	27	33	42	43	8	11	27	33	42	44	8	11	27	33	42	45
202	2	16	27	33	42	43	2	16	27	33	42	44	2	16	27	33	42	45

패턴 10 | 많이 나온 숫자 3개 조합 도표 4개 ■ 5개 ■ 6개 나온 숫자

N	A						B						C					
203	4	16	27	33	42	43	4	16	27	33	42	44	4	16	27	33	42	45
204	8	16	27	33	42	43	8	16	27	33	42	44	8	16	27	33	42	45
205	2	18	27	33	42	43	2	18	27	33	42	44	2	18	27	33	42	45
206	4	18	27	33	42	43	4	18	27	33	42	44	4	18	27	33	42	45
207	8	18	27	33	42	43	8	18	27	33	42	44	8	18	27	33	42	45
208	2	11	28	33	42	43	2	11	28	33	42	44	2	11	28	33	42	45
209	4	11	28	33	42	43	4	11	28	33	42	44	4	11	28	33	42	45
210	8	11	28	33	42	43	8	11	28	33	42	44	8	11	28	33	42	45
211	2	16	28	33	42	43	2	16	28	33	42	44	2	16	28	33	42	45
212	4	16	28	33	42	43	4	16	28	33	42	44	4	16	28	33	42	45
213	8	16	28	33	42	43	8	16	28	33	42	44	8	16	28	33	42	45
214	2	18	28	33	42	43	2	18	28	33	42	44	2	18	28	33	42	45
215	4	18	28	33	42	43	4	18	28	33	42	44	4	18	28	33	42	45
216	8	18	28	33	42	43	8	18	28	33	42	44	8	18	28	33	42	45
217	2	11	20	34	42	43	2	11	20	34	42	44	2	11	20	34	42	45
218	4	11	20	34	42	43	4	11	20	34	42	44	4	11	20	34	42	45
219	8	11	20	34	42	43	8	11	20	34	42	44	8	11	20	34	42	45
220	2	16	20	34	42	43	2	16	20	34	42	44	2	16	20	34	42	45
221	4	16	20	34	42	43	4	16	20	34	42	44	4	16	20	34	42	45
222	8	16	20	34	42	43	8	16	20	34	42	44	8	16	20	34	42	45
223	2	18	20	34	42	43	2	18	20	34	42	44	2	18	20	34	42	45
224	4	18	20	34	42	43	4	18	20	34	42	44	4	18	20	34	42	45
225	8	18	20	34	42	43	8	18	20	34	42	44	8	18	20	34	42	45
226	2	11	27	34	42	43	2	11	27	34	42	44	2	11	27	34	42	45
227	4	11	27	34	42	43	4	11	27	34	42	44	4	11	27	34	42	45
228	8	11	27	34	42	43	8	11	27	34	42	44	8	11	27	34	42	45
229	2	16	27	34	42	43	2	16	27	34	42	44	2	16	27	34	42	45
230	4	16	27	34	42	43	4	16	27	34	42	44	4	16	27	34	42	45
231	8	16	27	34	42	43	8	16	27	34	42	44	8	16	27	34	42	45
232	2	18	27	34	42	43	2	18	27	34	42	44	2	18	27	34	42	45
233	4	18	27	34	42	43	4	18	27	34	42	44	4	18	27	34	42	45
234	8	18	27	34	42	43	8	18	27	34	42	44	8	18	27	34	42	45
235	2	11	28	34	42	43	2	11	28	34	42	44	2	11	28	34	42	45
236	4	11	28	34	42	43	4	11	28	34	42	44	4	11	28	34	42	45

패턴 10 | 많이 나온 숫자 3개 조합 도표　　4개 ▨ 5개 ■ 6개 나온 숫자

N	A						B						C					
237	8	11	28	34	42	43	8	11	28	34	42	44	8	11	28	34	42	45
238	2	16	28	34	42	43	2	16	28	34	42	44	2	16	28	34	42	45
239	4	16	28	34	42	43	4	16	28	34	42	44	4	16	28	34	42	45
240	8	16	28	34	42	43	8	16	28	34	42	44	8	16	28	34	42	45
241	2	18	28	34	42	43	2	18	28	34	42	44	2	18	28	34	42	45
242	4	18	28	34	42	43	4	18	28	34	42	44	4	18	28	34	42	45
243	8	18	28	34	42	43	8	18	28	34	42	44	8	18	28	34	42	45

1등 당첨!

도표 A칸 32번　4　16　20　33　40　43　2007년 4월 29일 당첨

패턴 11

패턴 11 | 2002~2022년도까지 18번의 단위별 당첨 횟수를 보임

횟수	년도	월	일	1	10	10	20	20	40	B/N
1	2004	1	3	7	10	16	25	29	44	6
2	2005	7	30	9	11	15	20	28	43	13
3	2007	6	16	1	11	17	21	24	44	33
4	2007	10	27	4	11	14	21	23	43	32
5	2009	8	29	5	16	17	20	26	41	24
6	2009	10	17	1	10	19	20	24	40	23
7	2009	12	5	5	12	19	26	27	44	38
8	2010	2	13	1	11	13	24	28	40	7
9	2010	11	6	2	14	15	22	23	44	43
10	2011	9	3	8	10	18	23	27	40	33
11	2015	7	18	7	18	19	27	29	42	45
12	2016	1	23	7	12	15	24	25	43	13
13	2018	8	25	1	12	13	24	29	44	16
14	2019	8	31	1	15	19	23	28	42	32
15	2019	9	21	5	17	18	22	23	43	12
16	2019	10	12	7	17	19	23	24	45	38
17	2020	1	11	1	15	17	23	25	41	10
18	2020	11	14	2	10	13	22	29	40	26

패턴 11 | 각 칸별 많이 나온 숫자

1칸	횟수	2칸	횟수	3칸	횟수	4칸	횟수	5칸	횟수	6칸	횟수
1	6	10	4	19	5	23	4	29	4	44	5
7	4	11	4	17	3	20	3	28	3	40	4
5	3	12	3	15	3	22	3	24	3	43	4
2	2	15	2	13	3	24	3	23	3	41	2
4	1	17	2	18	2	21	2	27	2	42	2
8	1	14	1	16	1	25	1	25	2	45	1
9	1	16	1	14	1	26	1	26	1		
3	0	18	1	12	0	27	1	22	0		
6	0	13	0	11	0	28	0	21	0		
		19	0	10	0	29	0	20	0		

패턴 11번의 2개 묶음 조합 도표

패턴 11 | 2개 숫자를 조합한 도표 4개 / 5개 / 6개

N	A						B						C						D					
1	1	10	17	20	28	40	1	10	17	20	29	40	1	10	17	20	28	44	1	10	17	20	29	44
2	7	10	17	20	28	40	7	10	17	20	29	40	7	10	17	20	28	44	7	10	17	20	29	44
3	1	11	17	20	28	40	1	11	17	20	29	40	1	11	17	20	28	44	1	11	17	20	29	44
4	7	11	17	20	28	40	7	11	17	20	29	40	7	11	17	20	28	44	7	11	17	20	29	44
5	1	10	19	20	28	40	1	10	19	20	29	40	1	10	19	20	28	44	1	10	19	20	29	44
6	7	10	19	20	28	40	7	10	19	20	29	40	7	10	19	20	28	44	7	10	19	20	29	44
7	1	11	19	20	28	40	1	11	19	20	29	40	1	11	19	20	28	44	1	11	19	20	29	44
8	7	11	19	20	28	40	7	11	19	20	29	40	7	11	19	20	28	44	7	11	19	20	29	44
9	1	10	17	23	28	40	1	10	17	23	29	40	1	10	17	23	28	44	1	10	17	23	29	44
10	7	10	17	23	28	40	7	10	17	23	29	40	7	10	17	23	28	44	7	10	17	23	29	44
11	1	11	17	23	28	40	1	11	17	23	29	40	1	11	17	23	28	44	1	11	17	23	29	44
12	7	11	17	23	28	40	7	11	17	23	29	40	7	11	17	23	28	44	7	11	17	23	29	44
13	1	10	19	23	28	40	1	10	19	23	29	40	1	10	19	23	28	44	1	10	19	23	29	44
14	7	10	19	23	28	40	7	10	19	23	29	40	7	10	19	23	28	44	7	10	19	23	29	44
15	1	11	19	23	28	40	1	11	19	23	29	40	1	11	19	23	28	44	1	11	19	23	29	44
16	7	11	19	23	28	40	7	11	19	23	29	40	7	11	19	23	28	44	7	11	19	23	29	44

패턴 11번의 3개 묶음 조합 도표

패턴 11 | 많이 나온 숫자 3개 조합 도표 　4개 　5개 　6개 나온 숫자

N	A						B						C					
1	1	10	15	20	24	40	1	10	15	20	24	43	1	10	15	20	24	44
2	5	10	15	20	24	40	5	10	15	20	24	43	5	10	15	20	24	44
3	7	10	15	20	24	40	7	10	15	20	24	43	7	10	15	20	24	44
4	1	11	15	20	24	40	1	11	15	20	24	43	1	11	15	20	24	44
5	5	11	15	20	24	40	5	11	15	20	24	43	5	11	15	20	24	44
6	7	11	15	20	24	40	7	11	15	20	24	43	7	11	15	20	24	44
7	1	12	15	20	24	40	1	12	15	20	24	43	1	12	15	20	24	44
8	5	12	15	20	24	40	5	12	15	20	24	43	5	12	15	20	24	44
9	7	12	15	20	24	40	7	12	15	20	24	43	7	12	15	20	24	44
10	1	10	17	20	24	40	1	10	17	20	24	43	1	10	17	20	24	44
11	5	10	17	20	24	40	5	10	17	20	24	43	5	10	17	20	24	44
12	7	10	17	20	24	40	7	10	17	20	24	43	7	10	17	20	24	44
13	1	11	17	20	24	40	1	11	17	20	24	43	1	11	17	20	24	44
14	5	11	17	20	24	40	5	11	17	20	24	43	5	11	17	20	24	44
15	7	11	17	20	24	40	7	11	17	20	24	43	7	11	17	20	24	44
16	1	12	17	20	24	40	1	12	17	20	24	43	1	12	17	20	24	44
17	5	12	17	20	24	40	5	12	17	20	24	43	5	12	17	20	24	44
18	7	12	17	20	24	40	7	12	17	20	24	43	7	12	17	20	24	44
19	1	10	19	20	24	40	1	10	19	20	24	43	1	10	19	20	24	44
20	5	10	19	20	24	40	5	10	19	20	24	43	5	10	19	20	24	44
21	7	10	19	20	24	40	7	10	19	20	24	43	7	10	19	20	24	44
22	1	11	19	20	24	40	1	11	19	20	24	43	1	11	19	20	24	44
23	5	11	19	20	24	40	5	11	19	20	24	43	5	11	19	20	24	44
24	7	11	19	20	24	40	7	11	19	20	24	43	7	11	19	20	24	44
25	1	12	19	20	24	40	1	12	19	20	24	43	1	12	19	20	24	44
26	5	12	19	20	24	40	5	12	19	20	24	43	5	12	19	20	24	44
27	7	12	19	20	24	40	7	12	19	20	24	43	7	12	19	20	24	44
28	1	10	15	22	24	40	1	10	15	22	24	43	1	10	15	22	24	44
29	5	10	15	22	24	40	5	10	15	22	24	43	5	10	15	22	24	44
30	7	10	15	22	24	40	7	10	15	22	24	43	7	10	15	22	24	44
31	1	11	15	22	24	40	1	11	15	22	24	43	1	11	15	22	24	44
32	5	11	15	22	24	40	5	11	15	22	24	43	5	11	15	22	24	44

패턴 11 | 많이 나온 숫자 3개 조합 도표　　　4개 ■ 5개 ■ 6개 나온 숫자

N	A						B						C					
33	7	11	15	22	24	40	7	11	15	22	24	43	7	11	15	22	24	44
34	1	12	15	22	24	40	1	12	15	22	24	43	1	12	15	22	24	44
35	5	12	15	22	24	40	5	12	15	22	24	43	5	12	15	22	24	44
36	7	12	15	22	24	40	7	12	15	22	24	43	7	12	15	22	24	44
37	1	10	17	22	24	40	1	10	17	22	24	43	1	10	17	22	24	44
38	5	10	17	22	24	40	5	10	17	22	24	43	5	10	17	22	24	44
39	7	10	17	22	24	40	7	10	17	22	24	43	7	10	17	22	24	44
40	1	11	17	22	24	40	1	11	17	22	24	43	1	11	17	22	24	44
41	5	11	17	22	24	40	5	11	17	22	24	43	5	11	17	22	24	44
42	7	11	17	22	24	40	7	11	17	22	24	43	7	11	17	22	24	44
43	1	12	17	22	24	40	1	12	17	22	24	43	1	12	17	22	24	44
44	5	12	17	22	24	40	5	12	17	22	24	43	5	12	17	22	24	44
45	7	12	17	22	24	40	7	12	17	22	24	43	7	12	17	22	24	44
46	1	10	19	22	24	40	1	10	19	22	24	43	1	10	19	22	24	44
47	5	10	19	22	24	40	5	10	19	22	24	43	5	10	19	22	24	44
48	7	10	19	22	24	40	7	10	19	22	24	43	7	10	19	22	24	44
49	1	11	19	22	24	40	1	11	19	22	24	43	1	11	19	22	24	44
50	5	11	19	22	24	40	5	11	19	22	24	43	5	11	19	22	24	44
51	7	11	19	22	24	40	7	11	19	22	24	43	7	11	19	22	24	44
52	1	12	19	22	24	40	1	12	19	22	24	43	1	12	19	22	24	44
53	5	12	19	22	24	40	5	12	19	22	24	43	5	12	19	22	24	44
54	7	12	19	22	24	40	7	12	19	22	24	43	7	12	19	22	24	44
55	1	10	15	23	24	40	1	10	15	23	24	43	1	10	15	23	24	44
56	5	10	15	23	24	40	5	10	15	23	24	43	5	10	15	23	24	44
57	7	10	15	23	24	40	7	10	15	23	24	43	7	10	15	23	24	44
58	1	11	15	23	24	40	1	11	15	23	24	43	1	11	15	23	24	44
59	5	11	15	23	24	40	5	11	15	23	24	43	5	11	15	23	24	44
60	7	11	15	23	24	40	7	11	15	23	24	43	7	11	15	23	24	44
61	1	12	15	23	24	40	1	12	15	23	24	43	1	12	15	23	24	44
62	5	12	15	23	24	40	5	12	15	23	24	43	5	12	15	23	24	44
63	7	12	15	23	24	40	7	12	15	23	24	43	7	12	15	23	24	44
64	1	10	17	23	24	40	1	10	17	23	24	43	1	10	17	23	24	44
65	5	10	17	23	24	40	5	10	17	23	24	43	5	10	17	23	24	44
66	7	10	17	23	24	40	7	10	17	23	24	43	7	10	17	23	24	44

패턴 11 | 많이 나온 숫자 3개 조합 도표 ■ 4개 ■ 5개 ■ 6개 나온 숫자

N	A						B						C					
67	1	11	17	23	24	40	1	11	17	23	24	43	1	11	17	23	24	44
68	5	11	17	23	24	40	5	11	17	23	24	43	5	11	17	23	24	44
69	7	11	17	23	24	40	7	11	17	23	24	43	7	11	17	23	24	44
70	1	12	17	23	24	40	1	12	17	23	24	43	1	12	17	23	24	44
71	5	12	17	23	24	40	5	12	17	23	24	43	5	12	17	23	24	44
72	7	12	17	23	24	40	7	12	17	23	24	43	7	12	17	23	24	44
73	1	10	19	23	24	40	1	10	19	23	24	43	1	10	19	23	24	44
74	5	10	19	23	24	40	5	10	19	23	24	43	5	10	19	23	24	44
75	7	10	19	23	24	40	7	10	19	23	24	43	7	10	19	23	24	44
76	1	11	19	23	24	40	1	11	19	23	24	43	1	11	19	23	24	44
77	5	11	19	23	24	40	5	11	19	23	24	43	5	11	19	23	24	44
78	7	11	19	23	24	40	7	11	19	23	24	43	7	11	19	23	24	44
79	1	12	19	23	24	40	1	12	19	23	24	43	1	12	19	23	24	44
80	5	12	19	23	24	40	5	12	19	23	24	43	5	12	19	23	24	44
81	7	12	19	23	24	40	7	12	19	23	24	43	7	12	19	23	24	44
82	1	10	15	20	28	40	1	10	15	20	28	43	1	10	15	20	28	44
83	5	10	15	20	28	40	5	10	15	20	28	43	5	10	15	20	28	44
84	7	10	15	20	28	40	7	10	15	20	28	43	7	10	15	20	28	44
85	1	11	15	20	28	40	1	11	15	20	28	43	1	11	15	20	28	44
86	5	11	15	20	28	40	5	11	15	20	28	43	5	11	15	20	28	44
87	7	11	15	20	28	40	7	11	15	20	28	43	7	11	15	20	28	44
88	1	12	15	20	28	40	1	12	15	20	28	43	1	12	15	20	28	44
89	5	12	15	20	28	40	5	12	15	20	28	43	5	12	15	20	28	44
90	7	12	15	20	28	40	7	12	15	20	28	43	7	12	15	20	28	44
91	1	10	17	20	28	40	1	10	17	20	28	43	1	10	17	20	28	44
92	5	10	17	20	28	40	5	10	17	20	28	43	5	10	17	20	28	44
93	7	10	17	20	28	40	7	10	17	20	28	43	7	10	17	20	28	44
94	1	11	17	20	28	40	1	11	17	20	28	43	1	11	17	20	28	44
95	5	11	17	20	28	40	5	11	17	20	28	43	5	11	17	20	28	44
96	7	11	17	20	28	40	7	11	17	20	28	43	7	11	17	20	28	44
97	1	12	17	20	28	40	1	12	17	20	28	43	1	12	17	20	28	44
98	5	12	17	20	28	40	5	12	17	20	28	43	5	12	17	20	28	44
99	7	12	17	20	28	40	7	12	17	20	28	43	7	12	17	20	28	44
100	1	10	19	20	28	40	1	10	19	20	28	43	1	10	19	20	28	44

패턴 11 | 많이 나온 숫자 3개 조합 도표　　4개 ▒ 5개 ■ 6개 나온 숫자

N	A						B						C					
101	5	10	19	20	28	40	5	10	19	20	28	43	5	10	19	20	28	44
102	7	10	19	20	28	40	7	10	19	20	28	43	7	10	19	20	28	44
103	1	11	19	20	28	40	1	11	19	20	28	43	1	11	19	20	28	44
104	5	11	19	20	28	40	5	11	19	20	28	43	5	11	19	20	28	44
105	7	11	19	20	28	40	7	11	19	20	28	43	7	11	19	20	28	44
106	1	12	19	20	28	40	1	12	19	20	28	43	1	12	19	20	28	44
107	5	12	19	20	28	40	5	12	19	20	28	43	5	12	19	20	28	44
108	7	12	19	20	28	40	7	12	19	20	28	43	7	12	19	20	28	44
109	1	10	15	22	28	40	1	10	15	22	28	43	1	10	15	22	28	44
110	5	10	15	22	28	40	5	10	15	22	28	43	5	10	15	22	28	44
111	7	10	15	22	28	40	7	10	15	22	28	43	7	10	15	22	28	44
112	1	11	15	22	28	40	1	11	15	22	28	43	1	11	15	22	28	44
113	5	11	15	22	28	40	5	11	15	22	28	43	5	11	15	22	28	44
114	7	11	15	22	28	40	7	11	15	22	28	43	7	11	15	22	28	44
115	1	12	15	22	28	40	1	12	15	22	28	43	1	12	15	22	28	44
116	5	12	15	22	28	40	5	12	15	22	28	43	5	12	15	22	28	44
117	7	12	15	22	28	40	7	12	15	22	28	43	7	12	15	22	28	44
118	1	10	17	22	28	40	1	10	17	22	28	43	1	10	17	22	28	44
119	5	10	17	22	28	40	5	10	17	22	28	43	5	10	17	22	28	44
120	7	10	17	22	28	40	7	10	17	22	28	43	7	10	17	22	28	44
121	1	11	17	22	28	40	1	11	17	22	28	43	1	11	17	22	28	44
122	5	11	17	22	28	40	5	11	17	22	28	43	5	11	17	22	28	44
123	7	11	17	22	28	40	7	11	17	22	28	43	7	11	17	22	28	44
124	1	12	17	22	28	40	1	12	17	22	28	43	1	12	17	22	28	44
125	5	12	17	22	28	40	5	12	17	22	28	43	5	12	17	22	28	44
126	7	12	17	22	28	40	7	12	17	22	28	43	7	12	17	22	28	44
127	1	10	19	22	28	40	1	10	19	22	28	43	1	10	19	22	28	44
128	5	10	19	22	28	40	5	10	19	22	28	43	5	10	19	22	28	44
129	7	10	19	22	28	40	7	10	19	22	28	43	7	10	19	22	28	44
130	1	11	19	22	28	40	1	11	19	22	28	43	1	11	19	22	28	44
131	5	11	19	22	28	40	5	11	19	22	28	43	5	11	19	22	28	44
132	7	11	19	22	28	40	7	11	19	22	28	43	7	11	19	22	28	44
133	1	12	19	22	28	40	1	12	19	22	28	43	1	12	19	22	28	44
134	5	12	19	22	28	40	5	12	19	22	28	43	5	12	19	22	28	44

패턴 11 | 많이 나온 숫자 3개 조합 도표　4개 ■ 5개 ■ 6개 나온 숫자

N	A						B						C					
135	7	12	19	22	28	40	7	12	19	22	28	43	7	12	19	22	28	44
136	1	10	15	23	28	40	1	10	15	23	28	43	1	10	15	23	28	44
137	5	10	15	23	28	40	5	10	15	23	28	43	5	10	15	23	28	44
138	7	10	15	23	28	40	7	10	15	23	28	43	7	10	15	23	28	44
139	1	11	15	23	28	40	1	11	15	23	28	43	1	11	15	23	28	44
140	5	11	15	23	28	40	5	11	15	23	28	43	5	11	15	23	28	44
141	7	11	15	23	28	40	7	11	15	23	28	43	7	11	15	23	28	44
142	1	12	15	23	28	40	1	12	15	23	28	43	1	12	15	23	28	44
143	5	12	15	23	28	40	5	12	15	23	28	43	5	12	15	23	28	44
144	7	12	15	23	28	40	7	12	15	23	28	43	7	12	15	23	28	44
145	1	10	17	23	28	40	1	10	17	23	28	43	1	10	17	23	28	44
146	5	10	17	23	28	40	5	10	17	23	28	43	5	10	17	23	28	44
147	7	10	17	23	28	40	7	10	17	23	28	43	7	10	17	23	28	44
148	1	11	17	23	28	40	1	11	17	23	28	43	1	11	17	23	28	44
149	5	11	17	23	28	40	5	11	17	23	28	43	5	11	17	23	28	44
150	7	11	17	23	28	40	7	11	17	23	28	43	7	11	17	23	28	44
151	1	12	17	23	28	40	1	12	17	23	28	43	1	12	17	23	28	44
152	5	12	17	23	28	40	5	12	17	23	28	43	5	12	17	23	28	44
153	7	12	17	23	28	40	7	12	17	23	28	43	7	12	17	23	28	44
154	1	10	19	23	28	40	1	10	19	23	28	43	1	10	19	23	28	44
155	5	10	19	23	28	40	5	10	19	23	28	43	5	10	19	23	28	44
156	7	10	19	23	28	40	7	10	19	23	28	43	7	10	19	23	28	44
157	1	11	19	23	28	40	1	11	19	23	28	43	1	11	19	23	28	44
158	5	11	19	23	28	40	5	11	19	23	28	43	5	11	19	23	28	44
159	7	11	19	23	28	40	7	11	19	23	28	43	7	11	19	23	28	44
160	1	12	19	23	28	40	1	12	19	23	28	43	1	12	19	23	28	44
161	5	12	19	23	28	40	5	12	19	23	28	43	5	12	19	23	28	44
162	7	12	19	23	28	40	7	12	19	23	28	43	7	12	19	23	28	44
163	1	10	15	20	29	40	1	10	15	20	29	43	1	10	15	20	29	44
164	5	10	15	20	29	40	5	10	15	20	29	43	5	10	15	20	29	44
165	7	10	15	20	29	40	7	10	15	20	29	43	7	10	15	20	29	44
166	1	11	15	20	29	40	1	11	15	20	29	43	1	11	15	20	29	44
167	5	11	15	20	29	40	5	11	15	20	29	43	5	11	15	20	29	44
168	7	11	15	20	29	40	7	11	15	20	29	43	7	11	15	20	29	44

패턴 11 | 많이 나온 숫자 3개 조합 도표　　4개 ▨ 5개 ■ 6개 나온 숫자

N	A						B						C					
169	1	12	15	20	29	40	1	12	15	20	29	43	1	12	15	20	29	44
170	5	12	15	20	29	40	5	12	15	20	29	43	5	12	15	20	29	44
171	7	12	15	20	29	40	7	12	15	20	29	43	7	12	15	20	29	44
172	1	10	17	20	29	40	1	10	17	20	29	43	1	10	17	20	29	44
173	5	10	17	20	29	40	5	10	17	20	29	43	5	10	17	20	29	44
174	7	10	17	20	29	40	7	10	17	20	29	43	7	10	17	20	29	44
175	1	11	17	20	29	40	1	11	17	20	29	43	1	11	17	20	29	44
176	5	11	17	20	29	40	5	11	17	20	29	43	5	11	17	20	29	44
177	7	11	17	20	29	40	7	11	17	20	29	43	7	11	17	20	29	44
178	1	12	17	20	29	40	1	12	17	20	29	43	1	12	17	20	29	44
179	5	12	17	20	29	40	5	12	17	20	29	43	5	12	17	20	29	44
180	7	12	17	20	29	40	7	12	17	20	29	43	7	12	17	20	29	44
181	1	10	19	20	29	40	1	10	19	20	29	43	1	10	19	20	29	44
182	5	10	19	20	29	40	5	10	19	20	29	43	5	10	19	20	29	44
183	7	10	19	20	29	40	7	10	19	20	29	43	7	10	19	20	29	44
184	1	11	19	20	29	40	1	11	19	20	29	43	1	11	19	20	29	44
185	5	11	19	20	29	40	5	11	19	20	29	43	5	11	19	20	29	44
186	7	11	19	20	29	40	7	11	19	20	29	43	7	11	19	20	29	44
187	1	12	19	20	29	40	1	12	19	20	29	43	1	12	19	20	29	44
188	5	12	19	20	29	40	5	12	19	20	29	43	5	12	19	20	29	44
189	7	12	19	20	29	40	7	12	19	20	29	43	7	12	19	20	29	44
190	1	10	15	22	29	40	1	10	15	22	29	43	1	10	15	22	29	44
191	5	10	15	22	29	40	5	10	15	22	29	43	5	10	15	22	29	44
192	7	10	15	22	29	40	7	10	15	22	29	43	7	10	15	22	29	44
193	1	11	15	22	29	40	1	11	15	22	29	43	1	11	15	22	29	44
194	5	11	15	22	29	40	5	11	15	22	29	43	5	11	15	22	29	44
195	7	11	15	22	29	40	7	11	15	22	29	43	7	11	15	22	29	44
196	1	12	15	22	29	40	1	12	15	22	29	43	1	12	15	22	29	44
197	5	12	15	22	29	40	5	12	15	22	29	43	5	12	15	22	29	44
198	7	12	15	22	29	40	7	12	15	22	29	43	7	12	15	22	29	44
199	1	10	17	22	29	40	1	10	17	22	29	43	1	10	17	22	29	44
200	5	10	17	22	29	40	5	10	17	22	29	43	5	10	17	22	29	44
201	7	10	17	22	29	40	7	10	17	22	29	43	7	10	17	22	29	44
202	1	11	17	22	29	40	1	11	17	22	29	43	1	11	17	22	29	44

패턴 11 | 많이 나온 숫자 3개 조합 도표 4개 ■ 5개 ■ 6개 나온 숫자

N	A						B						C					
203	5	11	17	22	29	40	5	11	17	22	29	43	5	11	17	22	29	44
204	7	11	17	22	29	40	7	11	17	22	29	43	7	11	17	22	29	44
205	1	12	17	22	29	40	1	12	17	22	29	43	1	12	17	22	29	44
206	5	12	17	22	29	40	5	12	17	22	29	43	5	12	17	22	29	44
207	7	12	17	22	29	40	7	12	17	22	29	43	7	12	17	22	29	44
208	1	10	19	22	29	40	1	10	19	22	29	43	1	10	19	22	29	44
209	5	10	19	22	29	40	5	10	19	22	29	43	5	10	19	22	29	44
210	7	10	19	22	29	40	7	10	19	22	29	43	7	10	19	22	29	44
211	1	11	19	22	29	40	1	11	19	22	29	43	1	11	19	22	29	44
212	5	11	19	22	29	40	5	11	19	22	29	43	5	11	19	22	29	44
213	7	11	19	22	29	40	7	11	19	22	29	43	7	11	19	22	29	44
214	1	12	19	22	29	40	1	12	19	22	29	43	1	12	19	22	29	44
215	5	12	19	22	29	40	5	12	19	22	29	43	5	12	19	22	29	44
216	7	12	19	22	29	40	7	12	19	22	29	43	7	12	19	22	29	44
217	1	10	15	23	29	40	1	10	15	23	29	43	1	10	15	23	29	44
218	5	10	15	23	29	40	5	10	15	23	29	43	5	10	15	23	29	44
219	7	10	15	23	29	40	7	10	15	23	29	43	7	10	15	23	29	44
220	1	11	15	23	29	40	1	11	15	23	29	43	1	11	15	23	29	44
221	5	11	15	23	29	40	5	11	15	23	29	43	5	11	15	23	29	44
222	7	11	15	23	29	40	7	11	15	23	29	43	7	11	15	23	29	44
223	1	12	15	23	29	40	1	12	15	23	29	43	1	12	15	23	29	44
224	5	12	15	23	29	40	5	12	15	23	29	43	5	12	15	23	29	44
225	7	12	15	23	29	40	7	12	15	23	29	43	7	12	15	23	29	44
226	1	10	17	23	29	40	1	10	17	23	29	43	1	10	17	23	29	44
227	5	10	17	23	29	40	5	10	17	23	29	43	5	10	17	23	29	44
228	7	10	17	23	29	40	7	10	17	23	29	43	7	10	17	23	29	44
229	1	11	17	23	29	40	1	11	17	23	29	43	1	11	17	23	29	44
230	5	11	17	23	29	40	5	11	17	23	29	43	5	11	17	23	29	44
231	7	11	17	23	29	40	7	11	17	23	29	43	7	11	17	23	29	44
232	1	12	17	23	29	40	1	12	17	23	29	43	1	12	17	23	29	44
233	5	12	17	23	29	40	5	12	17	23	29	43	5	12	17	23	29	44
234	7	12	17	23	29	40	7	12	17	23	29	43	7	12	17	23	29	44
235	1	10	19	23	29	40	1	10	19	23	29	43	1	10	19	23	29	44
236	5	10	19	23	29	40	5	10	19	23	29	43	5	10	19	23	29	44

패턴 11 | 많이 나온 숫자 3개 조합 도표   ■ 4개 ■ 5개 ■ 6개 나온 숫자

N	A						B						C					
237	7	10	19	23	29	40	7	10	19	23	29	43	7	10	19	23	29	44
238	1	11	19	23	29	40	1	11	19	23	29	43	1	11	19	23	29	44
239	5	11	19	23	29	40	5	11	19	23	29	43	5	11	19	23	29	44
240	7	11	19	23	29	40	7	11	19	23	29	43	7	11	19	23	29	44
241	1	12	19	23	29	40	1	12	19	23	29	43	1	12	19	23	29	44
242	5	12	19	23	29	40	5	12	19	23	29	43	5	12	19	23	29	44
243	7	12	19	23	29	40	7	12	19	23	29	43	7	12	19	23	29	44

1등 당첨!

도표 A칸 19번 1 10 19 20 24 40 2009년 10월 17일 당첨

패턴 12

패턴 12 | 2002~2022년도까지 18번의 단위별 당첨 횟수를 보임

횟수	년도	월	일	1	1	10	20	20	40	B/N
1	2003	1	18	**2**	**9**	**16**	**25**	**26**	**40**	42
2	2005	9	10	**2**	**3**	**13**	**20**	**27**	**44**	9
3	2009	5	2	**5**	**9**	**16**	**23**	**26**	**45**	21
4	2009	9	26	**2**	**8**	**14**	**25**	**29**	**45**	24
5	2010	1	9	**7**	**9**	**15**	**26**	**27**	**42**	18
6	2010	2	6	**4**	**8**	**19**	**25**	**27**	**45**	7
7	2010	9	4	**1**	**2**	**10**	**25**	**26**	**44**	4
8	2010	11	27	**4**	**5**	**14**	**20**	**22**	**43**	15
9	2012	9	15	**3**	**7**	**14**	**23**	**26**	**42**	24
10	2014	3	8	**2**	**8**	**15**	**22**	**25**	**41**	30
11	2017	4	22	**3**	**4**	**16**	**20**	**28**	**44**	17
12	2017	7	8	**1**	**3**	**12**	**21**	**26**	**41**	16
13	2017	10	14	**8**	**9**	**18**	**21**	**28**	**40**	20
14	2019	1	5	**2**	**4**	**11**	**28**	**29**	**43**	27
15	2020	7	25	**5**	**7**	**12**	**22**	**28**	**41**	1
16	2020	9	12	**3**	**4**	**10**	**20**	**28**	**44**	30
17	2021	2	13	**3**	**4**	**15**	**22**	**28**	**40**	10
18	2021	9	25	**5**	**7**	**13**	**20**	**21**	**44**	33

패턴 12 | 각 칸별 많이 나온 숫자

1칸	횟수	2칸	횟수	3칸	횟수	4칸	횟수	5칸	횟수	6칸	횟수
2	5	**9**	4	**14**	3	**20**	5	**28**	5	**44**	5
3	4	**4**	4	**15**	3	**25**	4	**26**	5	**40**	3
5	3	**8**	3	**16**	3	**22**	3	**27**	3	**41**	3
1	2	**7**	3	**10**	2	**21**	2	**29**	2	**45**	3
4	2	**3**	2	**12**	2	**23**	2	**25**	1	**42**	2
7	1	**5**	1	**13**	2	**26**	1	**22**	1	**43**	2
8	1	**2**	1	**11**	1	**28**	1	**21**	1		
6	0	**6**	0	**18**	1	**24**	0	**24**	0		
9	0	**1**	0	**19**	1	**27**	0	**23**	0		
				17	0	**29**	0	**20**	0		

패턴 12번의 2개 묶음 조합 도표

패턴 12 | 2개 숫자를 조합한 도표 4개 ▒ 5개 ■ 6개

N	A						B						C						D					
1	2	4	14	20	26	40	2	4	14	20	28	40	2	4	14	20	26	44	2	4	14	20	28	44
2	3	4	14	20	26	40	3	4	14	20	28	40	3	4	14	20	26	44	3	4	14	20	28	44
3	2	9	14	20	26	40	2	9	14	20	28	40	2	9	14	20	26	44	2	9	14	20	28	44
4	3	9	14	20	26	40	3	9	14	20	28	40	3	9	14	20	26	44	3	9	14	20	28	44
5	2	4	15	20	26	40	2	4	15	20	28	40	2	4	15	20	26	44	2	4	15	20	28	44
6	3	4	15	20	26	40	3	4	15	20	28	40	3	4	15	20	26	44	3	4	15	20	28	44
7	2	9	15	20	26	40	2	9	15	20	28	40	2	9	15	20	26	44	2	9	15	20	28	44
8	3	9	15	20	26	40	3	9	15	20	28	40	3	9	15	20	26	44	3	9	15	20	28	44
9	2	4	14	25	26	40	2	4	14	25	28	40	2	4	14	25	26	44	2	4	14	25	28	44
10	3	4	14	25	26	40	3	4	14	25	28	40	3	4	14	25	26	44	3	4	14	25	28	44
11	2	9	14	25	26	40	2	9	14	25	28	40	2	9	14	25	26	44	2	9	14	25	28	44
12	3	9	14	25	26	40	3	9	14	25	28	40	3	9	14	25	26	44	3	9	14	25	28	44
13	2	4	15	25	26	40	2	4	15	25	28	40	2	4	15	25	26	44	2	4	15	25	28	44
14	3	4	15	25	26	40	3	4	15	25	28	40	3	4	15	25	26	44	3	4	15	25	28	44
15	2	9	15	25	26	40	2	9	15	25	28	40	2	9	15	25	26	44	2	9	15	25	28	44
16	3	9	15	25	26	40	3	9	15	25	28	40	3	9	15	25	26	44	3	9	15	25	28	44

패턴 12번의 3개 묶음 조합 도표

패턴 12 | 많이 나온 숫자 3개 조합 도표 4개 5개 ■ 6개 나온 숫자

N	A						B						C					
1	2	7	14	20	26	40	2	7	14	20	26	41	2	7	14	20	26	44
2	3	7	14	20	26	40	3	7	14	20	26	41	3	7	14	20	26	44
3	5	7	14	20	26	40	5	7	14	20	26	41	5	7	14	20	26	44
4	2	8	14	20	26	40	2	8	14	20	26	41	2	8	14	20	26	44
5	3	8	14	20	26	40	3	8	14	20	26	41	3	8	14	20	26	44
6	5	8	14	20	26	40	5	8	14	20	26	41	5	8	14	20	26	44
7	2	9	14	20	26	40	2	9	14	20	26	41	2	9	14	20	26	44
8	3	9	14	20	26	40	3	9	14	20	26	41	3	9	14	20	26	44
9	5	9	14	20	26	40	5	9	14	20	26	41	5	9	14	20	26	44
10	2	7	15	20	26	40	2	7	15	20	26	41	2	7	15	20	26	44
11	3	7	15	20	26	40	3	7	15	20	26	41	3	7	15	20	26	44
12	5	7	15	20	26	40	5	7	15	20	26	41	5	7	15	20	26	44
13	2	8	15	20	26	40	2	8	15	20	26	41	2	8	15	20	26	44
14	3	8	15	20	26	40	3	8	15	20	26	41	3	8	15	20	26	44
15	5	8	15	20	26	40	5	8	15	20	26	41	5	8	15	20	26	44
16	2	9	15	20	26	40	2	9	15	20	26	41	2	9	15	20	26	44
17	3	9	15	20	26	40	3	9	15	20	26	41	3	9	15	20	26	44
18	5	9	15	20	26	40	5	9	15	20	26	41	5	9	15	20	26	44
19	2	7	16	20	26	40	2	7	16	20	26	41	2	7	16	20	26	44
20	3	7	16	20	26	40	3	7	16	20	26	41	3	7	16	20	26	44
21	5	7	16	20	26	40	5	7	16	20	26	41	5	7	16	20	26	44
22	2	8	16	20	26	40	2	8	16	20	26	41	2	8	16	20	26	44
23	3	8	16	20	26	40	3	8	16	20	26	41	3	8	16	20	26	44
24	5	8	16	20	26	40	5	8	16	20	26	41	5	8	16	20	26	44
25	2	9	16	20	26	40	2	9	16	20	26	41	2	9	16	20	26	44
26	3	9	16	20	26	40	3	9	16	20	26	41	3	9	16	20	26	44
27	5	9	16	20	26	40	5	9	16	20	26	41	5	9	16	20	26	44
28	2	7	14	22	26	40	2	7	14	22	26	41	2	7	14	22	26	44
29	3	7	14	22	26	40	3	7	14	22	26	41	3	7	14	22	26	44
30	5	7	14	22	26	40	5	7	14	22	26	41	5	7	14	22	26	44
31	2	8	14	22	26	40	2	8	14	22	26	41	2	8	14	22	26	44
32	3	8	14	22	26	40	3	8	14	22	26	41	3	8	14	22	26	44

패턴 12 | 많이 나온 숫자 3개 조합 도표

4개 ■ 5개 ■ 6개 나온 숫자

N	A						B						C					
33	5	8	14	22	26	40	5	8	14	22	26	41	5	8	14	22	26	44
34	2	9	14	22	26	40	2	9	14	22	26	41	2	9	14	22	26	44
35	3	9	14	22	26	40	3	9	14	22	26	41	3	9	14	22	26	44
36	5	9	14	22	26	40	5	9	14	22	26	41	5	9	14	22	26	44
37	2	7	15	22	26	40	2	7	15	22	26	41	2	7	15	22	26	44
38	3	7	15	22	26	40	3	7	15	22	26	41	3	7	15	22	26	44
39	5	7	15	22	26	40	5	7	15	22	26	41	5	7	15	22	26	44
40	2	8	15	22	26	40	2	8	15	22	26	41	2	8	15	22	26	44
41	3	8	15	22	26	40	3	8	15	22	26	41	3	8	15	22	26	44
42	5	8	15	22	26	40	5	8	15	22	26	41	5	8	15	22	26	44
43	2	9	15	22	26	40	2	9	15	22	26	41	2	9	15	22	26	44
44	3	9	15	22	26	40	3	9	15	22	26	41	3	9	15	22	26	44
45	5	9	15	22	26	40	5	9	15	22	26	41	5	9	15	22	26	44
46	2	7	16	22	26	40	2	7	16	22	26	41	2	7	16	22	26	44
47	3	7	16	22	26	40	3	7	16	22	26	41	3	7	16	22	26	44
48	5	7	16	22	26	40	5	7	16	22	26	41	5	7	16	22	26	44
49	2	8	16	22	26	40	2	8	16	22	26	41	2	8	16	22	26	44
50	3	8	16	22	26	40	3	8	16	22	26	41	3	8	16	22	26	44
51	5	8	16	22	26	40	5	8	16	22	26	41	5	8	16	22	26	44
52	2	9	16	22	26	40	2	9	16	22	26	41	2	9	16	22	26	44
53	3	9	16	22	26	40	3	9	16	22	26	41	3	9	16	22	26	44
54	5	9	16	22	26	40	5	9	16	22	26	41	5	9	16	22	26	44
55	2	7	14	25	26	40	2	7	14	25	26	41	2	7	14	25	26	44
56	3	7	14	25	26	40	3	7	14	25	26	41	3	7	14	25	26	44
57	5	7	14	25	26	40	5	7	14	25	26	41	5	7	14	25	26	44
58	2	8	14	25	26	40	2	8	14	25	26	41	2	8	14	25	26	44
59	3	8	14	25	26	40	3	8	14	25	26	41	3	8	14	25	26	44
60	5	8	14	25	26	40	5	8	14	25	26	41	5	8	14	25	26	44
61	2	9	14	25	26	40	2	9	14	25	26	41	2	9	14	25	26	44
62	3	9	14	25	26	40	3	9	14	25	26	41	3	9	14	25	26	44
63	5	9	14	25	26	40	5	9	14	25	26	41	5	9	14	25	26	44
64	2	7	15	25	26	40	2	7	15	25	26	41	2	7	15	25	26	44
65	3	7	15	25	26	40	3	7	15	25	26	41	3	7	15	25	26	44
66	5	7	15	25	26	40	5	7	15	25	26	41	5	7	15	25	26	44

패턴 12 | 많이 나온 숫자 3개 조합 도표

4개 ■ 5개 ■ 6개 나온 숫자

N	A						B						C					
67	2	8	15	25	26	40	2	8	15	25	26	41	2	8	15	25	26	44
68	3	8	15	25	26	40	3	8	15	25	26	41	3	8	15	25	26	44
69	5	8	15	25	26	40	5	8	15	25	26	41	5	8	15	25	26	44
70	2	9	15	25	26	40	2	9	15	25	26	41	2	9	15	25	26	44
71	3	9	15	25	26	40	3	9	15	25	26	41	3	9	15	25	26	44
72	5	9	15	25	26	40	5	9	15	25	26	41	5	9	15	25	26	44
73	2	7	16	25	26	40	2	7	16	25	26	41	2	7	16	25	26	44
74	3	7	16	25	26	40	3	7	16	25	26	41	3	7	16	25	26	44
75	5	7	16	25	26	40	5	7	16	25	26	41	5	7	16	25	26	44
76	2	8	16	25	26	40	2	8	16	25	26	41	2	8	16	25	26	44
77	3	8	16	25	26	40	3	8	16	25	26	41	3	8	16	25	26	44
78	5	8	16	25	26	40	5	8	16	25	26	41	5	8	16	25	26	44
79	2	9	16	25	26	40	2	9	16	25	26	41	2	9	16	25	26	44
80	3	9	16	25	26	40	3	9	16	25	26	41	3	9	16	25	26	44
81	5	9	16	25	26	40	5	9	16	25	26	41	5	9	16	25	26	44
82	2	7	14	20	27	40	2	7	14	20	27	41	2	7	14	20	27	44
83	3	7	14	20	27	40	3	7	14	20	27	41	3	7	14	20	27	44
84	5	7	14	20	27	40	5	7	14	20	27	41	5	7	14	20	27	44
85	2	8	14	20	27	40	2	8	14	20	27	41	2	8	14	20	27	44
86	3	8	14	20	27	40	3	8	14	20	27	41	3	8	14	20	27	44
87	5	8	14	20	27	40	5	8	14	20	27	41	5	8	14	20	27	44
88	2	9	14	20	27	40	2	9	14	20	27	41	2	9	14	20	27	44
89	3	9	14	20	27	40	3	9	14	20	27	41	3	9	14	20	27	44
90	5	9	14	20	27	40	5	9	14	20	27	41	5	9	14	20	27	44
91	2	7	15	20	27	40	2	7	15	20	27	41	2	7	15	20	27	44
92	3	7	15	20	27	40	3	7	15	20	27	41	3	7	15	20	27	44
93	5	7	15	20	27	40	5	7	15	20	27	41	5	7	15	20	27	44
94	2	8	15	20	27	40	2	8	15	20	27	41	2	8	15	20	27	44
95	3	8	15	20	27	40	3	8	15	20	27	41	3	8	15	20	27	44
96	5	8	15	20	27	40	5	8	15	20	27	41	5	8	15	20	27	44
97	2	9	15	20	27	40	2	9	15	20	27	41	2	9	15	20	27	44
98	3	9	15	20	27	40	3	9	15	20	27	41	3	9	15	20	27	44
99	5	9	15	20	27	40	5	9	15	20	27	41	5	9	15	20	27	44
100	2	7	16	20	27	40	2	7	16	20	27	41	2	7	16	20	27	44

패턴 12 | 많이 나온 숫자 3개 조합 도표   4개 ▧ 5개 ■ 6개 나온 숫자

N	A						B						C					
101	3	7	16	20	27	40	3	7	16	20	27	41	3	7	16	20	27	44
102	5	7	16	20	27	40	5	7	16	20	27	41	5	7	16	20	27	44
103	2	8	16	20	27	40	2	8	16	20	27	41	2	8	16	20	27	44
104	3	8	16	20	27	40	3	8	16	20	27	41	3	8	16	20	27	44
105	5	8	16	20	27	40	5	8	16	20	27	41	5	8	16	20	27	44
106	2	9	16	20	27	40	2	9	16	20	27	41	2	9	16	20	27	44
107	3	9	16	20	27	40	3	9	16	20	27	41	3	9	16	20	27	44
108	5	9	16	20	27	40	5	9	16	20	27	41	5	9	16	20	27	44
109	2	7	14	22	27	40	2	7	14	22	27	41	2	7	14	22	27	44
110	3	7	14	22	27	40	3	7	14	22	27	41	3	7	14	22	27	44
111	5	7	14	22	27	40	5	7	14	22	27	41	5	7	14	22	27	44
112	2	8	14	22	27	40	2	8	14	22	27	41	2	8	14	22	27	44
113	3	8	14	22	27	40	3	8	14	22	27	41	3	8	14	22	27	44
114	5	8	14	22	27	40	5	8	14	22	27	41	5	8	14	22	27	44
115	2	9	14	22	27	40	2	9	14	22	27	41	2	9	14	22	27	44
116	3	9	14	22	27	40	3	9	14	22	27	41	3	9	14	22	27	44
117	5	9	14	22	27	40	5	9	14	22	27	41	5	9	14	22	27	44
118	2	7	15	22	27	40	2	7	15	22	27	41	2	7	15	22	27	44
119	3	7	15	22	27	40	3	7	15	22	27	41	3	7	15	22	27	44
120	5	7	15	22	27	40	5	7	15	22	27	41	5	7	15	22	27	44
121	2	8	15	22	27	40	2	8	15	22	27	41	2	8	15	22	27	44
122	3	8	15	22	27	40	3	8	15	22	27	41	3	8	15	22	27	44
123	5	8	15	22	27	40	5	8	15	22	27	41	5	8	15	22	27	44
124	2	9	15	22	27	40	2	9	15	22	27	41	2	9	15	22	27	44
125	3	9	15	22	27	40	3	9	15	22	27	41	3	9	15	22	27	44
126	5	9	15	22	27	40	5	9	15	22	27	41	5	9	15	22	27	44
127	2	7	16	22	27	40	2	7	16	22	27	41	2	7	16	22	27	44
128	3	7	16	22	27	40	3	7	16	22	27	41	3	7	16	22	27	44
129	5	7	16	22	27	40	5	7	16	22	27	41	5	7	16	22	27	44
130	2	8	16	22	27	40	2	8	16	22	27	41	2	8	16	22	27	44
131	3	8	16	22	27	40	3	8	16	22	27	41	3	8	16	22	27	44
132	5	8	16	22	27	40	5	8	16	22	27	41	5	8	16	22	27	44
133	2	9	16	22	27	40	2	9	16	22	27	41	2	9	16	22	27	44
134	3	9	16	22	27	40	3	9	16	22	27	41	3	9	16	22	27	44

패턴 12 | 많이 나온 숫자 3개 조합 도표 4개 5개 6개 나온 숫자

N	A						B						C					
135	5	9	16	22	27	40	5	9	16	22	27	41	5	9	16	22	27	44
136	2	7	14	25	27	40	2	7	14	25	27	41	2	7	14	25	27	44
137	3	7	14	25	27	40	3	7	14	25	27	41	3	7	14	25	27	44
138	5	7	14	25	27	40	5	7	14	25	27	41	5	7	14	25	27	44
139	2	8	14	25	27	40	2	8	14	25	27	41	2	8	14	25	27	44
140	3	8	14	25	27	40	3	8	14	25	27	41	3	8	14	25	27	44
141	5	8	14	25	27	40	5	8	14	25	27	41	5	8	14	25	27	44
142	2	9	14	25	27	40	2	9	14	25	27	41	2	9	14	25	27	44
143	3	9	14	25	27	40	3	9	14	25	27	41	3	9	14	25	27	44
144	5	9	14	25	27	40	5	9	14	25	27	41	5	9	14	25	27	44
145	2	7	15	25	27	40	2	7	15	25	27	41	2	7	15	25	27	44
146	3	7	15	25	27	40	3	7	15	25	27	41	3	7	15	25	27	44
147	5	7	15	25	27	40	5	7	15	25	27	41	5	7	15	25	27	44
148	2	8	15	25	27	40	2	8	15	25	27	41	2	8	15	25	27	44
149	3	8	15	25	27	40	3	8	15	25	27	41	3	8	15	25	27	44
150	5	8	15	25	27	40	5	8	15	25	27	41	5	8	15	25	27	44
151	2	9	15	25	27	40	2	9	15	25	27	41	2	9	15	25	27	44
152	3	9	15	25	27	40	3	9	15	25	27	41	3	9	15	25	27	44
153	5	9	15	25	27	40	5	9	15	25	27	41	5	9	15	25	27	44
154	2	7	16	25	27	40	2	7	16	25	27	41	2	7	16	25	27	44
155	3	7	16	25	27	40	3	7	16	25	27	41	3	7	16	25	27	44
156	5	7	16	25	27	40	5	7	16	25	27	41	5	7	16	25	27	44
157	2	8	16	25	27	40	2	8	16	25	27	41	2	8	16	25	27	44
158	3	8	16	25	27	40	3	8	16	25	27	41	3	8	16	25	27	44
159	5	8	16	25	27	40	5	8	16	25	27	41	5	8	16	25	27	44
160	2	9	16	25	27	40	2	9	16	25	27	41	2	9	16	25	27	44
161	3	9	16	25	27	40	3	9	16	25	27	41	3	9	16	25	27	44
162	5	9	16	25	27	40	5	9	16	25	27	41	5	9	16	25	27	44
163	2	7	14	20	28	40	2	7	14	20	28	41	2	7	14	20	28	44
164	3	7	14	20	28	40	3	7	14	20	28	41	3	7	14	20	28	44
165	5	7	14	20	28	40	5	7	14	20	28	41	5	7	14	20	28	44
166	2	8	14	20	28	40	2	8	14	20	28	41	2	8	14	20	28	44
167	3	8	14	20	28	40	3	8	14	20	28	41	3	8	14	20	28	44
168	5	8	14	20	28	40	5	8	14	20	28	41	5	8	14	20	28	44

패턴 12 | 많이 나온 숫자 3개 조합 도표   4개 ▨ 5개 ■ 6개 나온 숫자

N	A						B						C					
169	2	9	14	20	28	40	2	9	14	20	28	41	2	9	14	20	28	44
170	3	9	14	20	28	40	3	9	14	20	28	41	3	9	14	20	28	44
171	5	9	14	20	28	40	5	9	14	20	28	41	5	9	14	20	28	44
172	2	7	15	20	28	40	2	7	15	20	28	41	2	7	15	20	28	44
173	3	7	15	20	28	40	3	7	15	20	28	41	3	7	15	20	28	44
174	5	7	15	20	28	40	5	7	15	20	28	41	5	7	15	20	28	44
175	2	8	15	20	28	40	2	8	15	20	28	41	2	8	15	20	28	44
176	3	8	15	20	28	40	3	8	15	20	28	41	3	8	15	20	28	44
177	5	8	15	20	28	40	5	8	15	20	28	41	5	8	15	20	28	44
178	2	9	15	20	28	40	2	9	15	20	28	41	2	9	15	20	28	44
179	3	9	15	20	28	40	3	9	15	20	28	41	3	9	15	20	28	44
180	5	9	15	20	28	40	5	9	15	20	28	41	5	9	15	20	28	44
181	2	7	16	20	28	40	2	7	16	20	28	41	2	7	16	20	28	44
182	3	7	16	20	28	40	3	7	16	20	28	41	3	7	16	20	28	44
183	5	7	16	20	28	40	5	7	16	20	28	41	5	7	16	20	28	44
184	2	8	16	20	28	40	2	8	16	20	28	41	2	8	16	20	28	44
185	3	8	16	20	28	40	3	8	16	20	28	41	3	8	16	20	28	44
186	5	8	16	20	28	40	5	8	16	20	28	41	5	8	16	20	28	44
187	2	9	16	20	28	40	2	9	16	20	28	41	2	9	16	20	28	44
188	3	9	16	20	28	40	3	9	16	20	28	41	3	9	16	20	28	44
189	5	9	16	20	28	40	5	9	16	20	28	41	5	9	16	20	28	44
190	2	7	14	22	28	40	2	7	14	22	28	41	2	7	14	22	28	44
191	3	7	14	22	28	40	3	7	14	22	28	41	3	7	14	22	28	44
192	5	7	14	22	28	40	5	7	14	22	28	41	5	7	14	22	28	44
193	2	8	14	22	28	40	2	8	14	22	28	41	2	8	14	22	28	44
194	3	8	14	22	28	40	3	8	14	22	28	41	3	8	14	22	28	44
195	5	8	14	22	28	40	5	8	14	22	28	41	5	8	14	22	28	44
196	2	9	14	22	28	40	2	9	14	22	28	41	2	9	14	22	28	44
197	3	9	14	22	28	40	3	9	14	22	28	41	3	9	14	22	28	44
198	5	9	14	22	28	40	5	9	14	22	28	41	5	9	14	22	28	44
199	2	7	15	22	28	40	2	7	15	22	28	41	2	7	15	22	28	44
200	3	7	15	22	28	40	3	7	15	22	28	41	3	7	15	22	28	44
201	5	7	15	22	28	40	5	7	15	22	28	41	5	7	15	22	28	44
202	2	8	15	22	28	40	2	8	15	22	28	41	2	8	15	22	28	44

패턴 12 | 많이 나온 숫자 3개 조합 도표　　4개 ▒ 5개 ■ 6개 나온 숫자

N	A						B						C					
203	3	8	15	22	28	40	3	8	15	22	28	41	3	8	15	22	28	44
204	5	8	15	22	28	40	5	8	15	22	28	41	5	8	15	22	28	44
205	2	9	15	22	28	40	2	9	15	22	28	41	2	9	15	22	28	44
206	3	9	15	22	28	40	3	9	15	22	28	41	3	9	15	22	28	44
207	5	9	15	22	28	40	5	9	15	22	28	41	5	9	15	22	28	44
208	2	7	16	22	28	40	2	7	16	22	28	41	2	7	16	22	28	44
209	3	7	16	22	28	40	3	7	16	22	28	41	3	7	16	22	28	44
210	5	7	16	22	28	40	5	7	16	22	28	41	5	7	16	22	28	44
211	2	8	16	22	28	40	2	8	16	22	28	41	2	8	16	22	28	44
212	3	8	16	22	28	40	3	8	16	22	28	41	3	8	16	22	28	44
213	5	8	16	22	28	40	5	8	16	22	28	41	5	8	16	22	28	44
214	2	9	16	22	28	40	2	9	16	22	28	41	2	9	16	22	28	44
215	3	9	16	22	28	40	3	9	16	22	28	41	3	9	16	22	28	44
216	5	9	16	22	28	40	5	9	16	22	28	41	5	9	16	22	28	44
217	2	7	14	25	28	40	2	7	14	25	28	41	2	7	14	25	28	44
218	3	7	14	25	28	40	3	7	14	25	28	41	3	7	14	25	28	44
219	5	7	14	25	28	40	5	7	14	25	28	41	5	7	14	25	28	44
220	2	8	14	25	28	40	2	8	14	25	28	41	2	8	14	25	28	44
221	3	8	14	25	28	40	3	8	14	25	28	41	3	8	14	25	28	44
222	5	8	14	25	28	40	5	8	14	25	28	41	5	8	14	25	28	44
223	2	9	14	25	28	40	2	9	14	25	28	41	2	9	14	25	28	44
224	3	9	14	25	28	40	3	9	14	25	28	41	3	9	14	25	28	44
225	5	9	14	25	28	40	5	9	14	25	28	41	5	9	14	25	28	44
226	2	7	15	25	28	40	2	7	15	25	28	41	2	7	15	25	28	44
227	3	7	15	25	28	40	3	7	15	25	28	41	3	7	15	25	28	44
228	5	7	15	25	28	40	5	7	15	25	28	41	5	7	15	25	28	44
229	2	8	15	25	28	40	2	8	15	25	28	41	2	8	15	25	28	44
230	3	8	15	25	28	40	3	8	15	25	28	41	3	8	15	25	28	44
231	5	8	15	25	28	40	5	8	15	25	28	41	5	8	15	25	28	44
232	2	9	15	25	28	40	2	9	15	25	28	41	2	9	15	25	28	44
233	3	9	15	25	28	40	3	9	15	25	28	41	3	9	15	25	28	44
234	5	9	15	25	28	40	5	9	15	25	28	41	5	9	15	25	28	44
235	2	7	16	25	28	40	2	7	16	25	28	41	2	7	16	25	28	44
236	3	7	16	25	28	40	3	7	16	25	28	41	3	7	16	25	28	44

패턴 12 | 많이 나온 숫자 3개 조합 도표   4개 ▨ 5개 ■ 6개 나온 숫자

N	A						B						C					
237	5	7	16	25	28	40	5	7	16	25	28	41	5	7	16	25	28	44
238	2	8	16	25	28	40	2	8	16	25	28	41	2	8	16	25	28	44
239	3	8	16	25	28	40	3	8	16	25	28	41	3	8	16	25	28	44
240	5	8	16	25	28	40	5	8	16	25	28	41	5	8	16	25	28	44
241	2	9	16	25	28	40	2	9	16	25	28	41	2	9	16	25	28	44
242	3	9	16	25	28	40	3	9	16	25	28	41	3	9	16	25	28	44
243	5	9	16	25	28	40	5	9	16	25	28	41	5	9	16	25	28	44

1등 당첨!

도표 A칸 79번 | 2 | 9 | 16 | 25 | 26 | 40 | 2003년 1월 18일 당첨

패턴 13

패턴 13 | 2002~2022년도까지 18번의 단위별 당첨 횟수를 보임

횟수	년도	월	일	10	20	20	30	30	40	B/N
1	2002	12	7	**10**	**23**	**29**	**33**	**37**	**40**	16
2	2003	9	13	**13**	**20**	**23**	**35**	**38**	**43**	34
3	2004	8	21	**17**	**20**	**29**	**35**	**38**	**44**	10
4	2007	9	29	**14**	**23**	**26**	**31**	**39**	**45**	28
5	2009	12	19	**11**	**21**	**24**	**30**	**39**	**45**	26
6	2011	3	5	**18**	**22**	**25**	**31**	**38**	**45**	6
7	2011	3	19	**19**	**23**	**29**	**33**	**35**	**43**	27
8	2011	5	7	**10**	**22**	**28**	**34**	**36**	**44**	2
9	2011	6	11	**13**	**20**	**21**	**30**	**39**	**45**	32
10	2011	8	13	**13**	**25**	**27**	**34**	**38**	**41**	10
11	2011	12	17	**16**	**25**	**26**	**31**	**36**	**43**	44
12	2012	1	21	**14**	**25**	**29**	**32**	**33**	**45**	37
13	2013	3	16	**12**	**23**	**26**	**30**	**36**	**43**	11
14	2018	8	18	**10**	**21**	**22**	**30**	**35**	**42**	6
15	2020	2	15	**18**	**21**	**28**	**35**	**37**	**42**	17
16	2021	5	1	**11**	**20**	**29**	**31**	**33**	**42**	43
17	2021	10	2	**13**	**23**	**26**	**31**	**35**	**43**	15
18	2021	10	16	**17**	**21**	**23**	**30**	**34**	**44**	19

패턴 13 | 각 칸별 많이 나온 숫자

1칸	횟수	2칸	횟수	3칸	횟수	4칸	횟수	5칸	횟수	6칸	횟수
13	4	**23**	5	**29**	5	**30**	5	**38**	4	**43**	5
10	3	**20**	4	**26**	4	**31**	5	**39**	3	**45**	5
11	2	**21**	4	**28**	2	**35**	3	**36**	3	**44**	3
14	2	**25**	3	**23**	2	**33**	2	**35**	3	**42**	3
17	2	**22**	2	**27**	1	**34**	2	**37**	2	**40**	0
18	2	**24**	0	**25**	1	**32**	1	**33**	2	**41**	0
12	1	**26**	0	**24**	1	**36**	0	**34**	1		
16	1	**27**	0	**22**	1	**37**	0	**32**	0		
19	1	**28**	0	**21**	1	**38**	0	**31**	0		
15	0	**29**	0	**20**	0	**39**	0	**30**	0		

패턴 13번의 2개 묶음 조합 도표

패턴 13 | 2개 숫자를 조합한 도표 4개 ▒ 5개 ■ 6개

N	A						B						C						D					
1	10	20	26	30	38	43	10	20	26	30	39	43	10	20	26	30	38	45	10	20	26	30	39	45
2	13	20	26	30	38	43	13	20	26	30	39	43	13	20	26	30	38	45	13	20	26	30	39	45
3	10	23	26	30	38	43	10	23	26	30	39	43	10	23	26	30	38	45	10	23	26	30	39	45
4	13	23	26	30	38	43	13	23	26	30	39	43	13	23	26	30	38	45	13	23	26	30	39	45
5	10	20	29	30	38	43	10	20	29	30	39	43	10	20	29	30	38	45	10	20	29	30	39	45
6	13	20	29	30	38	43	13	20	29	30	39	43	13	20	29	30	38	45	13	20	29	30	39	45
7	10	23	29	30	38	43	10	23	29	30	39	43	10	23	29	30	38	45	10	23	29	30	39	45
8	13	23	29	30	38	43	13	23	29	30	39	43	13	23	29	30	38	45	13	23	29	30	39	45
9	10	20	26	31	38	43	10	20	26	31	39	43	10	20	26	31	38	45	10	20	26	31	39	45
10	13	20	26	31	38	43	13	20	26	31	39	43	13	20	26	31	38	45	13	20	26	31	39	45
11	10	23	26	31	38	43	10	23	26	31	39	43	10	23	26	31	38	45	10	23	26	31	39	45
12	13	23	26	31	38	43	13	23	26	31	39	43	13	23	26	31	38	45	13	23	26	31	39	45
13	10	20	29	31	38	43	10	20	29	31	39	43	10	20	29	31	38	45	10	20	29	31	39	45
14	13	20	29	31	38	43	13	20	29	31	39	43	13	20	29	31	38	45	13	20	29	31	39	45
15	10	23	29	31	38	43	10	23	29	31	39	43	10	23	29	31	38	45	10	23	29	31	39	45
16	13	23	29	31	38	43	13	23	29	31	39	43	13	23	29	31	38	45	13	23	29	31	39	45

패턴 13번의 3개 묶음 조합 도표

패턴 13 | 많이 나온 숫자 3개 조합 도표 ■ 4개 ■ 5개 ■ 6개 나온 숫자

N	A						B						C					
1	10	20	26	30	36	43	10	20	26	30	36	44	10	20	26	30	36	45
2	11	20	26	30	36	43	11	20	26	30	36	44	11	20	26	30	36	45
3	13	20	26	30	36	43	13	20	26	30	36	44	13	20	26	30	36	45
4	10	21	26	30	36	43	10	21	26	30	36	44	10	21	26	30	36	45
5	11	21	26	30	36	43	11	21	26	30	36	44	11	21	26	30	36	45
6	13	21	26	30	36	43	13	21	26	30	36	44	13	21	26	30	36	45
7	10	23	26	30	36	43	10	23	26	30	36	44	10	23	26	30	36	45
8	11	23	26	30	36	43	11	23	26	30	36	44	11	23	26	30	36	45
9	13	23	26	30	36	43	13	23	26	30	36	44	13	23	26	30	36	45
10	10	20	28	30	36	43	10	20	28	30	36	44	10	20	28	30	36	45
11	11	20	28	30	36	43	11	20	28	30	36	44	11	20	28	30	36	45
12	13	20	28	30	36	43	13	20	28	30	36	44	13	20	28	30	36	45
13	10	21	28	30	36	43	10	21	28	30	36	44	10	21	28	30	36	45
14	11	21	28	30	36	43	11	21	28	30	36	44	11	21	28	30	36	45
15	13	21	28	30	36	43	13	21	28	30	36	44	13	21	28	30	36	45
16	10	23	28	30	36	43	10	23	28	30	36	44	10	23	28	30	36	45
17	11	23	28	30	36	43	11	23	28	30	36	44	11	23	28	30	36	45
18	13	23	28	30	36	43	13	23	28	30	36	44	13	23	28	30	36	45
19	10	20	29	30	36	43	10	20	29	30	36	44	10	20	29	30	36	45
20	11	20	29	30	36	43	11	20	29	30	36	44	11	20	29	30	36	45
21	13	20	29	30	36	43	13	20	29	30	36	44	13	20	29	30	36	45
22	10	21	29	30	36	43	10	21	29	30	36	44	10	21	29	30	36	45
23	11	21	29	30	36	43	11	21	29	30	36	44	11	21	29	30	36	45
24	13	21	29	30	36	43	13	21	29	30	36	44	13	21	29	30	36	45
25	10	23	29	30	36	43	10	23	29	30	36	44	10	23	29	30	36	45
26	11	23	29	30	36	43	11	23	29	30	36	44	11	23	29	30	36	45
27	13	23	29	30	36	43	13	23	29	30	36	44	13	23	29	30	36	45
28	10	20	26	31	36	43	10	20	26	31	36	44	10	20	26	31	36	45
29	11	20	26	31	36	43	11	20	26	31	36	44	11	20	26	31	36	45
30	13	20	26	31	36	43	13	20	26	31	36	44	13	20	26	31	36	45
31	10	21	26	31	36	43	10	21	26	31	36	44	10	21	26	31	36	45
32	11	21	26	31	36	43	11	21	26	31	36	44	11	21	26	31	36	45

패턴 13 | 많이 나온 숫자 3개 조합 도표　　4개 ▩ 5개 ■ 6개 나온 숫자

N	A						B						C					
33	13	21	26	31	36	43	13	21	26	31	36	44	13	21	26	31	36	45
34	10	23	26	31	36	43	10	23	26	31	36	44	10	23	26	31	36	45
35	11	23	26	31	36	43	11	23	26	31	36	44	11	23	26	31	36	45
36	13	23	26	31	36	43	13	23	26	31	36	44	13	23	26	31	36	45
37	10	20	28	31	36	43	10	20	28	31	36	44	10	20	28	31	36	45
38	11	20	28	31	36	43	11	20	28	31	36	44	11	20	28	31	36	45
39	13	20	28	31	36	43	13	20	28	31	36	44	13	20	28	31	36	45
40	10	21	28	31	36	43	10	21	28	31	36	44	10	21	28	31	36	45
41	11	21	28	31	36	43	11	21	28	31	36	44	11	21	28	31	36	45
42	13	21	28	31	36	43	13	21	28	31	36	44	13	21	28	31	36	45
43	10	23	28	31	36	43	10	23	28	31	36	44	10	23	28	31	36	45
44	11	23	28	31	36	43	11	23	28	31	36	44	11	23	28	31	36	45
45	13	23	28	31	36	43	13	23	28	31	36	44	13	23	28	31	36	45
46	10	20	29	31	36	43	10	20	29	31	36	44	10	20	29	31	36	45
47	11	20	29	31	36	43	11	20	29	31	36	44	11	20	29	31	36	45
48	13	20	29	31	36	43	13	20	29	31	36	44	13	20	29	31	36	45
49	10	21	29	31	36	43	10	21	29	31	36	44	10	21	29	31	36	45
50	11	21	29	31	36	43	11	21	29	31	36	44	11	21	29	31	36	45
51	13	21	29	31	36	43	13	21	29	31	36	44	13	21	29	31	36	45
52	10	23	29	31	36	43	10	23	29	31	36	44	10	23	29	31	36	45
53	11	23	29	31	36	43	11	23	29	31	36	44	11	23	29	31	36	45
54	13	23	29	31	36	43	13	23	29	31	36	44	13	23	29	31	36	45
55	10	20	26	35	36	43	10	20	26	35	36	44	10	20	26	35	36	45
56	11	20	26	35	36	43	11	20	26	35	36	44	11	20	26	35	36	45
57	13	20	26	35	36	43	13	20	26	35	36	44	13	20	26	35	36	45
58	10	21	26	35	36	43	10	21	26	35	36	44	10	21	26	35	36	45
59	11	21	26	35	36	43	11	21	26	35	36	44	11	21	26	35	36	45
60	13	21	26	35	36	43	13	21	26	35	36	44	13	21	26	35	36	45
61	10	23	26	35	36	43	10	23	26	35	36	44	10	23	26	35	36	45
62	11	23	26	35	36	43	11	23	26	35	36	44	11	23	26	35	36	45
63	13	23	26	35	36	43	13	23	26	35	36	44	13	23	26	35	36	45
64	10	20	28	35	36	43	10	20	28	35	36	44	10	20	28	35	36	45
65	11	20	28	35	36	43	11	20	28	35	36	44	11	20	28	35	36	45
66	13	20	28	35	36	43	13	20	28	35	36	44	13	20	28	35	36	45

패턴 13 | 많이 나온 숫자 3개 조합 도표   4개 ■ 5개 ■ 6개 나온 숫자

N	A						B						C					
67	10	21	28	35	36	43	10	21	28	35	36	44	10	21	28	35	36	45
68	11	21	28	35	36	43	11	21	28	35	36	44	11	21	28	35	36	45
69	13	21	28	35	36	43	13	21	28	35	36	44	13	21	28	35	36	45
70	10	23	28	35	36	43	10	23	28	35	36	44	10	23	28	35	36	45
71	11	23	28	35	36	43	11	23	28	35	36	44	11	23	28	35	36	45
72	13	23	28	35	36	43	13	23	28	35	36	44	13	23	28	35	36	45
73	10	20	29	35	36	43	10	20	29	35	36	44	10	20	29	35	36	45
74	11	20	29	35	36	43	11	20	29	35	36	44	11	20	29	35	36	45
75	13	20	29	35	36	43	13	20	29	35	36	44	13	20	29	35	36	45
76	10	21	29	35	36	43	10	21	29	35	36	44	10	21	29	35	36	45
77	11	21	29	35	36	43	11	21	29	35	36	44	11	21	29	35	36	45
78	13	21	29	35	36	43	13	21	29	35	36	44	13	21	29	35	36	45
79	10	23	29	35	36	43	10	23	29	35	36	44	10	23	29	35	36	45
80	11	23	29	35	36	43	11	23	29	35	36	44	11	23	29	35	36	45
81	13	23	29	35	36	43	13	23	29	35	36	44	13	23	29	35	36	45
82	10	20	26	30	38	43	10	20	26	30	38	44	10	20	26	30	38	45
83	11	20	26	30	38	43	11	20	26	30	38	44	11	20	26	30	38	45
84	13	20	26	30	38	43	13	20	26	30	38	44	13	20	26	30	38	45
85	10	21	26	30	38	43	10	21	26	30	38	44	10	21	26	30	38	45
86	11	21	26	30	38	43	11	21	26	30	38	44	11	21	26	30	38	45
87	13	21	26	30	38	43	13	21	26	30	38	44	13	21	26	30	38	45
88	10	23	26	30	38	43	10	23	26	30	38	44	10	23	26	30	38	45
89	11	23	26	30	38	43	11	23	26	30	38	44	11	23	26	30	38	45
90	13	23	26	30	38	43	13	23	26	30	38	44	13	23	26	30	38	45
91	10	20	28	30	38	43	10	20	28	30	38	44	10	20	28	30	38	45
92	11	20	28	30	38	43	11	20	28	30	38	44	11	20	28	30	38	45
93	13	20	28	30	38	43	13	20	28	30	38	44	13	20	28	30	38	45
94	10	21	28	30	38	43	10	21	28	30	38	44	10	21	28	30	38	45
95	11	21	28	30	38	43	11	21	28	30	38	44	11	21	28	30	38	45
96	13	21	28	30	38	43	13	21	28	30	38	44	13	21	28	30	38	45
97	10	23	28	30	38	43	10	23	28	30	38	44	10	23	28	30	38	45
98	11	23	28	30	38	43	11	23	28	30	38	44	11	23	28	30	38	45
99	13	23	28	30	38	43	13	23	28	30	38	44	13	23	28	30	38	45
100	10	20	29	30	38	43	10	20	29	30	38	44	10	20	29	30	38	45

패턴 13 | 많이 나온 숫자 3개 조합 도표 4개 5개 ■ 6개 나온 숫자

N	A						B						C					
101	11	20	29	30	38	43	11	20	29	30	38	44	11	20	29	30	38	45
102	13	20	29	30	38	43	13	20	29	30	38	44	13	20	29	30	38	45
103	10	21	29	30	38	43	10	21	29	30	38	44	10	21	29	30	38	45
104	11	21	29	30	38	43	11	21	29	30	38	44	11	21	29	30	38	45
105	13	21	29	30	38	43	13	21	29	30	38	44	13	21	29	30	38	45
106	10	23	29	30	38	43	10	23	29	30	38	44	10	23	29	30	38	45
107	11	23	29	30	38	43	11	23	29	30	38	44	11	23	29	30	38	45
108	13	23	29	30	38	43	13	23	29	30	38	44	13	23	29	30	38	45
109	10	20	26	31	38	43	10	20	26	31	38	44	10	20	26	31	38	45
110	11	20	26	31	38	43	11	20	26	31	38	44	11	20	26	31	38	45
111	13	20	26	31	38	43	13	20	26	31	38	44	13	20	26	31	38	45
112	10	21	26	31	38	43	10	21	26	31	38	44	10	21	26	31	38	45
113	11	21	26	31	38	43	11	21	26	31	38	44	11	21	26	31	38	45
114	13	21	26	31	38	43	13	21	26	31	38	44	13	21	26	31	38	45
115	10	23	26	31	38	43	10	23	26	31	38	44	10	23	26	31	38	45
116	11	23	26	31	38	43	11	23	26	31	38	44	11	23	26	31	38	45
117	13	23	26	31	38	43	13	23	26	31	38	44	13	23	26	31	38	45
118	10	20	28	31	38	43	10	20	28	31	38	44	10	20	28	31	38	45
119	11	20	28	31	38	43	11	20	28	31	38	44	11	20	28	31	38	45
120	13	20	28	31	38	43	13	20	28	31	38	44	13	20	28	31	38	45
121	10	21	28	31	38	43	10	21	28	31	38	44	10	21	28	31	38	45
122	11	21	28	31	38	43	11	21	28	31	38	44	11	21	28	31	38	45
123	13	21	28	31	38	43	13	21	28	31	38	44	13	21	28	31	38	45
124	10	23	28	31	38	43	10	23	28	31	38	44	10	23	28	31	38	45
125	11	23	28	31	38	43	11	23	28	31	38	44	11	23	28	31	38	45
126	13	23	28	31	38	43	13	23	28	31	38	44	13	23	28	31	38	45
127	10	20	29	31	38	43	10	20	29	31	38	44	10	20	29	31	38	45
128	11	20	29	31	38	43	11	20	29	31	38	44	11	20	29	31	38	45
129	13	20	29	31	38	43	13	20	29	31	38	44	13	20	29	31	38	45
130	10	21	29	31	38	43	10	21	29	31	38	44	10	21	29	31	38	45
131	11	21	29	31	38	43	11	21	29	31	38	44	11	21	29	31	38	45
132	13	21	29	31	38	43	13	21	29	31	38	44	13	21	29	31	38	45
133	10	23	29	31	38	43	10	23	29	31	38	44	10	23	29	31	38	45
134	11	23	29	31	38	43	11	23	29	31	38	44	11	23	29	31	38	45

패턴 13 | 많이 나온 숫자 3개 조합 도표 4개 5개 6개 나온 숫자

N	A						B						C					
135	13	23	29	31	38	43	13	23	29	31	38	44	13	23	29	31	38	45
136	10	20	26	35	38	43	10	20	26	35	38	44	10	20	26	35	38	45
137	11	20	26	35	38	43	11	20	26	35	38	44	11	20	26	35	38	45
138	13	20	26	35	38	43	13	20	26	35	38	44	13	20	26	35	38	45
139	10	21	26	35	38	43	10	21	26	35	38	44	10	21	26	35	38	45
140	11	21	26	35	38	43	11	21	26	35	38	44	11	21	26	35	38	45
141	13	21	26	35	38	43	13	21	26	35	38	44	13	21	26	35	38	45
142	10	23	26	35	38	43	10	23	26	35	38	44	10	23	26	35	38	45
143	11	23	26	35	38	43	11	23	26	35	38	44	11	23	26	35	38	45
144	13	23	26	35	38	43	13	23	26	35	38	44	13	23	26	35	38	45
145	10	20	28	35	38	43	10	20	28	35	38	44	10	20	28	35	38	45
146	11	20	28	35	38	43	11	20	28	35	38	44	11	20	28	35	38	45
147	13	20	28	35	38	43	13	20	28	35	38	44	13	20	28	35	38	45
148	10	21	28	35	38	43	10	21	28	35	38	44	10	21	28	35	38	45
149	11	21	28	35	38	43	11	21	28	35	38	44	11	21	28	35	38	45
150	13	21	28	35	38	43	13	21	28	35	38	44	13	21	28	35	38	45
151	10	23	28	35	38	43	10	23	28	35	38	44	10	23	28	35	38	45
152	11	23	28	35	38	43	11	23	28	35	38	44	11	23	28	35	38	45
153	13	23	28	35	38	43	13	23	28	35	38	44	13	23	28	35	38	45
154	10	20	29	35	38	43	10	20	29	35	38	44	10	20	29	35	38	45
155	11	20	29	35	38	43	11	20	29	35	38	44	11	20	29	35	38	45
156	13	20	29	35	38	43	13	20	29	35	38	44	13	20	29	35	38	45
157	10	21	29	35	38	43	10	21	29	35	38	44	10	21	29	35	38	45
158	11	21	29	35	38	43	11	21	29	35	38	44	11	21	29	35	38	45
159	13	21	29	35	38	43	13	21	29	35	38	44	13	21	29	35	38	45
160	10	23	29	35	38	43	10	23	29	35	38	44	10	23	29	35	38	45
161	11	23	29	35	38	43	11	23	29	35	38	44	11	23	29	35	38	45
162	13	23	29	35	38	43	13	23	29	35	38	44	13	23	29	35	38	45
163	10	20	26	30	39	43	10	20	26	30	39	44	10	20	26	30	39	45
164	11	20	26	30	39	43	11	20	26	30	39	44	11	20	26	30	39	45
165	13	20	26	30	39	43	13	20	26	30	39	44	13	20	26	30	39	45
166	10	21	26	30	39	43	10	21	26	30	39	44	10	21	26	30	39	45
167	11	21	26	30	39	43	11	21	26	30	39	44	11	21	26	30	39	45
168	13	21	26	30	39	43	13	21	26	30	39	44	13	21	26	30	39	45

패턴 13 | 많이 나온 숫자 3개 조합 도표　　4개 ■ 5개 ■ 6개 나온 숫자

N	A						B						C					
169	10	23	26	30	39	43	10	23	26	30	39	44	10	23	26	30	39	45
170	11	23	26	30	39	43	11	23	26	30	39	44	11	23	26	30	39	45
171	13	23	26	30	39	43	13	23	26	30	39	44	13	23	26	30	39	45
172	10	20	28	30	39	43	10	20	28	30	39	44	10	20	28	30	39	45
173	11	20	28	30	39	43	11	20	28	30	39	44	11	20	28	30	39	45
174	13	20	28	30	39	43	13	20	28	30	39	44	13	20	28	30	39	45
175	10	21	28	30	39	43	10	21	28	30	39	44	10	21	28	30	39	45
176	11	21	28	30	39	43	11	21	28	30	39	44	11	21	28	30	39	45
177	13	21	28	30	39	43	13	21	28	30	39	44	13	21	28	30	39	45
178	10	23	28	30	39	43	10	23	28	30	39	44	10	23	28	30	39	45
179	11	23	28	30	39	43	11	23	28	30	39	44	11	23	28	30	39	45
180	13	23	28	30	39	43	13	23	28	30	39	44	13	23	28	30	39	45
181	10	20	29	30	39	43	10	20	29	30	39	44	10	20	29	30	39	45
182	11	20	29	30	39	43	11	20	29	30	39	44	11	20	29	30	39	45
183	13	20	29	30	39	43	13	20	29	30	39	44	13	20	29	30	39	45
184	10	21	29	30	39	43	10	21	29	30	39	44	10	21	29	30	39	45
185	11	21	29	30	39	43	11	21	29	30	39	44	11	21	29	30	39	45
186	13	21	29	30	39	43	13	21	29	30	39	44	13	21	29	30	39	45
187	10	23	29	30	39	43	10	23	29	30	39	44	10	23	29	30	39	45
188	11	23	29	30	39	43	11	23	29	30	39	44	11	23	29	30	39	45
189	13	23	29	30	39	43	13	23	29	30	39	44	13	23	29	30	39	45
190	10	20	26	31	39	43	10	20	26	31	39	44	10	20	26	31	39	45
191	11	20	26	31	39	43	11	20	26	31	39	44	11	20	26	31	39	45
192	13	20	26	31	39	43	13	20	26	31	39	44	13	20	26	31	39	45
193	10	21	26	31	39	43	10	21	26	31	39	44	10	21	26	31	39	45
194	11	21	26	31	39	43	11	21	26	31	39	44	11	21	26	31	39	45
195	13	21	26	31	39	43	13	21	26	31	39	44	13	21	26	31	39	45
196	10	23	26	31	39	43	10	23	26	31	39	44	10	23	26	31	39	45
197	11	23	26	31	39	43	11	23	26	31	39	44	11	23	26	31	39	45
198	13	23	26	31	39	43	13	23	26	31	39	44	13	23	26	31	39	45
199	10	20	28	31	39	43	10	20	28	31	39	44	10	20	28	31	39	45
200	11	20	28	31	39	43	11	20	28	31	39	44	11	20	28	31	39	45
201	13	20	28	31	39	43	13	20	28	31	39	44	13	20	28	31	39	45
202	10	21	28	31	39	43	10	21	28	31	39	44	10	21	28	31	39	45

패턴 13 | 많이 나온 숫자 3개 조합 도표 ■ 4개 ■ 5개 ■ 6개 나온 숫자

N	A						B						C					
203	11	21	28	31	39	43	11	21	28	31	39	44	11	21	28	31	39	45
204	13	21	28	31	39	43	13	21	28	31	39	44	13	21	28	31	39	45
205	10	23	28	31	39	43	10	23	28	31	39	44	10	23	28	31	39	45
206	11	23	28	31	39	43	11	23	28	31	39	44	11	23	28	31	39	45
207	13	23	28	31	39	43	13	23	28	31	39	44	13	23	28	31	39	45
208	10	20	29	31	39	43	10	20	29	31	39	44	10	20	29	31	39	45
209	11	20	29	31	39	43	11	20	29	31	39	44	11	20	29	31	39	45
210	13	20	29	31	39	43	13	20	29	31	39	44	13	20	29	31	39	45
211	10	21	29	31	39	43	10	21	29	31	39	44	10	21	29	31	39	45
212	11	21	29	31	39	43	11	21	29	31	39	44	11	21	29	31	39	45
213	13	21	29	31	39	43	13	21	29	31	39	44	13	21	29	31	39	45
214	10	23	29	31	39	43	10	23	29	31	39	44	10	23	29	31	39	45
215	11	23	29	31	39	43	11	23	29	31	39	44	11	23	29	31	39	45
216	13	23	29	31	39	43	13	23	29	31	39	44	13	23	29	31	39	45
217	10	20	26	35	39	43	10	20	26	35	39	44	10	20	26	35	39	45
218	11	20	26	35	39	43	11	20	26	35	39	44	11	20	26	35	39	45
219	13	20	26	35	39	43	13	20	26	35	39	44	13	20	26	35	39	45
220	10	21	26	35	39	43	10	21	26	35	39	44	10	21	26	35	39	45
221	11	21	26	35	39	43	11	21	26	35	39	44	11	21	26	35	39	45
222	13	21	26	35	39	43	13	21	26	35	39	44	13	21	26	35	39	45
223	10	23	26	35	39	43	10	23	26	35	39	44	10	23	26	35	39	45
224	11	23	26	35	39	43	11	23	26	35	39	44	11	23	26	35	39	45
225	13	23	26	35	39	43	13	23	26	35	39	44	13	23	26	35	39	45
226	10	20	28	35	39	43	10	20	28	35	39	44	10	20	28	35	39	45
227	11	20	28	35	39	43	11	20	28	35	39	44	11	20	28	35	39	45
228	13	20	28	35	39	43	13	20	28	35	39	44	13	20	28	35	39	45
229	10	21	28	35	39	43	10	21	28	35	39	44	10	21	28	35	39	45
230	11	21	28	35	39	43	11	21	28	35	39	44	11	21	28	35	39	45
231	13	21	28	35	39	43	13	21	28	35	39	44	13	21	28	35	39	45
232	10	23	28	35	39	43	10	23	28	35	39	44	10	23	28	35	39	45
233	11	23	28	35	39	43	11	23	28	35	39	44	11	23	28	35	39	45
234	13	23	28	35	39	43	13	23	28	35	39	44	13	23	28	35	39	45
235	10	20	29	35	39	43	10	20	29	35	39	44	10	20	29	35	39	45
236	11	20	29	35	39	43	11	20	29	35	39	44	11	20	29	35	39	45

패턴 13 | 많이 나온 숫자 3개 조합 도표 4개 ■ 5개 ■ 6개 나온 숫자

N	A						B						C					
237	13	20	29	35	39	43	13	20	29	35	39	44	13	20	29	35	39	45
238	10	21	29	35	39	43	10	21	29	35	39	44	10	21	29	35	39	45
239	11	21	29	35	39	43	11	21	29	35	39	44	11	21	29	35	39	45
240	13	21	29	35	39	43	13	21	29	35	39	44	13	21	29	35	39	45
241	10	23	29	35	39	43	10	23	29	35	39	44	10	23	29	35	39	45
242	11	23	29	35	39	43	11	23	29	35	39	44	11	23	29	35	39	45
243	13	23	29	35	39	43	13	23	29	35	39	44	13	23	29	35	39	45

패턴 14

패턴 14 | 2002~2022년도까지 18번의 단위별 당첨 횟수를 보임

횟수	년도	월	일	1	1	10	10	20	30	B/N
1	2004	2	7	**3**	**8**	**15**	**17**	**29**	**35**	21
2	2004	6	19	**5**	**7**	**11**	**13**	**20**	**33**	6
3	2004	10	9	**6**	**7**	**14**	**15**	**20**	**36**	3
4	2005	12	10	**4**	**9**	**13**	**18**	**21**	**34**	7
5	2008	8	30	**7**	**9**	**10**	**12**	**26**	**38**	39
6	2010	8	14	**5**	**9**	**15**	**19**	**22**	**36**	32
7	2011	10	29	**1**	**8**	**11**	**13**	**22**	**38**	31
8	2014	2	22	**2**	**7**	**12**	**15**	**21**	**34**	5
9	2014	8	23	**6**	**9**	**18**	**19**	**25**	**33**	40
10	2015	2	7	**6**	**7**	**15**	**16**	**20**	**31**	26
11	2016	8	20	**2**	**6**	**13**	**16**	**29**	**30**	21
12	2016	11	5	**7**	**8**	**10**	**19**	**21**	**31**	20
13	2017	4	15	**1**	**2**	**15**	**19**	**24**	**36**	12
14	2019	6	22	**3**	**7**	**10**	**13**	**25**	**36**	32
15	2019	9	28	**2**	**6**	**11**	**16**	**25**	**31**	3
16	2019	12	21	**1**	**4**	**14**	**18**	**29**	**37**	6
17	2020	6	13	**2**	**6**	**11**	**13**	**22**	**37**	14
18	2021	6	19	**2**	**5**	**12**	**14**	**24**	**39**	33

패턴 14 | 각 칸별 많이 나온 숫자

1칸	횟수	2칸	횟수	3칸	횟수	4칸	횟수	5칸	횟수	6칸	횟수
2	5	**7**	5	**11**	4	**19**	4	**20**	3	**36**	4
1	3	**9**	4	**15**	4	**13**	4	**21**	3	**31**	3
6	3	**8**	3	**10**	3	**16**	3	**22**	3	**33**	2
3	2	**6**	3	**12**	2	**18**	2	**25**	3	**34**	2
5	2	**5**	1	**13**	2	**15**	2	**29**	3	**37**	2
7	2	**4**	1	**14**	2	**12**	2	**24**	2	**38**	2
4	1	**2**	1	**18**	1	**14**	1	**26**	1	**30**	1
8	0	**3**	0	**16**	0	**17**	0	**23**	0	**35**	1
9	0	**1**	0	**17**	0	**11**	0	**27**	0	**39**	1
				19	0	**10**	0	**28**	0	**32**	0

패턴 14번의 2개 묶음 조합 도표

패턴 14 | 2개 숫자를 조합한 도표 4개 ▒ 5개 ■ 6개

N	A						B						C						D					
1	1	7	11	13	20	31	1	7	11	13	21	31	1	7	11	13	20	36	1	7	11	13	21	36
2	2	7	11	13	20	31	2	7	11	13	21	31	2	7	11	13	20	36	2	7	11	13	21	36
3	1	9	11	13	20	31	1	9	11	13	21	31	1	9	11	13	20	36	1	9	11	13	21	36
4	2	9	11	13	20	31	2	9	11	13	21	31	2	9	11	13	20	36	2	9	11	13	21	36
5	1	7	15	16	20	31	1	7	15	16	21	31	1	7	15	16	20	36	1	7	15	16	21	36
6	2	7	15	16	20	31	2	7	15	16	21	31	2	7	15	16	20	36	2	7	15	16	21	36
7	1	9	15	16	20	31	1	9	15	16	21	31	1	9	15	16	20	36	1	9	15	16	21	36
8	2	9	15	16	20	31	2	9	15	16	21	31	2	9	15	16	20	36	2	9	15	16	21	36
9	1	7	11	19	20	31	1	7	11	19	21	31	1	7	11	19	20	36	1	7	11	19	21	36
10	2	7	11	19	20	31	2	7	11	19	21	31	2	7	11	19	20	36	2	7	11	19	21	36
11	1	9	11	19	20	31	1	9	11	19	21	31	1	9	11	19	20	36	1	9	11	19	21	36
12	2	9	11	19	20	31	2	9	11	19	21	31	2	9	11	19	20	36	2	9	11	19	21	36
13	1	7	15	19	20	31	1	7	15	19	21	31	1	7	15	19	20	36	1	7	15	19	21	36
14	2	7	15	19	20	31	2	7	15	19	21	31	2	7	15	19	20	36	2	7	15	19	21	36
15	1	9	15	19	20	31	1	9	15	19	21	31	1	9	15	19	20	36	1	9	15	19	21	36
16	2	9	15	19	20	31	2	9	15	19	21	31	2	9	15	19	20	36	2	9	15	19	21	36

패턴 14번의 3개 묶음 조합 도표

패턴 14 | 많이 나온 숫자 3개 조합 도표 　4개 ▒ 5개 ■ 6개 나온 숫자

N	A						B						C					
1	1	7	10	16	20	31	1	7	10	16	20	33	1	7	10	16	20	36
2	2	7	10	16	20	31	2	7	10	16	20	33	2	7	10	16	20	36
3	6	7	10	16	20	31	6	7	10	16	20	33	6	7	10	16	20	36
4	1	8	10	16	20	31	1	8	10	16	20	33	1	8	10	16	20	36
5	2	8	10	16	20	31	2	8	10	16	20	33	2	8	10	16	20	36
6	6	8	10	16	20	31	6	8	10	16	20	33	6	8	10	16	20	36
7	1	9	10	16	20	31	1	9	10	16	20	33	1	9	10	16	20	36
8	2	9	10	16	20	31	2	9	10	16	20	33	2	9	10	16	20	36
9	6	9	10	16	20	31	6	9	10	16	20	33	6	9	10	16	20	36
10	1	7	11	16	20	31	1	7	11	16	20	33	1	7	11	16	20	36
11	2	7	11	16	20	31	2	7	11	16	20	33	2	7	11	16	20	36
12	6	7	11	16	20	31	6	7	11	16	20	33	6	7	11	16	20	36
13	1	8	11	16	20	31	1	8	11	16	20	33	1	8	11	16	20	36
14	2	8	11	16	20	31	2	8	11	16	20	33	2	8	11	16	20	36
15	6	8	11	16	20	31	6	8	11	16	20	33	6	8	11	16	20	36
16	1	9	11	16	20	31	1	9	11	16	20	33	1	9	11	16	20	36
17	2	9	11	16	20	31	2	9	11	16	20	33	2	9	11	16	20	36
18	6	9	11	16	20	31	6	9	11	16	20	33	6	9	11	16	20	36
19	1	7	15	16	20	31	1	7	15	16	20	33	1	7	15	16	20	36
20	2	7	15	16	20	31	2	7	15	16	20	33	2	7	15	16	20	36
21	6	7	15	16	20	31	6	7	15	16	20	33	6	7	15	16	20	36
22	1	8	15	16	20	31	1	8	15	16	20	33	1	8	15	16	20	36
23	2	8	15	16	20	31	2	8	15	16	20	33	2	8	15	16	20	36
24	6	8	15	16	20	31	6	8	15	16	20	33	6	8	15	16	20	36
25	1	9	15	16	20	31	1	9	15	16	20	33	1	9	15	16	20	36
26	2	9	15	16	20	31	2	9	15	16	20	33	2	9	15	16	20	36
27	6	9	15	16	20	31	6	9	15	16	20	33	6	9	15	16	20	36
28	1	7	10	18	20	31	1	7	10	18	20	33	1	7	10	18	20	36
29	2	7	10	18	20	31	2	7	10	18	20	33	2	7	10	18	20	36
30	6	7	10	18	20	31	6	7	10	18	20	33	6	7	10	18	20	36
31	1	8	10	18	20	31	1	8	10	18	20	33	1	8	10	18	20	36
32	2	8	10	18	20	31	2	8	10	18	20	33	2	8	10	18	20	36

패턴 14 | 많이 나온 숫자 3개 조합 도표

4개 ▒ 5개 ■ 6개 나온 숫자

N	A						B						C					
33	6	8	10	18	20	31	6	8	10	18	20	33	6	8	10	18	20	36
34	1	9	10	18	20	31	1	9	10	18	20	33	1	9	10	18	20	36
35	2	9	10	18	20	31	2	9	10	18	20	33	2	9	10	18	20	36
36	6	9	10	18	20	31	6	9	10	18	20	33	6	9	10	18	20	36
37	1	7	11	18	20	31	1	7	11	18	20	33	1	7	11	18	20	36
38	2	7	11	18	20	31	2	7	11	18	20	33	2	7	11	18	20	36
39	6	7	11	18	20	31	6	7	11	18	20	33	6	7	11	18	20	36
40	1	8	11	18	20	31	1	8	11	18	20	33	1	8	11	18	20	36
41	2	8	11	18	20	31	2	8	11	18	20	33	2	8	11	18	20	36
42	6	8	11	18	20	31	6	8	11	18	20	33	6	8	11	18	20	36
43	1	9	11	18	20	31	1	9	11	18	20	33	1	9	11	18	20	36
44	2	9	11	18	20	31	2	9	11	18	20	33	2	9	11	18	20	36
45	6	9	11	18	20	31	6	9	11	18	20	33	6	9	11	18	20	36
46	1	7	15	18	20	31	1	7	15	18	20	33	1	7	15	18	20	36
47	2	7	15	18	20	31	2	7	15	18	20	33	2	7	15	18	20	36
48	6	7	15	18	20	31	6	7	15	18	20	33	6	7	15	18	20	36
49	1	8	15	18	20	31	1	8	15	18	20	33	1	8	15	18	20	36
50	2	8	15	18	20	31	2	8	15	18	20	33	2	8	15	18	20	36
51	6	8	15	18	20	31	6	8	15	18	20	33	6	8	15	18	20	36
52	1	9	15	18	20	31	1	9	15	18	20	33	1	9	15	18	20	36
53	2	9	15	18	20	31	2	9	15	18	20	33	2	9	15	18	20	36
54	6	9	15	18	20	31	6	9	15	18	20	33	6	9	15	18	20	36
55	1	7	10	19	20	31	1	7	10	19	20	33	1	7	10	19	20	36
56	2	7	10	19	20	31	2	7	10	19	20	33	2	7	10	19	20	36
57	6	7	10	19	20	31	6	7	10	19	20	33	6	7	10	19	20	36
58	1	8	10	19	20	31	1	8	10	19	20	33	1	8	10	19	20	36
59	2	8	10	19	20	31	2	8	10	19	20	33	2	8	10	19	20	36
60	6	8	10	19	20	31	6	8	10	19	20	33	6	8	10	19	20	36
61	1	9	10	19	20	31	1	9	10	19	20	33	1	9	10	19	20	36
62	2	9	10	19	20	31	2	9	10	19	20	33	2	9	10	19	20	36
63	6	9	10	19	20	31	6	9	10	19	20	33	6	9	10	19	20	36
64	1	7	11	19	20	31	1	7	11	19	20	33	1	7	11	19	20	36
65	2	7	11	19	20	31	2	7	11	19	20	33	2	7	11	19	20	36
66	6	7	11	19	20	31	6	7	11	19	20	33	6	7	11	19	20	36

패턴 14 | 많이 나온 숫자 3개 조합 도표 4개 ▒ 5개 ■ 6개 나온 숫자

N	A						B						C					
67	1	8	11	19	20	31	1	8	11	19	20	33	1	8	11	19	20	36
68	2	8	11	19	20	31	2	8	11	19	20	33	2	8	11	19	20	36
69	6	8	11	19	20	31	6	8	11	19	20	33	6	8	11	19	20	36
70	1	9	11	19	20	31	1	9	11	19	20	33	1	9	11	19	20	36
71	2	9	11	19	20	31	2	9	11	19	20	33	2	9	11	19	20	36
72	6	9	11	19	20	31	6	9	11	19	20	33	6	9	11	19	20	36
73	1	7	15	19	20	31	1	7	15	19	20	33	1	7	15	19	20	36
74	2	7	15	19	20	31	2	7	15	19	20	33	2	7	15	19	20	36
75	6	7	15	19	20	31	6	7	15	19	20	33	6	7	15	19	20	36
76	1	8	15	19	20	31	1	8	15	19	20	33	1	8	15	19	20	36
77	2	8	15	19	20	31	2	8	15	19	20	33	2	8	15	19	20	36
78	6	8	15	19	20	31	6	8	15	19	20	33	6	8	15	19	20	36
79	1	9	15	19	20	31	1	9	15	19	20	33	1	9	15	19	20	36
80	2	9	15	19	20	31	2	9	15	19	20	33	2	9	15	19	20	36
81	6	9	15	19	20	31	6	9	15	19	20	33	6	9	15	19	20	36
82	1	7	10	16	21	31	1	7	10	16	21	33	1	7	10	16	21	36
83	2	7	10	16	21	31	2	7	10	16	21	33	2	7	10	16	21	36
84	6	7	10	16	21	31	6	7	10	16	21	33	6	7	10	16	21	36
85	1	8	10	16	21	31	1	8	10	16	21	33	1	8	10	16	21	36
86	2	8	10	16	21	31	2	8	10	16	21	33	2	8	10	16	21	36
87	6	8	10	16	21	31	6	8	10	16	21	33	6	8	10	16	21	36
88	1	9	10	16	21	31	1	9	10	16	21	33	1	9	10	16	21	36
89	2	9	10	16	21	31	2	9	10	16	21	33	2	9	10	16	21	36
90	6	9	10	16	21	31	6	9	10	16	21	33	6	9	10	16	21	36
91	1	7	11	16	21	31	1	7	11	16	21	33	1	7	11	16	21	36
92	2	7	11	16	21	31	2	7	11	16	21	33	2	7	11	16	21	36
93	6	7	11	16	21	31	6	7	11	16	21	33	6	7	11	16	21	36
94	1	8	11	16	21	31	1	8	11	16	21	33	1	8	11	16	21	36
95	2	8	11	16	21	31	2	8	11	16	21	33	2	8	11	16	21	36
96	6	8	11	16	21	31	6	8	11	16	21	33	6	8	11	16	21	36
97	1	9	11	16	21	31	1	9	11	16	21	33	1	9	11	16	21	36
98	2	9	11	16	21	31	2	9	11	16	21	33	2	9	11	16	21	36
99	6	9	11	16	21	31	6	9	11	16	21	33	6	9	11	16	21	36
100	1	7	15	16	21	31	1	7	15	16	21	33	1	7	15	16	21	36

패턴 14 | 많이 나온 숫자 3개 조합 도표　　4개 ▒ 5개 ■ 6개 나온 숫자

N	A						B						C					
101	2	7	15	16	21	31	2	7	15	16	21	33	2	7	15	16	21	36
102	6	7	15	16	21	31	6	7	15	16	21	33	6	7	15	16	21	36
103	1	8	15	16	21	31	1	8	15	16	21	33	1	8	15	16	21	36
104	2	8	15	16	21	31	2	8	15	16	21	33	2	8	15	16	21	36
105	6	8	15	16	21	31	6	8	15	16	21	33	6	8	15	16	21	36
106	1	9	15	16	21	31	1	9	15	16	21	33	1	9	15	16	21	36
107	2	9	15	16	21	31	2	9	15	16	21	33	2	9	15	16	21	36
108	6	9	15	16	21	31	6	9	15	16	21	33	6	9	15	16	21	36
109	1	7	10	18	21	31	1	7	10	18	21	33	1	7	10	18	21	36
110	2	7	10	18	21	31	2	7	10	18	21	33	2	7	10	18	21	36
111	6	7	10	18	21	31	6	7	10	18	21	33	6	7	10	18	21	36
112	1	8	10	18	21	31	1	8	10	18	21	33	1	8	10	18	21	36
113	2	8	10	18	21	31	2	8	10	18	21	33	2	8	10	18	21	36
114	6	8	10	18	21	31	6	8	10	18	21	33	6	8	10	18	21	36
115	1	9	10	18	21	31	1	9	10	18	21	33	1	9	10	18	21	36
116	2	9	10	18	21	31	2	9	10	18	21	33	2	9	10	18	21	36
117	6	9	10	18	21	31	6	9	10	18	21	33	6	9	10	18	21	36
118	1	7	11	18	21	31	1	7	11	18	21	33	1	7	11	18	21	36
119	2	7	11	18	21	31	2	7	11	18	21	33	2	7	11	18	21	36
120	6	7	11	18	21	31	6	7	11	18	21	33	6	7	11	18	21	36
121	1	8	11	18	21	31	1	8	11	18	21	33	1	8	11	18	21	36
122	2	8	11	18	21	31	2	8	11	18	21	33	2	8	11	18	21	36
123	6	8	11	18	21	31	6	8	11	18	21	33	6	8	11	18	21	36
124	1	9	11	18	21	31	1	9	11	18	21	33	1	9	11	18	21	36
125	2	9	11	18	21	31	2	9	11	18	21	33	2	9	11	18	21	36
126	6	9	11	18	21	31	6	9	11	18	21	33	6	9	11	18	21	36
127	1	7	15	18	21	31	1	7	15	18	21	33	1	7	15	18	21	36
128	2	7	15	18	21	31	2	7	15	18	21	33	2	7	15	18	21	36
129	6	7	15	18	21	31	6	7	15	18	21	33	6	7	15	18	21	36
130	1	8	15	18	21	31	1	8	15	18	21	33	1	8	15	18	21	36
131	2	8	15	18	21	31	2	8	15	18	21	33	2	8	15	18	21	36
132	6	8	15	18	21	31	6	8	15	18	21	33	6	8	15	18	21	36
133	1	9	15	18	21	31	1	9	15	18	21	33	1	9	15	18	21	36
134	2	9	15	18	21	31	2	9	15	18	21	33	2	9	15	18	21	36

패턴 14 | 많이 나온 숫자 3개 조합 도표 　4개 　5개 　6개 나온 숫자

N	A						B						C					
135	6	9	15	18	21	31	6	9	15	18	21	33	6	9	15	18	21	36
136	1	7	10	19	21	31	1	7	10	19	21	33	1	7	10	19	21	36
137	2	7	10	19	21	31	2	7	10	19	21	33	2	7	10	19	21	36
138	6	7	10	19	21	31	6	7	10	19	21	33	6	7	10	19	21	36
139	1	8	10	19	21	31	1	8	10	19	21	33	1	8	10	19	21	36
140	2	8	10	19	21	31	2	8	10	19	21	33	2	8	10	19	21	36
141	6	8	10	19	21	31	6	8	10	19	21	33	6	8	10	19	21	36
142	1	9	10	19	21	31	1	9	10	19	21	33	1	9	10	19	21	36
143	2	9	10	19	21	31	2	9	10	19	21	33	2	9	10	19	21	36
144	6	9	10	19	21	31	6	9	10	19	21	33	6	9	10	19	21	36
145	1	7	11	19	21	31	1	7	11	19	21	33	1	7	11	19	21	36
146	2	7	11	19	21	31	2	7	11	19	21	33	2	7	11	19	21	36
147	6	7	11	19	21	31	6	7	11	19	21	33	6	7	11	19	21	36
148	1	8	11	19	21	31	1	8	11	19	21	33	1	8	11	19	21	36
149	2	8	11	19	21	31	2	8	11	19	21	33	2	8	11	19	21	36
150	6	8	11	19	21	31	6	8	11	19	21	33	6	8	11	19	21	36
151	1	9	11	19	21	31	1	9	11	19	21	33	1	9	11	19	21	36
152	2	9	11	19	21	31	2	9	11	19	21	33	2	9	11	19	21	36
153	6	9	11	19	21	31	6	9	11	19	21	33	6	9	11	19	21	36
154	1	7	15	19	21	31	1	7	15	19	21	33	1	7	15	19	21	36
155	2	7	15	19	21	31	2	7	15	19	21	33	2	7	15	19	21	36
156	6	7	15	19	21	31	6	7	15	19	21	33	6	7	15	19	21	36
157	1	8	15	19	21	31	1	8	15	19	21	33	1	8	15	19	21	36
158	2	8	15	19	21	31	2	8	15	19	21	33	2	8	15	19	21	36
159	6	8	15	19	21	31	6	8	15	19	21	33	6	8	15	19	21	36
160	1	9	15	19	21	31	1	9	15	19	21	33	1	9	15	19	21	36
161	2	9	15	19	21	31	2	9	15	19	21	33	2	9	15	19	21	36
162	6	9	15	19	21	31	6	9	15	19	21	33	6	9	15	19	21	36
163	1	7	10	16	22	31	1	7	10	16	22	33	1	7	10	16	22	36
164	2	7	10	16	22	31	2	7	10	16	22	33	2	7	10	16	22	36
165	6	7	10	16	22	31	6	7	10	16	22	33	6	7	10	16	22	36
166	1	8	10	16	22	31	1	8	10	16	22	33	1	8	10	16	22	36
167	2	8	10	16	22	31	2	8	10	16	22	33	2	8	10	16	22	36
168	6	8	10	16	22	31	6	8	10	16	22	33	6	8	10	16	22	36

패턴 14 | 많이 나온 숫자 3개 조합 도표　　4개 ■ 5개 ■ 6개 나온 숫자

N	A						B						C					
169	1	9	10	16	22	31	1	9	10	16	22	33	1	9	10	16	22	36
170	2	9	10	16	22	31	2	9	10	16	22	33	2	9	10	16	22	36
171	6	9	10	16	22	31	6	9	10	16	22	33	6	9	10	16	22	36
172	1	7	11	16	22	31	1	7	11	16	22	33	1	7	11	16	22	36
173	2	7	11	16	22	31	2	7	11	16	22	33	2	7	11	16	22	36
174	6	7	11	16	22	31	6	7	11	16	22	33	6	7	11	16	22	36
175	1	8	11	16	22	31	1	8	11	16	22	33	1	8	11	16	22	36
176	2	8	11	16	22	31	2	8	11	16	22	33	2	8	11	16	22	36
177	6	8	11	16	22	31	6	8	11	16	22	33	6	8	11	16	22	36
178	1	9	11	16	22	31	1	9	11	16	22	33	1	9	11	16	22	36
179	2	9	11	16	22	31	2	9	11	16	22	33	2	9	11	16	22	36
180	6	9	11	16	22	31	6	9	11	16	22	33	6	9	11	16	22	36
181	1	7	15	16	22	31	1	7	15	16	22	33	1	7	15	16	22	36
182	2	7	15	16	22	31	2	7	15	16	22	33	2	7	15	16	22	36
183	6	7	15	16	22	31	6	7	15	16	22	33	6	7	15	16	22	36
184	1	8	15	16	22	31	1	8	15	16	22	33	1	8	15	16	22	36
185	2	8	15	16	22	31	2	8	15	16	22	33	2	8	15	16	22	36
186	6	8	15	16	22	31	6	8	15	16	22	33	6	8	15	16	22	36
187	1	9	15	16	22	31	1	9	15	16	22	33	1	9	15	16	22	36
188	2	9	15	16	22	31	2	9	15	16	22	33	2	9	15	16	22	36
189	6	9	15	16	22	31	6	9	15	16	22	33	6	9	15	16	22	36
190	1	7	10	18	22	31	1	7	10	18	22	33	1	7	10	18	22	36
191	2	7	10	18	22	31	2	7	10	18	22	33	2	7	10	18	22	36
192	6	7	10	18	22	31	6	7	10	18	22	33	6	7	10	18	22	36
193	1	8	10	18	22	31	1	8	10	18	22	33	1	8	10	18	22	36
194	2	8	10	18	22	31	2	8	10	18	22	33	2	8	10	18	22	36
195	6	8	10	18	22	31	6	8	10	18	22	33	6	8	10	18	22	36
196	1	9	10	18	22	31	1	9	10	18	22	33	1	9	10	18	22	36
197	2	9	10	18	22	31	2	9	10	18	22	33	2	9	10	18	22	36
198	6	9	10	18	22	31	6	9	10	18	22	33	6	9	10	18	22	36
199	1	7	11	18	22	31	1	7	11	18	22	33	1	7	11	18	22	36
200	2	7	11	18	22	31	2	7	11	18	22	33	2	7	11	18	22	36
201	6	7	11	18	22	31	6	7	11	18	22	33	6	7	11	18	22	36
202	1	8	11	18	22	31	1	8	11	18	22	33	1	8	11	18	22	36

패턴 14 | 많이 나온 숫자 3개 조합 도표 4개 5개 6개 나온 숫자

N	A						B						C					
203	2	8	11	18	22	31	2	8	11	18	22	33	2	8	11	18	22	36
204	6	8	11	18	22	31	6	8	11	18	22	33	6	8	11	18	22	36
205	1	9	11	18	22	31	1	9	11	18	22	33	1	9	11	18	22	36
206	2	9	11	18	22	31	2	9	11	18	22	33	2	9	11	18	22	36
207	6	9	11	18	22	31	6	9	11	18	22	33	6	9	11	18	22	36
208	1	7	15	18	22	31	1	7	15	18	22	33	1	7	15	18	22	36
209	2	7	15	18	22	31	2	7	15	18	22	33	2	7	15	18	22	36
210	6	7	15	18	22	31	6	7	15	18	22	33	6	7	15	18	22	36
211	1	8	15	18	22	31	1	8	15	18	22	33	1	8	15	18	22	36
212	2	8	15	18	22	31	2	8	15	18	22	33	2	8	15	18	22	36
213	6	8	15	18	22	31	6	8	15	18	22	33	6	8	15	18	22	36
214	1	9	15	18	22	31	1	9	15	18	22	33	1	9	15	18	22	36
215	2	9	15	18	22	31	2	9	15	18	22	33	2	9	15	18	22	36
216	6	9	15	18	22	31	6	9	15	18	22	33	6	9	15	18	22	36
217	1	7	10	19	22	31	1	7	10	19	22	33	1	7	10	19	22	36
218	2	7	10	19	22	31	2	7	10	19	22	33	2	7	10	19	22	36
219	6	7	10	19	22	31	6	7	10	19	22	33	6	7	10	19	22	36
220	1	8	10	19	22	31	1	8	10	19	22	33	1	8	10	19	22	36
221	2	8	10	19	22	31	2	8	10	19	22	33	2	8	10	19	22	36
222	6	8	10	19	22	31	6	8	10	19	22	33	6	8	10	19	22	36
223	1	9	10	19	22	31	1	9	10	19	22	33	1	9	10	19	22	36
224	2	9	10	19	22	31	2	9	10	19	22	33	2	9	10	19	22	36
225	6	9	10	19	22	31	6	9	10	19	22	33	6	9	10	19	22	36
226	1	7	11	19	22	31	1	7	11	19	22	33	1	7	11	19	22	36
227	2	7	11	19	22	31	2	7	11	19	22	33	2	7	11	19	22	36
228	6	7	11	19	22	31	6	7	11	19	22	33	6	7	11	19	22	36
229	1	8	11	19	22	31	1	8	11	19	22	33	1	8	11	19	22	36
230	2	8	11	19	22	31	2	8	11	19	22	33	2	8	11	19	22	36
231	6	8	11	19	22	31	6	8	11	19	22	33	6	8	11	19	22	36
232	1	9	11	19	22	31	1	9	11	19	22	33	1	9	11	19	22	36
233	2	9	11	19	22	31	2	9	11	19	22	33	2	9	11	19	22	36
234	6	9	11	19	22	31	6	9	11	19	22	33	6	9	11	19	22	36
235	1	7	15	19	22	31	1	7	15	19	22	33	1	7	15	19	22	36
236	2	7	15	19	22	31	2	7	15	19	22	33	2	7	15	19	22	36

패턴 14 | 많이 나온 숫자 3개 조합 도표   4개 ▨ 5개 ■ 6개 나온 숫자

N	A						B						C					
237	6	7	15	19	22	31	6	7	15	19	22	33	6	7	15	19	22	36
238	1	8	15	19	22	31	1	8	15	19	22	33	1	8	15	19	22	36
239	2	8	15	19	22	31	2	8	15	19	22	33	2	8	15	19	22	36
240	6	8	15	19	22	31	6	8	15	19	22	33	6	8	15	19	22	36
241	1	9	15	19	22	31	1	9	15	19	22	33	1	9	15	19	22	36
242	2	9	15	19	22	31	2	9	15	19	22	33	2	9	15	19	22	36
243	6	9	15	19	22	31	6	9	15	19	22	33	6	9	15	19	22	36

1등 당첨!

도표 A칸 21번   6   7   15   16   20   31   2015년 2월 7일 당첨

패턴 15

패턴 15 | 2002~2022년도까지 17번의 단위별 당첨 횟수를 보임

횟수	년도	월	일	1	10	10	20	20	30	B/N
1	2004	12	11	**4**	**10**	**12**	**22**	**24**	**33**	29
2	2008	8	9	**6**	**11**	**19**	**20**	**28**	**32**	34
3	2009	8	1	**3**	**14**	**17**	**20**	**24**	**31**	34
4	2009	10	31	**5**	**10**	**16**	**24**	**27**	**35**	33
5	2010	4	17	**7**	**12**	**19**	**21**	**29**	**32**	9
6	2011	7	16	**6**	**14**	**19**	**21**	**23**	**31**	13
7	2012	2	25	**1**	**10**	**16**	**24**	**25**	**35**	43
8	2014	5	31	**5**	**11**	**14**	**27**	**29**	**36**	44
9	2014	11	1	**9**	**15**	**16**	**21**	**28**	**34**	24
10	2015	4	4	**5**	**13**	**17**	**23**	**28**	**36**	8
11	2015	10	31	**9**	**10**	**14**	**25**	**27**	**31**	11
12	2016	8	27	**2**	**11**	**19**	**25**	**28**	**32**	44
13	2020	5	30	**6**	**14**	**16**	**21**	**27**	**37**	40
14	2021	7	3	**9**	**11**	**16**	**21**	**28**	**36**	5
15	2021	9	4	**7**	**11**	**16**	**21**	**27**	**33**	24
16	2021	9	11	**3**	**13**	**16**	**23**	**24**	**35**	14
17	2022	10	15	**2**	**14**	**15**	**22**	**27**	**33**	31

패턴 15 | 각 칸별 많이 나온 숫자

1칸	횟수	2칸	횟수	3칸	횟수	4칸	횟수	5칸	횟수	6칸	횟수
5	3	**11**	5	**16**	7	**21**	6	**28**	5	**31**	3
6	3	**10**	4	**19**	4	**20**	2	**27**	5	**32**	3
9	3	**14**	4	**17**	2	**23**	2	**24**	3	**35**	3
3	2	**13**	2	**14**	2	**24**	2	**29**	2	**36**	3
7	2	**12**	1	**12**	1	**25**	2	**25**	1	**33**	3
2	2	**15**	1	**15**	1	**22**	2	**23**	1	**34**	1
1	1	**16**	0	**18**	0	**27**	1	**26**	0	**37**	1
4	1	**17**	0	**13**	0	**26**	0	**22**	0	**30**	0
8	0	**18**	0	**11**	0	**28**	0	**21**	0	**38**	0
		19	0	**10**	0	**29**	0	**20**	0	**39**	0

패턴 15번의 2개 묶음 조합 도표

패턴 15 | 2개 숫자를 조합한 도표 4개 ▒ 5개 ■ 6개

N	A						B						C						D					
1	5	10	16	20	27	31	5	10	16	20	28	31	5	10	16	20	27	32	5	10	16	20	28	32
2	6	10	16	20	27	31	6	10	16	20	28	31	6	10	16	20	27	32	6	10	16	20	28	32
3	5	11	16	20	27	31	5	11	16	20	28	31	5	11	16	20	27	32	5	11	16	20	28	32
4	6	11	16	20	27	31	6	11	16	20	28	31	6	11	16	20	27	32	6	11	16	20	28	32
5	5	10	19	20	27	31	5	10	19	20	28	31	5	10	19	20	27	32	5	10	19	20	28	32
6	6	10	19	20	27	31	6	10	19	20	28	31	6	10	19	20	27	32	6	10	19	20	28	32
7	5	11	19	20	27	31	5	11	19	20	28	31	5	11	19	20	27	32	5	11	19	20	28	32
8	6	11	19	20	27	31	6	11	19	20	28	31	6	11	19	20	27	32	6	11	19	20	28	32
9	5	10	16	21	27	31	5	10	16	21	28	31	5	10	16	21	27	32	5	10	16	21	28	32
10	6	10	16	21	27	31	6	10	16	21	28	31	6	10	16	21	27	32	6	10	16	21	28	32
11	5	11	16	21	27	31	5	11	16	21	28	31	5	11	16	21	27	32	5	11	16	21	28	32
12	6	11	16	21	27	31	6	11	16	21	28	31	6	11	16	21	27	32	6	11	16	21	28	32
13	5	10	19	21	27	31	5	10	19	21	28	31	5	10	19	21	27	32	5	10	19	21	28	32
14	6	10	19	21	27	31	6	10	19	21	28	31	6	10	19	21	27	32	6	10	19	21	28	32
15	5	11	19	21	27	31	5	11	19	21	28	31	5	11	19	21	27	32	5	11	19	21	28	32
16	6	11	19	21	27	31	6	11	19	21	28	31	6	11	19	21	27	32	6	11	19	21	28	32

1등 당첨!

도표 D칸 8번 | 6 | 11 | 19 | 20 | 28 | 32 | 2008년 8월 9일 당첨

패턴 15번의 3개 묶음 조합 도표

패턴 15 | 많이 나온 숫자 3개 조합 도표 　4개 　5개 　6개 나온 숫자

N	A						B						C					
1	5	10	16	20	24	31	5	10	16	20	24	32	5	10	16	20	24	35
2	6	10	16	20	24	31	6	10	16	20	24	32	6	10	16	20	24	35
3	9	10	16	20	24	31	9	10	16	20	24	32	9	10	16	20	24	35
4	5	11	16	20	24	31	5	11	16	20	24	32	5	11	16	20	24	35
5	6	11	16	20	24	31	6	11	16	20	24	32	6	11	16	20	24	35
6	9	11	16	20	24	31	9	11	16	20	24	32	9	11	16	20	24	35
7	5	14	16	20	24	31	5	14	16	20	24	32	5	14	16	20	24	35
8	6	14	16	20	24	31	6	14	16	20	24	32	6	14	16	20	24	35
9	9	14	16	20	24	31	9	14	16	20	24	32	9	14	16	20	24	35
10	5	10	17	20	24	31	5	10	17	20	24	32	5	10	17	20	24	35
11	6	10	17	20	24	31	6	10	17	20	24	32	6	10	17	20	24	35
12	9	10	17	20	24	31	9	10	17	20	24	32	9	10	17	20	24	35
13	5	11	17	20	24	31	5	11	17	20	24	32	5	11	17	20	24	35
14	6	11	17	20	24	31	6	11	17	20	24	32	6	11	17	20	24	35
15	9	11	17	20	24	31	9	11	17	20	24	32	9	11	17	20	24	35
16	5	14	17	20	24	31	5	14	17	20	24	32	5	14	17	20	24	35
17	6	14	17	20	24	31	6	14	17	20	24	32	6	14	17	20	24	35
18	9	14	17	20	24	31	9	14	17	20	24	32	9	14	17	20	24	35
19	5	10	19	20	24	31	5	10	19	20	24	32	5	10	19	20	24	35
20	6	10	19	20	24	31	6	10	19	20	24	32	6	10	19	20	24	35
21	9	10	19	20	24	31	9	10	19	20	24	32	9	10	19	20	24	35
22	5	11	19	20	24	31	5	11	19	20	24	32	5	11	19	20	24	35
23	6	11	19	20	24	31	6	11	19	20	24	32	6	11	19	20	24	35
24	9	11	19	20	24	31	9	11	19	20	24	32	9	11	19	20	24	35
25	5	14	19	20	24	31	5	14	19	20	24	32	5	14	19	20	24	35
26	6	14	19	20	24	31	6	14	19	20	24	32	6	14	19	20	24	35
27	9	14	19	20	24	31	9	14	19	20	24	32	9	14	19	20	24	35
28	5	10	16	21	24	31	5	10	16	21	24	32	5	10	16	21	24	35
29	6	10	16	21	24	31	6	10	16	21	24	32	6	10	16	21	24	35
30	9	10	16	21	24	31	9	10	16	21	24	32	9	10	16	21	24	35
31	5	11	16	21	24	31	5	11	16	21	24	32	5	11	16	21	24	35
32	6	11	16	21	24	31	6	11	16	21	24	32	6	11	16	21	24	35

패턴 15 | 많이 나온 숫자 3개 조합 도표 　 4개 　 5개 ■ 6개 나온 숫자

N	A						B						C					
33	9	11	16	21	24	31	9	11	16	21	24	32	9	11	16	21	24	35
34	5	14	16	21	24	31	5	14	16	21	24	32	5	14	16	21	24	35
35	6	14	16	21	24	31	6	14	16	21	24	32	6	14	16	21	24	35
36	9	14	16	21	24	31	9	14	16	21	24	32	9	14	16	21	24	35
37	5	10	17	21	24	31	5	10	17	21	24	32	5	10	17	21	24	35
38	6	10	17	21	24	31	6	10	17	21	24	32	6	10	17	21	24	35
39	9	10	17	21	24	31	9	10	17	21	24	32	9	10	17	21	24	35
40	5	11	17	21	24	31	5	11	17	21	24	32	5	11	17	21	24	35
41	6	11	17	21	24	31	6	11	17	21	24	32	6	11	17	21	24	35
42	9	11	17	21	24	31	9	11	17	21	24	32	9	11	17	21	24	35
43	5	14	17	21	24	31	5	14	17	21	24	32	5	14	17	21	24	35
44	6	14	17	21	24	31	6	14	17	21	24	32	6	14	17	21	24	35
45	9	14	17	21	24	31	9	14	17	21	24	32	9	14	17	21	24	35
46	5	10	19	21	24	31	5	10	19	21	24	32	5	10	19	21	24	35
47	6	10	19	21	24	31	6	10	19	21	24	32	6	10	19	21	24	35
48	9	10	19	21	24	31	9	10	19	21	24	32	9	10	19	21	24	35
49	5	11	19	21	24	31	5	11	19	21	24	32	5	11	19	21	24	35
50	6	11	19	21	24	31	6	11	19	21	24	32	6	11	19	21	24	35
51	9	11	19	21	24	31	9	11	19	21	24	32	9	11	19	21	24	35
52	5	14	19	21	24	31	5	14	19	21	24	32	5	14	19	21	24	35
53	6	14	19	21	24	31	6	14	19	21	24	32	6	14	19	21	24	35
54	9	14	19	21	24	31	9	14	19	21	24	32	9	14	19	21	24	35
55	5	10	16	23	24	31	5	10	16	23	24	32	5	10	16	23	24	35
56	6	10	16	23	24	31	6	10	16	23	24	32	6	10	16	23	24	35
57	9	10	16	23	24	31	9	10	16	23	24	32	9	10	16	23	24	35
58	5	11	16	23	24	31	5	11	16	23	24	32	5	11	16	23	24	35
59	6	11	16	23	24	31	6	11	16	23	24	32	6	11	16	23	24	35
60	9	11	16	23	24	31	9	11	16	23	24	32	9	11	16	23	24	35
61	5	14	16	23	24	31	5	14	16	23	24	32	5	14	16	23	24	35
62	6	14	16	23	24	31	6	14	16	23	24	32	6	14	16	23	24	35
63	9	14	16	23	24	31	9	14	16	23	24	32	9	14	16	23	24	35
64	5	10	17	23	24	31	5	10	17	23	24	32	5	10	17	23	24	35
65	6	10	17	23	24	31	6	10	17	23	24	32	6	10	17	23	24	35
66	9	10	17	23	24	31	9	10	17	23	24	32	9	10	17	23	24	35

패턴 15 | 많이 나온 숫자 3개 조합 도표   4개 ■ 5개 ■ 6개 나온 숫자

N	A						B						C					
67	5	11	17	23	24	31	5	11	17	23	24	32	5	11	17	23	24	35
68	6	11	17	23	24	31	6	11	17	23	24	32	6	11	17	23	24	35
69	9	11	17	23	24	31	9	11	17	23	24	32	9	11	17	23	24	35
70	5	14	17	23	24	31	5	14	17	23	24	32	5	14	17	23	24	35
71	6	14	17	23	24	31	6	14	17	23	24	32	6	14	17	23	24	35
72	9	14	17	23	24	31	9	14	17	23	24	32	9	14	17	23	24	35
73	5	10	19	23	24	31	5	10	19	23	24	32	5	10	19	23	24	35
74	6	10	19	23	24	31	6	10	19	23	24	32	6	10	19	23	24	35
75	9	10	19	23	24	31	9	10	19	23	24	32	9	10	19	23	24	35
76	5	11	19	23	24	31	5	11	19	23	24	32	5	11	19	23	24	35
77	6	11	19	23	24	31	6	11	19	23	24	32	6	11	19	23	24	35
78	9	11	19	23	24	31	9	11	19	23	24	32	9	11	19	23	24	35
79	5	14	19	23	24	31	5	14	19	23	24	32	5	14	19	23	24	35
80	6	14	19	23	24	31	6	14	19	23	24	32	6	14	19	23	24	35
81	9	14	19	23	24	31	9	14	19	23	24	32	9	14	19	23	24	35
82	5	10	16	20	27	31	5	10	16	20	27	32	5	10	16	20	27	35
83	6	10	16	20	27	31	6	10	16	20	27	32	6	10	16	20	27	35
84	9	10	16	20	27	31	9	10	16	20	27	32	9	10	16	20	27	35
85	5	11	16	20	27	31	5	11	16	20	27	32	5	11	16	20	27	35
86	6	11	16	20	27	31	6	11	16	20	27	32	6	11	16	20	27	35
87	9	11	16	20	27	31	9	11	16	20	27	32	9	11	16	20	27	35
88	5	14	16	20	27	31	5	14	16	20	27	32	5	14	16	20	27	35
89	6	14	16	20	27	31	6	14	16	20	27	32	6	14	16	20	27	35
90	9	14	16	20	27	31	9	14	16	20	27	32	9	14	16	20	27	35
91	5	10	17	20	27	31	5	10	17	20	27	32	5	10	17	20	27	35
92	6	10	17	20	27	31	6	10	17	20	27	32	6	10	17	20	27	35
93	9	10	17	20	27	31	9	10	17	20	27	32	9	10	17	20	27	35
94	5	11	17	20	27	31	5	11	17	20	27	32	5	11	17	20	27	35
95	6	11	17	20	27	31	6	11	17	20	27	32	6	11	17	20	27	35
96	9	11	17	20	27	31	9	11	17	20	27	32	9	11	17	20	27	35
97	5	14	17	20	27	31	5	14	17	20	27	32	5	14	17	20	27	35
98	6	14	17	20	27	31	6	14	17	20	27	32	6	14	17	20	27	35
99	9	14	17	20	27	31	9	14	17	20	27	32	9	14	17	20	27	35
100	5	10	19	20	27	31	5	10	19	20	27	32	5	10	19	20	27	35

패턴 15 | 많이 나온 숫자 3개 조합 도표　　4개 ▨ 5개 ■ 6개 나온 숫자

N	A						B						C					
101	6	10	19	20	27	31	6	10	19	20	27	32	6	10	19	20	27	35
102	9	10	19	20	27	31	9	10	19	20	27	32	9	10	19	20	27	35
103	5	11	19	20	27	31	5	11	19	20	27	32	5	11	19	20	27	35
104	6	11	19	20	27	31	6	11	19	20	27	32	6	11	19	20	27	35
105	9	11	19	20	27	31	9	11	19	20	27	32	9	11	19	20	27	35
106	5	14	19	20	27	31	5	14	19	20	27	32	5	14	19	20	27	35
107	6	14	19	20	27	31	6	14	19	20	27	32	6	14	19	20	27	35
108	9	14	19	20	27	31	9	14	19	20	27	32	9	14	19	20	27	35
109	5	10	16	21	27	31	5	10	16	21	27	32	5	10	16	21	27	35
110	6	10	16	21	27	31	6	10	16	21	27	32	6	10	16	21	27	35
111	9	10	16	21	27	31	9	10	16	21	27	32	9	10	16	21	27	35
112	5	11	16	21	27	31	5	11	16	21	27	32	5	11	16	21	27	35
113	6	11	16	21	27	31	6	11	16	21	27	32	6	11	16	21	27	35
114	9	11	16	21	27	31	9	11	16	21	27	32	9	11	16	21	27	35
115	5	14	16	21	27	31	5	14	16	21	27	32	5	14	16	21	27	35
116	6	14	16	21	27	31	6	14	16	21	27	32	6	14	16	21	27	35
117	9	14	16	21	27	31	9	14	16	21	27	32	9	14	16	21	27	35
118	5	10	17	21	27	31	5	10	17	21	27	32	5	10	17	21	27	35
119	6	10	17	21	27	31	6	10	17	21	27	32	6	10	17	21	27	35
120	9	10	17	21	27	31	9	10	17	21	27	32	9	10	17	21	27	35
121	5	11	17	21	27	31	5	11	17	21	27	32	5	11	17	21	27	35
122	6	11	17	21	27	31	6	11	17	21	27	32	6	11	17	21	27	35
123	9	11	17	21	27	31	9	11	17	21	27	32	9	11	17	21	27	35
124	5	14	17	21	27	31	5	14	17	21	27	32	5	14	17	21	27	35
125	6	14	17	21	27	31	6	14	17	21	27	32	6	14	17	21	27	35
126	9	14	17	21	27	31	9	14	17	21	27	32	9	14	17	21	27	35
127	5	10	19	21	27	31	5	10	19	21	27	32	5	10	19	21	27	35
128	6	10	19	21	27	31	6	10	19	21	27	32	6	10	19	21	27	35
129	9	10	19	21	27	31	9	10	19	21	27	32	9	10	19	21	27	35
130	5	11	19	21	27	31	5	11	19	21	27	32	5	11	19	21	27	35
131	6	11	19	21	27	31	6	11	19	21	27	32	6	11	19	21	27	35
132	9	11	19	21	27	31	9	11	19	21	27	32	9	11	19	21	27	35
133	5	14	19	21	27	31	5	14	19	21	27	32	5	14	19	21	27	35
134	6	14	19	21	27	31	6	14	19	21	27	32	6	14	19	21	27	35

패턴 15 | 많이 나온 숫자 3개 조합 도표 ▨ 4개 ■ 5개 ■ 6개 나온 숫자

N	A						B						C					
135	9	14	19	21	27	31	9	14	19	21	27	32	9	14	19	21	27	35
136	5	10	16	23	27	31	5	10	16	23	27	32	5	10	16	23	27	35
137	6	10	16	23	27	31	6	10	16	23	27	32	6	10	16	23	27	35
138	9	10	16	23	27	31	9	10	16	23	27	32	9	10	16	23	27	35
139	5	11	16	23	27	31	5	11	16	23	27	32	5	11	16	23	27	35
140	6	11	16	23	27	31	6	11	16	23	27	32	6	11	16	23	27	35
141	9	11	16	23	27	31	9	11	16	23	27	32	9	11	16	23	27	35
142	5	14	16	23	27	31	5	14	16	23	27	32	5	14	16	23	27	35
143	6	14	16	23	27	31	6	14	16	23	27	32	6	14	16	23	27	35
144	9	14	16	23	27	31	9	14	16	23	27	32	9	14	16	23	27	35
145	5	10	17	23	27	31	5	10	17	23	27	32	5	10	17	23	27	35
146	6	10	17	23	27	31	6	10	17	23	27	32	6	10	17	23	27	35
147	9	10	17	23	27	31	9	10	17	23	27	32	9	10	17	23	27	35
148	5	11	17	23	27	31	5	11	17	23	27	32	5	11	17	23	27	35
149	6	11	17	23	27	31	6	11	17	23	27	32	6	11	17	23	27	35
150	9	11	17	23	27	31	9	11	17	23	27	32	9	11	17	23	27	35
151	5	14	17	23	27	31	5	14	17	23	27	32	5	14	17	23	27	35
152	6	14	17	23	27	31	6	14	17	23	27	32	6	14	17	23	27	35
153	9	14	17	23	27	31	9	14	17	23	27	32	9	14	17	23	27	35
154	5	10	19	23	27	31	5	10	19	23	27	32	5	10	19	23	27	35
155	6	10	19	23	27	31	6	10	19	23	27	32	6	10	19	23	27	35
156	9	10	19	23	27	31	9	10	19	23	27	32	9	10	19	23	27	35
157	5	11	19	23	27	31	5	11	19	23	27	32	5	11	19	23	27	35
158	6	11	19	23	27	31	6	11	19	23	27	32	6	11	19	23	27	35
159	9	11	19	23	27	31	9	11	19	23	27	32	9	11	19	23	27	35
160	5	14	19	23	27	31	5	14	19	23	27	32	5	14	19	23	27	35
161	6	14	19	23	27	31	6	14	19	23	27	32	6	14	19	23	27	35
162	9	14	19	23	27	31	9	14	19	23	27	32	9	14	19	23	27	35
163	5	10	16	20	28	31	5	10	16	20	28	32	5	10	16	20	28	35
164	6	10	16	20	28	31	6	10	16	20	28	32	6	10	16	20	28	35
165	9	10	16	20	28	31	9	10	16	20	28	32	9	10	16	20	28	35
166	5	11	16	20	28	31	5	11	16	20	28	32	5	11	16	20	28	35
167	6	11	16	20	28	31	6	11	16	20	28	32	6	11	16	20	28	35
168	9	11	16	20	28	31	9	11	16	20	28	32	9	11	16	20	28	35

패턴 15 | 많이 나온 숫자 3개 조합 도표

4개 ▢ 5개 ■ 6개 나온 숫자

N	A						B						C					
169	5	14	16	20	28	31	5	14	16	20	28	32	5	14	16	20	28	35
170	6	14	16	20	28	31	6	14	16	20	28	32	6	14	16	20	28	35
171	9	14	16	20	28	31	9	14	16	20	28	32	9	14	16	20	28	35
172	5	10	17	20	28	31	5	10	17	20	28	32	5	10	17	20	28	35
173	6	10	17	20	28	31	6	10	17	20	28	32	6	10	17	20	28	35
174	9	10	17	20	28	31	9	10	17	20	28	32	9	10	17	20	28	35
175	5	11	17	20	28	31	5	11	17	20	28	32	5	11	17	20	28	35
176	6	11	17	20	28	31	6	11	17	20	28	32	6	11	17	20	28	35
177	9	11	17	20	28	31	9	11	17	20	28	32	9	11	17	20	28	35
178	5	14	17	20	28	31	5	14	17	20	28	32	5	14	17	20	28	35
179	6	14	17	20	28	31	6	14	17	20	28	32	6	14	17	20	28	35
180	9	14	17	20	28	31	9	14	17	20	28	32	9	14	17	20	28	35
181	5	10	19	20	28	31	5	10	19	20	28	32	5	10	19	20	28	35
182	6	10	19	20	28	31	6	10	19	20	28	32	6	10	19	20	28	35
183	9	10	19	20	28	31	9	10	19	20	28	32	9	10	19	20	28	35
184	5	11	19	20	28	31	5	11	19	20	28	32	5	11	19	20	28	35
185	6	11	19	20	28	31	6	11	19	20	28	32	6	11	19	20	28	35
186	9	11	19	20	28	31	9	11	19	20	28	32	9	11	19	20	28	35
187	5	14	19	20	28	31	5	14	19	20	28	32	5	14	19	20	28	35
188	6	14	19	20	28	31	6	14	19	20	28	32	6	14	19	20	28	35
189	9	14	19	20	28	31	9	14	19	20	28	32	9	14	19	20	28	35
190	5	10	16	21	28	31	5	10	16	21	28	32	5	10	16	21	28	35
191	6	10	16	21	28	31	6	10	16	21	28	32	6	10	16	21	28	35
192	9	10	16	21	28	31	9	10	16	21	28	32	9	10	16	21	28	35
193	5	11	16	21	28	31	5	11	16	21	28	32	5	11	16	21	28	35
194	6	11	16	21	28	31	6	11	16	21	28	32	6	11	16	21	28	35
195	9	11	16	21	28	31	9	11	16	21	28	32	9	11	16	21	28	35
196	5	14	16	21	28	31	5	14	16	21	28	32	5	14	16	21	28	35
197	6	14	16	21	28	31	6	14	16	21	28	32	6	14	16	21	28	35
198	9	14	16	21	28	31	9	14	16	21	28	32	9	14	16	21	28	35
199	5	10	17	21	28	31	5	10	17	21	28	32	5	10	17	21	28	35
200	6	10	17	21	28	31	6	10	17	21	28	32	6	10	17	21	28	35
201	9	10	17	21	28	31	9	10	17	21	28	32	9	10	17	21	28	35
202	5	11	17	21	28	31	5	11	17	21	28	32	5	11	17	21	28	35

패턴 15 | 많이 나온 숫자 3개 조합 도표 4개 5개 ■ 6개 나온 숫자

N	A						B						C					
203	6	11	17	21	28	31	6	11	17	21	28	32	6	11	17	21	28	35
204	9	11	17	21	28	31	9	11	17	21	28	32	9	11	17	21	28	35
205	5	14	17	21	28	31	5	14	17	21	28	32	5	14	17	21	28	35
206	6	14	17	21	28	31	6	14	17	21	28	32	6	14	17	21	28	35
207	9	14	17	21	28	31	9	14	17	21	28	32	9	14	17	21	28	35
208	5	10	19	21	28	31	5	10	19	21	28	32	5	10	19	21	28	35
209	6	10	19	21	28	31	6	10	19	21	28	32	6	10	19	21	28	35
210	9	10	19	21	28	31	9	10	19	21	28	32	9	10	19	21	28	35
211	5	11	19	21	28	31	5	11	19	21	28	32	5	11	19	21	28	35
212	6	11	19	21	28	31	6	11	19	21	28	32	6	11	19	21	28	35
213	9	11	19	21	28	31	9	11	19	21	28	32	9	11	19	21	28	35
214	5	14	19	21	28	31	5	14	19	21	28	32	5	14	19	21	28	35
215	6	14	19	21	28	31	6	14	19	21	28	32	6	14	19	21	28	35
216	9	14	19	21	28	31	9	14	19	21	28	32	9	14	19	21	28	35
217	5	10	16	23	28	31	5	10	16	23	28	32	5	10	16	23	28	35
218	6	10	16	23	28	31	6	10	16	23	28	32	6	10	16	23	28	35
219	9	10	16	23	28	31	9	10	16	23	28	32	9	10	16	23	28	35
220	5	11	16	23	28	31	5	11	16	23	28	32	5	11	16	23	28	35
221	6	11	16	23	28	31	6	11	16	23	28	32	6	11	16	23	28	35
222	9	11	16	23	28	31	9	11	16	23	28	32	9	11	16	23	28	35
223	5	14	16	23	28	31	5	14	16	23	28	32	5	14	16	23	28	35
224	6	14	16	23	28	31	6	14	16	23	28	32	6	14	16	23	28	35
225	9	14	16	23	28	31	9	14	16	23	28	32	9	14	16	23	28	35
226	5	10	17	23	28	31	5	10	17	23	28	32	5	10	17	23	28	35
227	6	10	17	23	28	31	6	10	17	23	28	32	6	10	17	23	28	35
228	9	10	17	23	28	31	9	10	17	23	28	32	9	10	17	23	28	35
229	5	11	17	23	28	31	5	11	17	23	28	32	5	11	17	23	28	35
230	6	11	17	23	28	31	6	11	17	23	28	32	6	11	17	23	28	35
231	9	11	17	23	28	31	9	11	17	23	28	32	9	11	17	23	28	35
232	5	14	17	23	28	31	5	14	17	23	28	32	5	14	17	23	28	35
233	6	14	17	23	28	31	6	14	17	23	28	32	6	14	17	23	28	35
234	9	14	17	23	28	31	9	14	17	23	28	32	9	14	17	23	28	35
235	5	10	19	23	28	31	5	10	19	23	28	32	5	10	19	23	28	35
236	6	10	19	23	28	31	6	10	19	23	28	32	6	10	19	23	28	35

패턴 15 | 많이 나온 숫자 3개 조합 도표 4개 ■ 5개 ■ 6개 나온 숫자

N	A						B						C					
237	9	10	19	23	28	31	9	10	19	23	28	32	9	10	19	23	28	35
238	5	11	19	23	28	31	5	11	19	23	28	32	5	11	19	23	28	35
239	6	11	19	23	28	31	6	11	19	23	28	32	6	11	19	23	28	35
240	9	11	19	23	28	31	9	11	19	23	28	32	9	11	19	23	28	35
241	5	14	19	23	28	31	5	14	19	23	28	32	5	14	19	23	28	35
242	6	14	19	23	28	31	6	14	19	23	28	32	6	14	19	23	28	35
243	9	14	19	23	28	31	9	14	19	23	28	32	9	14	19	23	28	35

1등 당첨!

도표 B칸 185번 | 6 | 11 | 19 | 20 | 28 | 32 | 2008년 8월 9일 당첨

패턴 16

패턴 16 | 2002~2022년도까지 16번의 단위별 당첨 횟수를 보임

횟수	년도	월	일	1	1	10	20	30	30	B/N
1	2004	7	17	**6**	**8**	**13**	**23**	**31**	**36**	21
2	2006	10	21	**1**	**3**	**11**	**24**	**30**	**32**	7
3	2007	6	23	**2**	**4**	**15**	**28**	**31**	**34**	35
4	2009	5	30	**6**	**8**	**14**	**21**	**30**	**37**	45
5	2010	12	18	**4**	**9**	**10**	**29**	**31**	**34**	27
6	2012	11	24	**3**	**7**	**18**	**29**	**32**	**36**	19
7	2013	5	25	**6**	**7**	**15**	**22**	**34**	**39**	28
8	2013	6	15	**1**	**7**	**14**	**20**	**34**	**37**	41
9	2014	6	28	**2**	**6**	**18**	**21**	**33**	**34**	30
10	2018	10	13	**4**	**7**	**13**	**29**	**31**	**39**	18
11	2019	3	2	**1**	**2**	**16**	**22**	**38**	**39**	34
12	2019	8	10	**2**	**6**	**12**	**26**	**30**	**34**	38
13	2020	4	11	**2**	**5**	**14**	**28**	**31**	**32**	20
14	2021	7	17	**3**	**6**	**17**	**23**	**37**	**39**	26
15	2021	12	25	**1**	**4**	**13**	**29**	**38**	**39**	7
16	2022	4	16	**1**	**9**	**12**	**26**	**35**	**38**	42

패턴 16 | 각 칸별 많이 나온 숫자

1칸	횟수	2칸	횟수	3칸	횟수	4칸	횟수	5칸	횟수	6칸	횟수
1	5	**7**	4	**13**	3	**29**	4	**31**	5	**39**	4
2	4	**6**	3	**14**	3	**21**	2	**30**	3	**34**	4
6	3	**9**	2	**12**	2	**22**	2	**34**	2	**38**	2
3	2	**8**	2	**15**	2	**23**	2	**38**	2	**37**	2
4	2	**4**	2	**18**	2	**26**	2	**32**	1	**36**	2
5	0	**5**	1	**10**	1	**28**	2	**33**	1	**32**	2
7	0	**3**	1	**11**	1	**20**	1	**35**	1	**35**	0
8	0	**2**	1	**16**	1	**24**	1	**37**	1	**33**	0
9	0	**1**	0	**17**	1	**25**	0	**36**	0	**31**	0
				19	0	**27**	0	**39**	0	**30**	0

패턴 16번의 2개 묶음 조합 도표

패턴 16 | 2개 숫자를 조합한 도표 4개 ■ 5개 ■ 6개

N	A						B						C						D					
1	1	6	13	21	30	34	1	6	13	21	31	34	1	6	13	21	30	39	1	6	13	21	31	39
2	2	6	13	21	30	34	2	6	13	21	31	34	2	6	13	21	30	39	2	6	13	21	31	39
3	1	7	13	21	30	34	1	7	13	21	31	34	1	7	13	21	30	39	1	7	13	21	31	39
4	2	7	13	21	30	34	2	7	13	21	31	34	2	7	13	21	30	39	2	7	13	21	31	39
5	1	6	14	21	30	34	1	6	14	21	31	34	1	6	14	21	30	39	1	6	14	21	31	39
6	2	6	14	21	30	34	2	6	14	21	31	34	2	6	14	21	30	39	2	6	14	21	31	39
7	1	7	14	21	30	34	1	7	14	21	31	34	1	7	14	21	30	39	1	7	14	21	31	39
8	2	7	14	21	30	34	2	7	14	21	31	34	2	7	14	21	30	39	2	7	14	21	31	39
9	1	6	13	29	30	34	1	6	13	29	31	34	1	6	13	29	30	39	1	6	13	29	31	39
10	2	6	13	29	30	34	2	6	13	29	31	34	2	6	13	29	30	39	2	6	13	29	31	39
11	1	7	13	29	30	34	1	7	13	29	31	34	1	7	13	29	30	39	1	7	13	29	31	39
12	2	7	13	29	30	34	2	7	13	29	31	34	2	7	13	29	30	39	2	7	13	29	31	39
13	1	6	14	29	30	34	1	6	14	29	31	34	1	6	14	29	30	39	1	6	14	29	31	39
14	2	6	14	29	30	34	2	6	14	29	31	34	2	6	14	29	30	39	2	6	14	29	31	39
15	1	7	14	29	30	34	1	7	14	29	31	34	1	7	14	29	30	39	1	7	14	29	31	39
16	2	7	14	29	30	34	2	7	14	29	31	34	2	7	14	29	30	39	2	7	14	29	31	39

패턴 16번의 3개 묶음 조합 도표

패턴 16 | 많이 나온 숫자 3개 조합 도표   4개 ■ 5개 ■ 6개 나온 숫자

N	A						B						C					
1	1	7	12	21	30	37	1	7	12	21	30	38	1	7	12	21	30	39
2	2	7	12	21	30	37	2	7	12	21	30	38	2	7	12	21	30	39
3	6	7	12	21	30	37	6	7	12	21	30	38	6	7	12	21	30	39
4	1	8	12	21	30	37	1	8	12	21	30	38	1	8	12	21	30	39
5	2	8	12	21	30	37	2	8	12	21	30	38	2	8	12	21	30	39
6	6	8	12	21	30	37	6	8	12	21	30	38	6	8	12	21	30	39
7	1	9	12	21	30	37	1	9	12	21	30	38	1	9	12	21	30	39
8	2	9	12	21	30	37	2	9	12	21	30	38	2	9	12	21	30	39
9	6	9	12	21	30	37	6	9	12	21	30	38	6	9	12	21	30	39
10	1	7	13	21	30	37	1	7	13	21	30	38	1	7	13	21	30	39
11	2	7	13	21	30	37	2	7	13	21	30	38	2	7	13	21	30	39
12	6	7	13	21	30	37	6	7	13	21	30	38	6	7	13	21	30	39
13	1	8	13	21	30	37	1	8	13	21	30	38	1	8	13	21	30	39
14	2	8	13	21	30	37	2	8	13	21	30	38	2	8	13	21	30	39
15	6	8	13	21	30	37	6	8	13	21	30	38	6	8	13	21	30	39
16	1	9	13	21	30	37	1	9	13	21	30	38	1	9	13	21	30	39
17	2	9	13	21	30	37	2	9	13	21	30	38	2	9	13	21	30	39
18	6	9	13	21	30	37	6	9	13	21	30	38	6	9	13	21	30	39
19	1	7	14	21	30	37	1	7	14	21	30	38	1	7	14	21	30	39
20	2	7	14	21	30	37	2	7	14	21	30	38	2	7	14	21	30	39
21	6	7	14	21	30	37	6	7	14	21	30	38	6	7	14	21	30	39
22	1	8	14	21	30	37	1	8	14	21	30	38	1	8	14	21	30	39
23	2	8	14	21	30	37	2	8	14	21	30	38	2	8	14	21	30	39
24	6	8	14	21	30	37	6	8	14	21	30	38	6	8	14	21	30	39
25	1	9	14	21	30	37	1	9	14	21	30	38	1	9	14	21	30	39
26	2	9	14	21	30	37	2	9	14	21	30	38	2	9	14	21	30	39
27	6	9	14	21	30	37	6	9	14	21	30	38	6	9	14	21	30	39
28	1	7	12	22	30	37	1	7	12	22	30	38	1	7	12	22	30	39
29	2	7	12	22	30	37	2	7	12	22	30	38	2	7	12	22	30	39
30	6	7	12	22	30	37	6	7	12	22	30	38	6	7	12	22	30	39
31	1	8	12	22	30	37	1	8	12	22	30	38	1	8	12	22	30	39
32	2	8	12	22	30	37	2	8	12	22	30	38	2	8	12	22	30	39

패턴 16 | 많이 나온 숫자 3개 조합 도표 　　4개 ▒ 5개 ■ 6개 나온 숫자

N	A						B						C					
33	6	8	12	22	30	37	6	8	12	22	30	38	6	8	12	22	30	39
34	1	9	12	22	30	37	1	9	12	22	30	38	1	9	12	22	30	39
35	2	9	12	22	30	37	2	9	12	22	30	38	2	9	12	22	30	39
36	6	9	12	22	30	37	6	9	12	22	30	38	6	9	12	22	30	39
37	1	7	13	22	30	37	1	7	13	22	30	38	1	7	13	22	30	39
38	2	7	13	22	30	37	2	7	13	22	30	38	2	7	13	22	30	39
39	6	7	13	22	30	37	6	7	13	22	30	38	6	7	13	22	30	39
40	1	8	13	22	30	37	1	8	13	22	30	38	1	8	13	22	30	39
41	2	8	13	22	30	37	2	8	13	22	30	38	2	8	13	22	30	39
42	6	8	13	22	30	37	6	8	13	22	30	38	6	8	13	22	30	39
43	1	9	13	22	30	37	1	9	13	22	30	38	1	9	13	22	30	39
44	2	9	13	22	30	37	2	9	13	22	30	38	2	9	13	22	30	39
45	6	9	13	22	30	37	6	9	13	22	30	38	6	9	13	22	30	39
46	1	7	14	22	30	37	1	7	14	22	30	38	1	7	14	22	30	39
47	2	7	14	22	30	37	2	7	14	22	30	38	2	7	14	22	30	39
48	6	7	14	22	30	37	6	7	14	22	30	38	6	7	14	22	30	39
49	1	8	14	22	30	37	1	8	14	22	30	38	1	8	14	22	30	39
50	2	8	14	22	30	37	2	8	14	22	30	38	2	8	14	22	30	39
51	6	8	14	22	30	37	6	8	14	22	30	38	6	8	14	22	30	39
52	1	9	14	22	30	37	1	9	14	22	30	38	1	9	14	22	30	39
53	2	9	14	22	30	37	2	9	14	22	30	38	2	9	14	22	30	39
54	6	9	14	22	30	37	6	9	14	22	30	38	6	9	14	22	30	39
55	1	7	12	29	30	37	1	7	12	29	30	38	1	7	12	29	30	39
56	2	7	12	29	30	37	2	7	12	29	30	38	2	7	12	29	30	39
57	6	7	12	29	30	37	6	7	12	29	30	38	6	7	12	29	30	39
58	1	8	12	29	30	37	1	8	12	29	30	38	1	8	12	29	30	39
59	2	8	12	29	30	37	2	8	12	29	30	38	2	8	12	29	30	39
60	6	8	12	29	30	37	6	8	12	29	30	38	6	8	12	29	30	39
61	1	9	12	29	30	37	1	9	12	29	30	38	1	9	12	29	30	39
62	2	9	12	29	30	37	2	9	12	29	30	38	2	9	12	29	30	39
63	6	9	12	29	30	37	6	9	12	29	30	38	6	9	12	29	30	39
64	1	7	13	29	30	37	1	7	13	29	30	38	1	7	13	29	30	39
65	2	7	13	29	30	37	2	7	13	29	30	38	2	7	13	29	30	39
66	6	7	13	29	30	37	6	7	13	29	30	38	6	7	13	29	30	39

패턴 16 | 많이 나온 숫자 3개 조합 도표 4개 ■ 5개 ■ 6개 나온 숫자

N	A						B						C					
67	1	8	13	29	30	37	1	8	13	29	30	38	1	8	13	29	30	39
68	2	8	13	29	30	37	2	8	13	29	30	38	2	8	13	29	30	39
69	6	8	13	29	30	37	6	8	13	29	30	38	6	8	13	29	30	39
70	1	9	13	29	30	37	1	9	13	29	30	38	1	9	13	29	30	39
71	2	9	13	29	30	37	2	9	13	29	30	38	2	9	13	29	30	39
72	6	9	13	29	30	37	6	9	13	29	30	38	6	9	13	29	30	39
73	1	7	14	29	30	37	1	7	14	29	30	38	1	7	14	29	30	39
74	2	7	14	29	30	37	2	7	14	29	30	38	2	7	14	29	30	39
75	6	7	14	29	30	37	6	7	14	29	30	38	6	7	14	29	30	39
76	1	8	14	29	30	37	1	8	14	29	30	38	1	8	14	29	30	39
77	2	8	14	29	30	37	2	8	14	29	30	38	2	8	14	29	30	39
78	6	8	14	29	30	37	6	8	14	29	30	38	6	8	14	29	30	39
79	1	9	14	29	30	37	1	9	14	29	30	38	1	9	14	29	30	39
80	2	9	14	29	30	37	2	9	14	29	30	38	2	9	14	29	30	39
81	6	9	14	29	30	37	6	9	14	29	30	38	6	9	14	29	30	39
82	1	7	12	21	31	37	1	7	12	21	31	38	1	7	12	21	31	39
83	2	7	12	21	31	37	2	7	12	21	31	38	2	7	12	21	31	39
84	6	7	12	21	31	37	6	7	12	21	31	38	6	7	12	21	31	39
85	1	8	12	21	31	37	1	8	12	21	31	38	1	8	12	21	31	39
86	2	8	12	21	31	37	2	8	12	21	31	38	2	8	12	21	31	39
87	6	8	12	21	31	37	6	8	12	21	31	38	6	8	12	21	31	39
88	1	9	12	21	31	37	1	9	12	21	31	38	1	9	12	21	31	39
89	2	9	12	21	31	37	2	9	12	21	31	38	2	9	12	21	31	39
90	6	9	12	21	31	37	6	9	12	21	31	38	6	9	12	21	31	39
91	1	7	13	21	31	37	1	7	13	21	31	38	1	7	13	21	31	39
92	2	7	13	21	31	37	2	7	13	21	31	38	2	7	13	21	31	39
93	6	7	13	21	31	37	6	7	13	21	31	38	6	7	13	21	31	39
94	1	8	13	21	31	37	1	8	13	21	31	38	1	8	13	21	31	39
95	2	8	13	21	31	37	2	8	13	21	31	38	2	8	13	21	31	39
96	6	8	13	21	31	37	6	8	13	21	31	38	6	8	13	21	31	39
97	1	9	13	21	31	37	1	9	13	21	31	38	1	9	13	21	31	39
98	2	9	13	21	31	37	2	9	13	21	31	38	2	9	13	21	31	39
99	6	9	13	21	31	37	6	9	13	21	31	38	6	9	13	21	31	39
100	1	7	14	21	31	37	1	7	14	21	31	38	1	7	14	21	31	39

패턴 16 | 많이 나온 숫자 3개 조합 도표   4개 ■ 5개 ■ 6개 나온 숫자

N	A						B						C					
101	2	7	14	21	31	37	2	7	14	21	31	38	2	7	14	21	31	39
102	6	7	14	21	31	37	6	7	14	21	31	38	6	7	14	21	31	39
103	1	8	14	21	31	37	1	8	14	21	31	38	1	8	14	21	31	39
104	2	8	14	21	31	37	2	8	14	21	31	38	2	8	14	21	31	39
105	6	8	14	21	31	37	6	8	14	21	31	38	6	8	14	21	31	39
106	1	9	14	21	31	37	1	9	14	21	31	38	1	9	14	21	31	39
107	2	9	14	21	31	37	2	9	14	21	31	38	2	9	14	21	31	39
108	6	9	14	21	31	37	6	9	14	21	31	38	6	9	14	21	31	39
109	1	7	12	22	31	37	1	7	12	22	31	38	1	7	12	22	31	39
110	2	7	12	22	31	37	2	7	12	22	31	38	2	7	12	22	31	39
111	6	7	12	22	31	37	6	7	12	22	31	38	6	7	12	22	31	39
112	1	8	12	22	31	37	1	8	12	22	31	38	1	8	12	22	31	39
113	2	8	12	22	31	37	2	8	12	22	31	38	2	8	12	22	31	39
114	6	8	12	22	31	37	6	8	12	22	31	38	6	8	12	22	31	39
115	1	9	12	22	31	37	1	9	12	22	31	38	1	9	12	22	31	39
116	2	9	12	22	31	37	2	9	12	22	31	38	2	9	12	22	31	39
117	6	9	12	22	31	37	6	9	12	22	31	38	6	9	12	22	31	39
118	1	7	13	22	31	37	1	7	13	22	31	38	1	7	13	22	31	39
119	2	7	13	22	31	37	2	7	13	22	31	38	2	7	13	22	31	39
120	6	7	13	22	31	37	6	7	13	22	31	38	6	7	13	22	31	39
121	1	8	13	22	31	37	1	8	13	22	31	38	1	8	13	22	31	39
122	2	8	13	22	31	37	2	8	13	22	31	38	2	8	13	22	31	39
123	6	8	13	22	31	37	6	8	13	22	31	38	6	8	13	22	31	39
124	1	9	13	22	31	37	1	9	13	22	31	38	1	9	13	22	31	39
125	2	9	13	22	31	37	2	9	13	22	31	38	2	9	13	22	31	39
126	6	9	13	22	31	37	6	9	13	22	31	38	6	9	13	22	31	39
127	1	7	14	22	31	37	1	7	14	22	31	38	1	7	14	22	31	39
128	2	7	14	22	31	37	2	7	14	22	31	38	2	7	14	22	31	39
129	6	7	14	22	31	37	6	7	14	22	31	38	6	7	14	22	31	39
130	1	8	14	22	31	37	1	8	14	22	31	38	1	8	14	22	31	39
131	2	8	14	22	31	37	2	8	14	22	31	38	2	8	14	22	31	39
132	6	8	14	22	31	37	6	8	14	22	31	38	6	8	14	22	31	39
133	1	9	14	22	31	37	1	9	14	22	31	38	1	9	14	22	31	39
134	2	9	14	22	31	37	2	9	14	22	31	38	2	9	14	22	31	39

패턴 16 | 많이 나온 숫자 3개 조합 도표 4개 ■ 5개 ■ 6개 나온 숫자

N	A						B						C					
135	6	9	14	22	31	37	6	9	14	22	31	38	6	9	14	22	31	39
136	1	7	12	29	31	37	1	7	12	29	31	38	1	7	12	29	31	39
137	2	7	12	29	31	37	2	7	12	29	31	38	2	7	12	29	31	39
138	6	7	12	29	31	37	6	7	12	29	31	38	6	7	12	29	31	39
139	1	8	12	29	31	37	1	8	12	29	31	38	1	8	12	29	31	39
140	2	8	12	29	31	37	2	8	12	29	31	38	2	8	12	29	31	39
141	6	8	12	29	31	37	6	8	12	29	31	38	6	8	12	29	31	39
142	1	9	12	29	31	37	1	9	12	29	31	38	1	9	12	29	31	39
143	2	9	12	29	31	37	2	9	12	29	31	38	2	9	12	29	31	39
144	6	9	12	29	31	37	6	9	12	29	31	38	6	9	12	29	31	39
145	1	7	13	29	31	37	1	7	13	29	31	38	1	7	13	29	31	39
146	2	7	13	29	31	37	2	7	13	29	31	38	2	7	13	29	31	39
147	6	7	13	29	31	37	6	7	13	29	31	38	6	7	13	29	31	39
148	1	8	13	29	31	37	1	8	13	29	31	38	1	8	13	29	31	39
149	2	8	13	29	31	37	2	8	13	29	31	38	2	8	13	29	31	39
150	6	8	13	29	31	37	6	8	13	29	31	38	6	8	13	29	31	39
151	1	9	13	29	31	37	1	9	13	29	31	38	1	9	13	29	31	39
152	2	9	13	29	31	37	2	9	13	29	31	38	2	9	13	29	31	39
153	6	9	13	29	31	37	6	9	13	29	31	38	6	9	13	29	31	39
154	1	7	14	29	31	37	1	7	14	29	31	38	1	7	14	29	31	39
155	2	7	14	29	31	37	2	7	14	29	31	38	2	7	14	29	31	39
156	6	7	14	29	31	37	6	7	14	29	31	38	6	7	14	29	31	39
157	1	8	14	29	31	37	1	8	14	29	31	38	1	8	14	29	31	39
158	2	8	14	29	31	37	2	8	14	29	31	38	2	8	14	29	31	39
159	6	8	14	29	31	37	6	8	14	29	31	38	6	8	14	29	31	39
160	1	9	14	29	31	37	1	9	14	29	31	38	1	9	14	29	31	39
161	2	9	14	29	31	37	2	9	14	29	31	38	2	9	14	29	31	39
162	6	9	14	29	31	37	6	9	14	29	31	38	6	9	14	29	31	39
163	1	7	12	21	34	37	1	7	12	21	34	38	1	7	12	21	34	39
164	2	7	12	21	34	37	2	7	12	21	34	38	2	7	12	21	34	39
165	6	7	12	21	34	37	6	7	12	21	34	38	6	7	12	21	34	39
166	1	8	12	21	34	37	1	8	12	21	34	38	1	8	12	21	34	39
167	2	8	12	21	34	37	2	8	12	21	34	38	2	8	12	21	34	39
168	6	8	12	21	34	37	6	8	12	21	34	38	6	8	12	21	34	39

패턴 16 | 많이 나온 숫자 3개 조합 도표   4개 ▨ 5개 ■ 6개 나온 숫자

N	A						B						C					
169	1	9	12	21	34	37	1	9	12	21	34	38	1	9	12	21	34	39
170	2	9	12	21	34	37	2	9	12	21	34	38	2	9	12	21	34	39
171	6	9	12	21	34	37	6	9	12	21	34	38	6	9	12	21	34	39
172	1	7	13	21	34	37	1	7	13	21	34	38	1	7	13	21	34	39
173	2	7	13	21	34	37	2	7	13	21	34	38	2	7	13	21	34	39
174	6	7	13	21	34	37	6	7	13	21	34	38	6	7	13	21	34	39
175	1	8	13	21	34	37	1	8	13	21	34	38	1	8	13	21	34	39
176	2	8	13	21	34	37	2	8	13	21	34	38	2	8	13	21	34	39
177	6	8	13	21	34	37	6	8	13	21	34	38	6	8	13	21	34	39
178	1	9	13	21	34	37	1	9	13	21	34	38	1	9	13	21	34	39
179	2	9	13	21	34	37	2	9	13	21	34	38	2	9	13	21	34	39
180	6	9	13	21	34	37	6	9	13	21	34	38	6	9	13	21	34	39
181	1	7	14	21	34	37	1	7	14	21	34	38	1	7	14	21	34	39
182	2	7	14	21	34	37	2	7	14	21	34	38	2	7	14	21	34	39
183	6	7	14	21	34	37	6	7	14	21	34	38	6	7	14	21	34	39
184	1	8	14	21	34	37	1	8	14	21	34	38	1	8	14	21	34	39
185	2	8	14	21	34	37	2	8	14	21	34	38	2	8	14	21	34	39
186	6	8	14	21	34	37	6	8	14	21	34	38	6	8	14	21	34	39
187	1	9	14	21	34	37	1	9	14	21	34	38	1	9	14	21	34	39
188	2	9	14	21	34	37	2	9	14	21	34	38	2	9	14	21	34	39
189	6	9	14	21	34	37	6	9	14	21	34	38	6	9	14	21	34	39
190	1	7	12	22	34	37	1	7	12	22	34	38	1	7	12	22	34	39
191	2	7	12	22	34	37	2	7	12	22	34	38	2	7	12	22	34	39
192	6	7	12	22	34	37	6	7	12	22	34	38	6	7	12	22	34	39
193	1	8	12	22	34	37	1	8	12	22	34	38	1	8	12	22	34	39
194	2	8	12	22	34	37	2	8	12	22	34	38	2	8	12	22	34	39
195	6	8	12	22	34	37	6	8	12	22	34	38	6	8	12	22	34	39
196	1	9	12	22	34	37	1	9	12	22	34	38	1	9	12	22	34	39
197	2	9	12	22	34	37	2	9	12	22	34	38	2	9	12	22	34	39
198	6	9	12	22	34	37	6	9	12	22	34	38	6	9	12	22	34	39
199	1	7	13	22	34	37	1	7	13	22	34	38	1	7	13	22	34	39
200	2	7	13	22	34	37	2	7	13	22	34	38	2	7	13	22	34	39
201	6	7	13	22	34	37	6	7	13	22	34	38	6	7	13	22	34	39
202	1	8	13	22	34	37	1	8	13	22	34	38	1	8	13	22	34	39

패턴 16 | 많이 나온 숫자 3개 조합 도표 4개 ■ 5개 ■ 6개 나온 숫자

N	A						B						C					
203	2	8	13	22	34	37	2	8	13	22	34	38	2	8	13	22	34	39
204	6	8	13	22	34	37	6	8	13	22	34	38	6	8	13	22	34	39
205	1	9	13	22	34	37	1	9	13	22	34	38	1	9	13	22	34	39
206	2	9	13	22	34	37	2	9	13	22	34	38	2	9	13	22	34	39
207	6	9	13	22	34	37	6	9	13	22	34	38	6	9	13	22	34	39
208	1	7	14	22	34	37	1	7	14	22	34	38	1	7	14	22	34	39
209	2	7	14	22	34	37	2	7	14	22	34	38	2	7	14	22	34	39
210	6	7	14	22	34	37	6	7	14	22	34	38	6	7	14	22	34	39
211	1	8	14	22	34	37	1	8	14	22	34	38	1	8	14	22	34	39
212	2	8	14	22	34	37	2	8	14	22	34	38	2	8	14	22	34	39
213	6	8	14	22	34	37	6	8	14	22	34	38	6	8	14	22	34	39
214	1	9	14	22	34	37	1	9	14	22	34	38	1	9	14	22	34	39
215	2	9	14	22	34	37	2	9	14	22	34	38	2	9	14	22	34	39
216	6	9	14	22	34	37	6	9	14	22	34	38	6	9	14	22	34	39
217	1	7	12	29	34	37	1	7	12	29	34	38	1	7	12	29	34	39
218	2	7	12	29	34	37	2	7	12	29	34	38	2	7	12	29	34	39
219	6	7	12	29	34	37	6	7	12	29	34	38	6	7	12	29	34	39
220	1	8	12	29	34	37	1	8	12	29	34	38	1	8	12	29	34	39
221	2	8	12	29	34	37	2	8	12	29	34	38	2	8	12	29	34	39
222	6	8	12	29	34	37	6	8	12	29	34	38	6	8	12	29	34	39
223	1	9	12	29	34	37	1	9	12	29	34	38	1	9	12	29	34	39
224	2	9	12	29	34	37	2	9	12	29	34	38	2	9	12	29	34	39
225	6	9	12	29	34	37	6	9	12	29	34	38	6	9	12	29	34	39
226	1	7	13	29	34	37	1	7	13	29	34	38	1	7	13	29	34	39
227	2	7	13	29	34	37	2	7	13	29	34	38	2	7	13	29	34	39
228	6	7	13	29	34	37	6	7	13	29	34	38	6	7	13	29	34	39
229	1	8	13	29	34	37	1	8	13	29	34	38	1	8	13	29	34	39
230	2	8	13	29	34	37	2	8	13	29	34	38	2	8	13	29	34	39
231	6	8	13	29	34	37	6	8	13	29	34	38	6	8	13	29	34	39
232	1	9	13	29	34	37	1	9	13	29	34	38	1	9	13	29	34	39
233	2	9	13	29	34	37	2	9	13	29	34	38	2	9	13	29	34	39
234	6	9	13	29	34	37	6	9	13	29	34	38	6	9	13	29	34	39
235	1	7	14	29	34	37	1	7	14	29	34	38	1	7	14	29	34	39
236	2	7	14	29	34	37	2	7	14	29	34	38	2	7	14	29	34	39

패턴 16 | 많이 나온 숫자 3개 조합 도표　　4개　5개　■ 6개 나온 숫자

N	A						B						C					
237	6	7	14	29	34	37	6	7	14	29	34	38	6	7	14	29	34	39
238	1	8	14	29	34	37	1	8	14	29	34	38	1	8	14	29	34	39
239	2	8	14	29	34	37	2	8	14	29	34	38	2	8	14	29	34	39
240	6	8	14	29	34	37	6	8	14	29	34	38	6	8	14	29	34	39
241	1	9	14	29	34	37	1	9	14	29	34	38	1	9	14	29	34	39
242	2	9	14	29	34	37	2	9	14	29	34	38	2	9	14	29	34	39
243	6	9	14	29	34	37	6	9	14	29	34	38	6	9	14	29	34	39

1등 당첨!

도표 A칸 24번 | 6 | 8 | 14 | 21 | 30 | 37 | 2009년 5월 30일 당첨

패턴 17

패턴 17 | 2002~2022년도까지 16번의 단위별 당첨 횟수를 보임

횟수	년도	월	일	10	20	30	30	30	40	B/N
1	2005	3	26	**12**	**28**	**30**	**34**	**38**	**43**	9
2	2007	4	14	**17**	**25**	**35**	**36**	**39**	**44**	23
3	2007	11	10	**14**	**27**	**30**	**31**	**38**	**40**	17
4	2011	4	30	**17**	**20**	**30**	**31**	**39**	**43**	8
5	2012	1	28	**18**	**29**	**30**	**37**	**39**	**43**	8
6	2012	9	8	**12**	**29**	**32**	**33**	**39**	**40**	42
7	2015	3	28	**15**	**24**	**31**	**32**	**33**	**40**	13
8	2016	7	23	**17**	**20**	**30**	**31**	**33**	**45**	19
9	2016	12	17	**11**	**24**	**32**	**33**	**35**	**40**	13
10	2019	1	19	**14**	**26**	**32**	**36**	**39**	**42**	38
11	2019	1	26	**19**	**21**	**30**	**33**	**34**	**42**	4
12	2019	9	7	**19**	**22**	**30**	**34**	**39**	**44**	36
13	2020	1	25	**16**	**26**	**31**	**38**	**39**	**41**	23
14	2020	8	22	**13**	**24**	**32**	**34**	**39**	**42**	4
15	2022	2	12	**17**	**25**	**33**	**35**	**38**	**45**	15
16	2022	5	14	**14**	**23**	**31**	**33**	**37**	**40**	44

패턴 17 | 각 칸별 많이 나온 숫자

1칸	횟수	2칸	횟수	3칸	횟수	4칸	횟수	5칸	횟수	6칸	횟수
17	4	**24**	3	**30**	7	**33**	4	**39**	8	**40**	5
14	3	**20**	2	**32**	4	**34**	3	**38**	3	**42**	3
12	2	**25**	2	**31**	3	**31**	3	**33**	2	**43**	3
19	2	**26**	2	**33**	1	**36**	2	**37**	1	**44**	2
11	1	**29**	2	**35**	1	**38**	1	**35**	1	**45**	2
13	1	**21**	1	**34**	0	**37**	1	**34**	1	**41**	1
15	1	**22**	1	**36**	0	**35**	1	**36**	0		
16	1	**23**	1	**37**	0	**32**	1	**32**	0		
18	1	**27**	1	**38**	0	**39**	0	**31**	0		
10	0	**28**	1	**39**	0	**30**	0	**30**	0		

패턴 17번의 2개 묶음 조합 도표

패턴 17 | 2개 숫자를 조합한 도표

4개 ▢ 5개 ■ 6개

N	A						B						C						D					
1	14	20	30	33	38	40	14	20	30	33	39	40	14	20	30	33	38	42	14	20	30	33	39	42
2	17	20	30	33	38	40	17	20	30	33	39	40	17	20	30	33	38	42	17	20	30	33	39	42
3	14	24	30	33	38	40	14	24	30	33	39	40	14	24	30	33	38	42	14	24	30	33	39	42
4	17	24	30	33	38	40	17	24	30	33	39	40	17	24	30	33	38	42	17	24	30	33	39	42
5	14	20	32	33	38	40	14	20	32	33	39	40	14	20	32	33	38	42	14	20	32	33	39	42
6	17	20	32	33	38	40	17	20	32	33	39	40	17	20	32	33	38	42	17	20	32	33	39	42
7	14	24	32	33	38	40	14	24	32	33	39	40	14	24	32	33	38	42	14	24	32	33	39	42
8	17	24	32	33	38	40	17	24	32	33	39	40	17	24	32	33	38	42	17	24	32	33	39	42
9	14	20	30	34	38	40	14	20	30	34	39	40	14	20	30	34	38	42	14	20	30	34	39	42
10	17	20	30	34	38	40	17	20	30	34	39	40	17	20	30	34	38	42	17	20	30	34	39	42
11	14	24	30	34	38	40	14	24	30	34	39	40	14	24	30	34	38	42	14	24	30	34	39	42
12	17	24	30	34	38	40	17	24	30	34	39	40	17	24	30	34	38	42	17	24	30	34	39	42
13	14	20	32	34	38	40	14	20	32	34	39	40	14	20	32	34	38	42	14	20	32	34	39	42
14	17	20	32	34	38	40	17	20	32	34	39	40	17	20	32	34	38	42	17	20	32	34	39	42
15	14	24	32	34	38	40	14	24	32	34	39	40	14	24	32	34	38	42	14	24	32	34	39	42
16	17	24	32	34	38	40	17	24	32	34	39	40	17	24	32	34	38	42	17	24	32	34	39	42

패턴 17번의 3개 묶음 조합 도표

패턴 17 | 많이 나온 숫자 3개 조합 도표 4개 5개 ■ 6개 나온 숫자

N	A						B						C					
1	12	20	30	33	37	40	12	20	30	33	37	42	12	20	30	33	37	43
2	14	20	30	33	37	40	14	20	30	33	37	42	14	20	30	33	37	43
3	17	20	30	33	37	40	17	20	30	33	37	42	17	20	30	33	37	43
4	12	24	30	33	37	40	12	24	30	33	37	42	12	24	30	33	37	43
5	14	24	30	33	37	40	14	24	30	33	37	42	14	24	30	33	37	43
6	17	24	30	33	37	40	17	24	30	33	37	42	17	24	30	33	37	43
7	12	25	30	33	37	40	12	25	30	33	37	42	12	25	30	33	37	43
8	14	25	30	33	37	40	14	25	30	33	37	42	14	25	30	33	37	43
9	17	25	30	33	37	40	17	25	30	33	37	42	17	25	30	33	37	43
10	12	20	31	33	37	40	12	20	31	33	37	42	12	20	31	33	37	43
11	14	20	31	33	37	40	14	20	31	33	37	42	14	20	31	33	37	43
12	17	20	31	33	37	40	17	20	31	33	37	42	17	20	31	33	37	43
13	12	24	31	33	37	40	12	24	31	33	37	42	12	24	31	33	37	43
14	14	24	31	33	37	40	14	24	31	33	37	42	14	24	31	33	37	43
15	17	24	31	33	37	40	17	24	31	33	37	42	17	24	31	33	37	43
16	12	25	31	33	37	40	12	25	31	33	37	42	12	25	31	33	37	43
17	14	25	31	33	37	40	14	25	31	33	37	42	14	25	31	33	37	43
18	17	25	31	33	37	40	17	25	31	33	37	42	17	25	31	33	37	43
19	12	20	32	33	37	40	12	20	32	33	37	42	12	20	32	33	37	43
20	14	20	32	33	37	40	14	20	32	33	37	42	14	20	32	33	37	43
21	17	20	32	33	37	40	17	20	32	33	37	42	17	20	32	33	37	43
22	12	24	32	33	37	40	12	24	32	33	37	42	12	24	32	33	37	43
23	14	24	32	33	37	40	14	24	32	33	37	42	14	24	32	33	37	43
24	17	24	32	33	37	40	17	24	32	33	37	42	17	24	32	33	37	43
25	12	25	32	33	37	40	12	25	32	33	37	42	12	25	32	33	37	43
26	14	25	32	33	37	40	14	25	32	33	37	42	14	25	32	33	37	43
27	17	25	32	33	37	40	17	25	32	33	37	42	17	25	32	33	37	43
28	12	20	30	34	37	40	12	20	30	34	37	42	12	20	30	34	37	43
29	14	20	30	34	37	40	14	20	30	34	37	42	14	20	30	34	37	43
30	17	20	30	34	37	40	17	20	30	34	37	42	17	20	30	34	37	43
31	12	24	30	34	37	40	12	24	30	34	37	42	12	24	30	34	37	43
32	14	24	30	34	37	40	14	24	30	34	37	42	14	24	30	34	37	43

패턴 17 | 많이 나온 숫자 3개 조합 도표   4개 ▨ 5개 ■ 6개 나온 숫자

N	A						B						C					
33	17	24	30	34	37	40	17	24	30	34	37	42	17	24	30	34	37	43
34	12	25	30	34	37	40	12	25	30	34	37	42	12	25	30	34	37	43
35	14	25	30	34	37	40	14	25	30	34	37	42	14	25	30	34	37	43
36	17	25	30	34	37	40	17	25	30	34	37	42	17	25	30	34	37	43
37	12	20	31	34	37	40	12	20	31	34	37	42	12	20	31	34	37	43
38	14	20	31	34	37	40	14	20	31	34	37	42	14	20	31	34	37	43
39	17	20	31	34	37	40	17	20	31	34	37	42	17	20	31	34	37	43
40	12	24	31	34	37	40	12	24	31	34	37	42	12	24	31	34	37	43
41	14	24	31	34	37	40	14	24	31	34	37	42	14	24	31	34	37	43
42	17	24	31	34	37	40	17	24	31	34	37	42	17	24	31	34	37	43
43	12	25	31	34	37	40	12	25	31	34	37	42	12	25	31	34	37	43
44	14	25	31	34	37	40	14	25	31	34	37	42	14	25	31	34	37	43
45	17	25	31	34	37	40	17	25	31	34	37	42	17	25	31	34	37	43
46	12	20	32	34	37	40	12	20	32	34	37	42	12	20	32	34	37	43
47	14	20	32	34	37	40	14	20	32	34	37	42	14	20	32	34	37	43
48	17	20	32	34	37	40	17	20	32	34	37	42	17	20	32	34	37	43
49	12	24	32	34	37	40	12	24	32	34	37	42	12	24	32	34	37	43
50	14	24	32	34	37	40	14	24	32	34	37	42	14	24	32	34	37	43
51	17	24	32	34	37	40	17	24	32	34	37	42	17	24	32	34	37	43
52	12	25	32	34	37	40	12	25	32	34	37	42	12	25	32	34	37	43
53	14	25	32	34	37	40	14	25	32	34	37	42	14	25	32	34	37	43
54	17	25	32	34	37	40	17	25	32	34	37	42	17	25	32	34	37	43
55	12	20	30	36	37	40	12	20	30	36	37	42	12	20	30	36	37	43
56	14	20	30	36	37	40	14	20	30	36	37	42	14	20	30	36	37	43
57	17	20	30	36	37	40	17	20	30	36	37	42	17	20	30	36	37	43
58	12	24	30	36	37	40	12	24	30	36	37	42	12	24	30	36	37	43
59	14	24	30	36	37	40	14	24	30	36	37	42	14	24	30	36	37	43
60	17	24	30	36	37	40	17	24	30	36	37	42	17	24	30	36	37	43
61	12	25	30	36	37	40	12	25	30	36	37	42	12	25	30	36	37	43
62	14	25	30	36	37	40	14	25	30	36	37	42	14	25	30	36	37	43
63	17	25	30	36	37	40	17	25	30	36	37	42	17	25	30	36	37	43
64	12	20	31	36	37	40	12	20	31	36	37	42	12	20	31	36	37	43
65	14	20	31	36	37	40	14	20	31	36	37	42	14	20	31	36	37	43
66	17	20	31	36	37	40	17	20	31	36	37	42	17	20	31	36	37	43

패턴 17 | 많이 나온 숫자 3개 조합 도표　　4개 ■ 5개 ■ 6개 나온 숫자

N	A						B						C					
67	12	24	31	36	37	40	12	24	31	36	37	42	12	24	31	36	37	43
68	14	24	31	36	37	40	14	24	31	36	37	42	14	24	31	36	37	43
69	17	24	31	36	37	40	17	24	31	36	37	42	17	24	31	36	37	43
70	12	25	31	36	37	40	12	25	31	36	37	42	12	25	31	36	37	43
71	14	25	31	36	37	40	14	25	31	36	37	42	14	25	31	36	37	43
72	17	25	31	36	37	40	17	25	31	36	37	42	17	25	31	36	37	43
73	12	20	32	36	37	40	12	20	32	36	37	42	12	20	32	36	37	43
74	14	20	32	36	37	40	14	20	32	36	37	42	14	20	32	36	37	43
75	17	20	32	36	37	40	17	20	32	36	37	42	17	20	32	36	37	43
76	12	24	32	36	37	40	12	24	32	36	37	42	12	24	32	36	37	43
77	14	24	32	36	37	40	14	24	32	36	37	42	14	24	32	36	37	43
78	17	24	32	36	37	40	17	24	32	36	37	42	17	24	32	36	37	43
79	12	25	32	36	37	40	12	25	32	36	37	42	12	25	32	36	37	43
80	14	25	32	36	37	40	14	25	32	36	37	42	14	25	32	36	37	43
81	17	25	32	36	37	40	17	25	32	36	37	42	17	25	32	36	37	43
82	12	20	30	33	38	40	12	20	30	33	38	42	12	20	30	33	38	43
83	14	20	30	33	38	40	14	20	30	33	38	42	14	20	30	33	38	43
84	17	20	30	33	38	40	17	20	30	33	38	42	17	20	30	33	38	43
85	12	24	30	33	38	40	12	24	30	33	38	42	12	24	30	33	38	43
86	14	24	30	33	38	40	14	24	30	33	38	42	14	24	30	33	38	43
87	17	24	30	33	38	40	17	24	30	33	38	42	17	24	30	33	38	43
88	12	25	30	33	38	40	12	25	30	33	38	42	12	25	30	33	38	43
89	14	25	30	33	38	40	14	25	30	33	38	42	14	25	30	33	38	43
90	17	25	30	33	38	40	17	25	30	33	38	42	17	25	30	33	38	43
91	12	20	31	33	38	40	12	20	31	33	38	42	12	20	31	33	38	43
92	14	20	31	33	38	40	14	20	31	33	38	42	14	20	31	33	38	43
93	17	20	31	33	38	40	17	20	31	33	38	42	17	20	31	33	38	43
94	12	24	31	33	38	40	12	24	31	33	38	42	12	24	31	33	38	43
95	14	24	31	33	38	40	14	24	31	33	38	42	14	24	31	33	38	43
96	17	24	31	33	38	40	17	24	31	33	38	42	17	24	31	33	38	43
97	12	25	31	33	38	40	12	25	31	33	38	42	12	25	31	33	38	43
98	14	25	31	33	38	40	14	25	31	33	38	42	14	25	31	33	38	43
99	17	25	31	33	38	40	17	25	31	33	38	42	17	25	31	33	38	43
100	12	20	32	33	38	40	12	20	32	33	38	42	12	20	32	33	38	43

패턴 17 | 많이 나온 숫자 3개 조합 도표 4개 ▒ 5개 ■ 6개 나온 숫자

N	A						B						C					
101	14	20	32	33	38	40	14	20	32	33	38	42	14	20	32	33	38	43
102	17	20	32	33	38	40	17	20	32	33	38	42	17	20	32	33	38	43
103	12	24	32	33	38	40	12	24	32	33	38	42	12	24	32	33	38	43
104	14	24	32	33	38	40	14	24	32	33	38	42	14	24	32	33	38	43
105	17	24	32	33	38	40	17	24	32	33	38	42	17	24	32	33	38	43
106	12	25	32	33	38	40	12	25	32	33	38	42	12	25	32	33	38	43
107	14	25	32	33	38	40	14	25	32	33	38	42	14	25	32	33	38	43
108	17	25	32	33	38	40	17	25	32	33	38	42	17	25	32	33	38	43
109	12	20	30	34	38	40	12	20	30	34	38	42	12	20	30	34	38	43
110	14	20	30	34	38	40	14	20	30	34	38	42	14	20	30	34	38	43
111	17	20	30	34	38	40	17	20	30	34	38	42	17	20	30	34	38	43
112	12	24	30	34	38	40	12	24	30	34	38	42	12	24	30	34	38	43
113	14	24	30	34	38	40	14	24	30	34	38	42	14	24	30	34	38	43
114	17	24	30	34	38	40	17	24	30	34	38	42	17	24	30	34	38	43
115	12	25	30	34	38	40	12	25	30	34	38	42	12	25	30	34	38	43
116	14	25	30	34	38	40	14	25	30	34	38	42	14	25	30	34	38	43
117	17	25	30	34	38	40	17	25	30	34	38	42	17	25	30	34	38	43
118	12	20	31	34	38	40	12	20	31	34	38	42	12	20	31	34	38	43
119	14	20	31	34	38	40	14	20	31	34	38	42	14	20	31	34	38	43
120	17	20	31	34	38	40	17	20	31	34	38	42	17	20	31	34	38	43
121	12	24	31	34	38	40	12	24	31	34	38	42	12	24	31	34	38	43
122	14	24	31	34	38	40	14	24	31	34	38	42	14	24	31	34	38	43
123	17	24	31	34	38	40	17	24	31	34	38	42	17	24	31	34	38	43
124	12	25	31	34	38	40	12	25	31	34	38	42	12	25	31	34	38	43
125	14	25	31	34	38	40	14	25	31	34	38	42	14	25	31	34	38	43
126	17	25	31	34	38	40	17	25	31	34	38	42	17	25	31	34	38	43
127	12	20	32	34	38	40	12	20	32	34	38	42	12	20	32	34	38	43
128	14	20	32	34	38	40	14	20	32	34	38	42	14	20	32	34	38	43
129	17	20	32	34	38	40	17	20	32	34	38	42	17	20	32	34	38	43
130	12	24	32	34	38	40	12	24	32	34	38	42	12	24	32	34	38	43
131	14	24	32	34	38	40	14	24	32	34	38	42	14	24	32	34	38	43
132	17	24	32	34	38	40	17	24	32	34	38	42	17	24	32	34	38	43
133	12	25	32	34	38	40	12	25	32	34	38	42	12	25	32	34	38	43
134	14	25	32	34	38	40	14	25	32	34	38	42	14	25	32	34	38	43

패턴 17 | 많이 나온 숫자 3개 조합 도표

4개 ■ 5개 ■ 6개 나온 숫자

N	A						B						C					
135	17	25	32	34	38	40	17	25	32	34	38	42	17	25	32	34	38	43
136	12	20	30	36	38	40	12	20	30	36	38	42	12	20	30	36	38	43
137	14	20	30	36	38	40	14	20	30	36	38	42	14	20	30	36	38	43
138	17	20	30	36	38	40	17	20	30	36	38	42	17	20	30	36	38	43
139	12	24	30	36	38	40	12	24	30	36	38	42	12	24	30	36	38	43
140	14	24	30	36	38	40	14	24	30	36	38	42	14	24	30	36	38	43
141	17	24	30	36	38	40	17	24	30	36	38	42	17	24	30	36	38	43
142	12	25	30	36	38	40	12	25	30	36	38	42	12	25	30	36	38	43
143	14	25	30	36	38	40	14	25	30	36	38	42	14	25	30	36	38	43
144	17	25	30	36	38	40	17	25	30	36	38	42	17	25	30	36	38	43
145	12	20	31	36	38	40	12	20	31	36	38	42	12	20	31	36	38	43
146	14	20	31	36	38	40	14	20	31	36	38	42	14	20	31	36	38	43
147	17	20	31	36	38	40	17	20	31	36	38	42	17	20	31	36	38	43
148	12	24	31	36	38	40	12	24	31	36	38	42	12	24	31	36	38	43
149	14	24	31	36	38	40	14	24	31	36	38	42	14	24	31	36	38	43
150	17	24	31	36	38	40	17	24	31	36	38	42	17	24	31	36	38	43
151	12	25	31	36	38	40	12	25	31	36	38	42	12	25	31	36	38	43
152	14	25	31	36	38	40	14	25	31	36	38	42	14	25	31	36	38	43
153	17	25	31	36	38	40	17	25	31	36	38	42	17	25	31	36	38	43
154	12	20	32	36	38	40	12	20	32	36	38	42	12	20	32	36	38	43
155	14	20	32	36	38	40	14	20	32	36	38	42	14	20	32	36	38	43
156	17	20	32	36	38	40	17	20	32	36	38	42	17	20	32	36	38	43
157	12	24	32	36	38	40	12	24	32	36	38	42	12	24	32	36	38	43
158	14	24	32	36	38	40	14	24	32	36	38	42	14	24	32	36	38	43
159	17	24	32	36	38	40	17	24	32	36	38	42	17	24	32	36	38	43
160	12	25	32	36	38	40	12	25	32	36	38	42	12	25	32	36	38	43
161	14	25	32	36	38	40	14	25	32	36	38	42	14	25	32	36	38	43
162	17	25	32	36	38	40	17	25	32	36	38	42	17	25	32	36	38	43
163	12	20	30	33	39	40	12	20	30	33	39	42	12	20	30	33	39	43
164	14	20	30	33	39	40	14	20	30	33	39	42	14	20	30	33	39	43
165	17	20	30	33	39	40	17	20	30	33	39	42	17	20	30	33	39	43
166	12	24	30	33	39	40	12	24	30	33	39	42	12	24	30	33	39	43
167	14	24	30	33	39	40	14	24	30	33	39	42	14	24	30	33	39	43
168	17	24	30	33	39	40	17	24	30	33	39	42	17	24	30	33	39	43

패턴 17 | 많이 나온 숫자 3개 조합 도표   4개 ▨ 5개 ■ 6개 나온 숫자

N	A						B						C					
169	12	25	30	33	39	40	12	25	30	33	39	42	12	25	30	33	39	43
170	14	25	30	33	39	40	14	25	30	33	39	42	14	25	30	33	39	43
171	17	25	30	33	39	40	17	25	30	33	39	42	17	25	30	33	39	43
172	12	20	31	33	39	40	12	20	31	33	39	42	12	20	31	33	39	43
173	14	20	31	33	39	40	14	20	31	33	39	42	14	20	31	33	39	43
174	17	20	31	33	39	40	17	20	31	33	39	42	17	20	31	33	39	43
175	12	24	31	33	39	40	12	24	31	33	39	42	12	24	31	33	39	43
176	14	24	31	33	39	40	14	24	31	33	39	42	14	24	31	33	39	43
177	17	24	31	33	39	40	17	24	31	33	39	42	17	24	31	33	39	43
178	12	25	31	33	39	40	12	25	31	33	39	42	12	25	31	33	39	43
179	14	25	31	33	39	40	14	25	31	33	39	42	14	25	31	33	39	43
180	17	25	31	33	39	40	17	25	31	33	39	42	17	25	31	33	39	43
181	12	20	32	33	39	40	12	20	32	33	39	42	12	20	32	33	39	43
182	14	20	32	33	39	40	14	20	32	33	39	42	14	20	32	33	39	43
183	17	20	32	33	39	40	17	20	32	33	39	42	17	20	32	33	39	43
184	12	24	32	33	39	40	12	24	32	33	39	42	12	24	32	33	39	43
185	14	24	32	33	39	40	14	24	32	33	39	42	14	24	32	33	39	43
186	17	24	32	33	39	40	17	24	32	33	39	42	17	24	32	33	39	43
187	12	25	32	33	39	40	12	25	32	33	39	42	12	25	32	33	39	43
188	14	25	32	33	39	40	14	25	32	33	39	42	14	25	32	33	39	43
189	17	25	32	33	39	40	17	25	32	33	39	42	17	25	32	33	39	43
190	12	20	30	34	39	40	12	20	30	34	39	42	12	20	30	34	39	43
191	14	20	30	34	39	40	14	20	30	34	39	42	14	20	30	34	39	43
192	17	20	30	34	39	40	17	20	30	34	39	42	17	20	30	34	39	43
193	12	24	30	34	39	40	12	24	30	34	39	42	12	24	30	34	39	43
194	14	24	30	34	39	40	14	24	30	34	39	42	14	24	30	34	39	43
195	17	24	30	34	39	40	17	24	30	34	39	42	17	24	30	34	39	43
196	12	25	30	34	39	40	12	25	30	34	39	42	12	25	30	34	39	43
197	14	25	30	34	39	40	14	25	30	34	39	42	14	25	30	34	39	43
198	17	25	30	34	39	40	17	25	30	34	39	42	17	25	30	34	39	43
199	12	20	31	34	39	40	12	20	31	34	39	42	12	20	31	34	39	43
200	14	20	31	34	39	40	14	20	31	34	39	42	14	20	31	34	39	43
201	17	20	31	34	39	40	17	20	31	34	39	42	17	20	31	34	39	43
202	12	24	31	34	39	40	12	24	31	34	39	42	12	24	31	34	39	43

패턴 17 | 많이 나온 숫자 3개 조합 도표　　4개 ▒ 5개 ■ 6개 나온 숫자

N	A						B						C					
203	14	24	31	34	39	40	14	24	31	34	39	42	14	24	31	34	39	43
204	17	24	31	34	39	40	17	24	31	34	39	42	17	24	31	34	39	43
205	12	25	31	34	39	40	12	25	31	34	39	42	12	25	31	34	39	43
206	14	25	31	34	39	40	14	25	31	34	39	42	14	25	31	34	39	43
207	17	25	31	34	39	40	17	25	31	34	39	42	17	25	31	34	39	43
208	12	20	32	34	39	40	12	20	32	34	39	42	12	20	32	34	39	43
209	14	20	32	34	39	40	14	20	32	34	39	42	14	20	32	34	39	43
210	17	20	32	34	39	40	17	20	32	34	39	42	17	20	32	34	39	43
211	12	24	32	34	39	40	12	24	32	34	39	42	12	24	32	34	39	43
212	14	24	32	34	39	40	14	24	32	34	39	42	14	24	32	34	39	43
213	17	24	32	34	39	40	17	24	32	34	39	42	17	24	32	34	39	43
214	12	25	32	34	39	40	12	25	32	34	39	42	12	25	32	34	39	43
215	14	25	32	34	39	40	14	25	32	34	39	42	14	25	32	34	39	43
216	17	25	32	34	39	40	17	25	32	34	39	42	17	25	32	34	39	43
217	12	20	30	36	39	40	12	20	30	36	39	42	12	20	30	36	39	43
218	14	20	30	36	39	40	14	20	30	36	39	42	14	20	30	36	39	43
219	17	20	30	36	39	40	17	20	30	36	39	42	17	20	30	36	39	43
220	12	24	30	36	39	40	12	24	30	36	39	42	12	24	30	36	39	43
221	14	24	30	36	39	40	14	24	30	36	39	42	14	24	30	36	39	43
222	17	24	30	36	39	40	17	24	30	36	39	42	17	24	30	36	39	43
223	12	25	30	36	39	40	12	25	30	36	39	42	12	25	30	36	39	43
224	14	25	30	36	39	40	14	25	30	36	39	42	14	25	30	36	39	43
225	17	25	30	36	39	40	17	25	30	36	39	42	17	25	30	36	39	43
226	12	20	31	36	39	40	12	20	31	36	39	42	12	20	31	36	39	43
227	14	20	31	36	39	40	14	20	31	36	39	42	14	20	31	36	39	43
228	17	20	31	36	39	40	17	20	31	36	39	42	17	20	31	36	39	43
229	12	24	31	36	39	40	12	24	31	36	39	42	12	24	31	36	39	43
230	14	24	31	36	39	40	14	24	31	36	39	42	14	24	31	36	39	43
231	17	24	31	36	39	40	17	24	31	36	39	42	17	24	31	36	39	43
232	12	25	31	36	39	40	12	25	31	36	39	42	12	25	31	36	39	43
233	14	25	31	36	39	40	14	25	31	36	39	42	14	25	31	36	39	43
234	17	25	31	36	39	40	17	25	31	36	39	42	17	25	31	36	39	43
235	12	20	32	36	39	40	12	20	32	36	39	42	12	20	32	36	39	43
236	14	20	32	36	39	40	14	20	32	36	39	42	14	20	32	36	39	43

패턴 17 | 많이 나온 숫자 3개 조합 도표 4개 5개 6개 나온 숫자

N	A						B						C					
237	17	20	32	36	39	40	17	20	32	36	39	42	17	20	32	36	39	43
238	12	24	32	36	39	40	12	24	32	36	39	42	12	24	32	36	39	43
239	14	24	32	36	39	40	14	24	32	36	39	42	14	24	32	36	39	43
240	17	24	32	36	39	40	17	24	32	36	39	42	17	24	32	36	39	43
241	12	25	32	36	39	40	12	25	32	36	39	42	12	25	32	36	39	43
242	14	25	32	36	39	40	14	25	32	36	39	42	14	25	32	36	39	43
243	17	25	32	36	39	40	17	25	32	36	39	42	17	25	32	36	39	43

패턴 18

패턴 18 | 2002~2022년도까지 16번의 단위별 당첨 횟수를 보임

횟수	년도	월	일	1	10	10	30	30	40	B/N
1	2006	7	22	8	14	18	30	31	44	15
2	2007	1	20	7	16	17	33	36	40	1
3	2008	6	21	8	13	18	32	39	45	7
4	2008	9	6	7	11	13	33	37	43	26
5	2008	9	20	2	14	17	30	38	45	43
6	2009	3	21	9	17	19	30	35	42	4
7	2009	6	20	1	13	14	33	34	43	25
8	2010	8	7	6	12	18	31	38	43	9
9	2011	12	31	4	13	18	31	33	45	43
10	2013	11	16	3	13	18	33	37	45	1
11	2013	12	28	5	12	14	32	34	42	16
12	2014	10	18	2	16	17	32	39	45	40
13	2017	2	18	8	10	13	36	37	40	6
14	2018	1	27	2	10	12	31	33	42	22
15	2021	1	16	9	18	19	30	34	40	20
16	2022	7	30	5	12	13	31	32	41	34

패턴 18 | 각 칸별 많이 나온 숫자

1칸	횟수	2칸	횟수	3칸	횟수	4칸	횟수	5칸	횟수	6칸	횟수
2	3	13	4	18	5	30	4	37	3	45	5
8	3	12	3	17	3	33	4	34	3	40	3
7	2	10	2	19	2	31	4	39	2	42	3
9	2	14	2	14	2	32	3	38	2	43	3
5	2	16	2	13	3	36	1	33	2	44	1
1	1	11	1	12	1	34	0	36	1	41	1
3	1	17	1	16	0	35	0	35	1		
4	1	18	1	15	0	37	0	31	1		
6	1	15	0	11	0	38	0	32	1		
		19	0	10	0	39	0	30	0		

패턴 18번의 2개 묶음 조합 도표

패턴 18 | 2개 숫자를 조합한 도표 4개 5개 6개

N	A						B						C						D					
1	2	12	17	30	34	40	2	12	17	30	37	40	2	12	17	30	34	45	2	12	17	30	37	45
2	8	12	17	30	34	40	8	12	17	30	37	40	8	12	17	30	34	45	8	12	17	30	37	45
3	2	13	17	30	34	40	2	13	17	30	37	40	2	13	17	30	34	45	2	13	17	30	37	45
4	8	13	17	30	34	40	8	13	17	30	37	40	8	13	17	30	34	45	8	13	17	30	37	45
5	2	12	18	30	34	40	2	12	18	30	37	40	2	12	18	30	34	45	2	12	18	30	37	45
6	8	12	18	30	34	40	8	12	18	30	37	40	8	12	18	30	34	45	8	12	18	30	37	45
7	2	13	18	30	34	40	2	13	18	30	37	40	2	13	18	30	34	45	2	13	18	30	37	45
8	8	13	18	30	34	40	8	13	18	30	37	40	8	13	18	30	34	45	8	13	18	30	37	45
9	2	12	17	33	34	40	2	12	17	33	37	40	2	12	17	33	34	45	2	12	17	33	37	45
10	8	12	17	33	34	40	8	12	17	33	37	40	8	12	17	33	34	45	8	12	17	33	37	45
11	2	13	17	33	34	40	2	13	17	33	37	40	2	13	17	33	34	45	2	13	17	33	37	45
12	8	13	17	33	34	40	8	13	17	33	37	40	8	13	17	33	34	45	8	13	17	33	37	45
13	2	12	18	33	34	40	2	12	18	33	37	40	2	12	18	33	34	45	2	12	18	33	37	45
14	8	12	18	33	34	40	8	12	18	33	37	40	8	12	18	33	34	45	8	12	18	33	37	45
15	2	13	18	33	34	40	2	13	18	33	37	40	2	13	18	33	34	45	2	13	18	33	37	45
16	8	13	18	33	34	40	8	13	18	33	37	40	8	13	18	33	34	45	8	13	18	33	37	45

패턴 18번의 3개 묶음 조합 도표

패턴 18 | 많이 나온 숫자 3개 조합 도표 4개 5개 6개 나온 숫자

N	A						B						C					
1	2	10	17	30	34	40	2	10	17	30	34	42	2	10	17	30	34	45
2	7	10	17	30	34	40	7	10	17	30	34	42	7	10	17	30	34	45
3	8	10	17	30	34	40	8	10	17	30	34	42	8	10	17	30	34	45
4	2	12	17	30	34	40	2	12	17	30	34	42	2	12	17	30	34	45
5	7	12	17	30	34	40	7	12	17	30	34	42	7	12	17	30	34	45
6	8	12	17	30	34	40	8	12	17	30	34	42	8	12	17	30	34	45
7	2	13	17	30	34	40	2	13	17	30	34	42	2	13	17	30	34	45
8	7	13	17	30	34	40	7	13	17	30	34	42	7	13	17	30	34	45
9	8	13	17	30	34	40	8	13	17	30	34	42	8	13	17	30	34	45
10	2	10	18	30	34	40	2	10	18	30	34	42	2	10	18	30	34	45
11	7	10	18	30	34	40	7	10	18	30	34	42	7	10	18	30	34	45
12	8	10	18	30	34	40	8	10	18	30	34	42	8	10	18	30	34	45
13	2	12	18	30	34	40	2	12	18	30	34	42	2	12	18	30	34	45
14	7	12	18	30	34	40	7	12	18	30	34	42	7	12	18	30	34	45
15	8	12	18	30	34	40	8	12	18	30	34	42	8	12	18	30	34	45
16	2	13	18	30	34	40	2	13	18	30	34	42	2	13	18	30	34	45
17	7	13	18	30	34	40	7	13	18	30	34	42	7	13	18	30	34	45
18	8	13	18	30	34	40	8	13	18	30	34	42	8	13	18	30	34	45
19	2	10	19	30	34	40	2	10	19	30	34	42	2	10	19	30	34	45
20	7	10	19	30	34	40	7	10	19	30	34	42	7	10	19	30	34	45
21	8	10	19	30	34	40	8	10	19	30	34	42	8	10	19	30	34	45
22	2	12	19	30	34	40	2	12	19	30	34	42	2	12	19	30	34	45
23	7	12	19	30	34	40	7	12	19	30	34	42	7	12	19	30	34	45
24	8	12	19	30	34	40	8	12	19	30	34	42	8	12	19	30	34	45
25	2	13	19	30	34	40	2	13	19	30	34	42	2	13	19	30	34	45
26	7	13	19	30	34	40	7	13	19	30	34	42	7	13	19	30	34	45
27	8	13	19	30	34	40	8	13	19	30	34	42	8	13	19	30	34	45
28	2	10	17	31	34	40	2	10	17	31	34	42	2	10	17	31	34	45
29	7	10	17	31	34	40	7	10	17	31	34	42	7	10	17	31	34	45
30	8	10	17	31	34	40	8	10	17	31	34	42	8	10	17	31	34	45
31	2	12	17	31	34	40	2	12	17	31	34	42	2	12	17	31	34	45
32	7	12	17	31	34	40	7	12	17	31	34	42	7	12	17	31	34	45

패턴 18 | 많이 나온 숫자 3개 조합 도표   4개 ▨ 5개 ■ 6개 나온 숫자

N	A						B						C					
33	8	12	17	31	34	40	8	12	17	31	34	42	8	12	17	31	34	45
34	2	13	17	31	34	40	2	13	17	31	34	42	2	13	17	31	34	45
35	7	13	17	31	34	40	7	13	17	31	34	42	7	13	17	31	34	45
36	8	13	17	31	34	40	8	13	17	31	34	42	8	13	17	31	34	45
37	2	10	18	31	34	40	2	10	18	31	34	42	2	10	18	31	34	45
38	7	10	18	31	34	40	7	10	18	31	34	42	7	10	18	31	34	45
39	8	10	18	31	34	40	8	10	18	31	34	42	8	10	18	31	34	45
40	2	12	18	31	34	40	2	12	18	31	34	42	2	12	18	31	34	45
41	7	12	18	31	34	40	7	12	18	31	34	42	7	12	18	31	34	45
42	8	12	18	31	34	40	8	12	18	31	34	42	8	12	18	31	34	45
43	2	13	18	31	34	40	2	13	18	31	34	42	2	13	18	31	34	45
44	7	13	18	31	34	40	7	13	18	31	34	42	7	13	18	31	34	45
45	8	13	18	31	34	40	8	13	18	31	34	42	8	13	18	31	34	45
46	2	10	19	31	34	40	2	10	19	31	34	42	2	10	19	31	34	45
47	7	10	19	31	34	40	7	10	19	31	34	42	7	10	19	31	34	45
48	8	10	19	31	34	40	8	10	19	31	34	42	8	10	19	31	34	45
49	2	12	19	31	34	40	2	12	19	31	34	42	2	12	19	31	34	45
50	7	12	19	31	34	40	7	12	19	31	34	42	7	12	19	31	34	45
51	8	12	19	31	34	40	8	12	19	31	34	42	8	12	19	31	34	45
52	2	13	19	31	34	40	2	13	19	31	34	42	2	13	19	31	34	45
53	7	13	19	31	34	40	7	13	19	31	34	42	7	13	19	31	34	45
54	8	13	19	31	34	40	8	13	19	31	34	42	8	13	19	31	34	45
55	2	10	17	33	34	40	2	10	17	33	34	42	2	10	17	33	34	45
56	7	10	17	33	34	40	7	10	17	33	34	42	7	10	17	33	34	45
57	8	10	17	33	34	40	8	10	17	33	34	42	8	10	17	33	34	45
58	2	12	17	33	34	40	2	12	17	33	34	42	2	12	17	33	34	45
59	7	12	17	33	34	40	7	12	17	33	34	42	7	12	17	33	34	45
60	8	12	17	33	34	40	8	12	17	33	34	42	8	12	17	33	34	45
61	2	13	17	33	34	40	2	13	17	33	34	42	2	13	17	33	34	45
62	7	13	17	33	34	40	7	13	17	33	34	42	7	13	17	33	34	45
63	8	13	17	33	34	40	8	13	17	33	34	42	8	13	17	33	34	45
64	2	10	18	33	34	40	2	10	18	33	34	42	2	10	18	33	34	45
65	7	10	18	33	34	40	7	10	18	33	34	42	7	10	18	33	34	45
66	8	10	18	33	34	40	8	10	18	33	34	42	8	10	18	33	34	45

패턴 18 | 많이 나온 숫자 3개 조합 도표　　4개　■ 5개　■ 6개 나온 숫자

N	A						B						C					
67	2	12	18	33	34	40	2	12	18	33	34	42	2	12	18	33	34	45
68	7	12	18	33	34	40	7	12	18	33	34	42	7	12	18	33	34	45
69	8	12	18	33	34	40	8	12	18	33	34	42	8	12	18	33	34	45
70	2	13	18	33	34	40	2	13	18	33	34	42	2	13	18	33	34	45
71	7	13	18	33	34	40	7	13	18	33	34	42	7	13	18	33	34	45
72	8	13	18	33	34	40	8	13	18	33	34	42	8	13	18	33	34	45
73	2	10	19	33	34	40	2	10	19	33	34	42	2	10	19	33	34	45
74	7	10	19	33	34	40	7	10	19	33	34	42	7	10	19	33	34	45
75	8	10	19	33	34	40	8	10	19	33	34	42	8	10	19	33	34	45
76	2	12	19	33	34	40	2	12	19	33	34	42	2	12	19	33	34	45
77	7	12	19	33	34	40	7	12	19	33	34	42	7	12	19	33	34	45
78	8	12	19	33	34	40	8	12	19	33	34	42	8	12	19	33	34	45
79	2	13	19	33	34	40	2	13	19	33	34	42	2	13	19	33	34	45
80	7	13	19	33	34	40	7	13	19	33	34	42	7	13	19	33	34	45
81	8	13	19	33	34	40	8	13	19	33	34	42	8	13	19	33	34	45
82	2	10	17	30	37	40	2	10	17	30	37	42	2	10	17	30	37	45
83	7	10	17	30	37	40	7	10	17	30	37	42	7	10	17	30	37	45
84	8	10	17	30	37	40	8	10	17	30	37	42	8	10	17	30	37	45
85	2	12	17	30	37	40	2	12	17	30	37	42	2	12	17	30	37	45
86	7	12	17	30	37	40	7	12	17	30	37	42	7	12	17	30	37	45
87	8	12	17	30	37	40	8	12	17	30	37	42	8	12	17	30	37	45
88	2	13	17	30	37	40	2	13	17	30	37	42	2	13	17	30	37	45
89	7	13	17	30	37	40	7	13	17	30	37	42	7	13	17	30	37	45
90	8	13	17	30	37	40	8	13	17	30	37	42	8	13	17	30	37	45
91	2	10	18	30	37	40	2	10	18	30	37	42	2	10	18	30	37	45
92	7	10	18	30	37	40	7	10	18	30	37	42	7	10	18	30	37	45
93	8	10	18	30	37	40	8	10	18	30	37	42	8	10	18	30	37	45
94	2	12	18	30	37	40	2	12	18	30	37	42	2	12	18	30	37	45
95	7	12	18	30	37	40	7	12	18	30	37	42	7	12	18	30	37	45
96	8	12	18	30	37	40	8	12	18	30	37	42	8	12	18	30	37	45
97	2	13	18	30	37	40	2	13	18	30	37	42	2	13	18	30	37	45
98	7	13	18	30	37	40	7	13	18	30	37	42	7	13	18	30	37	45
99	8	13	18	30	37	40	8	13	18	30	37	42	8	13	18	30	37	45
100	2	10	19	30	37	40	2	10	19	30	37	42	2	10	19	30	37	45

패턴 18 | 많이 나온 숫자 3개 조합 도표 　4개 ▒ 5개 ■ 6개 나온 숫자

N	A						B						C					
101	7	10	19	30	37	40	7	10	19	30	37	42	7	10	19	30	37	45
102	8	10	19	30	37	40	8	10	19	30	37	42	8	10	19	30	37	45
103	2	12	19	30	37	40	2	12	19	30	37	42	2	12	19	30	37	45
104	7	12	19	30	37	40	7	12	19	30	37	42	7	12	19	30	37	45
105	8	12	19	30	37	40	8	12	19	30	37	42	8	12	19	30	37	45
106	2	13	19	30	37	40	2	13	19	30	37	42	2	13	19	30	37	45
107	7	13	19	30	37	40	7	13	19	30	37	42	7	13	19	30	37	45
108	8	13	19	30	37	40	8	13	19	30	37	42	8	13	19	30	37	45
109	2	10	17	31	37	40	2	10	17	31	37	42	2	10	17	31	37	45
110	7	10	17	31	37	40	7	10	17	31	37	42	7	10	17	31	37	45
111	8	10	17	31	37	40	8	10	17	31	37	42	8	10	17	31	37	45
112	2	12	17	31	37	40	2	12	17	31	37	42	2	12	17	31	37	45
113	7	12	17	31	37	40	7	12	17	31	37	42	7	12	17	31	37	45
114	8	12	17	31	37	40	8	12	17	31	37	42	8	12	17	31	37	45
115	2	13	17	31	37	40	2	13	17	31	37	42	2	13	17	31	37	45
116	7	13	17	31	37	40	7	13	17	31	37	42	7	13	17	31	37	45
117	8	13	17	31	37	40	8	13	17	31	37	42	8	13	17	31	37	45
118	2	10	18	31	37	40	2	10	18	31	37	42	2	10	18	31	37	45
119	7	10	18	31	37	40	7	10	18	31	37	42	7	10	18	31	37	45
120	8	10	18	31	37	40	8	10	18	31	37	42	8	10	18	31	37	45
121	2	12	18	31	37	40	2	12	18	31	37	42	2	12	18	31	37	45
122	7	12	18	31	37	40	7	12	18	31	37	42	7	12	18	31	37	45
123	8	12	18	31	37	40	8	12	18	31	37	42	8	12	18	31	37	45
124	2	13	18	31	37	40	2	13	18	31	37	42	2	13	18	31	37	45
125	7	13	18	31	37	40	7	13	18	31	37	42	7	13	18	31	37	45
126	8	13	18	31	37	40	8	13	18	31	37	42	8	13	18	31	37	45
127	2	10	19	31	37	40	2	10	19	31	37	42	2	10	19	31	37	45
128	7	10	19	31	37	40	7	10	19	31	37	42	7	10	19	31	37	45
129	8	10	19	31	37	40	8	10	19	31	37	42	8	10	19	31	37	45
130	2	12	19	31	37	40	2	12	19	31	37	42	2	12	19	31	37	45
131	7	12	19	31	37	40	7	12	19	31	37	42	7	12	19	31	37	45
132	8	12	19	31	37	40	8	12	19	31	37	42	8	12	19	31	37	45
133	2	13	19	31	37	40	2	13	19	31	37	42	2	13	19	31	37	45
134	7	13	19	31	37	40	7	13	19	31	37	42	7	13	19	31	37	45

패턴 18 | 많이 나온 숫자 3개 조합 도표   4개 ■ 5개 ■ 6개 나온 숫자

N	A						B						C					
135	8	13	19	31	37	40	8	13	19	31	37	42	8	13	19	31	37	45
136	2	10	17	33	37	40	2	10	17	33	37	42	2	10	17	33	37	45
137	7	10	17	33	37	40	7	10	17	33	37	42	7	10	17	33	37	45
138	8	10	17	33	37	40	8	10	17	33	37	42	8	10	17	33	37	45
139	2	12	17	33	37	40	2	12	17	33	37	42	2	12	17	33	37	45
140	7	12	17	33	37	40	7	12	17	33	37	42	7	12	17	33	37	45
141	8	12	17	33	37	40	8	12	17	33	37	42	8	12	17	33	37	45
142	2	13	17	33	37	40	2	13	17	33	37	42	2	13	17	33	37	45
143	7	13	17	33	37	40	7	13	17	33	37	42	7	13	17	33	37	45
144	8	13	17	33	37	40	8	13	17	33	37	42	8	13	17	33	37	45
145	2	10	18	33	37	40	2	10	18	33	37	42	2	10	18	33	37	45
146	7	10	18	33	37	40	7	10	18	33	37	42	7	10	18	33	37	45
147	8	10	18	33	37	40	8	10	18	33	37	42	8	10	18	33	37	45
148	2	12	18	33	37	40	2	12	18	33	37	42	2	12	18	33	37	45
149	7	12	18	33	37	40	7	12	18	33	37	42	7	12	18	33	37	45
150	8	12	18	33	37	40	8	12	18	33	37	42	8	12	18	33	37	45
151	2	13	18	33	37	40	2	13	18	33	37	42	2	13	18	33	37	45
152	7	13	18	33	37	40	7	13	18	33	37	42	7	13	18	33	37	45
153	8	13	18	33	37	40	8	13	18	33	37	42	8	13	18	33	37	45
154	2	10	19	33	37	40	2	10	19	33	37	42	2	10	19	33	37	45
155	7	10	19	33	37	40	7	10	19	33	37	42	7	10	19	33	37	45
156	8	10	19	33	37	40	8	10	19	33	37	42	8	10	19	33	37	45
157	2	12	19	33	37	40	2	12	19	33	37	42	2	12	19	33	37	45
158	7	12	19	33	37	40	7	12	19	33	37	42	7	12	19	33	37	45
159	8	12	19	33	37	40	8	12	19	33	37	42	8	12	19	33	37	45
160	2	13	19	33	37	40	2	13	19	33	37	42	2	13	19	33	37	45
161	7	13	19	33	37	40	7	13	19	33	37	42	7	13	19	33	37	45
162	8	13	19	33	37	40	8	13	19	33	37	42	8	13	19	33	37	45
163	2	10	17	30	39	40	2	10	17	30	39	42	2	10	17	30	39	45
164	7	10	17	30	39	40	7	10	17	30	39	42	7	10	17	30	39	45
165	8	10	17	30	39	40	8	10	17	30	39	42	8	10	17	30	39	45
166	2	12	17	30	39	40	2	12	17	30	39	42	2	12	17	30	39	45
167	7	12	17	30	39	40	7	12	17	30	39	42	7	12	17	30	39	45
168	8	12	17	30	39	40	8	12	17	30	39	42	8	12	17	30	39	45

패턴 18 | 많이 나온 숫자 3개 조합 도표　　4개 ▨ 5개 ■ 6개 나온 숫자

N	A						B						C					
169	2	13	17	30	39	40	2	13	17	30	39	42	2	13	17	30	39	45
170	7	13	17	30	39	40	7	13	17	30	39	42	7	13	17	30	39	45
171	8	13	17	30	39	40	8	13	17	30	39	42	8	13	17	30	39	45
172	2	10	18	30	39	40	2	10	18	30	39	42	2	10	18	30	39	45
173	7	10	18	30	39	40	7	10	18	30	39	42	7	10	18	30	39	45
174	8	10	18	30	39	40	8	10	18	30	39	42	8	10	18	30	39	45
175	2	12	18	30	39	40	2	12	18	30	39	42	2	12	18	30	39	45
176	7	12	18	30	39	40	7	12	18	30	39	42	7	12	18	30	39	45
177	8	12	18	30	39	40	8	12	18	30	39	42	8	12	18	30	39	45
178	2	13	18	30	39	40	2	13	18	30	39	42	2	13	18	30	39	45
179	7	13	18	30	39	40	7	13	18	30	39	42	7	13	18	30	39	45
180	8	13	18	30	39	40	8	13	18	30	39	42	8	13	18	30	39	45
181	2	10	19	30	39	40	2	10	19	30	39	42	2	10	19	30	39	45
182	7	10	19	30	39	40	7	10	19	30	39	42	7	10	19	30	39	45
183	8	10	19	30	39	40	8	10	19	30	39	42	8	10	19	30	39	45
184	2	12	19	30	39	40	2	12	19	30	39	42	2	12	19	30	39	45
185	7	12	19	30	39	40	7	12	19	30	39	42	7	12	19	30	39	45
186	8	12	19	30	39	40	8	12	19	30	39	42	8	12	19	30	39	45
187	2	13	19	30	39	40	2	13	19	30	39	42	2	13	19	30	39	45
188	7	13	19	30	39	40	7	13	19	30	39	42	7	13	19	30	39	45
189	8	13	19	30	39	40	8	13	19	30	39	42	8	13	19	30	39	45
190	2	10	17	31	39	40	2	10	17	31	39	42	2	10	17	31	39	45
191	7	10	17	31	39	40	7	10	17	31	39	42	7	10	17	31	39	45
192	8	10	17	31	39	40	8	10	17	31	39	42	8	10	17	31	39	45
193	2	12	17	31	39	40	2	12	17	31	39	42	2	12	17	31	39	45
194	7	12	17	31	39	40	7	12	17	31	39	42	7	12	17	31	39	45
195	8	12	17	31	39	40	8	12	17	31	39	42	8	12	17	31	39	45
196	2	13	17	31	39	40	2	13	17	31	39	42	2	13	17	31	39	45
197	7	13	17	31	39	40	7	13	17	31	39	42	7	13	17	31	39	45
198	8	13	17	31	39	40	8	13	17	31	39	42	8	13	17	31	39	45
199	2	10	18	31	39	40	2	10	18	31	39	42	2	10	18	31	39	45
200	7	10	18	31	39	40	7	10	18	31	39	42	7	10	18	31	39	45
201	8	10	18	31	39	40	8	10	18	31	39	42	8	10	18	31	39	45
202	2	12	18	31	39	40	2	12	18	31	39	42	2	12	18	31	39	45

패턴 18 | 많이 나온 숫자 3개 조합 도표 4개 ▒ 5개 ■ 6개 나온 숫자

N	A						B						C					
203	7	12	18	31	39	40	7	12	18	31	39	42	7	12	18	31	39	45
204	8	12	18	31	39	40	8	12	18	31	39	42	8	12	18	31	39	45
205	2	13	18	31	39	40	2	13	18	31	39	42	2	13	18	31	39	45
206	7	13	18	31	39	40	7	13	18	31	39	42	7	13	18	31	39	45
207	8	13	18	31	39	40	8	13	18	31	39	42	8	13	18	31	39	45
208	2	10	19	31	39	40	2	10	19	31	39	42	2	10	19	31	39	45
209	7	10	19	31	39	40	7	10	19	31	39	42	7	10	19	31	39	45
210	8	10	19	31	39	40	8	10	19	31	39	42	8	10	19	31	39	45
211	2	12	19	31	39	40	2	12	19	31	39	42	2	12	19	31	39	45
212	7	12	19	31	39	40	7	12	19	31	39	42	7	12	19	31	39	45
213	8	12	19	31	39	40	8	12	19	31	39	42	8	12	19	31	39	45
214	2	13	19	31	39	40	2	13	19	31	39	42	2	13	19	31	39	45
215	7	13	19	31	39	40	7	13	19	31	39	42	7	13	19	31	39	45
216	8	13	19	31	39	40	8	13	19	31	39	42	8	13	19	31	39	45
217	2	10	17	33	39	40	2	10	17	33	39	42	2	10	17	33	39	45
218	7	10	17	33	39	40	7	10	17	33	39	42	7	10	17	33	39	45
219	8	10	17	33	39	40	8	10	17	33	39	42	8	10	17	33	39	45
220	2	12	17	33	39	40	2	12	17	33	39	42	2	12	17	33	39	45
221	7	12	17	33	39	40	7	12	17	33	39	42	7	12	17	33	39	45
222	8	12	17	33	39	40	8	12	17	33	39	42	8	12	17	33	39	45
223	2	13	17	33	39	40	2	13	17	33	39	42	2	13	17	33	39	45
224	7	13	17	33	39	40	7	13	17	33	39	42	7	13	17	33	39	45
225	8	13	17	33	39	40	8	13	17	33	39	42	8	13	17	33	39	45
226	2	10	18	33	39	40	2	10	18	33	39	42	2	10	18	33	39	45
227	7	10	18	33	39	40	7	10	18	33	39	42	7	10	18	33	39	45
228	8	10	18	33	39	40	8	10	18	33	39	42	8	10	18	33	39	45
229	2	12	18	33	39	40	2	12	18	33	39	42	2	12	18	33	39	45
230	7	12	18	33	39	40	7	12	18	33	39	42	7	12	18	33	39	45
231	8	12	18	33	39	40	8	12	18	33	39	42	8	12	18	33	39	45
232	2	13	18	33	39	40	2	13	18	33	39	42	2	13	18	33	39	45
233	7	13	18	33	39	40	7	13	18	33	39	42	7	13	18	33	39	45
234	8	13	18	33	39	40	8	13	18	33	39	42	8	13	18	33	39	45
235	2	10	19	33	39	40	2	10	19	33	39	42	2	10	19	33	39	45
236	7	10	19	33	39	40	7	10	19	33	39	42	7	10	19	33	39	45

패턴 18 | 많이 나온 숫자 3개 조합 도표 4개 ▒ 5개 ■ 6개 나온 숫자

N	A						B						C					
237	8	10	19	33	39	40	8	10	19	33	39	42	8	10	19	33	39	45
238	2	12	19	33	39	40	2	12	19	33	39	42	2	12	19	33	39	45
239	7	12	19	33	39	40	7	12	19	33	39	42	7	12	19	33	39	45
240	8	12	19	33	39	40	8	12	19	33	39	42	8	12	19	33	39	45
241	2	13	19	33	39	40	2	13	19	33	39	42	2	13	19	33	39	45
242	7	13	19	33	39	40	7	13	19	33	39	42	7	13	19	33	39	45
243	8	13	19	33	39	40	8	13	19	33	39	42	8	13	19	33	39	45

패턴 19

패턴 19 | 2002~2022년도까지 16번의 단위별 당첨 횟수를 보임

횟수	년도	월	일	1	1	10	10	30	40	B/N
1	2003	11	8	4	7	16	19	33	40	30
2	2006	1	21	6	9	10	11	39	41	27
3	2006	8	5	4	8	11	18	37	45	33
4	2010	4	24	4	7	10	19	31	40	16
5	2012	7	7	1	4	10	17	31	42	2
6	2012	11	10	6	8	13	16	30	43	3
7	2012	12	1	4	5	13	14	37	41	11
8	2014	2	15	6	7	10	16	38	41	4
9	2014	7	26	4	8	18	19	39	44	41
10	2015	6	27	3	7	14	16	31	40	39
11	2015	8	29	5	6	11	17	38	44	13
12	2017	6	3	6	7	11	17	33	44	1
13	2019	2	2	7	8	13	15	33	45	18
14	2020	5	16	4	5	12	14	32	42	35
15	2021	7	31	1	2	11	16	39	44	32
16	2022	9	10	1	6	12	19	36	42	28

패턴 19 | 각 칸별 많이 나온 숫자

1칸	횟수	2칸	횟수	3칸	횟수	4칸	횟수	5칸	횟수	6칸	횟수
4	6	7	5	10	4	16	4	31	3	44	4
6	4	8	4	11	4	19	4	33	3	40	3
1	3	5	2	13	3	17	3	39	3	41	3
3	1	6	2	12	2	14	2	37	2	42	3
5	1	9	1	14	1	18	1	38	2	45	2
7	1	4	1	16	1	15	1	30	1	43	1
2	0	2	1	18	1	11	1	32	1		
8	0	3	0	15	0	13	0	36	1		
9	0	1	0	17	0	12	0	34	0		
				19	0	10	0	35	0		

패턴 19번의 2개 묶음 조합 도표

패턴 19 | 2개 숫자를 조합한 도표 4개 ■ 5개 ■ 6개

N	A						B						C						D					
1	4	7	10	16	31	40	4	7	10	16	33	40	4	7	10	16	31	44	4	7	10	16	33	44
2	6	7	10	16	31	40	6	7	10	16	33	40	6	7	10	16	31	44	6	7	10	16	33	44
3	4	8	10	16	31	40	4	8	10	16	33	40	4	8	10	16	31	44	4	8	10	16	33	44
4	6	8	10	16	31	40	6	8	10	16	33	40	6	8	10	16	31	44	6	8	10	16	33	44
5	4	7	11	16	31	40	4	7	11	16	33	40	4	7	11	16	31	44	4	7	11	16	33	44
6	6	7	11	16	31	40	6	7	11	16	33	40	6	7	11	16	31	44	6	7	11	16	33	44
7	4	8	11	16	31	40	4	8	11	16	33	40	4	8	11	16	31	44	4	8	11	16	33	44
8	6	8	11	16	31	40	6	8	11	16	33	40	6	8	11	16	31	44	6	8	11	16	33	44
9	4	7	10	19	31	40	4	7	10	19	33	40	4	7	10	19	31	44	4	7	10	19	33	44
10	6	7	10	19	31	40	6	7	10	19	33	40	6	7	10	19	31	44	6	7	10	19	33	44
11	4	8	10	19	31	40	4	8	10	19	33	40	4	8	10	19	31	44	4	8	10	19	33	44
12	6	8	10	19	31	40	6	8	10	19	33	40	6	8	10	19	31	44	6	8	10	19	33	44
13	4	7	11	19	31	40	4	7	11	19	33	40	4	7	11	19	31	44	4	7	11	19	33	44
14	6	7	11	19	31	40	6	7	11	19	33	40	6	7	11	19	31	44	6	7	11	19	33	44
15	4	8	11	19	31	40	4	8	11	19	33	40	4	8	11	19	31	44	4	8	11	19	33	44
16	6	8	11	19	31	40	6	8	11	19	33	40	6	8	11	19	31	44	6	8	11	19	33	44

1등 당첨!

도표 A칸 9번 | 4 | 7 | 10 | 19 | 31 | 40 | 2010년 4월 24일 당첨

패턴 19번의 3개 묶음 조합 도표

패턴 19 | 많이 나온 숫자 3개 조합 도표　　4개 ▒ 5개 ■ 6개 나온 숫자

N	A						B						C					
1	1	5	10	16	31	40	1	5	10	16	31	41	1	5	10	16	31	44
2	4	5	10	16	31	40	4	5	10	16	31	41	4	5	10	16	31	44
3	6	5	10	16	31	40	6	5	10	16	31	41	6	5	10	16	31	44
4	1	7	10	16	31	40	1	7	10	16	31	41	1	7	10	16	31	44
5	4	7	10	16	31	40	4	7	10	16	31	41	4	7	10	16	31	44
6	6	7	10	16	31	40	6	7	10	16	31	41	6	7	10	16	31	44
7	1	8	10	16	31	40	1	8	10	16	31	41	1	8	10	16	31	44
8	4	8	10	16	31	40	4	8	10	16	31	41	4	8	10	16	31	44
9	6	8	10	16	31	40	6	8	10	16	31	41	6	8	10	16	31	44
10	1	5	11	16	31	40	1	5	11	16	31	41	1	5	11	16	31	44
11	4	5	11	16	31	40	4	5	11	16	31	41	4	5	11	16	31	44
12	6	5	11	16	31	40	6	5	11	16	31	41	6	5	11	16	31	44
13	1	7	11	16	31	40	1	7	11	16	31	41	1	7	11	16	31	44
14	4	7	11	16	31	40	4	7	11	16	31	41	4	7	11	16	31	44
15	6	7	11	16	31	40	6	7	11	16	31	41	6	7	11	16	31	44
16	1	8	11	16	31	40	1	8	11	16	31	41	1	8	11	16	31	44
17	4	8	11	16	31	40	4	8	11	16	31	41	4	8	11	16	31	44
18	6	8	11	16	31	40	6	8	11	16	31	41	6	8	11	16	31	44
19	1	5	13	16	31	40	1	5	13	16	31	41	1	5	13	16	31	44
20	4	5	13	16	31	40	4	5	13	16	31	41	4	5	13	16	31	44
21	6	5	13	16	31	40	6	5	13	16	31	41	6	5	13	16	31	44
22	1	7	13	16	31	40	1	7	13	16	31	41	1	7	13	16	31	44
23	4	7	13	16	31	40	4	7	13	16	31	41	4	7	13	16	31	44
24	6	7	13	16	31	40	6	7	13	16	31	41	6	7	13	16	31	44
25	1	8	13	16	31	40	1	8	13	16	31	41	1	8	13	16	31	44
26	4	8	13	16	31	40	4	8	13	16	31	41	4	8	13	16	31	44
27	6	8	13	16	31	40	6	8	13	16	31	41	6	8	13	16	31	44
28	1	5	10	17	31	40	1	5	10	17	31	41	1	5	10	17	31	44
29	4	5	10	17	31	40	4	5	10	17	31	41	4	5	10	17	31	44
30	6	5	10	17	31	40	6	5	10	17	31	41	6	5	10	17	31	44
31	1	7	10	17	31	40	1	7	10	17	31	41	1	7	10	17	31	44
32	4	7	10	17	31	40	4	7	10	17	31	41	4	7	10	17	31	44

패턴 19 | 많이 나온 숫자 3개 조합 도표   4개 ▨ 5개 ■ 6개 나온 숫자

N	A						B						C					
33	6	7	10	17	31	40	6	7	10	17	31	41	6	7	10	17	31	44
34	1	8	10	17	31	40	1	8	10	17	31	41	1	8	10	17	31	44
35	4	8	10	17	31	40	4	8	10	17	31	41	4	8	10	17	31	44
36	6	8	10	17	31	40	6	8	10	17	31	41	6	8	10	17	31	44
37	1	5	11	17	31	40	1	5	11	17	31	41	1	5	11	17	31	44
38	4	5	11	17	31	40	4	5	11	17	31	41	4	5	11	17	31	44
39	6	5	11	17	31	40	6	5	11	17	31	41	6	5	11	17	31	44
40	1	7	11	17	31	40	1	7	11	17	31	41	1	7	11	17	31	44
41	4	7	11	17	31	40	4	7	11	17	31	41	4	7	11	17	31	44
42	6	7	11	17	31	40	6	7	11	17	31	41	6	7	11	17	31	44
43	1	8	11	17	31	40	1	8	11	17	31	41	1	8	11	17	31	44
44	4	8	11	17	31	40	4	8	11	17	31	41	4	8	11	17	31	44
45	6	8	11	17	31	40	6	8	11	17	31	41	6	8	11	17	31	44
46	1	5	13	17	31	40	1	5	13	17	31	41	1	5	13	17	31	44
47	4	5	13	17	31	40	4	5	13	17	31	41	4	5	13	17	31	44
48	6	5	13	17	31	40	6	5	13	17	31	41	6	5	13	17	31	44
49	1	7	13	17	31	40	1	7	13	17	31	41	1	7	13	17	31	44
50	4	7	13	17	31	40	4	7	13	17	31	41	4	7	13	17	31	44
51	6	7	13	17	31	40	6	7	13	17	31	41	6	7	13	17	31	44
52	1	8	13	17	31	40	1	8	13	17	31	41	1	8	13	17	31	44
53	4	8	13	17	31	40	4	8	13	17	31	41	4	8	13	17	31	44
54	6	8	13	17	31	40	6	8	13	17	31	41	6	8	13	17	31	44
55	1	5	10	19	31	40	1	5	10	19	31	41	1	5	10	19	31	44
56	4	5	10	19	31	40	4	5	10	19	31	41	4	5	10	19	31	44
57	6	5	10	19	31	40	6	5	10	19	31	41	6	5	10	19	31	44
58	1	7	10	19	31	40	1	7	10	19	31	41	1	7	10	19	31	44
59	4	7	10	19	31	40	4	7	10	19	31	41	4	7	10	19	31	44
60	6	7	10	19	31	40	6	7	10	19	31	41	6	7	10	19	31	44
61	1	8	10	19	31	40	1	8	10	19	31	41	1	8	10	19	31	44
62	4	8	10	19	31	40	4	8	10	19	31	41	4	8	10	19	31	44
63	6	8	10	19	31	40	6	8	10	19	31	41	6	8	10	19	31	44
64	1	5	11	19	31	40	1	5	11	19	31	41	1	5	11	19	31	44
65	4	5	11	19	31	40	4	5	11	19	31	41	4	5	11	19	31	44
66	6	5	11	19	31	40	6	5	11	19	31	41	6	5	11	19	31	44

패턴 19 | 많이 나온 숫자 3개 조합 도표 4개 ▒ 5개 ■ 6개 나온 숫자

N	A						B						C					
67	1	7	11	19	31	40	1	7	11	19	31	41	1	7	11	19	31	44
68	4	7	11	19	31	40	4	7	11	19	31	41	4	7	11	19	31	44
69	6	7	11	19	31	40	6	7	11	19	31	41	6	7	11	19	31	44
70	1	8	11	19	31	40	1	8	11	19	31	41	1	8	11	19	31	44
71	4	8	11	19	31	40	4	8	11	19	31	41	4	8	11	19	31	44
72	6	8	11	19	31	40	6	8	11	19	31	41	6	8	11	19	31	44
73	1	5	13	19	31	40	1	5	13	19	31	41	1	5	13	19	31	44
74	4	5	13	19	31	40	4	5	13	19	31	41	4	5	13	19	31	44
75	6	5	13	19	31	40	6	5	13	19	31	41	6	5	13	19	31	44
76	1	7	13	19	31	40	1	7	13	19	31	41	1	7	13	19	31	44
77	4	7	13	19	31	40	4	7	13	19	31	41	4	7	13	19	31	44
78	6	7	13	19	31	40	6	7	13	19	31	41	6	7	13	19	31	44
79	1	8	13	19	31	40	1	8	13	19	31	41	1	8	13	19	31	44
80	4	8	13	19	31	40	4	8	13	19	31	41	4	8	13	19	31	44
81	6	8	13	19	31	40	6	8	13	19	31	41	6	8	13	19	31	44
82	1	5	10	16	33	40	1	5	10	16	33	41	1	5	10	16	33	44
83	4	5	10	16	33	40	4	5	10	16	33	41	4	5	10	16	33	44
84	6	5	10	16	33	40	6	5	10	16	33	41	6	5	10	16	33	44
85	1	7	10	16	33	40	1	7	10	16	33	41	1	7	10	16	33	44
86	4	7	10	16	33	40	4	7	10	16	33	41	4	7	10	16	33	44
87	6	7	10	16	33	40	6	7	10	16	33	41	6	7	10	16	33	44
88	1	8	10	16	33	40	1	8	10	16	33	41	1	8	10	16	33	44
89	4	8	10	16	33	40	4	8	10	16	33	41	4	8	10	16	33	44
90	6	8	10	16	33	40	6	8	10	16	33	41	6	8	10	16	33	44
91	1	5	11	16	33	40	1	5	11	16	33	41	1	5	11	16	33	44
92	4	5	11	16	33	40	4	5	11	16	33	41	4	5	11	16	33	44
93	6	5	11	16	33	40	6	5	11	16	33	41	6	5	11	16	33	44
94	1	7	11	16	33	40	1	7	11	16	33	41	1	7	11	16	33	44
95	4	7	11	16	33	40	4	7	11	16	33	41	4	7	11	16	33	44
96	6	7	11	16	33	40	6	7	11	16	33	41	6	7	11	16	33	44
97	1	8	11	16	33	40	1	8	11	16	33	41	1	8	11	16	33	44
98	4	8	11	16	33	40	4	8	11	16	33	41	4	8	11	16	33	44
99	6	8	11	16	33	40	6	8	11	16	33	41	6	8	11	16	33	44
100	1	5	13	16	33	40	1	5	13	16	33	41	1	5	13	16	33	44

패턴 19 | 많이 나온 숫자 3개 조합 도표 　4개 　5개 ■ 6개 나온 숫자

N	A						B						C					
101	4	5	13	16	33	40	4	5	13	16	33	41	4	5	13	16	33	44
102	6	5	13	16	33	40	6	5	13	16	33	41	6	5	13	16	33	44
103	1	7	13	16	33	40	1	7	13	16	33	41	1	7	13	16	33	44
104	4	7	13	16	33	40	4	7	13	16	33	41	4	7	13	16	33	44
105	6	7	13	16	33	40	6	7	13	16	33	41	6	7	13	16	33	44
106	1	8	13	16	33	40	1	8	13	16	33	41	1	8	13	16	33	44
107	4	8	13	16	33	40	4	8	13	16	33	41	4	8	13	16	33	44
108	6	8	13	16	33	40	6	8	13	16	33	41	6	8	13	16	33	44
109	1	5	10	17	33	40	1	5	10	17	33	41	1	5	10	17	33	44
110	4	5	10	17	33	40	4	5	10	17	33	41	4	5	10	17	33	44
111	6	5	10	17	33	40	6	5	10	17	33	41	6	5	10	17	33	44
112	1	7	10	17	33	40	1	7	10	17	33	41	1	7	10	17	33	44
113	4	7	10	17	33	40	4	7	10	17	33	41	4	7	10	17	33	44
114	6	7	10	17	33	40	6	7	10	17	33	41	6	7	10	17	33	44
115	1	8	10	17	33	40	1	8	10	17	33	41	1	8	10	17	33	44
116	4	8	10	17	33	40	4	8	10	17	33	41	4	8	10	17	33	44
117	6	8	10	17	33	40	6	8	10	17	33	41	6	8	10	17	33	44
118	1	5	11	17	33	40	1	5	11	17	33	41	1	5	11	17	33	44
119	4	5	11	17	33	40	4	5	11	17	33	41	4	5	11	17	33	44
120	6	5	11	17	33	40	6	5	11	17	33	41	6	5	11	17	33	44
121	1	7	11	17	33	40	1	7	11	17	33	41	1	7	11	17	33	44
122	4	7	11	17	33	40	4	7	11	17	33	41	4	7	11	17	33	44
123	6	7	11	17	33	40	6	7	11	17	33	41	6	7	11	17	33	44
124	1	8	11	17	33	40	1	8	11	17	33	41	1	8	11	17	33	44
125	4	8	11	17	33	40	4	8	11	17	33	41	4	8	11	17	33	44
126	6	8	11	17	33	40	6	8	11	17	33	41	6	8	11	17	33	44
127	1	5	13	17	33	40	1	5	13	17	33	41	1	5	13	17	33	44
128	4	5	13	17	33	40	4	5	13	17	33	41	4	5	13	17	33	44
129	6	5	13	17	33	40	6	5	13	17	33	41	6	5	13	17	33	44
130	1	7	13	17	33	40	1	7	13	17	33	41	1	7	13	17	33	44
131	4	7	13	17	33	40	4	7	13	17	33	41	4	7	13	17	33	44
132	6	7	13	17	33	40	6	7	13	17	33	41	6	7	13	17	33	44
133	1	8	13	17	33	40	1	8	13	17	33	41	1	8	13	17	33	44
134	4	8	13	17	33	40	4	8	13	17	33	41	4	8	13	17	33	44

패턴 19 | 많이 나온 숫자 3개 조합 도표

4개 5개 6개 나온 숫자

N	A						B						C					
135	6	8	13	17	33	40	6	8	13	17	33	41	6	8	13	17	33	44
136	1	5	10	19	33	40	1	5	10	19	33	41	1	5	10	19	33	44
137	4	5	10	19	33	40	4	5	10	19	33	41	4	5	10	19	33	44
138	6	5	10	19	33	40	6	5	10	19	33	41	6	5	10	19	33	44
139	1	7	10	19	33	40	1	7	10	19	33	41	1	7	10	19	33	44
140	4	7	10	19	33	40	4	7	10	19	33	41	4	7	10	19	33	44
141	6	7	10	19	33	40	6	7	10	19	33	41	6	7	10	19	33	44
142	1	8	10	19	33	40	1	8	10	19	33	41	1	8	10	19	33	44
143	4	8	10	19	33	40	4	8	10	19	33	41	4	8	10	19	33	44
144	6	8	10	19	33	40	6	8	10	19	33	41	6	8	10	19	33	44
145	1	5	11	19	33	40	1	5	11	19	33	41	1	5	11	19	33	44
146	4	5	11	19	33	40	4	5	11	19	33	41	4	5	11	19	33	44
147	6	5	11	19	33	40	6	5	11	19	33	41	6	5	11	19	33	44
148	1	7	11	19	33	40	1	7	11	19	33	41	1	7	11	19	33	44
149	4	7	11	19	33	40	4	7	11	19	33	41	4	7	11	19	33	44
150	6	7	11	19	33	40	6	7	11	19	33	41	6	7	11	19	33	44
151	1	8	11	19	33	40	1	8	11	19	33	41	1	8	11	19	33	44
152	4	8	11	19	33	40	4	8	11	19	33	41	4	8	11	19	33	44
153	6	8	11	19	33	40	6	8	11	19	33	41	6	8	11	19	33	44
154	1	5	13	19	33	40	1	5	13	19	33	41	1	5	13	19	33	44
155	4	5	13	19	33	40	4	5	13	19	33	41	4	5	13	19	33	44
156	6	5	13	19	33	40	6	5	13	19	33	41	6	5	13	19	33	44
157	1	7	13	19	33	40	1	7	13	19	33	41	1	7	13	19	33	44
158	4	7	13	19	33	40	4	7	13	19	33	41	4	7	13	19	33	44
159	6	7	13	19	33	40	6	7	13	19	33	41	6	7	13	19	33	44
160	1	8	13	19	33	40	1	8	13	19	33	41	1	8	13	19	33	44
161	4	8	13	19	33	40	4	8	13	19	33	41	4	8	13	19	33	44
162	6	8	13	19	33	40	6	8	13	19	33	41	6	8	13	19	33	44
163	1	5	10	16	39	40	1	5	10	16	39	41	1	5	10	16	39	44
164	4	5	10	16	39	40	4	5	10	16	39	41	4	5	10	16	39	44
165	6	5	10	16	39	40	6	5	10	16	39	41	6	5	10	16	39	44
166	1	7	10	16	39	40	1	7	10	16	39	41	1	7	10	16	39	44
167	4	7	10	16	39	40	4	7	10	16	39	41	4	7	10	16	39	44
168	6	7	10	16	39	40	6	7	10	16	39	41	6	7	10	16	39	44

패턴 19 | 많이 나온 숫자 3개 조합 도표   4개 ▒ 5개 ■ 6개 나온 숫자

N	A						B						C					
169	1	8	10	16	39	40	1	8	10	16	39	41	1	8	10	16	39	44
170	4	8	10	16	39	40	4	8	10	16	39	41	4	8	10	16	39	44
171	6	8	10	16	39	40	6	8	10	16	39	41	6	8	10	16	39	44
172	1	5	11	16	39	40	1	5	11	16	39	41	1	5	11	16	39	44
173	4	5	11	16	39	40	4	5	11	16	39	41	4	5	11	16	39	44
174	6	5	11	16	39	40	6	5	11	16	39	41	6	5	11	16	39	44
175	1	7	11	16	39	40	1	7	11	16	39	41	1	7	11	16	39	44
176	4	7	11	16	39	40	4	7	11	16	39	41	4	7	11	16	39	44
177	6	7	11	16	39	40	6	7	11	16	39	41	6	7	11	16	39	44
178	1	8	11	16	39	40	1	8	11	16	39	41	1	8	11	16	39	44
179	4	8	11	16	39	40	4	8	11	16	39	41	4	8	11	16	39	44
180	6	8	11	16	39	40	6	8	11	16	39	41	6	8	11	16	39	44
181	1	5	13	16	39	40	1	5	13	16	39	41	1	5	13	16	39	44
182	4	5	13	16	39	40	4	5	13	16	39	41	4	5	13	16	39	44
183	6	5	13	16	39	40	6	5	13	16	39	41	6	5	13	16	39	44
184	1	7	13	16	39	40	1	7	13	16	39	41	1	7	13	16	39	44
185	4	7	13	16	39	40	4	7	13	16	39	41	4	7	13	16	39	44
186	6	7	13	16	39	40	6	7	13	16	39	41	6	7	13	16	39	44
187	1	8	13	16	39	40	1	8	13	16	39	41	1	8	13	16	39	44
188	4	8	13	16	39	40	4	8	13	16	39	41	4	8	13	16	39	44
189	6	8	13	16	39	40	6	8	13	16	39	41	6	8	13	16	39	44
190	1	5	10	17	39	40	1	5	10	17	39	41	1	5	10	17	39	44
191	4	5	10	17	39	40	4	5	10	17	39	41	4	5	10	17	39	44
192	6	5	10	17	39	40	6	5	10	17	39	41	6	5	10	17	39	44
193	1	7	10	17	39	40	1	7	10	17	39	41	1	7	10	17	39	44
194	4	7	10	17	39	40	4	7	10	17	39	41	4	7	10	17	39	44
195	6	7	10	17	39	40	6	7	10	17	39	41	6	7	10	17	39	44
196	1	8	10	17	39	40	1	8	10	17	39	41	1	8	10	17	39	44
197	4	8	10	17	39	40	4	8	10	17	39	41	4	8	10	17	39	44
198	6	8	10	17	39	40	6	8	10	17	39	41	6	8	10	17	39	44
199	1	5	11	17	39	40	1	5	11	17	39	41	1	5	11	17	39	44
200	4	5	11	17	39	40	4	5	11	17	39	41	4	5	11	17	39	44
201	6	5	11	17	39	40	6	5	11	17	39	41	6	5	11	17	39	44
202	1	7	11	17	39	40	1	7	11	17	39	41	1	7	11	17	39	44

패턴 19 | 많이 나온 숫자 3개 조합 도표

4개 ▒ 5개 ■ 6개 나온 숫자

N	A						B						C					
203	4	7	11	17	39	40	4	7	11	17	39	41	4	7	11	17	39	44
204	6	7	11	17	39	40	6	7	11	17	39	41	6	7	11	17	39	44
205	1	8	11	17	39	40	1	8	11	17	39	41	1	8	11	17	39	44
206	4	8	11	17	39	40	4	8	11	17	39	41	4	8	11	17	39	44
207	6	8	11	17	39	40	6	8	11	17	39	41	6	8	11	17	39	44
208	1	5	13	17	39	40	1	5	13	17	39	41	1	5	13	17	39	44
209	4	5	13	17	39	40	4	5	13	17	39	41	4	5	13	17	39	44
210	6	5	13	17	39	40	6	5	13	17	39	41	6	5	13	17	39	44
211	1	7	13	17	39	40	1	7	13	17	39	41	1	7	13	17	39	44
212	4	7	13	17	39	40	4	7	13	17	39	41	4	7	13	17	39	44
213	6	7	13	17	39	40	6	7	13	17	39	41	6	7	13	17	39	44
214	1	8	13	17	39	40	1	8	13	17	39	41	1	8	13	17	39	44
215	4	8	13	17	39	40	4	8	13	17	39	41	4	8	13	17	39	44
216	6	8	13	17	39	40	6	8	13	17	39	41	6	8	13	17	39	44
217	1	5	10	19	39	40	1	5	10	19	39	41	1	5	10	19	39	44
218	4	5	10	19	39	40	4	5	10	19	39	41	4	5	10	19	39	44
219	6	5	10	19	39	40	6	5	10	19	39	41	6	5	10	19	39	44
220	1	7	10	19	39	40	1	7	10	19	39	41	1	7	10	19	39	44
221	4	7	10	19	39	40	4	7	10	19	39	41	4	7	10	19	39	44
222	6	7	10	19	39	40	6	7	10	19	39	41	6	7	10	19	39	44
223	1	8	10	19	39	40	1	8	10	19	39	41	1	8	10	19	39	44
224	4	8	10	19	39	40	4	8	10	19	39	41	4	8	10	19	39	44
225	6	8	10	19	39	40	6	8	10	19	39	41	6	8	10	19	39	44
226	1	5	11	19	39	40	1	5	11	19	39	41	1	5	11	19	39	44
227	4	5	11	19	39	40	4	5	11	19	39	41	4	5	11	19	39	44
228	6	5	11	19	39	40	6	5	11	19	39	41	6	5	11	19	39	44
229	1	7	11	19	39	40	1	7	11	19	39	41	1	7	11	19	39	44
230	4	7	11	19	39	40	4	7	11	19	39	41	4	7	11	19	39	44
231	6	7	11	19	39	40	6	7	11	19	39	41	6	7	11	19	39	44
232	1	8	11	19	39	40	1	8	11	19	39	41	1	8	11	19	39	44
233	4	8	11	19	39	40	4	8	11	19	39	41	4	8	11	19	39	44
234	6	8	11	19	39	40	6	8	11	19	39	41	6	8	11	19	39	44
235	1	5	13	19	39	40	1	5	13	19	39	41	1	5	13	19	39	44
236	4	5	13	19	39	40	4	5	13	19	39	41	4	5	13	19	39	44

패턴 19 | 많이 나온 숫자 3개 조합 도표   4개 ▨ 5개 ■ 6개 나온 숫자

N	A						B						C					
237	6	5	13	19	39	40	6	5	13	19	39	41	6	5	13	19	39	44
238	1	7	13	19	39	40	1	7	13	19	39	41	1	7	13	19	39	44
239	4	7	13	19	39	40	4	7	13	19	39	41	4	7	13	19	39	44
240	6	7	13	19	39	40	6	7	13	19	39	41	6	7	13	19	39	44
241	1	8	13	19	39	40	1	8	13	19	39	41	1	8	13	19	39	44
242	4	8	13	19	39	40	4	8	13	19	39	41	4	8	13	19	39	44
243	6	8	13	19	39	40	6	8	13	19	39	41	6	8	13	19	39	44

1등 당첨!

도표 A칸 59번 | 4 | 7 | 10 | 19 | 31 | 40 | 2010년 4월 24일 당첨

도표 C칸 123번 | 6 | 7 | 11 | 17 | 33 | 44 | 2017년 6월 3일 당첨

패턴 20

패턴 20 | 2002~2022년도까지 15번의 단위별 당첨 횟수를 보임

횟수	년도	월	일	1	1	20	20	30	40	B/N
1	2003	5	17	**7**	**8**	**27**	**29**	**36**	**43**	6
2	2006	1	7	**1**	**5**	**21**	**25**	**38**	**41**	24
3	2007	3	3	**5**	**7**	**28**	**29**	**39**	**43**	44
4	2008	8	16	**5**	**9**	**27**	**29**	**37**	**40**	19
5	2008	8	23	**1**	**3**	**20**	**25**	**36**	**45**	24
6	2009	1	10	**5**	**8**	**22**	**28**	**33**	**42**	37
7	2009	11	7	**2**	**3**	**22**	**27**	**30**	**40**	29
8	2012	3	10	**1**	**3**	**27**	**28**	**32**	**45**	11
9	2012	3	24	**1**	**2**	**23**	**25**	**38**	**40**	43
10	2012	3	31	**4**	**8**	**25**	**27**	**37**	**41**	21
11	2014	1	4	**5**	**7**	**20**	**22**	**37**	**42**	39
12	2014	12	6	**2**	**9**	**22**	**25**	**31**	**45**	12
13	2019	11	16	**1**	**3**	**24**	**27**	**39**	**45**	31
14	2021	3	6	**7**	**9**	**22**	**27**	**37**	**42**	34
15	2021	3	13	**1**	**9**	**26**	**28**	**30**	**41**	32

패턴 20 | 각 칸별 많이 나온 숫자

1칸	횟수	2칸	횟수	3칸	횟수	4칸	횟수	5칸	횟수	6칸	횟수
1	6	**9**	4	**22**	4	**27**	4	**37**	4	**45**	4
5	4	**3**	4	**27**	3	**25**	4	**30**	2	**40**	3
2	2	**8**	3	**20**	2	**29**	3	**36**	2	**41**	3
7	2	**7**	2	**21**	1	**28**	3	**38**	2	**42**	3
4	1	**5**	1	**23**	1	**22**	1	**39**	2	**43**	2
3	0	**2**	1	**24**	1	**26**	0	**31**	1	**44**	0
6	0	**6**	0	**25**	1	**24**	0	**32**	1		
8	0	**4**	0	**26**	1	**23**	0	**33**	1		
0	0	**1**	0	**28**	1	**21**	0	**34**	0		
				29	0	**20**	0	**35**	0		

패턴 20번의 2개 묶음 조합 도표

패턴 20 | 2개 숫자를 조합한 도표 　　4개 ▒ 5개 ■ 6개

N	A						B						C						D					
1	1	3	22	25	30	40	1	3	22	25	37	40	1	3	22	25	30	45	1	3	22	25	37	45
2	5	8	22	25	30	40	5	8	22	25	37	40	5	8	22	25	30	45	5	8	22	25	37	45
3	1	9	22	25	30	40	1	9	22	25	37	40	1	9	22	25	30	45	1	9	22	25	37	45
4	5	9	22	25	30	40	5	9	22	25	37	40	5	9	22	25	30	45	5	9	22	25	37	45
5	1	3	27	28	30	40	1	3	27	28	37	40	1	3	27	28	30	45	1	3	27	28	37	45
6	5	8	27	28	30	40	5	8	27	28	37	40	5	8	27	28	30	45	5	8	27	28	37	45
7	1	9	27	28	30	40	1	9	27	28	37	40	1	9	27	28	30	45	1	9	27	28	37	45
8	5	9	27	28	30	40	5	9	27	28	37	40	5	9	27	28	30	45	5	9	27	28	37	45
9	1	3	22	27	30	40	1	3	22	27	37	40	1	3	22	27	30	45	1	3	22	27	37	45
10	5	8	22	27	30	40	5	8	22	27	37	40	5	8	22	27	30	45	5	8	22	27	37	45
11	1	9	22	27	30	40	1	9	22	27	37	40	1	9	22	27	30	45	1	9	22	27	37	45
12	5	9	22	27	30	40	5	9	22	27	37	40	5	9	22	27	30	45	5	9	22	27	37	45
13	1	3	27	29	30	40	1	3	27	29	37	40	1	3	27	29	30	45	1	3	27	29	37	45
14	5	8	27	29	30	40	5	8	27	29	37	40	5	8	27	29	30	45	5	8	27	29	37	45
15	1	9	27	29	30	40	1	9	27	29	37	40	1	9	27	29	30	45	1	9	27	29	37	45
16	5	9	27	29	30	40	5	9	27	29	37	40	5	9	27	29	30	45	5	9	27	29	37	45

패턴 20번의 3개 묶음 조합 도표

패턴 20 | 많이 나온 숫자 3개 조합 도표　　4개　■ 5개　■ 6개 나온 숫자

N	A						B						C					
1	1	7	20	25	30	40	1	7	20	25	30	41	1	7	20	25	30	45
2	2	7	20	25	30	40	2	7	20	25	30	41	2	7	20	25	30	45
3	5	7	20	25	30	40	5	7	20	25	30	41	5	7	20	25	30	45
4	1	8	20	25	30	40	1	8	20	25	30	41	1	8	20	25	30	45
5	2	8	20	25	30	40	2	8	20	25	30	41	2	8	20	25	30	45
6	5	8	20	25	30	40	5	8	20	25	30	41	5	8	20	25	30	45
7	1	9	20	25	30	40	1	9	20	25	30	41	1	9	20	25	30	45
8	2	9	20	25	30	40	2	9	20	25	30	41	2	9	20	25	30	45
9	5	9	20	25	30	40	5	9	20	25	30	41	5	9	20	25	30	45
10	1	7	21	25	30	40	1	7	21	25	30	41	1	7	21	25	30	45
11	2	7	21	25	30	40	2	7	21	25	30	41	2	7	21	25	30	45
12	5	7	21	25	30	40	5	7	21	25	30	41	5	7	21	25	30	45
13	1	8	21	25	30	40	1	8	21	25	30	41	1	8	21	25	30	45
14	2	8	21	25	30	40	2	8	21	25	30	41	2	8	21	25	30	45
15	5	8	21	25	30	40	5	8	21	25	30	41	5	8	21	25	30	45
16	1	9	21	25	30	40	1	9	21	25	30	41	1	9	21	25	30	45
17	2	9	21	25	30	40	2	9	21	25	30	41	2	9	21	25	30	45
18	5	9	21	25	30	40	5	9	21	25	30	41	5	9	21	25	30	45
19	1	7	22	25	30	40	1	7	22	25	30	41	1	7	22	25	30	45
20	2	7	22	25	30	40	2	7	22	25	30	41	2	7	22	25	30	45
21	5	7	22	25	30	40	5	7	22	25	30	41	5	7	22	25	30	45
22	1	8	22	25	30	40	1	8	22	25	30	41	1	8	22	25	30	45
23	2	8	22	25	30	40	2	8	22	25	30	41	2	8	22	25	30	45
24	5	8	22	25	30	40	5	8	22	25	30	41	5	8	22	25	30	45
25	1	9	22	25	30	40	1	9	22	25	30	41	1	9	22	25	30	45
26	2	9	22	25	30	40	2	9	22	25	30	41	2	9	22	25	30	45
27	5	9	22	25	30	40	5	9	22	25	30	41	5	9	22	25	30	45
28	1	7	20	27	30	40	1	7	20	27	30	41	1	7	20	27	30	45
29	2	7	20	27	30	40	2	7	20	27	30	41	2	7	20	27	30	45
30	5	7	20	27	30	40	5	7	20	27	30	41	5	7	20	27	30	45
31	1	8	20	27	30	40	1	8	20	27	30	41	1	8	20	27	30	45
32	2	8	20	27	30	40	2	8	20	27	30	41	2	8	20	27	30	45

패턴 20 | 많이 나온 숫자 3개 조합 도표

4개 ▒ 5개 ■ 6개 나온 숫자

N	A						B						C					
33	5	8	20	27	30	40	5	8	20	27	30	41	5	8	20	27	30	45
34	1	9	20	27	30	40	1	9	20	27	30	41	1	9	20	27	30	45
35	2	9	20	27	30	40	2	9	20	27	30	41	2	9	20	27	30	45
36	5	9	20	27	30	40	5	9	20	27	30	41	5	9	20	27	30	45
37	1	7	21	27	30	40	1	7	21	27	30	41	1	7	21	27	30	45
38	2	7	21	27	30	40	2	7	21	27	30	41	2	7	21	27	30	45
39	5	7	21	27	30	40	5	7	21	27	30	41	5	7	21	27	30	45
40	1	8	21	27	30	40	1	8	21	27	30	41	1	8	21	27	30	45
41	2	8	21	27	30	40	2	8	21	27	30	41	2	8	21	27	30	45
42	5	8	21	27	30	40	5	8	21	27	30	41	5	8	21	27	30	45
43	1	9	21	27	30	40	1	9	21	27	30	41	1	9	21	27	30	45
44	2	9	21	27	30	40	2	9	21	27	30	41	2	9	21	27	30	45
45	5	9	21	27	30	40	5	9	21	27	30	41	5	9	21	27	30	45
46	1	7	22	27	30	40	1	7	22	27	30	41	1	7	22	27	30	45
47	2	7	22	27	30	40	2	7	22	27	30	41	2	7	22	27	30	45
48	5	7	22	27	30	40	5	7	22	27	30	41	5	7	22	27	30	45
49	1	8	22	27	30	40	1	8	22	27	30	41	1	8	22	27	30	45
50	2	8	22	27	30	40	2	8	22	27	30	41	2	8	22	27	30	45
51	5	8	22	27	30	40	5	8	22	27	30	41	5	8	22	27	30	45
52	1	9	22	27	30	40	1	9	22	27	30	41	1	9	22	27	30	45
53	2	9	22	27	30	40	2	9	22	27	30	41	2	9	22	27	30	45
54	5	9	22	27	30	40	5	9	22	27	30	41	5	9	22	27	30	45
55	1	7	20	29	30	40	1	7	20	29	30	41	1	7	20	29	30	45
56	2	7	20	29	30	40	2	7	20	29	30	41	2	7	20	29	30	45
57	5	7	20	29	30	40	5	7	20	29	30	41	5	7	20	29	30	45
58	1	8	20	29	30	40	1	8	20	29	30	41	1	8	20	29	30	45
59	2	8	20	29	30	40	2	8	20	29	30	41	2	8	20	29	30	45
60	5	8	20	29	30	40	5	8	20	29	30	41	5	8	20	29	30	45
61	1	9	20	29	30	40	1	9	20	29	30	41	1	9	20	29	30	45
62	2	9	20	29	30	40	2	9	20	29	30	41	2	9	20	29	30	45
63	5	9	20	29	30	40	5	9	20	29	30	41	5	9	20	29	30	45
64	1	7	21	29	30	40	1	7	21	29	30	41	1	7	21	29	30	45
65	2	7	21	29	30	40	2	7	21	29	30	41	2	7	21	29	30	45
66	5	7	21	29	30	40	5	7	21	29	30	41	5	7	21	29	30	45

패턴 20 | 많이 나온 숫자 3개 조합 도표

4개 5개 6개 나온 숫자

N	A						B						C					
67	1	8	21	29	30	40	1	8	21	29	30	41	1	8	21	29	30	45
68	2	8	21	29	30	40	2	8	21	29	30	41	2	8	21	29	30	45
69	5	8	21	29	30	40	5	8	21	29	30	41	5	8	21	29	30	45
70	1	9	21	29	30	40	1	9	21	29	30	41	1	9	21	29	30	45
71	2	9	21	29	30	40	2	9	21	29	30	41	2	9	21	29	30	45
72	5	9	21	29	30	40	5	9	21	29	30	41	5	9	21	29	30	45
73	1	7	22	29	30	40	1	7	22	29	30	41	1	7	22	29	30	45
74	2	7	22	29	30	40	2	7	22	29	30	41	2	7	22	29	30	45
75	5	7	22	29	30	40	5	7	22	29	30	41	5	7	22	29	30	45
76	1	8	22	29	30	40	1	8	22	29	30	41	1	8	22	29	30	45
77	2	8	22	29	30	40	2	8	22	29	30	41	2	8	22	29	30	45
78	5	8	22	29	30	40	5	8	22	29	30	41	5	8	22	29	30	45
79	1	9	22	29	30	40	1	9	22	29	30	41	1	9	22	29	30	45
80	2	9	22	29	30	40	2	9	22	29	30	41	2	9	22	29	30	45
81	5	9	22	29	30	40	5	9	22	29	30	41	5	9	22	29	30	45
82	1	7	20	25	36	40	1	7	20	25	36	41	1	7	20	25	36	45
83	2	7	20	25	36	40	2	7	20	25	36	41	2	7	20	25	36	45
84	5	7	20	25	36	40	5	7	20	25	36	41	5	7	20	25	36	45
85	1	8	20	25	36	40	1	8	20	25	36	41	1	8	20	25	36	45
86	2	8	20	25	36	40	2	8	20	25	36	41	2	8	20	25	36	45
87	5	8	20	25	36	40	5	8	20	25	36	41	5	8	20	25	36	45
88	1	9	20	25	36	40	1	9	20	25	36	41	1	9	20	25	36	45
89	2	9	20	25	36	40	2	9	20	25	36	41	2	9	20	25	36	45
90	5	9	20	25	36	40	5	9	20	25	36	41	5	9	20	25	36	45
91	1	7	21	25	36	40	1	7	21	25	36	41	1	7	21	25	36	45
92	2	7	21	25	36	40	2	7	21	25	36	41	2	7	21	25	36	45
93	5	7	21	25	36	40	5	7	21	25	36	41	5	7	21	25	36	45
94	1	8	21	25	36	40	1	8	21	25	36	41	1	8	21	25	36	45
95	2	8	21	25	36	40	2	8	21	25	36	41	2	8	21	25	36	45
96	5	8	21	25	36	40	5	8	21	25	36	41	5	8	21	25	36	45
97	1	9	21	25	36	40	1	9	21	25	36	41	1	9	21	25	36	45
98	2	9	21	25	36	40	2	9	21	25	36	41	2	9	21	25	36	45
99	5	9	21	25	36	40	5	9	21	25	36	41	5	9	21	25	36	45
100	1	7	22	25	36	40	1	7	22	25	36	41	1	7	22	25	36	45

패턴 20 | 많이 나온 숫자 3개 조합 도표

4개 ▒ 5개 ■ 6개 나온 숫자

N	A						B						C					
101	2	7	22	25	36	40	2	7	22	25	36	41	2	7	22	25	36	45
102	5	7	22	25	36	40	5	7	22	25	36	41	5	7	22	25	36	45
103	1	8	22	25	36	40	1	8	22	25	36	41	1	8	22	25	36	45
104	2	8	22	25	36	40	2	8	22	25	36	41	2	8	22	25	36	45
105	5	8	22	25	36	40	5	8	22	25	36	41	5	8	22	25	36	45
106	1	9	22	25	36	40	1	9	22	25	36	41	1	9	22	25	36	45
107	2	9	22	25	36	40	2	9	22	25	36	41	2	9	22	25	36	45
108	5	9	22	25	36	40	5	9	22	25	36	41	5	9	22	25	36	45
109	1	7	20	27	36	40	1	7	20	27	36	41	1	7	20	27	36	45
110	2	7	20	27	36	40	2	7	20	27	36	41	2	7	20	27	36	45
111	5	7	20	27	36	40	5	7	20	27	36	41	5	7	20	27	36	45
112	1	8	20	27	36	40	1	8	20	27	36	41	1	8	20	27	36	45
113	2	8	20	27	36	40	2	8	20	27	36	41	2	8	20	27	36	45
114	5	8	20	27	36	40	5	8	20	27	36	41	5	8	20	27	36	45
115	1	9	20	27	36	40	1	9	20	27	36	41	1	9	20	27	36	45
116	2	9	20	27	36	40	2	9	20	27	36	41	2	9	20	27	36	45
117	5	9	20	27	36	40	5	9	20	27	36	41	5	9	20	27	36	45
118	1	7	21	27	36	40	1	7	21	27	36	41	1	7	21	27	36	45
119	2	7	21	27	36	40	2	7	21	27	36	41	2	7	21	27	36	45
120	5	7	21	27	36	40	5	7	21	27	36	41	5	7	21	27	36	45
121	1	8	21	27	36	40	1	8	21	27	36	41	1	8	21	27	36	45
122	2	8	21	27	36	40	2	8	21	27	36	41	2	8	21	27	36	45
123	5	8	21	27	36	40	5	8	21	27	36	41	5	8	21	27	36	45
124	1	9	21	27	36	40	1	9	21	27	36	41	1	9	21	27	36	45
125	2	9	21	27	36	40	2	9	21	27	36	41	2	9	21	27	36	45
126	5	9	21	27	36	40	5	9	21	27	36	41	5	9	21	27	36	45
127	1	7	22	27	36	40	1	7	22	27	36	41	1	7	22	27	36	45
128	2	7	22	27	36	40	2	7	22	27	36	41	2	7	22	27	36	45
129	5	7	22	27	36	40	5	7	22	27	36	41	5	7	22	27	36	45
130	1	8	22	27	36	40	1	8	22	27	36	41	1	8	22	27	36	45
131	2	8	22	27	36	40	2	8	22	27	36	41	2	8	22	27	36	45
132	5	8	22	27	36	40	5	8	22	27	36	41	5	8	22	27	36	45
133	1	9	22	27	36	40	1	9	22	27	36	41	1	9	22	27	36	45
134	2	9	22	27	36	40	2	9	22	27	36	41	2	9	22	27	36	45

패턴 20 | 많이 나온 숫자 3개 조합 도표

4개 ▒ 5개 ■ 6개 나온 숫자

N	A						B						C					
135	5	9	22	27	36	40	5	9	22	27	36	41	5	9	22	27	36	45
136	1	7	20	29	36	40	1	7	20	29	36	41	1	7	20	29	36	45
137	2	7	20	29	36	40	2	7	20	29	36	41	2	7	20	29	36	45
138	5	7	20	29	36	40	5	7	20	29	36	41	5	7	20	29	36	45
139	1	8	20	29	36	40	1	8	20	29	36	41	1	8	20	29	36	45
140	2	8	20	29	36	40	2	8	20	29	36	41	2	8	20	29	36	45
141	5	8	20	29	36	40	5	8	20	29	36	41	5	8	20	29	36	45
142	1	9	20	29	36	40	1	9	20	29	36	41	1	9	20	29	36	45
143	2	9	20	29	36	40	2	9	20	29	36	41	2	9	20	29	36	45
144	5	9	20	29	36	40	5	9	20	29	36	41	5	9	20	29	36	45
145	1	7	21	29	36	40	1	7	21	29	36	41	1	7	21	29	36	45
146	2	7	21	29	36	40	2	7	21	29	36	41	2	7	21	29	36	45
147	5	7	21	29	36	40	5	7	21	29	36	41	5	7	21	29	36	45
148	1	8	21	29	36	40	1	8	21	29	36	41	1	8	21	29	36	45
149	2	8	21	29	36	40	2	8	21	29	36	41	2	8	21	29	36	45
150	5	8	21	29	36	40	5	8	21	29	36	41	5	8	21	29	36	45
151	1	9	21	29	36	40	1	9	21	29	36	41	1	9	21	29	36	45
152	2	9	21	29	36	40	2	9	21	29	36	41	2	9	21	29	36	45
153	5	9	21	29	36	40	5	9	21	29	36	41	5	9	21	29	36	45
154	1	7	22	29	36	40	1	7	22	29	36	41	1	7	22	29	36	45
155	2	7	22	29	36	40	2	7	22	29	36	41	2	7	22	29	36	45
156	5	7	22	29	36	40	5	7	22	29	36	41	5	7	22	29	36	45
157	1	8	22	29	36	40	1	8	22	29	36	41	1	8	22	29	36	45
158	2	8	22	29	36	40	2	8	22	29	36	41	2	8	22	29	36	45
159	5	8	22	29	36	40	5	8	22	29	36	41	5	8	22	29	36	45
160	1	9	22	29	36	40	1	9	22	29	36	41	1	9	22	29	36	45
161	2	9	22	29	36	40	2	9	22	29	36	41	2	9	22	29	36	45
162	5	9	22	29	36	40	5	9	22	29	36	41	5	9	22	29	36	45
163	1	7	20	25	37	40	1	7	20	25	37	41	1	7	20	25	37	45
164	2	7	20	25	37	40	2	7	20	25	37	41	2	7	20	25	37	45
165	5	7	20	25	37	40	5	7	20	25	37	41	5	7	20	25	37	45
166	1	8	20	25	37	40	1	8	20	25	37	41	1	8	20	25	37	45
167	2	8	20	25	37	40	2	8	20	25	37	41	2	8	20	25	37	45
168	5	8	20	25	37	40	5	8	20	25	37	41	5	8	20	25	37	45

패턴 20 | 많이 나온 숫자 3개 조합 도표　　4개 ▒ 5개 ■ 6개 나온 숫자

N	A						B						C					
169	1	9	20	25	37	40	1	9	20	25	37	41	1	9	20	25	37	45
170	2	9	20	25	37	40	2	9	20	25	37	41	2	9	20	25	37	45
171	5	9	20	25	37	40	5	9	20	25	37	41	5	9	20	25	37	45
172	1	7	21	25	37	40	1	7	21	25	37	41	1	7	21	25	37	45
173	2	7	21	25	37	40	2	7	21	25	37	41	2	7	21	25	37	45
174	5	7	21	25	37	40	5	7	21	25	37	41	5	7	21	25	37	45
175	1	8	21	25	37	40	1	8	21	25	37	41	1	8	21	25	37	45
176	2	8	21	25	37	40	2	8	21	25	37	41	2	8	21	25	37	45
177	5	8	21	25	37	40	5	8	21	25	37	41	5	8	21	25	37	45
178	1	9	21	25	37	40	1	9	21	25	37	41	1	9	21	25	37	45
179	2	9	21	25	37	40	2	9	21	25	37	41	2	9	21	25	37	45
180	5	9	21	25	37	40	5	9	21	25	37	41	5	9	21	25	37	45
181	1	7	22	25	37	40	1	7	22	25	37	41	1	7	22	25	37	45
182	2	7	22	25	37	40	2	7	22	25	37	41	2	7	22	25	37	45
183	5	7	22	25	37	40	5	7	22	25	37	41	5	7	22	25	37	45
184	1	8	22	25	37	40	1	8	22	25	37	41	1	8	22	25	37	45
185	2	8	22	25	37	40	2	8	22	25	37	41	2	8	22	25	37	45
186	5	8	22	25	37	40	5	8	22	25	37	41	5	8	22	25	37	45
187	1	9	22	25	37	40	1	9	22	25	37	41	1	9	22	25	37	45
188	2	9	22	25	37	40	2	9	22	25	37	41	2	9	22	25	37	45
189	5	9	22	25	37	40	5	9	22	25	37	41	5	9	22	25	37	45
190	1	7	20	27	37	40	1	7	20	27	37	41	1	7	20	27	37	45
191	2	7	20	27	37	40	2	7	20	27	37	41	2	7	20	27	37	45
192	5	7	20	27	37	40	5	7	20	27	37	41	5	7	20	27	37	45
193	1	8	20	27	37	40	1	8	20	27	37	41	1	8	20	27	37	45
194	2	8	20	27	37	40	2	8	20	27	37	41	2	8	20	27	37	45
195	5	8	20	27	37	40	5	8	20	27	37	41	5	8	20	27	37	45
196	1	9	20	27	37	40	1	9	20	27	37	41	1	9	20	27	37	45
197	2	9	20	27	37	40	2	9	20	27	37	41	2	9	20	27	37	45
198	5	9	20	27	37	40	5	9	20	27	37	41	5	9	20	27	37	45
199	1	7	21	27	37	40	1	7	21	27	37	41	1	7	21	27	37	45
200	2	7	21	27	37	40	2	7	21	27	37	41	2	7	21	27	37	45
201	5	7	21	27	37	40	5	7	21	27	37	41	5	7	21	27	37	45
202	1	8	21	27	37	40	1	8	21	27	37	41	1	8	21	27	37	45

패턴 20 | 많이 나온 숫자 3개 조합 도표

4개 ■ 5개 ■ 6개 나온 숫자

N	A						B						C					
203	2	8	21	27	37	40	2	8	21	27	37	41	2	8	21	27	37	45
204	5	8	21	27	37	40	5	8	21	27	37	41	5	8	21	27	37	45
205	1	9	21	27	37	40	1	9	21	27	37	41	1	9	21	27	37	45
206	2	9	21	27	37	40	2	9	21	27	37	41	2	9	21	27	37	45
207	5	9	21	27	37	40	5	9	21	27	37	41	5	9	21	27	37	45
208	1	7	22	27	37	40	1	7	22	27	37	41	1	7	22	27	37	45
209	2	7	22	27	37	40	2	7	22	27	37	41	2	7	22	27	37	45
210	5	7	22	27	37	40	5	7	22	27	37	41	5	7	22	27	37	45
211	1	8	22	27	37	40	1	8	22	27	37	41	1	8	22	27	37	45
212	2	8	22	27	37	40	2	8	22	27	37	41	2	8	22	27	37	45
213	5	8	22	27	37	40	5	8	22	27	37	41	5	8	22	27	37	45
214	1	9	22	27	37	40	1	9	22	27	37	41	1	9	22	27	37	45
215	2	9	22	27	37	40	2	9	22	27	37	41	2	9	22	27	37	45
216	5	9	22	27	37	40	5	9	22	27	37	41	5	9	22	27	37	45
217	1	7	20	29	37	40	1	7	20	29	37	41	1	7	20	29	37	45
218	2	7	20	29	37	40	2	7	20	29	37	41	2	7	20	29	37	45
219	5	7	20	29	37	40	5	7	20	29	37	41	5	7	20	29	37	45
220	1	8	20	29	37	40	1	8	20	29	37	41	1	8	20	29	37	45
221	2	8	20	29	37	40	2	8	20	29	37	41	2	8	20	29	37	45
222	5	8	20	29	37	40	5	8	20	29	37	41	5	8	20	29	37	45
223	1	9	20	29	37	40	1	9	20	29	37	41	1	9	20	29	37	45
224	2	9	20	29	37	40	2	9	20	29	37	41	2	9	20	29	37	45
225	5	9	20	29	37	40	5	9	20	29	37	41	5	9	20	29	37	45
226	1	7	21	29	37	40	1	7	21	29	37	41	1	7	21	29	37	45
227	2	7	21	29	37	40	2	7	21	29	37	41	2	7	21	29	37	45
228	5	7	21	29	37	40	5	7	21	29	37	41	5	7	21	29	37	45
229	1	8	21	29	37	40	1	8	21	29	37	41	1	8	21	29	37	45
230	2	8	21	29	37	40	2	8	21	29	37	41	2	8	21	29	37	45
231	5	8	21	29	37	40	5	8	21	29	37	41	5	8	21	29	37	45
232	1	9	21	29	37	40	1	9	21	29	37	41	1	9	21	29	37	45
233	2	9	21	29	37	40	2	9	21	29	37	41	2	9	21	29	37	45
234	5	9	21	29	37	40	5	9	21	29	37	41	5	9	21	29	37	45
235	1	7	22	29	37	40	1	7	22	29	37	41	1	7	22	29	37	45
236	2	7	22	29	37	40	2	7	22	29	37	41	2	7	22	29	37	45

패턴 20 | 많이 나온 숫자 3개 조합 도표 4개 5개 6개 나온 숫자

N	A						B						C					
237	5	7	22	29	37	40	5	7	22	29	37	41	5	7	22	29	37	45
238	1	8	22	29	37	40	1	8	22	29	37	41	1	8	22	29	37	45
239	2	8	22	29	37	40	2	8	22	29	37	41	2	8	22	29	37	45
240	5	8	22	29	37	40	5	8	22	29	37	41	5	8	22	29	37	45
241	1	9	22	29	37	40	1	9	22	29	37	41	1	9	22	29	37	45
242	2	9	22	29	37	40	2	9	22	29	37	41	2	9	22	29	37	45
243	5	9	22	29	37	40	5	9	22	29	37	41	5	9	22	29	37	45

패턴 21

패턴 21 | 2002~2022년도까지 15번의 단위별 당첨 횟수를 보임

횟수	년도	월	일	1	10	20	20	20	30	B/N
1	2006	5	13	**2**	**15**	**20**	**21**	**29**	**34**	22
2	2007	7	14	**2**	**16**	**24**	**27**	**28**	**35**	21
3	2007	12	8	**9**	**12**	**24**	**25**	**29**	**31**	36
4	2008	11	15	**4**	**12**	**24**	**27**	**28**	**32**	10
5	2009	11	28	**5**	**15**	**21**	**25**	**26**	**30**	31
6	2010	9	11	**7**	**12**	**21**	**24**	**27**	**36**	45
7	2011	4	23	**6**	**12**	**20**	**26**	**29**	**38**	45
8	2011	12	24	**8**	**13**	**20**	**22**	**23**	**36**	34
9	2013	11	2	**1**	**12**	**26**	**27**	**29**	**33**	42
10	2014	12	27	**8**	**17**	**21**	**24**	**27**	**31**	15
11	2015	2	28	**6**	**15**	**22**	**23**	**25**	**32**	40
12	2015	4	25	**5**	**16**	**21**	**23**	**24**	**30**	29
13	2018	9	1	**9**	**18**	**20**	**24**	**27**	**36**	12
14	2019	10	19	**4**	**18**	**20**	**26**	**27**	**32**	9
15	2021	5	29	**2**	**13**	**25**	**28**	**29**	**36**	34

패턴 21 | 각 칸별 많이 나온 숫자

1칸	횟수	2칸	횟수	3칸	횟수	4칸	횟수	5칸	횟수	6칸	횟수
2	3	**12**	5	**20**	5	**27**	3	**29**	5	**36**	4
4	2	**15**	3	**21**	4	**24**	3	**27**	4	**32**	3
5	2	**13**	2	**24**	3	**26**	2	**28**	2	**30**	2
6	2	**16**	2	**22**	1	**25**	2	**26**	1	**31**	2
8	2	**18**	2	**25**	1	**23**	2	**25**	1	**33**	1
9	2	**17**	1	**26**	1	**28**	1	**24**	1	**34**	1
1	1	**10**	0	**23**	0	**22**	1	**23**	1	**35**	1
7	1	**11**	0	**27**	0	**21**	1	**22**	0	**38**	1
3	0	**14**	0	**28**	0	**29**	0	**21**	0	**37**	0
		19	0	**29**	0	**20**	0	**20**	0	**39**	0

패턴 21번의 2개 묶음 조합 도표

패턴 21 | 2개 숫자를 조합한 도표 4개 ▒ 5개 ■ 6개

N	A						B						C						D					
1	2	12	20	24	27	32	2	12	20	24	28	32	2	12	20	24	27	36	2	12	20	24	28	36
2	4	12	20	24	27	32	4	12	20	24	28	32	4	12	20	24	27	36	4	12	20	24	28	36
3	2	15	20	24	27	32	2	15	20	24	28	32	2	15	20	24	27	36	2	15	20	24	28	36
4	4	15	20	24	27	32	4	15	20	24	28	32	4	15	20	24	27	36	4	15	20	24	28	36
5	2	12	21	24	27	32	2	12	21	24	28	32	2	12	21	24	27	36	2	12	21	24	28	36
6	4	12	21	24	27	32	4	12	21	24	28	32	4	12	21	24	27	36	4	12	21	24	28	36
7	2	15	21	24	27	32	2	15	21	24	28	32	2	15	21	24	27	36	2	15	21	24	28	36
8	4	15	21	24	27	32	4	15	21	24	28	32	4	15	21	24	27	36	4	15	21	24	28	36
9	2	12	20	27	28	32	2	12	20	27	29	32	2	12	20	27	28	36	2	12	20	27	29	36
10	4	12	20	27	28	32	4	12	20	27	29	32	4	12	20	27	28	36	4	12	20	27	29	36
11	2	15	20	27	28	32	2	15	20	27	29	32	2	15	20	27	28	36	2	15	20	27	29	36
12	4	15	20	27	28	32	4	15	20	27	29	32	4	15	20	27	28	36	4	15	20	27	29	36
13	2	12	21	27	28	32	2	12	21	27	29	32	2	12	21	27	28	36	2	12	21	27	29	36
14	4	12	21	27	28	32	4	12	21	27	29	32	4	12	21	27	28	36	4	12	21	27	29	36
15	2	15	21	27	28	32	2	15	21	27	29	32	2	15	21	27	28	36	2	15	21	27	29	36
16	4	15	21	27	28	32	4	15	21	27	29	32	4	15	21	27	28	36	4	15	21	27	29	36

패턴 21번의 3개 묶음 조합 도표

패턴 21 | 많이 나온 숫자 3개 조합 도표 4개 5개 ■ 6개 나온 숫자

N	A						B						C					
1	2	12	20	23	27	30	2	12	20	23	27	32	2	12	20	23	27	36
2	4	12	20	23	27	30	4	12	20	23	27	32	4	12	20	23	27	36
3	5	12	20	23	27	30	5	12	20	23	27	32	5	12	20	23	27	36
4	2	13	20	23	27	30	2	13	20	23	27	32	2	13	20	23	27	36
5	4	13	20	23	27	30	4	13	20	23	27	32	4	13	20	23	27	36
6	5	13	20	23	27	30	5	13	20	23	27	32	5	13	20	23	27	36
7	2	15	20	23	27	30	2	15	20	23	27	32	2	15	20	23	27	36
8	4	15	20	23	27	30	4	15	20	23	27	32	4	15	20	23	27	36
9	5	15	20	23	27	30	5	15	20	23	27	32	5	15	20	23	27	36
10	2	12	21	23	27	30	2	12	21	23	27	32	2	12	21	23	27	36
11	4	12	21	23	27	30	4	12	21	23	27	32	4	12	21	23	27	36
12	5	12	21	23	27	30	5	12	21	23	27	32	5	12	21	23	27	36
13	2	13	21	23	27	30	2	13	21	23	27	32	2	13	21	23	27	36
14	4	13	21	23	27	30	4	13	21	23	27	32	4	13	21	23	27	36
15	5	13	21	23	27	30	5	13	21	23	27	32	5	13	21	23	27	36
16	2	15	21	23	27	30	2	15	21	23	27	32	2	15	21	23	27	36
17	4	15	21	23	27	30	4	15	21	23	27	32	4	15	21	23	27	36
18	5	15	21	23	27	30	5	15	21	23	27	32	5	15	21	23	27	36
19	2	12	22	23	27	30	2	12	22	23	27	32	2	12	22	23	27	36
20	4	12	22	23	27	30	4	12	22	23	27	32	4	12	22	23	27	36
21	5	12	22	23	27	30	5	12	22	23	27	32	5	12	22	23	27	36
22	2	13	22	23	27	30	2	13	22	23	27	32	2	13	22	23	27	36
23	4	13	22	23	27	30	4	13	22	23	27	32	4	13	22	23	27	36
24	5	13	22	23	27	30	5	13	22	23	27	32	5	13	22	23	27	36
25	2	15	22	23	27	30	2	15	22	23	27	32	2	15	22	23	27	36
26	4	15	22	23	27	30	4	15	22	23	27	32	4	15	22	23	27	36
27	5	15	22	23	27	30	5	15	22	23	27	32	5	15	22	23	27	36
28	2	12	20	24	27	30	2	12	20	24	27	32	2	12	20	24	27	36
29	4	12	20	24	27	30	4	12	20	24	27	32	4	12	20	24	27	36
30	5	12	20	24	27	30	5	12	20	24	27	32	5	12	20	24	27	36
31	2	13	20	24	27	30	2	13	20	24	27	32	2	13	20	24	27	36
32	4	13	20	24	27	30	4	13	20	24	27	32	4	13	20	24	27	36

패턴 21 | 많이 나온 숫자 3개 조합 도표   4개   5개   ■ 6개 나온 숫자

N	A						B						C					
33	5	13	20	24	27	30	5	13	20	24	27	32	5	13	20	24	27	36
34	2	15	20	24	27	30	2	15	20	24	27	32	2	15	20	24	27	36
35	4	15	20	24	27	30	4	15	20	24	27	32	4	15	20	24	27	36
36	5	15	20	24	27	30	5	15	20	24	27	32	5	15	20	24	27	36
37	2	12	21	24	27	30	2	12	21	24	27	32	2	12	21	24	27	36
38	4	12	21	24	27	30	4	12	21	24	27	32	4	12	21	24	27	36
39	5	12	21	24	27	30	5	12	21	24	27	32	5	12	21	24	27	36
40	2	13	21	24	27	30	2	13	21	24	27	32	2	13	21	24	27	36
41	4	13	21	24	27	30	4	13	21	24	27	32	4	13	21	24	27	36
42	5	13	21	24	27	30	5	13	21	24	27	32	5	13	21	24	27	36
43	2	15	21	24	27	30	2	15	21	24	27	32	2	15	21	24	27	36
44	4	15	21	24	27	30	4	15	21	24	27	32	4	15	21	24	27	36
45	5	15	21	24	27	30	5	15	21	24	27	32	5	15	21	24	27	36
46	2	12	22	24	27	30	2	12	22	24	27	32	2	12	22	24	27	36
47	4	12	22	24	27	30	4	12	22	24	27	32	4	12	22	24	27	36
48	5	12	22	24	27	30	5	12	22	24	27	32	5	12	22	24	27	36
49	2	13	22	24	27	30	2	13	22	24	27	32	2	13	22	24	27	36
50	4	13	22	24	27	30	4	13	22	24	27	32	4	13	22	24	27	36
51	5	13	22	24	27	30	5	13	22	24	27	32	5	13	22	24	27	36
52	2	15	22	24	27	30	2	15	22	24	27	32	2	15	22	24	27	36
53	4	15	22	24	27	30	4	15	22	24	27	32	4	15	22	24	27	36
54	5	15	22	24	27	30	5	15	22	24	27	32	5	15	22	24	27	36
55	2	12	20	25	27	30	2	12	20	25	27	32	2	12	20	25	27	36
56	4	12	20	25	27	30	4	12	20	25	27	32	4	12	20	25	27	36
57	5	12	20	25	27	30	5	12	20	25	27	32	5	12	20	25	27	36
58	2	13	20	25	27	30	2	13	20	25	27	32	2	13	20	25	27	36
59	4	13	20	25	27	30	4	13	20	25	27	32	4	13	20	25	27	36
60	5	13	20	25	27	30	5	13	20	25	27	32	5	13	20	25	27	36
61	2	15	20	25	27	30	2	15	20	25	27	32	2	15	20	25	27	36
62	4	15	20	25	27	30	4	15	20	25	27	32	4	15	20	25	27	36
63	5	15	20	25	27	30	5	15	20	25	27	32	5	15	20	25	27	36
64	2	12	21	25	27	30	2	12	21	25	27	32	2	12	21	25	27	36
65	4	12	21	25	27	30	4	12	21	25	27	32	4	12	21	25	27	36
66	5	12	21	25	27	30	5	12	21	25	27	32	5	12	21	25	27	36

패턴 21 | 많이 나온 숫자 3개 조합 도표　　4개 ■ 5개 ■ 6개 나온 숫자

N	A						B						C					
67	2	13	21	25	27	30	2	13	21	25	27	32	2	13	21	25	27	36
68	4	13	21	25	27	30	4	13	21	25	27	32	4	13	21	25	27	36
69	5	13	21	25	27	30	5	13	21	25	27	32	5	13	21	25	27	36
70	2	15	21	25	27	30	2	15	21	25	27	32	2	15	21	25	27	36
71	4	15	21	25	27	30	4	15	21	25	27	32	4	15	21	25	27	36
72	5	15	21	25	27	30	5	15	21	25	27	32	5	15	21	25	27	36
73	2	12	22	25	27	30	2	12	22	25	27	32	2	12	22	25	27	36
74	4	12	22	25	27	30	4	12	22	25	27	32	4	12	22	25	27	36
75	5	12	22	25	27	30	5	12	22	25	27	32	5	12	22	25	27	36
76	2	13	22	25	27	30	2	13	22	25	27	32	2	13	22	25	27	36
77	4	13	22	25	27	30	4	13	22	25	27	32	4	13	22	25	27	36
78	5	13	22	25	27	30	5	13	22	25	27	32	5	13	22	25	27	36
79	2	15	22	25	27	30	2	15	22	25	27	32	2	15	22	25	27	36
80	4	15	22	25	27	30	4	15	22	25	27	32	4	15	22	25	27	36
81	5	15	22	25	27	30	5	15	22	25	27	32	5	15	22	25	27	36
82	2	12	20	23	28	30	2	12	20	23	28	32	2	12	20	23	28	36
83	4	12	20	23	28	30	4	12	20	23	28	32	4	12	20	23	28	36
84	5	12	20	23	28	30	5	12	20	23	28	32	5	12	20	23	28	36
85	2	13	20	23	28	30	2	13	20	23	28	32	2	13	20	23	28	36
86	4	13	20	23	28	30	4	13	20	23	28	32	4	13	20	23	28	36
87	5	13	20	23	28	30	5	13	20	23	28	32	5	13	20	23	28	36
88	2	15	20	23	28	30	2	15	20	23	28	32	2	15	20	23	28	36
89	4	15	20	23	28	30	4	15	20	23	28	32	4	15	20	23	28	36
90	5	15	20	23	28	30	5	15	20	23	28	32	5	15	20	23	28	36
91	2	12	21	23	28	30	2	12	21	23	28	32	2	12	21	23	28	36
92	4	12	21	23	28	30	4	12	21	23	28	32	4	12	21	23	28	36
93	5	12	21	23	28	30	5	12	21	23	28	32	5	12	21	23	28	36
94	2	13	21	23	28	30	2	13	21	23	28	32	2	13	21	23	28	36
95	4	13	21	23	28	30	4	13	21	23	28	32	4	13	21	23	28	36
96	5	13	21	23	28	30	5	13	21	23	28	32	5	13	21	23	28	36
97	2	15	21	23	28	30	2	15	21	23	28	32	2	15	21	23	28	36
98	4	15	21	23	28	30	4	15	21	23	28	32	4	15	21	23	28	36
99	5	15	21	23	28	30	5	15	21	23	28	32	5	15	21	23	28	36
100	2	12	22	23	28	30	2	12	22	23	28	32	2	12	22	23	28	36

패턴 21 | 많이 나온 숫자 3개 조합 도표　　4개 ▒ 5개 ■ 6개 나온 숫자

N	A						B						C					
101	4	12	22	23	28	30	4	12	22	23	28	32	4	12	22	23	28	36
102	5	12	22	23	28	30	5	12	22	23	28	32	5	12	22	23	28	36
103	2	13	22	23	28	30	2	13	22	23	28	32	2	13	22	23	28	36
104	4	13	22	23	28	30	4	13	22	23	28	32	4	13	22	23	28	36
105	5	13	22	23	28	30	5	13	22	23	28	32	5	13	22	23	28	36
106	2	15	22	23	28	30	2	15	22	23	28	32	2	15	22	23	28	36
107	4	15	22	23	28	30	4	15	22	23	28	32	4	15	22	23	28	36
108	5	15	22	23	28	30	5	15	22	23	28	32	5	15	22	23	28	36
109	2	12	20	24	28	30	2	12	20	24	28	32	2	12	20	24	28	36
110	4	12	20	24	28	30	4	12	20	24	28	32	4	12	20	24	28	36
111	5	12	20	24	28	30	5	12	20	24	28	32	5	12	20	24	28	36
112	2	13	20	24	28	30	2	13	20	24	28	32	2	13	20	24	28	36
113	4	13	20	24	28	30	4	13	20	24	28	32	4	13	20	24	28	36
114	5	13	20	24	28	30	5	13	20	24	28	32	5	13	20	24	28	36
115	2	15	20	24	28	30	2	15	20	24	28	32	2	15	20	24	28	36
116	4	15	20	24	28	30	4	15	20	24	28	32	4	15	20	24	28	36
117	5	15	20	24	28	30	5	15	20	24	28	32	5	15	20	24	28	36
118	2	12	21	24	28	30	2	12	21	24	28	32	2	12	21	24	28	36
119	4	12	21	24	28	30	4	12	21	24	28	32	4	12	21	24	28	36
120	5	12	21	24	28	30	5	12	21	24	28	32	5	12	21	24	28	36
121	2	13	21	24	28	30	2	13	21	24	28	32	2	13	21	24	28	36
122	4	13	21	24	28	30	4	13	21	24	28	32	4	13	21	24	28	36
123	5	13	21	24	28	30	5	13	21	24	28	32	5	13	21	24	28	36
124	2	15	21	24	28	30	2	15	21	24	28	32	2	15	21	24	28	36
125	4	15	21	24	28	30	4	15	21	24	28	32	4	15	21	24	28	36
126	5	15	21	24	28	30	5	15	21	24	28	32	5	15	21	24	28	36
127	2	12	22	24	28	30	2	12	22	24	28	32	2	12	22	24	28	36
128	4	12	22	24	28	30	4	12	22	24	28	32	4	12	22	24	28	36
129	5	12	22	24	28	30	5	12	22	24	28	32	5	12	22	24	28	36
130	2	13	22	24	28	30	2	13	22	24	28	32	2	13	22	24	28	36
131	4	13	22	24	28	30	4	13	22	24	28	32	4	13	22	24	28	36
132	5	13	22	24	28	30	5	13	22	24	28	32	5	13	22	24	28	36
133	2	15	22	24	28	30	2	15	22	24	28	32	2	15	22	24	28	36
134	4	15	22	24	28	30	4	15	22	24	28	32	4	15	22	24	28	36

패턴 21 | 많이 나온 숫자 3개 조합 도표

4개 ■ 5개 ■ 6개 나온 숫자

N	A						B						C					
135	5	15	22	24	28	30	5	15	22	24	28	32	5	15	22	24	28	36
136	2	12	20	25	28	30	2	12	20	25	28	32	2	12	20	25	28	36
137	4	12	20	25	28	30	4	12	20	25	28	32	4	12	20	25	28	36
138	5	12	20	25	28	30	5	12	20	25	28	32	5	12	20	25	28	36
139	2	13	20	25	28	30	2	13	20	25	28	32	2	13	20	25	28	36
140	4	13	20	25	28	30	4	13	20	25	28	32	4	13	20	25	28	36
141	5	13	20	25	28	30	5	13	20	25	28	32	5	13	20	25	28	36
142	2	15	20	25	28	30	2	15	20	25	28	32	2	15	20	25	28	36
143	4	15	20	25	28	30	4	15	20	25	28	32	4	15	20	25	28	36
144	5	15	20	25	28	30	5	15	20	25	28	32	5	15	20	25	28	36
145	2	12	21	25	28	30	2	12	21	25	28	32	2	12	21	25	28	36
146	4	12	21	25	28	30	4	12	21	25	28	32	4	12	21	25	28	36
147	5	12	21	25	28	30	5	12	21	25	28	32	5	12	21	25	28	36
148	2	13	21	25	28	30	2	13	21	25	28	32	2	13	21	25	28	36
149	4	13	21	25	28	30	4	13	21	25	28	32	4	13	21	25	28	36
150	5	13	21	25	28	30	5	13	21	25	28	32	5	13	21	25	28	36
151	2	15	21	25	28	30	2	15	21	25	28	32	2	15	21	25	28	36
152	4	15	21	25	28	30	4	15	21	25	28	32	4	15	21	25	28	36
153	5	15	21	25	28	30	5	15	21	25	28	32	5	15	21	25	28	36
154	2	12	22	25	28	30	2	12	22	25	28	32	2	12	22	25	28	36
155	4	12	22	25	28	30	4	12	22	25	28	32	4	12	22	25	28	36
156	5	12	22	25	28	30	5	12	22	25	28	32	5	12	22	25	28	36
157	2	13	22	25	28	30	2	13	22	25	28	32	2	13	22	25	28	36
158	4	13	22	25	28	30	4	13	22	25	28	32	4	13	22	25	28	36
159	5	13	22	25	28	30	5	13	22	25	28	32	5	13	22	25	28	36
160	2	15	22	25	28	30	2	15	22	25	28	32	2	15	22	25	28	36
161	4	15	22	25	28	30	4	15	22	25	28	32	4	15	22	25	28	36
162	5	15	22	25	28	30	5	15	22	25	28	32	5	15	22	25	28	36
163	2	12	20	23	29	30	2	12	20	23	29	32	2	12	20	23	29	36
164	4	12	20	23	29	30	4	12	20	23	29	32	4	12	20	23	29	36
165	5	12	20	23	29	30	5	12	20	23	29	32	5	12	20	23	29	36
166	2	13	20	23	29	30	2	13	20	23	29	32	2	13	20	23	29	36
167	4	13	20	23	29	30	4	13	20	23	29	32	4	13	20	23	29	36
168	5	13	20	23	29	30	5	13	20	23	29	32	5	13	20	23	29	36

패턴 21 | 많이 나온 숫자 3개 조합 도표 4개 ■ 5개 ■ 6개 나온 숫자

N	A						B						C					
169	2	15	20	23	29	30	2	15	20	23	29	32	2	15	20	23	29	36
170	4	15	20	23	29	30	4	15	20	23	29	32	4	15	20	23	29	36
171	5	15	20	23	29	30	5	15	20	23	29	32	5	15	20	23	29	36
172	2	12	21	23	29	30	2	12	21	23	29	32	2	12	21	23	29	36
173	4	12	21	23	29	30	4	12	21	23	29	32	4	12	21	23	29	36
174	5	12	21	23	29	30	5	12	21	23	29	32	5	12	21	23	29	36
175	2	13	21	23	29	30	2	13	21	23	29	32	2	13	21	23	29	36
176	4	13	21	23	29	30	4	13	21	23	29	32	4	13	21	23	29	36
177	5	13	21	23	29	30	5	13	21	23	29	32	5	13	21	23	29	36
178	2	15	21	23	29	30	2	15	21	23	29	32	2	15	21	23	29	36
179	4	15	21	23	29	30	4	15	21	23	29	32	4	15	21	23	29	36
180	5	15	21	23	29	30	5	15	21	23	29	32	5	15	21	23	29	36
181	2	12	22	23	29	30	2	12	22	23	29	32	2	12	22	23	29	36
182	4	12	22	23	29	30	4	12	22	23	29	32	4	12	22	23	29	36
183	5	12	22	23	29	30	5	12	22	23	29	32	5	12	22	23	29	36
184	2	13	22	23	29	30	2	13	22	23	29	32	2	13	22	23	29	36
185	4	13	22	23	29	30	4	13	22	23	29	32	4	13	22	23	29	36
186	5	13	22	23	29	30	5	13	22	23	29	32	5	13	22	23	29	36
187	2	15	22	23	29	30	2	15	22	23	29	32	2	15	22	23	29	36
188	4	15	22	23	29	30	4	15	22	23	29	32	4	15	22	23	29	36
189	5	15	22	23	29	30	5	15	22	23	29	32	5	15	22	23	29	36
190	2	12	20	24	29	30	2	12	20	24	29	32	2	12	20	24	29	36
191	4	12	20	24	29	30	4	12	20	24	29	32	4	12	20	24	29	36
192	5	12	20	24	29	30	5	12	20	24	29	32	5	12	20	24	29	36
193	2	13	20	24	29	30	2	13	20	24	29	32	2	13	20	24	29	36
194	4	13	20	24	29	30	4	13	20	24	29	32	4	13	20	24	29	36
195	5	13	20	24	29	30	5	13	20	24	29	32	5	13	20	24	29	36
196	2	15	20	24	29	30	2	15	20	24	29	32	2	15	20	24	29	36
197	4	15	20	24	29	30	4	15	20	24	29	32	4	15	20	24	29	36
198	5	15	20	24	29	30	5	15	20	24	29	32	5	15	20	24	29	36
199	2	12	21	24	29	30	2	12	21	24	29	32	2	12	21	24	29	36
200	4	12	21	24	29	30	4	12	21	24	29	32	4	12	21	24	29	36
201	5	12	21	24	29	30	5	12	21	24	29	32	5	12	21	24	29	36
202	2	13	21	24	29	30	2	13	21	24	29	32	2	13	21	24	29	36

패턴 21 | 많이 나온 숫자 3개 조합 도표 4개 ■ 5개 ■ 6개 나온 숫자

N	A						B						C					
203	4	13	21	24	29	30	4	13	21	24	29	32	4	13	21	24	29	36
204	5	13	21	24	29	30	5	13	21	24	29	32	5	13	21	24	29	36
205	2	15	21	24	29	30	2	15	21	24	29	32	2	15	21	24	29	36
206	4	15	21	24	29	30	4	15	21	24	29	32	4	15	21	24	29	36
207	5	15	21	24	29	30	5	15	21	24	29	32	5	15	21	24	29	36
208	2	12	22	24	29	30	2	12	22	24	29	32	2	12	22	24	29	36
209	4	12	22	24	29	30	4	12	22	24	29	32	4	12	22	24	29	36
210	5	12	22	24	29	30	5	12	22	24	29	32	5	12	22	24	29	36
211	2	13	22	24	29	30	2	13	22	24	29	32	2	13	22	24	29	36
212	4	13	22	24	29	30	4	13	22	24	29	32	4	13	22	24	29	36
213	5	13	22	24	29	30	5	13	22	24	29	32	5	13	22	24	29	36
214	2	15	22	24	29	30	2	15	22	24	29	32	2	15	22	24	29	36
215	4	15	22	24	29	30	4	15	22	24	29	32	4	15	22	24	29	36
216	5	15	22	24	29	30	5	15	22	24	29	32	5	15	22	24	29	36
217	2	12	20	25	29	30	2	12	20	25	29	32	2	12	20	25	29	36
218	4	12	20	25	29	30	4	12	20	25	29	32	4	12	20	25	29	36
219	5	12	20	25	29	30	5	12	20	25	29	32	5	12	20	25	29	36
220	2	13	20	25	29	30	2	13	20	25	29	32	2	13	20	25	29	36
221	4	13	20	25	29	30	4	13	20	25	29	32	4	13	20	25	29	36
222	5	13	20	25	29	30	5	13	20	25	29	32	5	13	20	25	29	36
223	2	15	20	25	29	30	2	15	20	25	29	32	2	15	20	25	29	36
224	4	15	20	25	29	30	4	15	20	25	29	32	4	15	20	25	29	36
225	5	15	20	25	29	30	5	15	20	25	29	32	5	15	20	25	29	36
226	2	12	21	25	29	30	2	12	21	25	29	32	2	12	21	25	29	36
227	4	12	21	25	29	30	4	12	21	25	29	32	4	12	21	25	29	36
228	5	12	21	25	29	30	5	12	21	25	29	32	5	12	21	25	29	36
229	2	13	21	25	29	30	2	13	21	25	29	32	2	13	21	25	29	36
230	4	13	21	25	29	30	4	13	21	25	29	32	4	13	21	25	29	36
231	5	13	21	25	29	30	5	13	21	25	29	32	5	13	21	25	29	36
232	2	15	21	25	29	30	2	15	21	25	29	32	2	15	21	25	29	36
233	4	15	21	25	29	30	4	15	21	25	29	32	4	15	21	25	29	36
234	5	15	21	25	29	30	5	15	21	25	29	32	5	15	21	25	29	36
235	2	12	22	25	29	30	2	12	22	25	29	32	2	12	22	25	29	36
236	4	12	22	25	29	30	4	12	22	25	29	32	4	12	22	25	29	36

패턴 21 | 많이 나온 숫자 3개 조합 도표   4개 ▨ 5개 ■ 6개 나온 숫자

N	A						B						C					
237	5	12	22	25	29	30	5	12	22	25	29	32	5	12	22	25	29	36
238	2	13	22	25	29	30	2	13	22	25	29	32	2	13	22	25	29	36
239	4	13	22	25	29	30	4	13	22	25	29	32	4	13	22	25	29	36
240	5	13	22	25	29	30	5	13	22	25	29	32	5	13	22	25	29	36
241	2	15	22	25	29	30	2	15	22	25	29	32	2	15	22	25	29	36
242	4	15	22	25	29	30	4	15	22	25	29	32	4	15	22	25	29	36
243	5	15	22	25	29	30	5	15	22	25	29	32	5	15	22	25	29	36

패턴 22

패턴 22 2002~2022년도까지 15번의 단위별 당첨 횟수를 보임

횟수	년도	월	일	10	20	30	30	40	40	B/N
1	2002	12	28	14	27	30	31	40	42	2
2	2003	12	20	17	21	31	37	40	44	7
3	2006	2	25	16	27	35	37	43	45	19
4	2006	11	25	14	25	31	34	40	44	24
5	2007	9	15	19	23	30	37	43	45	38
6	2009	12	26	17	20	35	36	41	43	21
7	2010	7	3	18	20	31	34	40	45	30
8	2011	8	6	12	24	33	38	40	42	30
9	2014	12	20	19	28	31	38	43	44	1
10	2015	8	22	10	20	33	36	41	44	5
11	2016	2	27	15	27	33	35	43	45	16
12	2016	5	21	10	28	31	33	41	44	21
13	2018	5	26	15	21	31	32	41	43	42
14	2018	8	11	16	25	33	38	40	45	15
15	2021	2	6	14	21	35	36	40	44	30

패턴 22 | 각 칸별 많이 나온 숫자

1칸	횟수	2칸	횟수	3칸	횟수	4칸	횟수	5칸	횟수	6칸	횟수
14	3	20	3	31	6	38	3	40	7	44	6
10	2	21	3	33	4	37	3	41	4	45	5
15	2	27	3	35	3	36	3	43	4	43	2
16	2	25	2	30	2	34	2	42	0	42	2
17	2	28	2	32	0	35	1	44	0	41	0
19	2	23	1	34	0	33	1	45	0	40	0
12	1	24	1	36	0	32	1				
18	1	22	0	37	0	31	1				
13	0	26	0	38	0	39	0				
		29	0	39	0	30	0				

패턴 22번의 2개 묶음 조합 도표

패턴 22 | 2개 숫자를 조합한 도표　　4개 ▒ 5개 ■ 6개

N	A						B						C						D					
1	10	20	31	37	40	44	10	20	31	37	41	44	10	20	31	37	40	45	10	20	31	37	41	45
2	14	20	31	37	40	44	14	20	31	37	41	44	14	20	31	37	40	45	14	20	31	37	41	45
3	10	21	31	37	40	44	10	21	31	37	41	44	10	21	31	37	40	45	10	21	31	37	41	45
4	14	21	31	37	40	44	14	21	31	37	41	44	14	21	31	37	40	45	14	21	31	37	41	45
5	10	20	33	37	40	44	10	20	33	37	41	44	10	20	33	37	40	45	10	20	33	37	41	45
6	14	20	33	37	40	44	14	20	33	37	41	44	14	20	33	37	40	45	14	20	33	37	41	45
7	10	21	33	37	40	44	10	21	33	37	41	44	10	21	33	37	40	45	10	21	33	37	41	45
8	14	21	33	37	40	44	14	21	33	37	41	44	14	21	33	37	40	45	14	21	33	37	41	45
9	10	20	31	38	40	44	10	20	31	38	41	44	10	20	31	38	40	45	10	20	31	38	41	45
10	14	20	31	38	40	44	14	20	31	38	41	44	14	20	31	38	40	45	14	20	31	38	41	45
11	10	21	31	38	40	44	10	21	31	38	41	44	10	21	31	38	40	45	10	21	31	38	41	45
12	14	21	31	38	40	44	14	21	31	38	41	44	14	21	31	38	40	45	14	21	31	38	41	45
13	10	20	33	38	40	44	10	20	33	38	41	44	10	20	33	38	40	45	10	20	33	38	41	45
14	14	20	33	38	40	44	14	20	33	38	41	44	14	20	33	38	40	45	14	20	33	38	41	45
15	10	21	33	38	40	44	10	21	33	38	41	44	10	21	33	38	40	45	10	21	33	38	41	45
16	14	21	33	38	40	44	14	21	33	38	41	44	14	21	33	38	40	45	14	21	33	38	41	45

패턴 22번의 3개 묶음 조합 도표

패턴 22 | 많이 나온 숫자 3개 조합 도표 4개 5개 ■ 6개 나온 숫자

N	A						B						C					
1	10	20	31	36	40	43	10	20	31	36	40	44	10	20	31	36	40	45
2	14	20	31	36	40	43	14	20	31	36	40	44	14	20	31	36	40	45
3	15	20	31	36	40	43	15	20	31	36	40	44	15	20	31	36	40	45
4	10	21	31	36	40	43	10	21	31	36	40	44	10	21	31	36	40	45
5	14	21	31	36	40	43	14	21	31	36	40	44	14	21	31	36	40	45
6	15	21	31	36	40	43	15	21	31	36	40	44	15	21	31	36	40	45
7	10	27	31	36	40	43	10	27	31	36	40	44	10	27	31	36	40	45
8	14	27	31	36	40	43	14	27	31	36	40	44	14	27	31	36	40	45
9	15	27	31	36	40	43	15	27	31	36	40	44	15	27	31	36	40	45
10	10	20	33	36	40	43	10	20	33	36	40	44	10	20	33	36	40	45
11	14	20	33	36	40	43	14	20	33	36	40	44	14	20	33	36	40	45
12	15	20	33	36	40	43	15	20	33	36	40	44	15	20	33	36	40	45
13	10	21	33	36	40	43	10	21	33	36	40	44	10	21	33	36	40	45
14	14	21	33	36	40	43	14	21	33	36	40	44	14	21	33	36	40	45
15	15	21	33	36	40	43	15	21	33	36	40	44	15	21	33	36	40	45
16	10	27	33	36	40	43	10	27	33	36	40	44	10	27	33	36	40	45
17	14	27	33	36	40	43	14	27	33	36	40	44	14	27	33	36	40	45
18	15	27	33	36	40	43	15	27	33	36	40	44	15	27	33	36	40	45
19	10	20	35	36	40	43	10	20	35	36	40	44	10	20	35	36	40	45
20	14	20	35	36	40	43	14	20	35	36	40	44	14	20	35	36	40	45
21	15	20	35	36	40	43	15	20	35	36	40	44	15	20	35	36	40	45
22	10	21	35	36	40	43	10	21	35	36	40	44	10	21	35	36	40	45
23	14	21	35	36	40	43	14	21	35	36	40	44	14	21	35	36	40	45
24	15	21	35	36	40	43	15	21	35	36	40	44	15	21	35	36	40	45
25	10	27	35	36	40	43	10	27	35	36	40	44	10	27	35	36	40	45
26	14	27	35	36	40	43	14	27	35	36	40	44	14	27	35	36	40	45
27	15	27	35	36	40	43	15	27	35	36	40	44	15	27	35	36	40	45
28	10	20	31	37	40	43	10	20	31	37	40	44	10	20	31	37	40	45
29	14	20	31	37	40	43	14	20	31	37	40	44	14	20	31	37	40	45
30	15	20	31	37	40	43	15	20	31	37	40	44	15	20	31	37	40	45
31	10	21	31	37	40	43	10	21	31	37	40	44	10	21	31	37	40	45
32	14	21	31	37	40	43	14	21	31	37	40	44	14	21	31	37	40	45

패턴 22 | 많이 나온 숫자 3개 조합 도표　　4개　■ 5개　■ 6개 나온 숫자

N	A						B						C					
33	15	21	31	37	40	43	15	21	31	37	40	44	15	21	31	37	40	45
34	10	27	31	37	40	43	10	27	31	37	40	44	10	27	31	37	40	45
35	14	27	31	37	40	43	14	27	31	37	40	44	14	27	31	37	40	45
36	15	27	31	37	40	43	15	27	31	37	40	44	15	27	31	37	40	45
37	10	20	33	37	40	43	10	20	33	37	40	44	10	20	33	37	40	45
38	14	20	33	37	40	43	14	20	33	37	40	44	14	20	33	37	40	45
39	15	20	33	37	40	43	15	20	33	37	40	44	15	20	33	37	40	45
40	10	21	33	37	40	43	10	21	33	37	40	44	10	21	33	37	40	45
41	14	21	33	37	40	43	14	21	33	37	40	44	14	21	33	37	40	45
42	15	21	33	37	40	43	15	21	33	37	40	44	15	21	33	37	40	45
43	10	27	33	37	40	43	10	27	33	37	40	44	10	27	33	37	40	45
44	14	27	33	37	40	43	14	27	33	37	40	44	14	27	33	37	40	45
45	15	27	33	37	40	43	15	27	33	37	40	44	15	27	33	37	40	45
46	10	20	35	37	40	43	10	20	35	37	40	44	10	20	35	37	40	45
47	14	20	35	37	40	43	14	20	35	37	40	44	14	20	35	37	40	45
48	15	20	35	37	40	43	15	20	35	37	40	44	15	20	35	37	40	45
49	10	21	35	37	40	43	10	21	35	37	40	44	10	21	35	37	40	45
50	14	21	35	37	40	43	14	21	35	37	40	44	14	21	35	37	40	45
51	15	21	35	37	40	43	15	21	35	37	40	44	15	21	35	37	40	45
52	10	27	35	37	40	43	10	27	35	37	40	44	10	27	35	37	40	45
53	14	27	35	37	40	43	14	27	35	37	40	44	14	27	35	37	40	45
54	15	27	35	37	40	43	15	27	35	37	40	44	15	27	35	37	40	45
55	10	20	31	38	40	43	10	20	31	38	40	44	10	20	31	38	40	45
56	14	20	31	38	40	43	14	20	31	38	40	44	14	20	31	38	40	45
57	15	20	31	38	40	43	15	20	31	38	40	44	15	20	31	38	40	45
58	10	21	31	38	40	43	10	21	31	38	40	44	10	21	31	38	40	45
59	14	21	31	38	40	43	14	21	31	38	40	44	14	21	31	38	40	45
60	15	21	31	38	40	43	15	21	31	38	40	44	15	21	31	38	40	45
61	10	27	31	38	40	43	10	27	31	38	40	44	10	27	31	38	40	45
62	14	27	31	38	40	43	14	27	31	38	40	44	14	27	31	38	40	45
63	15	27	31	38	40	43	15	27	31	38	40	44	15	27	31	38	40	45
64	10	20	33	38	40	43	10	20	33	38	40	44	10	20	33	38	40	45
65	14	20	33	38	40	43	14	20	33	38	40	44	14	20	33	38	40	45
66	15	20	33	38	40	43	15	20	33	38	40	44	15	20	33	38	40	45

패턴 22 | 많이 나온 숫자 3개 조합 도표 4개 ▒ 5개 ■ 6개 나온 숫자

N	A						B						C					
67	10	21	33	38	40	43	10	21	33	38	40	44	10	21	33	38	40	45
68	14	21	33	38	40	43	14	21	33	38	40	44	14	21	33	38	40	45
69	15	21	33	38	40	43	15	21	33	38	40	44	15	21	33	38	40	45
70	10	27	33	38	40	43	10	27	33	38	40	44	10	27	33	38	40	45
71	14	27	33	38	40	43	14	27	33	38	40	44	14	27	33	38	40	45
72	15	27	33	38	40	43	15	27	33	38	40	44	15	27	33	38	40	45
73	10	20	35	38	40	43	10	20	35	38	40	44	10	20	35	38	40	45
74	14	20	35	38	40	43	14	20	35	38	40	44	14	20	35	38	40	45
75	15	20	35	38	40	43	15	20	35	38	40	44	15	20	35	38	40	45
76	10	21	35	38	40	43	10	21	35	38	40	44	10	21	35	38	40	45
77	14	21	35	38	40	43	14	21	35	38	40	44	14	21	35	38	40	45
78	15	21	35	38	40	43	15	21	35	38	40	44	15	21	35	38	40	45
79	10	27	35	38	40	43	10	27	35	38	40	44	10	27	35	38	40	45
80	14	27	35	38	40	43	14	27	35	38	40	44	14	27	35	38	40	45
81	15	27	35	38	40	43	15	27	35	38	40	44	15	27	35	38	40	45
82	10	20	31	36	41	43	10	20	31	36	41	44	10	20	31	36	41	45
83	14	20	31	36	41	43	14	20	31	36	41	44	14	20	31	36	41	45
84	15	20	31	36	41	43	15	20	31	36	41	44	15	20	31	36	41	45
85	10	21	31	36	41	43	10	21	31	36	41	44	10	21	31	36	41	45
86	14	21	31	36	41	43	14	21	31	36	41	44	14	21	31	36	41	45
87	15	21	31	36	41	43	15	21	31	36	41	44	15	21	31	36	41	45
88	10	27	31	36	41	43	10	27	31	36	41	44	10	27	31	36	41	45
89	14	27	31	36	41	43	14	27	31	36	41	44	14	27	31	36	41	45
90	15	27	31	36	41	43	15	27	31	36	41	44	15	27	31	36	41	45
91	10	20	33	36	41	43	10	20	33	36	41	44	10	20	33	36	41	45
92	14	20	33	36	41	43	14	20	33	36	41	44	14	20	33	36	41	45
93	15	20	33	36	41	43	15	20	33	36	41	44	15	20	33	36	41	45
94	10	21	33	36	41	43	10	21	33	36	41	44	10	21	33	36	41	45
95	14	21	33	36	41	43	14	21	33	36	41	44	14	21	33	36	41	45
96	15	21	33	36	41	43	15	21	33	36	41	44	15	21	33	36	41	45
97	10	27	33	36	41	43	10	27	33	36	41	44	10	27	33	36	41	45
98	14	27	33	36	41	43	14	27	33	36	41	44	14	27	33	36	41	45
99	15	27	33	36	41	43	15	27	33	36	41	44	15	27	33	36	41	45
100	10	20	35	36	41	43	10	20	35	36	41	44	10	20	35	36	41	45

패턴 22 | 많이 나온 숫자 3개 조합 도표

4개 ▒ 5개 ■ 6개 나온 숫자

N	A						B						C					
101	14	20	35	36	41	43	14	20	35	36	41	44	14	20	35	36	41	45
102	15	20	35	36	41	43	15	20	35	36	41	44	15	20	35	36	41	45
103	10	21	35	36	41	43	10	21	35	36	41	44	10	21	35	36	41	45
104	14	21	35	36	41	43	14	21	35	36	41	44	14	21	35	36	41	45
105	15	21	35	36	41	43	15	21	35	36	41	44	15	21	35	36	41	45
106	10	27	35	36	41	43	10	27	35	36	41	44	10	27	35	36	41	45
107	14	27	35	36	41	43	14	27	35	36	41	44	14	27	35	36	41	45
108	15	27	35	36	41	43	15	27	35	36	41	44	15	27	35	36	41	45
109	10	20	31	37	41	43	10	20	31	37	41	44	10	20	31	37	41	45
110	14	20	31	37	41	43	14	20	31	37	41	44	14	20	31	37	41	45
111	15	20	31	37	41	43	15	20	31	37	41	44	15	20	31	37	41	45
112	10	21	31	37	41	43	10	21	31	37	41	44	10	21	31	37	41	45
113	14	21	31	37	41	43	14	21	31	37	41	44	14	21	31	37	41	45
114	15	21	31	37	41	43	15	21	31	37	41	44	15	21	31	37	41	45
115	10	27	31	37	41	43	10	27	31	37	41	44	10	27	31	37	41	45
116	14	27	31	37	41	43	14	27	31	37	41	44	14	27	31	37	41	45
117	15	27	31	37	41	43	15	27	31	37	41	44	15	27	31	37	41	45
118	10	20	33	37	41	43	10	20	33	37	41	44	10	20	33	37	41	45
119	14	20	33	37	41	43	14	20	33	37	41	44	14	20	33	37	41	45
120	15	20	33	37	41	43	15	20	33	37	41	44	15	20	33	37	41	45
121	10	21	33	37	41	43	10	21	33	37	41	44	10	21	33	37	41	45
122	14	21	33	37	41	43	14	21	33	37	41	44	14	21	33	37	41	45
123	15	21	33	37	41	43	15	21	33	37	41	44	15	21	33	37	41	45
124	10	27	33	37	41	43	10	27	33	37	41	44	10	27	33	37	41	45
125	14	27	33	37	41	43	14	27	33	37	41	44	14	27	33	37	41	45
126	15	27	33	37	41	43	15	27	33	37	41	44	15	27	33	37	41	45
127	10	20	35	37	41	43	10	20	35	37	41	44	10	20	35	37	41	45
128	14	20	35	37	41	43	14	20	35	37	41	44	14	20	35	37	41	45
129	15	20	35	37	41	43	15	20	35	37	41	44	15	20	35	37	41	45
130	10	21	35	37	41	43	10	21	35	37	41	44	10	21	35	37	41	45
131	14	21	35	37	41	43	14	21	35	37	41	44	14	21	35	37	41	45
132	15	21	35	37	41	43	15	21	35	37	41	44	15	21	35	37	41	45
133	10	27	35	37	41	43	10	27	35	37	41	44	10	27	35	37	41	45
134	14	27	35	37	41	43	14	27	35	37	41	44	14	27	35	37	41	45

패턴 22 | 많이 나온 숫자 3개 조합 도표　4개 ■ 5개 ■ 6개 나온 숫자

N	A						B						C					
135	15	27	35	37	41	43	15	27	35	37	41	44	15	27	35	37	41	45
136	10	20	31	38	41	43	10	20	31	38	41	44	10	20	31	38	41	45
137	14	20	31	38	41	43	14	20	31	38	41	44	14	20	31	38	41	45
138	15	20	31	38	41	43	15	20	31	38	41	44	15	20	31	38	41	45
139	10	21	31	38	41	43	10	21	31	38	41	44	10	21	31	38	41	45
140	14	21	31	38	41	43	14	21	31	38	41	44	14	21	31	38	41	45
141	15	21	31	38	41	43	15	21	31	38	41	44	15	21	31	38	41	45
142	10	27	31	38	41	43	10	27	31	38	41	44	10	27	31	38	41	45
143	14	27	31	38	41	43	14	27	31	38	41	44	14	27	31	38	41	45
144	15	27	31	38	41	43	15	27	31	38	41	44	15	27	31	38	41	45
145	10	20	33	38	41	43	10	20	33	38	41	44	10	20	33	38	41	45
146	14	20	33	38	41	43	14	20	33	38	41	44	14	20	33	38	41	45
147	15	20	33	38	41	43	15	20	33	38	41	44	15	20	33	38	41	45
148	10	21	33	38	41	43	10	21	33	38	41	44	10	21	33	38	41	45
149	14	21	33	38	41	43	14	21	33	38	41	44	14	21	33	38	41	45
150	15	21	33	38	41	43	15	21	33	38	41	44	15	21	33	38	41	45
151	10	27	33	38	41	43	10	27	33	38	41	44	10	27	33	38	41	45
152	14	27	33	38	41	43	14	27	33	38	41	44	14	27	33	38	41	45
153	15	27	33	38	41	43	15	27	33	38	41	44	15	27	33	38	41	45
154	10	20	35	38	41	43	10	20	35	38	41	44	10	20	35	38	41	45
155	14	20	35	38	41	43	14	20	35	38	41	44	14	20	35	38	41	45
156	15	20	35	38	41	43	15	20	35	38	41	44	15	20	35	38	41	45
157	10	21	35	38	41	43	10	21	35	38	41	44	10	21	35	38	41	45
158	14	21	35	38	41	43	14	21	35	38	41	44	14	21	35	38	41	45
159	15	21	35	38	41	43	15	21	35	38	41	44	15	21	35	38	41	45
160	10	27	35	38	41	43	10	27	35	38	41	44	10	27	35	38	41	45
161	14	27	35	38	41	43	14	27	35	38	41	44	14	27	35	38	41	45
162	15	27	35	38	41	43	15	27	35	38	41	44	15	27	35	38	41	45
163	10	20	31	36	42	43	10	20	31	36	42	44	10	20	31	36	42	45
164	14	20	31	36	42	43	14	20	31	36	42	44	14	20	31	36	42	45
165	15	20	31	36	42	43	15	20	31	36	42	44	15	20	31	36	42	45
166	10	21	31	36	42	43	10	21	31	36	42	44	10	21	31	36	42	45
167	14	21	31	36	42	43	14	21	31	36	42	44	14	21	31	36	42	45
168	15	21	31	36	42	43	15	21	31	36	42	44	15	21	31	36	42	45

패턴 22 | 많이 나온 숫자 3개 조합 도표 4개 ▒ 5개 ■ 6개 나온 숫자

N	A						B						C					
169	10	27	31	36	42	43	10	27	31	36	42	44	10	27	31	36	42	45
170	14	27	31	36	42	43	14	27	31	36	42	44	14	27	31	36	42	45
171	15	27	31	36	42	43	15	27	31	36	42	44	15	27	31	36	42	45
172	10	20	33	36	42	43	10	20	33	36	42	44	10	20	33	36	42	45
173	14	20	33	36	42	43	14	20	33	36	42	44	14	20	33	36	42	45
174	15	20	33	36	42	43	15	20	33	36	42	44	15	20	33	36	42	45
175	10	21	33	36	42	43	10	21	33	36	42	44	10	21	33	36	42	45
176	14	21	33	36	42	43	14	21	33	36	42	44	14	21	33	36	42	45
177	15	21	33	36	42	43	15	21	33	36	42	44	15	21	33	36	42	45
178	10	27	33	36	42	43	10	27	33	36	42	44	10	27	33	36	42	45
179	14	27	33	36	42	43	14	27	33	36	42	44	14	27	33	36	42	45
180	15	27	33	36	42	43	15	27	33	36	42	44	15	27	33	36	42	45
181	10	20	35	36	42	43	10	20	35	36	42	44	10	20	35	36	42	45
182	14	20	35	36	42	43	14	20	35	36	42	44	14	20	35	36	42	45
183	15	20	35	36	42	43	15	20	35	36	42	44	15	20	35	36	42	45
184	10	21	35	36	42	43	10	21	35	36	42	44	10	21	35	36	42	45
185	14	21	35	36	42	43	14	21	35	36	42	44	14	21	35	36	42	45
186	15	21	35	36	42	43	15	21	35	36	42	44	15	21	35	36	42	45
187	10	27	35	36	42	43	10	27	35	36	42	44	10	27	35	36	42	45
188	14	27	35	36	42	43	14	27	35	36	42	44	14	27	35	36	42	45
189	15	27	35	36	42	43	15	27	35	36	42	44	15	27	35	36	42	45
190	10	20	31	37	42	43	10	20	31	37	42	44	10	20	31	37	42	45
191	14	20	31	37	42	43	14	20	31	37	42	44	14	20	31	37	42	45
192	15	20	31	37	42	43	15	20	31	37	42	44	15	20	31	37	42	45
193	10	21	31	37	42	43	10	21	31	37	42	44	10	21	31	37	42	45
194	14	21	31	37	42	43	14	21	31	37	42	44	14	21	31	37	42	45
195	15	21	31	37	42	43	15	21	31	37	42	44	15	21	31	37	42	45
196	10	27	31	37	42	43	10	27	31	37	42	44	10	27	31	37	42	45
197	14	27	31	37	42	43	14	27	31	37	42	44	14	27	31	37	42	45
198	15	27	31	37	42	43	15	27	31	37	42	44	15	27	31	37	42	45
199	10	20	33	37	42	43	10	20	33	37	42	44	10	20	33	37	42	45
200	14	20	33	37	42	43	14	20	33	37	42	44	14	20	33	37	42	45
201	15	20	33	37	42	43	15	20	33	37	42	44	15	20	33	37	42	45
202	10	21	33	37	42	43	10	21	33	37	42	44	10	21	33	37	42	45

패턴 22 | 많이 나온 숫자 3개 조합 도표   4개 ■ 5개 ■ 6개 나온 숫자

N	A						B						C					
203	14	21	33	37	42	43	14	21	33	37	42	44	14	21	33	37	42	45
204	15	21	33	37	42	43	15	21	33	37	42	44	15	21	33	37	42	45
205	10	27	33	37	42	43	10	27	33	37	42	44	10	27	33	37	42	45
206	14	27	33	37	42	43	14	27	33	37	42	44	14	27	33	37	42	45
207	15	27	33	37	42	43	15	27	33	37	42	44	15	27	33	37	42	45
208	10	20	35	37	42	43	10	20	35	37	42	44	10	20	35	37	42	45
209	14	20	35	37	42	43	14	20	35	37	42	44	14	20	35	37	42	45
210	15	20	35	37	42	43	15	20	35	37	42	44	15	20	35	37	42	45
211	10	21	35	37	42	43	10	21	35	37	42	44	10	21	35	37	42	45
212	14	21	35	37	42	43	14	21	35	37	42	44	14	21	35	37	42	45
213	15	21	35	37	42	43	15	21	35	37	42	44	15	21	35	37	42	45
214	10	27	35	37	42	43	10	27	35	37	42	44	10	27	35	37	42	45
215	14	27	35	37	42	43	14	27	35	37	42	44	14	27	35	37	42	45
216	15	27	35	37	42	43	15	27	35	37	42	44	15	27	35	37	42	45
217	10	20	31	38	42	43	10	20	31	38	42	44	10	20	31	38	42	45
218	14	20	31	38	42	43	14	20	31	38	42	44	14	20	31	38	42	45
219	15	20	31	38	42	43	15	20	31	38	42	44	15	20	31	38	42	45
220	10	21	31	38	42	43	10	21	31	38	42	44	10	21	31	38	42	45
221	14	21	31	38	42	43	14	21	31	38	42	44	14	21	31	38	42	45
222	15	21	31	38	42	43	15	21	31	38	42	44	15	21	31	38	42	45
223	10	27	31	38	42	43	10	27	31	38	42	44	10	27	31	38	42	45
224	14	27	31	38	42	43	14	27	31	38	42	44	14	27	31	38	42	45
225	15	27	31	38	42	43	15	27	31	38	42	44	15	27	31	38	42	45
226	10	20	33	38	42	43	10	20	33	38	42	44	10	20	33	38	42	45
227	14	20	33	38	42	43	14	20	33	38	42	44	14	20	33	38	42	45
228	15	20	33	38	42	43	15	20	33	38	42	44	15	20	33	38	42	45
229	10	21	33	38	42	43	10	21	33	38	42	44	10	21	33	38	42	45
230	14	21	33	38	42	43	14	21	33	38	42	44	14	21	33	38	42	45
231	15	21	33	38	42	43	15	21	33	38	42	44	15	21	33	38	42	45
232	10	27	33	38	42	43	10	27	33	38	42	44	10	27	33	38	42	45
233	14	27	33	38	42	43	14	27	33	38	42	44	14	27	33	38	42	45
234	15	27	33	38	42	43	15	27	33	38	42	44	15	27	33	38	42	45
235	10	20	35	38	42	43	10	20	35	38	42	44	10	20	35	38	42	45
236	14	20	35	38	42	43	14	20	35	38	42	44	14	20	35	38	42	45

패턴 22 | 많이 나온 숫자 3개 조합 도표 　 4개 ▒ 5개 ■ 6개 나온 숫자

N	A						B						C					
237	15	20	35	38	42	43	15	20	35	38	42	44	15	20	35	38	42	45
238	10	21	35	38	42	43	10	21	35	38	42	44	10	21	35	38	42	45
239	14	21	35	38	42	43	14	21	35	38	42	44	14	21	35	38	42	45
240	15	21	35	38	42	43	15	21	35	38	42	44	15	21	35	38	42	45
241	10	27	35	38	42	43	10	27	35	38	42	44	10	27	35	38	42	45
242	14	27	35	38	42	43	14	27	35	38	42	44	14	27	35	38	42	45
243	15	27	35	38	42	43	15	27	35	38	42	44	15	27	35	38	42	45

1등 당첨!

도표 B칸 23번 | 14 | 21 | 35 | 36 | 40 | 44 | 2021년 2월 6일 당첨

도표 B칸 91번 | 10 | 20 | 33 | 36 | 41 | 44 | 2015년 8월 22일 당첨

패턴 23

패턴 23 | 2002~2022년도까지 15번의 단위별 당첨 횟수를 보임

횟수	년도	월	일	1	1	10	10	30	30	B/N
1	2003	2	1	**2**	**4**	**16**	**17**	**36**	**39**	14
2	2004	3	13	**3**	**7**	**10**	**15**	**36**	**38**	33
3	2005	3	19	**4**	**6**	**10**	**11**	**32**	**37**	30
4	2008	4	26	**2**	**5**	**10**	**18**	**31**	**32**	30
5	2009	5	16	**1**	**5**	**14**	**18**	**32**	**37**	4
6	2011	2	26	**1**	**3**	**16**	**18**	**30**	**34**	44
7	2012	2	11	**3**	**5**	**10**	**17**	**30**	**31**	16
8	2015	10	10	**7**	**9**	**10**	**13**	**31**	**35**	24
9	2016	4	2	**1**	**7**	**16**	**18**	**34**	**38**	21
10	2018	2	17	**6**	**7**	**18**	**19**	**30**	**38**	13
11	2018	10	27	**5**	**6**	**16**	**18**	**37**	**38**	17
12	2019	8	24	**3**	**5**	**12**	**13**	**33**	**39**	38
13	2020	11	21	**4**	**8**	**10**	**16**	**32**	**36**	9
14	2021	4	10	**2**	**9**	**10**	**16**	**35**	**37**	1
15	2022	6	11	**1**	**4**	**13**	**17**	**34**	**39**	6

패턴 23 | 각 칸별 많이 나온 숫자

1칸	횟수	2칸	횟수	3칸	횟수	4칸	횟수	5칸	횟수	6칸	횟수
1	4	**5**	4	**10**	7	**18**	5	**30**	3	**38**	4
2	3	**7**	3	**16**	4	**17**	3	**32**	3	**39**	3
3	3	**9**	2	**12**	1	**16**	2	**31**	2	**37**	3
4	2	**6**	2	**13**	1	**13**	2	**34**	2	**36**	1
5	1	**4**	2	**14**	1	**19**	1	**36**	2	**35**	1
6	1	**8**	1	**16**	1	**15**	1	**33**	1	**34**	1
7	1	**3**	1	**11**	0	**11**	1	**35**	1	**32**	1
8	0	**2**	0	**15**	0	**14**	0	**37**	1	**31**	1
9	0	**1**	0	**17**	0	**12**	0	**38**	0	**33**	0
				19	0	**10**	0	**39**	0	**30**	0

패턴 23번의 2개 묶음 조합 도표

패턴 23 | 2개 숫자를 조합한 도표 4개 ▒ 5개 ■ 6개

N	A						B						C						D					
1	1	5	10	17	30	38	1	5	10	17	32	38	1	5	10	17	30	39	1	5	10	17	32	39
2	2	5	10	17	30	38	2	5	10	17	32	38	2	5	10	17	30	39	2	5	10	17	32	39
3	1	7	10	17	30	38	1	7	10	17	32	38	1	7	10	17	30	39	1	7	10	17	32	39
4	2	7	10	17	30	38	2	7	10	17	32	38	2	7	10	17	30	39	2	7	10	17	32	39
5	1	5	16	17	30	38	1	5	16	17	32	38	1	5	16	17	30	39	1	5	16	17	32	39
6	2	5	16	17	30	38	2	5	16	17	32	38	2	5	16	17	30	39	2	5	16	17	32	39
7	1	7	16	17	30	38	1	7	16	17	32	38	1	7	16	17	30	39	1	7	16	17	32	39
8	2	7	16	17	30	38	2	7	16	17	32	38	2	7	16	17	30	39	2	7	16	17	32	39
9	1	5	10	18	30	38	1	5	10	18	32	38	1	5	10	18	30	39	1	5	10	18	32	39
10	2	5	10	18	30	38	2	5	10	18	32	38	2	5	10	18	30	39	2	5	10	18	32	39
11	1	7	10	18	30	38	1	7	10	18	32	38	1	7	10	18	30	39	1	7	10	18	32	39
12	2	7	10	18	30	38	2	7	10	18	32	38	2	7	10	18	30	39	2	7	10	18	32	39
13	1	5	16	18	30	38	1	5	16	18	32	38	1	5	16	18	30	39	1	5	16	18	32	39
14	2	5	16	18	30	38	2	5	16	18	32	38	2	5	16	18	30	39	2	5	16	18	32	39
15	1	7	16	18	30	38	1	7	16	18	32	38	1	7	16	18	30	39	1	7	16	18	32	39
16	2	7	16	18	30	38	2	7	16	18	32	38	2	7	16	18	30	39	2	7	16	18	32	39

패턴 23번의 3개 묶음 조합 도표

패턴 23 | 많이 나온 숫자 3개 조합 도표 　4개 　5개 ■ 6개 나온 숫자

N	A						B						C					
1	1	5	10	17	30	37	1	5	10	17	30	38	1	5	10	17	30	39
2	2	5	10	17	30	37	2	5	10	17	30	38	2	5	10	17	30	39
3	3	5	10	17	30	37	3	5	10	17	30	38	3	5	10	17	30	39
4	1	7	10	17	30	37	1	7	10	17	30	38	1	7	10	17	30	39
5	2	7	10	17	30	37	2	7	10	17	30	38	2	7	10	17	30	39
6	3	7	10	17	30	37	3	7	10	17	30	38	3	7	10	17	30	39
7	1	9	10	17	30	37	1	9	10	17	30	38	1	9	10	17	30	39
8	2	9	10	17	30	37	2	9	10	17	30	38	2	9	10	17	30	39
9	3	9	10	17	30	37	3	9	10	17	30	38	3	9	10	17	30	39
10	1	5	12	17	30	37	1	5	12	17	30	38	1	5	12	17	30	39
11	2	5	12	17	30	37	2	5	12	17	30	38	2	5	12	17	30	39
12	3	5	12	17	30	37	3	5	12	17	30	38	3	5	12	17	30	39
13	1	7	12	17	30	37	1	7	12	17	30	38	1	7	12	17	30	39
14	2	7	12	17	30	37	2	7	12	17	30	38	2	7	12	17	30	39
15	3	7	12	17	30	37	3	7	12	17	30	38	3	7	12	17	30	39
16	1	9	12	17	30	37	1	9	12	17	30	38	1	9	12	17	30	39
17	2	9	12	17	30	37	2	9	12	17	30	38	2	9	12	17	30	39
18	3	9	12	17	30	37	3	9	12	17	30	38	3	9	12	17	30	39
19	1	5	16	17	30	37	1	5	16	17	30	38	1	5	16	17	30	39
20	2	5	16	17	30	37	2	5	16	17	30	38	2	5	16	17	30	39
21	3	5	16	17	30	37	3	5	16	17	30	38	3	5	16	17	30	39
22	1	7	16	17	30	37	1	7	16	17	30	38	1	7	16	17	30	39
23	2	7	16	17	30	37	2	7	16	17	30	38	2	7	16	17	30	39
24	3	7	16	17	30	37	3	7	16	17	30	38	3	7	16	17	30	39
25	1	9	16	17	30	37	1	9	16	17	30	38	1	9	16	17	30	39
26	2	9	16	17	30	37	2	9	16	17	30	38	2	9	16	17	30	39
27	3	9	16	17	30	37	3	9	16	17	30	38	3	9	16	17	30	39
28	1	5	10	18	30	37	1	5	10	18	30	38	1	5	10	18	30	39
29	2	5	10	18	30	37	2	5	10	18	30	38	2	5	10	18	30	39
30	3	5	10	18	30	37	3	5	10	18	30	38	3	5	10	18	30	39
31	1	7	10	18	30	37	1	7	10	18	30	38	1	7	10	18	30	39
32	2	7	10	18	30	37	2	7	10	18	30	38	2	7	10	18	30	39

패턴 23 | 많이 나온 숫자 3개 조합 도표　　4개 ▒ 5개 ■ 6개 나온 숫자

N	A						B						C					
33	3	7	10	18	30	37	3	7	10	18	30	38	3	7	10	18	30	39
34	1	9	10	18	30	37	1	9	10	18	30	38	1	9	10	18	30	39
35	2	9	10	18	30	37	2	9	10	18	30	38	2	9	10	18	30	39
36	3	9	10	18	30	37	3	9	10	18	30	38	3	9	10	18	30	39
37	1	5	12	18	30	37	1	5	12	18	30	38	1	5	12	18	30	39
38	2	5	12	18	30	37	2	5	12	18	30	38	2	5	12	18	30	39
39	3	5	12	18	30	37	3	5	12	18	30	38	3	5	12	18	30	39
40	1	7	12	18	30	37	1	7	12	18	30	38	1	7	12	18	30	39
41	2	7	12	18	30	37	2	7	12	18	30	38	2	7	12	18	30	39
42	3	7	12	18	30	37	3	7	12	18	30	38	3	7	12	18	30	39
43	1	9	12	18	30	37	1	9	12	18	30	38	1	9	12	18	30	39
44	2	9	12	18	30	37	2	9	12	18	30	38	2	9	12	18	30	39
45	3	9	12	18	30	37	3	9	12	18	30	38	3	9	12	18	30	39
46	1	5	16	18	30	37	1	5	16	18	30	38	1	5	16	18	30	39
47	2	5	16	18	30	37	2	5	16	18	30	38	2	5	16	18	30	39
48	3	5	16	18	30	37	3	5	16	18	30	38	3	5	16	18	30	39
49	1	7	16	18	30	37	1	7	16	18	30	38	1	7	16	18	30	39
50	2	7	16	18	30	37	2	7	16	18	30	38	2	7	16	18	30	39
51	3	7	16	18	30	37	3	7	16	18	30	38	3	7	16	18	30	39
52	1	9	16	18	30	37	1	9	16	18	30	38	1	9	16	18	30	39
53	2	9	16	18	30	37	2	9	16	18	30	38	2	9	16	18	30	39
54	3	9	16	18	30	37	3	9	16	18	30	38	3	9	16	18	30	39
55	1	5	10	19	30	37	1	5	10	19	30	38	1	5	10	19	30	39
56	2	5	10	19	30	37	2	5	10	19	30	38	2	5	10	19	30	39
57	3	5	10	19	30	37	3	5	10	19	30	38	3	5	10	19	30	39
58	1	7	10	19	30	37	1	7	10	19	30	38	1	7	10	19	30	39
59	2	7	10	19	30	37	2	7	10	19	30	38	2	7	10	19	30	39
60	3	7	10	19	30	37	3	7	10	19	30	38	3	7	10	19	30	39
61	1	9	10	19	30	37	1	9	10	19	30	38	1	9	10	19	30	39
62	2	9	10	19	30	37	2	9	10	19	30	38	2	9	10	19	30	39
63	3	9	10	19	30	37	3	9	10	19	30	38	3	9	10	19	30	39
64	1	5	12	19	30	37	1	5	12	19	30	38	1	5	12	19	30	39
65	2	5	12	19	30	37	2	5	12	19	30	38	2	5	12	19	30	39
66	3	5	12	19	30	37	3	5	12	19	30	38	3	5	12	19	30	39

패턴 23 | 많이 나온 숫자 3개 조합 도표 　4개 ▒ 5개 ■ 6개 나온 숫자

N	A						B						C					
67	1	7	12	19	30	37	1	7	12	19	30	38	1	7	12	19	30	39
68	2	7	12	19	30	37	2	7	12	19	30	38	2	7	12	19	30	39
69	3	7	12	19	30	37	3	7	12	19	30	38	3	7	12	19	30	39
70	1	9	12	19	30	37	1	9	12	19	30	38	1	9	12	19	30	39
71	2	9	12	19	30	37	2	9	12	19	30	38	2	9	12	19	30	39
72	3	9	12	19	30	37	3	9	12	19	30	38	3	9	12	19	30	39
73	1	5	16	19	30	37	1	5	16	19	30	38	1	5	16	19	30	39
74	2	5	16	19	30	37	2	5	16	19	30	38	2	5	16	19	30	39
75	3	5	16	19	30	37	3	5	16	19	30	38	3	5	16	19	30	39
76	1	7	16	19	30	37	1	7	16	19	30	38	1	7	16	19	30	39
77	2	7	16	19	30	37	2	7	16	19	30	38	2	7	16	19	30	39
78	3	7	16	19	30	37	3	7	16	19	30	38	3	7	16	19	30	39
79	1	9	16	19	30	37	1	9	16	19	30	38	1	9	16	19	30	39
80	2	9	16	19	30	37	2	9	16	19	30	38	2	9	16	19	30	39
81	3	9	16	19	30	37	3	9	16	19	30	38	3	9	16	19	30	39
82	1	5	10	17	31	37	1	5	10	17	31	38	1	5	10	17	31	39
83	2	5	10	17	31	37	2	5	10	17	31	38	2	5	10	17	31	39
84	3	5	10	17	31	37	3	5	10	17	31	38	3	5	10	17	31	39
85	1	7	10	17	31	37	1	7	10	17	31	38	1	7	10	17	31	39
86	2	7	10	17	31	37	2	7	10	17	31	38	2	7	10	17	31	39
87	3	7	10	17	31	37	3	7	10	17	31	38	3	7	10	17	31	39
88	1	9	10	17	31	37	1	9	10	17	31	38	1	9	10	17	31	39
89	2	9	10	17	31	37	2	9	10	17	31	38	2	9	10	17	31	39
90	3	9	10	17	31	37	3	9	10	17	31	38	3	9	10	17	31	39
91	1	5	12	17	31	37	1	5	12	17	31	38	1	5	12	17	31	39
92	2	5	12	17	31	37	2	5	12	17	31	38	2	5	12	17	31	39
93	3	5	12	17	31	37	3	5	12	17	31	38	3	5	12	17	31	39
94	1	7	12	17	31	37	1	7	12	17	31	38	1	7	12	17	31	39
95	2	7	12	17	31	37	2	7	12	17	31	38	2	7	12	17	31	39
96	3	7	12	17	31	37	3	7	12	17	31	38	3	7	12	17	31	39
97	1	9	12	17	31	37	1	9	12	17	31	38	1	9	12	17	31	39
98	2	9	12	17	31	37	2	9	12	17	31	38	2	9	12	17	31	39
99	3	9	12	17	31	37	3	9	12	17	31	38	3	9	12	17	31	39
100	1	5	16	17	31	37	1	5	16	17	31	38	1	5	16	17	31	39

패턴 23 | 많이 나온 숫자 3개 조합 도표 　4개 ■ 5개 ■ 6개 나온 숫자

N	A						B						C					
101	2	5	16	17	31	37	2	5	16	17	31	38	2	5	16	17	31	39
102	3	5	16	17	31	37	3	5	16	17	31	38	3	5	16	17	31	39
103	1	7	16	17	31	37	1	7	16	17	31	38	1	7	16	17	31	39
104	2	7	16	17	31	37	2	7	16	17	31	38	2	7	16	17	31	39
105	3	7	16	17	31	37	3	7	16	17	31	38	3	7	16	17	31	39
106	1	9	16	17	31	37	1	9	16	17	31	38	1	9	16	17	31	39
107	2	9	16	17	31	37	2	9	16	17	31	38	2	9	16	17	31	39
108	3	9	16	17	31	37	3	9	16	17	31	38	3	9	16	17	31	39
109	1	5	10	18	31	37	1	5	10	18	31	38	1	5	10	18	31	39
110	2	5	10	18	31	37	2	5	10	18	31	38	2	5	10	18	31	39
111	3	5	10	18	31	37	3	5	10	18	31	38	3	5	10	18	31	39
112	1	7	10	18	31	37	1	7	10	18	31	38	1	7	10	18	31	39
113	2	7	10	18	31	37	2	7	10	18	31	38	2	7	10	18	31	39
114	3	7	10	18	31	37	3	7	10	18	31	38	3	7	10	18	31	39
115	1	9	10	18	31	37	1	9	10	18	31	38	1	9	10	18	31	39
116	2	9	10	18	31	37	2	9	10	18	31	38	2	9	10	18	31	39
117	3	9	10	18	31	37	3	9	10	18	31	38	3	9	10	18	31	39
118	1	5	12	18	31	37	1	5	12	18	31	38	1	5	12	18	31	39
119	2	5	12	18	31	37	2	5	12	18	31	38	2	5	12	18	31	39
120	3	5	12	18	31	37	3	5	12	18	31	38	3	5	12	18	31	39
121	1	7	12	18	31	37	1	7	12	18	31	38	1	7	12	18	31	39
122	2	7	12	18	31	37	2	7	12	18	31	38	2	7	12	18	31	39
123	3	7	12	18	31	37	3	7	12	18	31	38	3	7	12	18	31	39
124	1	9	12	18	31	37	1	9	12	18	31	38	1	9	12	18	31	39
125	2	9	12	18	31	37	2	9	12	18	31	38	2	9	12	18	31	39
126	3	9	12	18	31	37	3	9	12	18	31	38	3	9	12	18	31	39
127	1	5	16	18	31	37	1	5	16	18	31	38	1	5	16	18	31	39
128	2	5	16	18	31	37	2	5	16	18	31	38	2	5	16	18	31	39
129	3	5	16	18	31	37	3	5	16	18	31	38	3	5	16	18	31	39
130	1	7	16	18	31	37	1	7	16	18	31	38	1	7	16	18	31	39
131	2	7	16	18	31	37	2	7	16	18	31	38	2	7	16	18	31	39
132	3	7	16	18	31	37	3	7	16	18	31	38	3	7	16	18	31	39
133	1	9	16	18	31	37	1	9	16	18	31	38	1	9	16	18	31	39
134	2	9	16	18	31	37	2	9	16	18	31	38	2	9	16	18	31	39

패턴 23 | 많이 나온 숫자 3개 조합 도표

4개 ▒ 5개 ■ 6개 나온 숫자

N	A						B						C					
135	3	9	16	18	31	37	3	9	16	18	31	38	3	9	16	18	31	39
136	1	5	10	19	31	37	1	5	10	19	31	38	1	5	10	19	31	39
137	2	5	10	19	31	37	2	5	10	19	31	38	2	5	10	19	31	39
138	3	5	10	19	31	37	3	5	10	19	31	38	3	5	10	19	31	39
139	1	7	10	19	31	37	1	7	10	19	31	38	1	7	10	19	31	39
140	2	7	10	19	31	37	2	7	10	19	31	38	2	7	10	19	31	39
141	3	7	10	19	31	37	3	7	10	19	31	38	3	7	10	19	31	39
142	1	9	10	19	31	37	1	9	10	19	31	38	1	9	10	19	31	39
143	2	9	10	19	31	37	2	9	10	19	31	38	2	9	10	19	31	39
144	3	9	10	19	31	37	3	9	10	19	31	38	3	9	10	19	31	39
145	1	5	12	19	31	37	1	5	12	19	31	38	1	5	12	19	31	39
146	2	5	12	19	31	37	2	5	12	19	31	38	2	5	12	19	31	39
147	3	5	12	19	31	37	3	5	12	19	31	38	3	5	12	19	31	39
148	1	7	12	19	31	37	1	7	12	19	31	38	1	7	12	19	31	39
149	2	7	12	19	31	37	2	7	12	19	31	38	2	7	12	19	31	39
150	3	7	12	19	31	37	3	7	12	19	31	38	3	7	12	19	31	39
151	1	9	12	19	31	37	1	9	12	19	31	38	1	9	12	19	31	39
152	2	9	12	19	31	37	2	9	12	19	31	38	2	9	12	19	31	39
153	3	9	12	19	31	37	3	9	12	19	31	38	3	9	12	19	31	39
154	1	5	16	19	31	37	1	5	16	19	31	38	1	5	16	19	31	39
155	2	5	16	19	31	37	2	5	16	19	31	38	2	5	16	19	31	39
156	3	5	16	19	31	37	3	5	16	19	31	38	3	5	16	19	31	39
157	1	7	16	19	31	37	1	7	16	19	31	38	1	7	16	19	31	39
158	2	7	16	19	31	37	2	7	16	19	31	38	2	7	16	19	31	39
159	3	7	16	19	31	37	3	7	16	19	31	38	3	7	16	19	31	39
160	1	9	16	19	31	37	1	9	16	19	31	38	1	9	16	19	31	39
161	2	9	16	19	31	37	2	9	16	19	31	38	2	9	16	19	31	39
162	3	9	16	19	31	37	3	9	16	19	31	38	3	9	16	19	31	39
163	1	5	10	17	32	37	1	5	10	17	32	38	1	5	10	17	32	39
164	2	5	10	17	32	37	2	5	10	17	32	38	2	5	10	17	32	39
165	3	5	10	17	32	37	3	5	10	17	32	38	3	5	10	17	32	39
166	1	7	10	17	32	37	1	7	10	17	32	38	1	7	10	17	32	39
167	2	7	10	17	32	37	2	7	10	17	32	38	2	7	10	17	32	39
168	3	7	10	17	32	37	3	7	10	17	32	38	3	7	10	17	32	39

패턴 23 | 많이 나온 숫자 3개 조합 도표

4개 5개 ■ 6개 나온 숫자

N	A						B						C					
169	1	9	10	17	32	37	1	9	10	17	32	38	1	9	10	17	32	39
170	2	9	10	17	32	37	2	9	10	17	32	38	2	9	10	17	32	39
171	3	9	10	17	32	37	3	9	10	17	32	38	3	9	10	17	32	39
172	1	5	12	17	32	37	1	5	12	17	32	38	1	5	12	17	32	39
173	2	5	12	17	32	37	2	5	12	17	32	38	2	5	12	17	32	39
174	3	5	12	17	32	37	3	5	12	17	32	38	3	5	12	17	32	39
175	1	7	12	17	32	37	1	7	12	17	32	38	1	7	12	17	32	39
176	2	7	12	17	32	37	2	7	12	17	32	38	2	7	12	17	32	39
177	3	7	12	17	32	37	3	7	12	17	32	38	3	7	12	17	32	39
178	1	9	12	17	32	37	1	9	12	17	32	38	1	9	12	17	32	39
179	2	9	12	17	32	37	2	9	12	17	32	38	2	9	12	17	32	39
180	3	9	12	17	32	37	3	9	12	17	32	38	3	9	12	17	32	39
181	1	5	16	17	32	37	1	5	16	17	32	38	1	5	16	17	32	39
182	2	5	16	17	32	37	2	5	16	17	32	38	2	5	16	17	32	39
183	3	5	16	17	32	37	3	5	16	17	32	38	3	5	16	17	32	39
184	1	7	16	17	32	37	1	7	16	17	32	38	1	7	16	17	32	39
185	2	7	16	17	32	37	2	7	16	17	32	38	2	7	16	17	32	39
186	3	7	16	17	32	37	3	7	16	17	32	38	3	7	16	17	32	39
187	1	9	16	17	32	37	1	9	16	17	32	38	1	9	16	17	32	39
188	2	9	16	17	32	37	2	9	16	17	32	38	2	9	16	17	32	39
189	3	9	16	17	32	37	3	9	16	17	32	38	3	9	16	17	32	39
190	1	5	10	18	32	37	1	5	10	18	32	38	1	5	10	18	32	39
191	2	5	10	18	32	37	2	5	10	18	32	38	2	5	10	18	32	39
192	3	5	10	18	32	37	3	5	10	18	32	38	3	5	10	18	32	39
193	1	7	10	18	32	37	1	7	10	18	32	38	1	7	10	18	32	39
194	2	7	10	18	32	37	2	7	10	18	32	38	2	7	10	18	32	39
195	3	7	10	18	32	37	3	7	10	18	32	38	3	7	10	18	32	39
196	1	9	10	18	32	37	1	9	10	18	32	38	1	9	10	18	32	39
197	2	9	10	18	32	37	2	9	10	18	32	38	2	9	10	18	32	39
198	3	9	10	18	32	37	3	9	10	18	32	38	3	9	10	18	32	39
199	1	5	12	18	32	37	1	5	12	18	32	38	1	5	12	18	32	39
200	2	5	12	18	32	37	2	5	12	18	32	38	2	5	12	18	32	39
201	3	5	12	18	32	37	3	5	12	18	32	38	3	5	12	18	32	39
202	1	7	12	18	32	37	1	7	12	18	32	38	1	7	12	18	32	39

패턴 23 | 많이 나온 숫자 3개 조합 도표 　4개 ■ 5개 ■ 6개 나온 숫자

N	A						B						C					
203	2	7	12	18	32	37	2	7	12	18	32	38	2	7	12	18	32	39
204	3	7	12	18	32	37	3	7	12	18	32	38	3	7	12	18	32	39
205	1	9	12	18	32	37	1	9	12	18	32	38	1	9	12	18	32	39
206	2	9	12	18	32	37	2	9	12	18	32	38	2	9	12	18	32	39
207	3	9	12	18	32	37	3	9	12	18	32	38	3	9	12	18	32	39
208	1	5	16	18	32	37	1	5	16	18	32	38	1	5	16	18	32	39
209	2	5	16	18	32	37	2	5	16	18	32	38	2	5	16	18	32	39
210	3	5	16	18	32	37	3	5	16	18	32	38	3	5	16	18	32	39
211	1	7	16	18	32	37	1	7	16	18	32	38	1	7	16	18	32	39
212	2	7	16	18	32	37	2	7	16	18	32	38	2	7	16	18	32	39
213	3	7	16	18	32	37	3	7	16	18	32	38	3	7	16	18	32	39
214	1	9	16	18	32	37	1	9	16	18	32	38	1	9	16	18	32	39
215	2	9	16	18	32	37	2	9	16	18	32	38	2	9	16	18	32	39
216	3	9	16	18	32	37	3	9	16	18	32	38	3	9	16	18	32	39
217	1	5	10	19	32	37	1	5	10	19	32	38	1	5	10	19	32	39
218	2	5	10	19	32	37	2	5	10	19	32	38	2	5	10	19	32	39
219	3	5	10	19	32	37	3	5	10	19	32	38	3	5	10	19	32	39
220	1	7	10	19	32	37	1	7	10	19	32	38	1	7	10	19	32	39
221	2	7	10	19	32	37	2	7	10	19	32	38	2	7	10	19	32	39
222	3	7	10	19	32	37	3	7	10	19	32	38	3	7	10	19	32	39
223	1	9	10	19	32	37	1	9	10	19	32	38	1	9	10	19	32	39
224	2	9	10	19	32	37	2	9	10	19	32	38	2	9	10	19	32	39
225	3	9	10	19	32	37	3	9	10	19	32	38	3	9	10	19	32	39
226	1	5	12	19	32	37	1	5	12	19	32	38	1	5	12	19	32	39
227	2	5	12	19	32	37	2	5	12	19	32	38	2	5	12	19	32	39
228	3	5	12	19	32	37	3	5	12	19	32	38	3	5	12	19	32	39
229	1	7	12	19	32	37	1	7	12	19	32	38	1	7	12	19	32	39
230	2	7	12	19	32	37	2	7	12	19	32	38	2	7	12	19	32	39
231	3	7	12	19	32	37	3	7	12	19	32	38	3	7	12	19	32	39
232	1	9	12	19	32	37	1	9	12	19	32	38	1	9	12	19	32	39
233	2	9	12	19	32	37	2	9	12	19	32	38	2	9	12	19	32	39
234	3	9	12	19	32	37	3	9	12	19	32	38	3	9	12	19	32	39
235	1	5	16	19	32	37	1	5	16	19	32	38	1	5	16	19	32	39
236	2	5	16	19	32	37	2	5	16	19	32	38	2	5	16	19	32	39

패턴 23 | 많이 나온 숫자 3개 조합 도표   4개   5개 ■ 6개 나온 숫자

N	A						B						C					
237	3	5	16	19	32	37	3	5	16	19	32	38	3	5	16	19	32	39
238	1	7	16	19	32	37	1	7	16	19	32	38	1	7	16	19	32	39
239	2	7	16	19	32	37	2	7	16	19	32	38	2	7	16	19	32	39
240	3	7	16	19	32	37	3	7	16	19	32	38	3	7	16	19	32	39
241	1	9	16	19	32	37	1	9	16	19	32	38	1	9	16	19	32	39
242	2	9	16	19	32	37	2	9	16	19	32	38	2	9	16	19	32	39
243	3	9	16	19	32	37	3	9	16	19	32	38	3	9	16	19	32	39

패턴 24

패턴 24 | 2002~2022년도까지 15번의 단위별 당첨 횟수를 보임

횟수	년도	월	일	1	1	20	30	30	40	B/N
1	2003	3	22	6	7	24	37	38	40	33
2	2004	1	24	2	8	25	36	39	42	11
3	2004	5	8	2	5	24	32	34	44	28
4	2005	1	29	4	9	28	33	36	45	26
5	2008	1	12	7	8	24	34	36	41	1
6	2008	2	23	1	8	24	31	34	44	6
7	2009	5	9	3	5	20	34	39	44	16
8	2009	9	19	5	8	29	30	35	44	38
9	2010	10	2	6	9	21	31	32	40	38
10	2013	11	23	2	4	20	34	35	43	14
11	2014	8	2	4	8	27	34	39	40	13
12	2015	7	25	4	9	23	33	39	44	14
13	2016	8	6	1	7	22	33	37	40	20
14	2020	7	18	2	3	26	33	34	43	29
15	2022	10	8	2	5	22	32	34	45	39

패턴 24 | 각 칸별 많이 나온 숫자

1칸	횟수	2칸	횟수	3칸	횟수	4칸	횟수	5칸	횟수	6칸	횟수
2	5	8	5	24	4	33	4	39	4	44	5
4	3	9	3	20	2	34	4	34	4	40	4
1	2	5	3	22	2	31	2	36	2	45	2
6	2	7	2	21	1	32	2	35	2	43	2
3	1	4	1	23	1	30	1	38	1	41	1
5	1	3	1	25	1	36	1	37	1	42	1
7	1	6	0	26	1	37	1	32	1		
8	0	2	0	27	1	35	0	33	0		
9	0	1	0	28	1	38	0	31	0		
				29	1	39	0	30	0		

패턴 24번의 2개 묶음 조합 도표

패턴 24 | 2개 숫자를 조합한 도표　　4개 ▒ 5개 ■ 6개

N	A						B						C						D					
1	2	8	20	33	34	40	2	8	20	33	39	40	2	8	20	33	34	44	2	8	20	33	39	44
2	4	8	20	33	34	40	4	8	20	33	39	40	4	8	20	33	34	44	4	8	20	33	39	44
3	2	9	20	33	34	40	2	9	20	33	39	40	2	9	20	33	34	44	2	9	20	33	39	44
4	4	9	20	33	34	40	4	9	20	33	39	40	4	9	20	33	34	44	4	9	20	33	39	44
5	2	8	24	33	34	40	2	8	24	33	39	40	2	8	24	33	34	44	2	8	24	33	39	44
6	4	8	24	33	34	40	4	8	24	33	39	40	4	8	24	33	34	44	4	8	24	33	39	44
7	2	9	24	33	34	40	2	9	24	33	39	40	2	9	24	33	34	44	2	9	24	33	39	44
8	4	9	24	33	34	40	4	9	24	33	39	40	4	9	24	33	34	44	4	9	24	33	39	44
9	2	8	20	34	36	40	2	8	20	34	39	40	2	8	20	34	36	44	2	8	20	34	39	44
10	4	8	20	34	36	40	4	8	20	34	39	40	4	8	20	34	36	44	4	8	20	34	39	44
11	2	9	20	34	36	40	2	9	20	34	39	40	2	9	20	34	36	44	2	9	20	34	39	44
12	4	9	20	34	36	40	4	9	20	34	39	40	4	9	20	34	36	44	4	9	20	34	39	44
13	2	8	24	34	36	40	2	8	24	34	39	40	2	8	24	34	36	44	2	8	24	34	39	44
14	4	8	24	34	36	40	4	8	24	34	39	40	4	8	24	34	36	44	4	8	24	34	39	44
15	2	9	24	34	36	40	2	9	24	34	39	40	2	9	24	34	36	44	2	9	24	34	39	44
16	4	9	24	34	36	40	4	9	24	34	39	40	4	9	24	34	36	44	4	9	24	34	39	44

패턴 24번의 3개 묶음 조합 도표

패턴 24 | 많이 나온 숫자 3개 조합 도표 4개 5개 ■ 6개 나온 숫자

N	A						B						C					
1	1	7	20	31	35	40	1	7	20	31	35	43	1	7	20	31	35	44
2	2	7	20	31	35	40	2	7	20	31	35	43	2	7	20	31	35	44
3	4	7	20	31	35	40	4	7	20	31	35	43	4	7	20	31	35	44
4	1	8	20	31	35	40	1	8	20	31	35	43	1	8	20	31	35	44
5	2	8	20	31	35	40	2	8	20	31	35	43	2	8	20	31	35	44
6	4	8	20	31	35	40	4	8	20	31	35	43	4	8	20	31	35	44
7	1	9	20	31	35	40	1	9	20	31	35	43	1	9	20	31	35	44
8	2	9	20	31	35	40	2	9	20	31	35	43	2	9	20	31	35	44
9	4	9	20	31	35	40	4	9	20	31	35	43	4	9	20	31	35	44
10	1	7	21	31	35	40	1	7	21	31	35	43	1	7	21	31	35	44
11	2	7	21	31	35	40	2	7	21	31	35	43	2	7	21	31	35	44
12	4	7	21	31	35	40	4	7	21	31	35	43	4	7	21	31	35	44
13	1	8	21	31	35	40	1	8	21	31	35	43	1	8	21	31	35	44
14	2	8	21	31	35	40	2	8	21	31	35	43	2	8	21	31	35	44
15	4	8	21	31	35	40	4	8	21	31	35	43	4	8	21	31	35	44
16	1	9	21	31	35	40	1	9	21	31	35	43	1	9	21	31	35	44
17	2	9	21	31	35	40	2	9	21	31	35	43	2	9	21	31	35	44
18	4	9	21	31	35	40	4	9	21	31	35	43	4	9	21	31	35	44
19	1	7	24	31	35	40	1	7	24	31	35	43	1	7	24	31	35	44
20	2	7	24	31	35	40	2	7	24	31	35	43	2	7	24	31	35	44
21	4	7	24	31	35	40	4	7	24	31	35	43	4	7	24	31	35	44
22	1	8	24	31	35	40	1	8	24	31	35	43	1	8	24	31	35	44
23	2	8	24	31	35	40	2	8	24	31	35	43	2	8	24	31	35	44
24	4	8	24	31	35	40	4	8	24	31	35	43	4	8	24	31	35	44
25	1	9	24	31	35	40	1	9	24	31	35	43	1	9	24	31	35	44
26	2	9	24	31	35	40	2	9	24	31	35	43	2	9	24	31	35	44
27	4	9	24	31	35	40	4	9	24	31	35	43	4	9	24	31	35	44
28	1	7	20	33	35	40	1	7	20	33	35	43	1	7	20	33	35	44
29	2	7	20	33	35	40	2	7	20	33	35	43	2	7	20	33	35	44
30	4	7	20	33	35	40	4	7	20	33	35	43	4	7	20	33	35	44
31	1	8	20	33	35	40	1	8	20	33	35	43	1	8	20	33	35	44
32	2	8	20	33	35	40	2	8	20	33	35	43	2	8	20	33	35	44

패턴 24 | 많이 나온 숫자 3개 조합 도표 4개 ▒ 5개 ■ 6개 나온 숫자

N	A						B						C					
33	4	8	20	33	35	40	4	8	20	33	35	43	4	8	20	33	35	44
34	1	9	20	33	35	40	1	9	20	33	35	43	1	9	20	33	35	44
35	2	9	20	33	35	40	2	9	20	33	35	43	2	9	20	33	35	44
36	4	9	20	33	35	40	4	9	20	33	35	43	4	9	20	33	35	44
37	1	7	21	33	35	40	1	7	21	33	35	43	1	7	21	33	35	44
38	2	7	21	33	35	40	2	7	21	33	35	43	2	7	21	33	35	44
39	4	7	21	33	35	40	4	7	21	33	35	43	4	7	21	33	35	44
40	1	8	21	33	35	40	1	8	21	33	35	43	1	8	21	33	35	44
41	2	8	21	33	35	40	2	8	21	33	35	43	2	8	21	33	35	44
42	4	8	21	33	35	40	4	8	21	33	35	43	4	8	21	33	35	44
43	1	9	21	33	35	40	1	9	21	33	35	43	1	9	21	33	35	44
44	2	9	21	33	35	40	2	9	21	33	35	43	2	9	21	33	35	44
45	4	9	21	33	35	40	4	9	21	33	35	43	4	9	21	33	35	44
46	1	7	24	33	35	40	1	7	24	33	35	43	1	7	24	33	35	44
47	2	7	24	33	35	40	2	7	24	33	35	43	2	7	24	33	35	44
48	4	7	24	33	35	40	4	7	24	33	35	43	4	7	24	33	35	44
49	1	8	24	33	35	40	1	8	24	33	35	43	1	8	24	33	35	44
50	2	8	24	33	35	40	2	8	24	33	35	43	2	8	24	33	35	44
51	4	8	24	33	35	40	4	8	24	33	35	43	4	8	24	33	35	44
52	1	9	24	33	35	40	1	9	24	33	35	43	1	9	24	33	35	44
53	2	9	24	33	35	40	2	9	24	33	35	43	2	9	24	33	35	44
54	4	9	24	33	35	40	4	9	24	33	35	43	4	9	24	33	35	44
55	1	7	20	34	35	40	1	7	20	34	35	43	1	7	20	34	35	44
56	2	7	20	34	35	40	2	7	20	34	35	43	2	7	20	34	35	44
57	4	7	20	34	35	40	4	7	20	34	35	43	4	7	20	34	35	44
58	1	8	20	34	35	40	1	8	20	34	35	43	1	8	20	34	35	44
59	2	8	20	34	35	40	2	8	20	34	35	43	2	8	20	34	35	44
60	4	8	20	34	35	40	4	8	20	34	35	43	4	8	20	34	35	44
61	1	9	20	34	35	40	1	9	20	34	35	43	1	9	20	34	35	44
62	2	9	20	34	35	40	2	9	20	34	35	43	2	9	20	34	35	44
63	4	9	20	34	35	40	4	9	20	34	35	43	4	9	20	34	35	44
64	1	7	21	34	35	40	1	7	21	34	35	43	1	7	21	34	35	44
65	2	7	21	34	35	40	2	7	21	34	35	43	2	7	21	34	35	44
66	4	7	21	34	35	40	4	7	21	34	35	43	4	7	21	34	35	44

패턴 24 | 많이 나온 숫자 3개 조합 도표   4개   5개   6개 나온 숫자

N	A						B						C					
67	1	8	21	34	35	40	1	8	21	34	35	43	1	8	21	34	35	44
68	2	8	21	34	35	40	2	8	21	34	35	43	2	8	21	34	35	44
69	4	8	21	34	35	40	4	8	21	34	35	43	4	8	21	34	35	44
70	1	9	21	34	35	40	1	9	21	34	35	43	1	9	21	34	35	44
71	2	9	21	34	35	40	2	9	21	34	35	43	2	9	21	34	35	44
72	4	9	21	34	35	40	4	9	21	34	35	43	4	9	21	34	35	44
73	1	7	24	34	35	40	1	7	24	34	35	43	1	7	24	34	35	44
74	2	7	24	34	35	40	2	7	24	34	35	43	2	7	24	34	35	44
75	4	7	24	34	35	40	4	7	24	34	35	43	4	7	24	34	35	44
76	1	8	24	34	35	40	1	8	24	34	35	43	1	8	24	34	35	44
77	2	8	24	34	35	40	2	8	24	34	35	43	2	8	24	34	35	44
78	4	8	24	34	35	40	4	8	24	34	35	43	4	8	24	34	35	44
79	1	9	24	34	35	40	1	9	24	34	35	43	1	9	24	34	35	44
80	2	9	24	34	35	40	2	9	24	34	35	43	2	9	24	34	35	44
81	4	9	24	34	35	40	4	9	24	34	35	43	4	9	24	34	35	44
82	1	7	20	31	36	40	1	7	20	31	36	43	1	7	20	31	36	44
83	2	7	20	31	36	40	2	7	20	31	36	43	2	7	20	31	36	44
84	4	7	20	31	36	40	4	7	20	31	36	43	4	7	20	31	36	44
85	1	8	20	31	36	40	1	8	20	31	36	43	1	8	20	31	36	44
86	2	8	20	31	36	40	2	8	20	31	36	43	2	8	20	31	36	44
87	4	8	20	31	36	40	4	8	20	31	36	43	4	8	20	31	36	44
88	1	9	20	31	36	40	1	9	20	31	36	43	1	9	20	31	36	44
89	2	9	20	31	36	40	2	9	20	31	36	43	2	9	20	31	36	44
90	4	9	20	31	36	40	4	9	20	31	36	43	4	9	20	31	36	44
91	1	7	21	31	36	40	1	7	21	31	36	43	1	7	21	31	36	44
92	2	7	21	31	36	40	2	7	21	31	36	43	2	7	21	31	36	44
93	4	7	21	31	36	40	4	7	21	31	36	43	4	7	21	31	36	44
94	1	8	21	31	36	40	1	8	21	31	36	43	1	8	21	31	36	44
95	2	8	21	31	36	40	2	8	21	31	36	43	2	8	21	31	36	44
96	4	8	21	31	36	40	4	8	21	31	36	43	4	8	21	31	36	44
97	1	9	21	31	36	40	1	9	21	31	36	43	1	9	21	31	36	44
98	2	9	21	31	36	40	2	9	21	31	36	43	2	9	21	31	36	44
99	4	9	21	31	36	40	4	9	21	31	36	43	4	9	21	31	36	44
100	1	7	24	31	36	40	1	7	24	31	36	43	1	7	24	31	36	44

패턴 24 | 많이 나온 숫자 3개 조합 도표

4개 ▒ 5개 ■ 6개 나온 숫자

N	A						B						C					
101	2	7	24	31	36	40	2	7	24	31	36	43	2	7	24	31	36	44
102	4	7	24	31	36	40	4	7	24	31	36	43	4	7	24	31	36	44
103	1	8	24	31	36	40	1	8	24	31	36	43	1	8	24	31	36	44
104	2	8	24	31	36	40	2	8	24	31	36	43	2	8	24	31	36	44
105	4	8	24	31	36	40	4	8	24	31	36	43	4	8	24	31	36	44
106	1	9	24	31	36	40	1	9	24	31	36	43	1	9	24	31	36	44
107	2	9	24	31	36	40	2	9	24	31	36	43	2	9	24	31	36	44
108	4	9	24	31	36	40	4	9	24	31	36	43	4	9	24	31	36	44
109	1	7	20	33	36	40	1	7	20	33	36	43	1	7	20	33	36	44
110	2	7	20	33	36	40	2	7	20	33	36	43	2	7	20	33	36	44
111	4	7	20	33	36	40	4	7	20	33	36	43	4	7	20	33	36	44
112	1	8	20	33	36	40	1	8	20	33	36	43	1	8	20	33	36	44
113	2	8	20	33	36	40	2	8	20	33	36	43	2	8	20	33	36	44
114	4	8	20	33	36	40	4	8	20	33	36	43	4	8	20	33	36	44
115	1	9	20	33	36	40	1	9	20	33	36	43	1	9	20	33	36	44
116	2	9	20	33	36	40	2	9	20	33	36	43	2	9	20	33	36	44
117	4	9	20	33	36	40	4	9	20	33	36	43	4	9	20	33	36	44
118	1	7	21	33	36	40	1	7	21	33	36	43	1	7	21	33	36	44
119	2	7	21	33	36	40	2	7	21	33	36	43	2	7	21	33	36	44
120	4	7	21	33	36	40	4	7	21	33	36	43	4	7	21	33	36	44
121	1	8	21	33	36	40	1	8	21	33	36	43	1	8	21	33	36	44
122	2	8	21	33	36	40	2	8	21	33	36	43	2	8	21	33	36	44
123	4	8	21	33	36	40	4	8	21	33	36	43	4	8	21	33	36	44
124	1	9	21	33	36	40	1	9	21	33	36	43	1	9	21	33	36	44
125	2	9	21	33	36	40	2	9	21	33	36	43	2	9	21	33	36	44
126	4	9	21	33	36	40	4	9	21	33	36	43	4	9	21	33	36	44
127	1	7	24	33	36	40	1	7	24	33	36	43	1	7	24	33	36	44
128	2	7	24	33	36	40	2	7	24	33	36	43	2	7	24	33	36	44
129	4	7	24	33	36	40	4	7	24	33	36	43	4	7	24	33	36	44
130	1	8	24	33	36	40	1	8	24	33	36	43	1	8	24	33	36	44
131	2	8	24	33	36	40	2	8	24	33	36	43	2	8	24	33	36	44
132	4	8	24	33	36	40	4	8	24	33	36	43	4	8	24	33	36	44
133	1	9	24	33	36	40	1	9	24	33	36	43	1	9	24	33	36	44
134	2	9	24	33	36	40	2	9	24	33	36	43	2	9	24	33	36	44

패턴 24 | 많이 나온 숫자 3개 조합 도표   4개 ▨ 5개 ■ 6개 나온 숫자

N	A						B						C					
135	4	9	24	33	36	40	4	9	24	33	36	43	4	9	24	33	36	44
136	1	7	20	34	36	40	1	7	20	34	36	43	1	7	20	34	36	44
137	2	7	20	34	36	40	2	7	20	34	36	43	2	7	20	34	36	44
138	4	7	20	34	36	40	4	7	20	34	36	43	4	7	20	34	36	44
139	1	8	20	34	36	40	1	8	20	34	36	43	1	8	20	34	36	44
140	2	8	20	34	36	40	2	8	20	34	36	43	2	8	20	34	36	44
141	4	8	20	34	36	40	4	8	20	34	36	43	4	8	20	34	36	44
142	1	9	20	34	36	40	1	9	20	34	36	43	1	9	20	34	36	44
143	2	9	20	34	36	40	2	9	20	34	36	43	2	9	20	34	36	44
144	4	9	20	34	36	40	4	9	20	34	36	43	4	9	20	34	36	44
145	1	7	21	34	36	40	1	7	21	34	36	43	1	7	21	34	36	44
146	2	7	21	34	36	40	2	7	21	34	36	43	2	7	21	34	36	44
147	4	7	21	34	36	40	4	7	21	34	36	43	4	7	21	34	36	44
148	1	8	21	34	36	40	1	8	21	34	36	43	1	8	21	34	36	44
149	2	8	21	34	36	40	2	8	21	34	36	43	2	8	21	34	36	44
150	4	8	21	34	36	40	4	8	21	34	36	43	4	8	21	34	36	44
151	1	9	21	34	36	40	1	9	21	34	36	43	1	9	21	34	36	44
152	2	9	21	34	36	40	2	9	21	34	36	43	2	9	21	34	36	44
153	4	9	21	34	36	40	4	9	21	34	36	43	4	9	21	34	36	44
154	1	7	24	34	36	40	1	7	24	34	36	43	1	7	24	34	36	44
155	2	7	24	34	36	40	2	7	24	34	36	43	2	7	24	34	36	44
156	4	7	24	34	36	40	4	7	24	34	36	43	4	7	24	34	36	44
157	1	8	24	34	36	40	1	8	24	34	36	43	1	8	24	34	36	44
158	2	8	24	34	36	40	2	8	24	34	36	43	2	8	24	34	36	44
159	4	8	24	34	36	40	4	8	24	34	36	43	4	8	24	34	36	44
160	1	9	24	34	36	40	1	9	24	34	36	43	1	9	24	34	36	44
161	2	9	24	34	36	40	2	9	24	34	36	43	2	9	24	34	36	44
162	4	9	24	34	36	40	4	9	24	34	36	43	4	9	24	34	36	44
163	1	7	20	31	39	40	1	7	20	31	39	43	1	7	20	31	39	44
164	2	7	20	31	39	40	2	7	20	31	39	43	2	7	20	31	39	44
165	4	7	20	31	39	40	4	7	20	31	39	43	4	7	20	31	39	44
166	1	8	20	31	39	40	1	8	20	31	39	43	1	8	20	31	39	44
167	2	8	20	31	39	40	2	8	20	31	39	43	2	8	20	31	39	44
168	4	8	20	31	39	40	4	8	20	31	39	43	4	8	20	31	39	44

패턴 24 | 많이 나온 숫자 3개 조합 도표 4개 ▒ 5개 ■ 6개 나온 숫자

N	A						B						C					
169	1	9	20	31	39	40	1	9	20	31	39	43	1	9	20	31	39	44
170	2	9	20	31	39	40	2	9	20	31	39	43	2	9	20	31	39	44
171	4	9	20	31	39	40	4	9	20	31	39	43	4	9	20	31	39	44
172	1	7	21	31	39	40	1	7	21	31	39	43	1	7	21	31	39	44
173	2	7	21	31	39	40	2	7	21	31	39	43	2	7	21	31	39	44
174	4	7	21	31	39	40	4	7	21	31	39	43	4	7	21	31	39	44
175	1	8	21	31	39	40	1	8	21	31	39	43	1	8	21	31	39	44
176	2	8	21	31	39	40	2	8	21	31	39	43	2	8	21	31	39	44
177	4	8	21	31	39	40	4	8	21	31	39	43	4	8	21	31	39	44
178	1	9	21	31	39	40	1	9	21	31	39	43	1	9	21	31	39	44
179	2	9	21	31	39	40	2	9	21	31	39	43	2	9	21	31	39	44
180	4	9	21	31	39	40	4	9	21	31	39	43	4	9	21	31	39	44
181	1	7	24	31	39	40	1	7	24	31	39	43	1	7	24	31	39	44
182	2	7	24	31	39	40	2	7	24	31	39	43	2	7	24	31	39	44
183	4	7	24	31	39	40	4	7	24	31	39	43	4	7	24	31	39	44
184	1	8	24	31	39	40	1	8	24	31	39	43	1	8	24	31	39	44
185	2	8	24	31	39	40	2	8	24	31	39	43	2	8	24	31	39	44
186	4	8	24	31	39	40	4	8	24	31	39	43	4	8	24	31	39	44
187	1	9	24	31	39	40	1	9	24	31	39	43	1	9	24	31	39	44
188	2	9	24	31	39	40	2	9	24	31	39	43	2	9	24	31	39	44
189	4	9	24	31	39	40	4	9	24	31	39	43	4	9	24	31	39	44
190	1	7	20	33	39	40	1	7	20	33	39	43	1	7	20	33	39	44
191	2	7	20	33	39	40	2	7	20	33	39	43	2	7	20	33	39	44
192	4	7	20	33	39	40	4	7	20	33	39	43	4	7	20	33	39	44
193	1	8	20	33	39	40	1	8	20	33	39	43	1	8	20	33	39	44
194	2	8	20	33	39	40	2	8	20	33	39	43	2	8	20	33	39	44
195	4	8	20	33	39	40	4	8	20	33	39	43	4	8	20	33	39	44
196	1	9	20	33	39	40	1	9	20	33	39	43	1	9	20	33	39	44
197	2	9	20	33	39	40	2	9	20	33	39	43	2	9	20	33	39	44
198	4	9	20	33	39	40	4	9	20	33	39	43	4	9	20	33	39	44
199	1	7	21	33	39	40	1	7	21	33	39	43	1	7	21	33	39	44
200	2	7	21	33	39	40	2	7	21	33	39	43	2	7	21	33	39	44
201	4	7	21	33	39	40	4	7	21	33	39	43	4	7	21	33	39	44
202	1	8	21	33	39	40	1	8	21	33	39	43	1	8	21	33	39	44

패턴 24 | 많이 나온 숫자 3개 조합 도표 　　4개 ▨ 5개 ■ 6개 나온 숫자

N	A						B						C					
203	2	8	21	33	39	40	2	8	21	33	39	43	2	8	21	33	39	44
204	4	8	21	33	39	40	4	8	21	33	39	43	4	8	21	33	39	44
205	1	9	21	33	39	40	1	9	21	33	39	43	1	9	21	33	39	44
206	2	9	21	33	39	40	2	9	21	33	39	43	2	9	21	33	39	44
207	4	9	21	33	39	40	4	9	21	33	39	43	4	9	21	33	39	44
208	1	7	24	33	39	40	1	7	24	33	39	43	1	7	24	33	39	44
209	2	7	24	33	39	40	2	7	24	33	39	43	2	7	24	33	39	44
210	4	7	24	33	39	40	4	7	24	33	39	43	4	7	24	33	39	44
211	1	8	24	33	39	40	1	8	24	33	39	43	1	8	24	33	39	44
212	2	8	24	33	39	40	2	8	24	33	39	43	2	8	24	33	39	44
213	4	8	24	33	39	40	4	8	24	33	39	43	4	8	24	33	39	44
214	1	9	24	33	39	40	1	9	24	33	39	43	1	9	24	33	39	44
215	2	9	24	33	39	40	2	9	24	33	39	43	2	9	24	33	39	44
216	4	9	24	33	39	40	4	9	24	33	39	43	4	9	24	33	39	44
217	1	7	20	34	39	40	1	7	20	34	39	43	1	7	20	34	39	44
218	2	7	20	34	39	40	2	7	20	34	39	43	2	7	20	34	39	44
219	4	7	20	34	39	40	4	7	20	34	39	43	4	7	20	34	39	44
220	1	8	20	34	39	40	1	8	20	34	39	43	1	8	20	34	39	44
221	2	8	20	34	39	40	2	8	20	34	39	43	2	8	20	34	39	44
222	4	8	20	34	39	40	4	8	20	34	39	43	4	8	20	34	39	44
223	1	9	20	34	39	40	1	9	20	34	39	43	1	9	20	34	39	44
224	2	9	20	34	39	40	2	9	20	34	39	43	2	9	20	34	39	44
225	4	9	20	34	39	40	4	9	20	34	39	43	4	9	20	34	39	44
226	1	7	21	34	39	40	1	7	21	34	39	43	1	7	21	34	39	44
227	2	7	21	34	39	40	2	7	21	34	39	43	2	7	21	34	39	44
228	4	7	21	34	39	40	4	7	21	34	39	43	4	7	21	34	39	44
229	1	8	21	34	39	40	1	8	21	34	39	43	1	8	21	34	39	44
230	2	8	21	34	39	40	2	8	21	34	39	43	2	8	21	34	39	44
231	4	8	21	34	39	40	4	8	21	34	39	43	4	8	21	34	39	44
232	1	9	21	34	39	40	1	9	21	34	39	43	1	9	21	34	39	44
233	2	9	21	34	39	40	2	9	21	34	39	43	2	9	21	34	39	44
234	4	9	21	34	39	40	4	9	21	34	39	43	4	9	21	34	39	44
235	1	7	24	34	39	40	1	7	24	34	39	43	1	7	24	34	39	44
236	2	7	24	34	39	40	2	7	24	34	39	43	2	7	24	34	39	44

패턴 24 | 많이 나온 숫자 3개 조합 도표　4개　5개　6개 나온 숫자

N	A						B						C					
237	4	7	24	34	39	40	4	7	24	34	39	43	4	7	24	34	39	44
238	1	8	24	34	39	40	1	8	24	34	39	43	1	8	24	34	39	44
239	2	8	24	34	39	40	2	8	24	34	39	43	2	8	24	34	39	44
240	4	8	24	34	39	40	4	8	24	34	39	43	4	8	24	34	39	44
241	1	9	24	34	39	40	1	9	24	34	39	43	1	9	24	34	39	44
242	2	9	24	34	39	40	2	9	24	34	39	43	2	9	24	34	39	44
243	4	9	24	34	39	40	4	9	24	34	39	43	4	9	24	34	39	44

패턴 25

패턴 25 | 2002~2022년도까지 15번의 단위별 당첨 횟수를 보임

횟수	년도	월	일	1	10	10	10	30	30	B/N
1	2003	4	5	**3**	**12**	**13**	**19**	**32**	**35**	29
2	2003	4	26	**6**	**12**	**17**	**18**	**31**	**32**	21
3	2007	3	24	**5**	**11**	**13**	**19**	**31**	**36**	7
4	2012	1	14	**9**	**12**	**13**	**15**	**37**	**38**	27
5	2013	2	16	**9**	**14**	**15**	**17**	**31**	**33**	23
6	2013	4	6	**3**	**12**	**13**	**15**	**34**	**36**	14
7	2013	9	14	**5**	**10**	**16**	**17**	**31**	**32**	21
8	2016	3	5	**3**	**11**	**14**	**15**	**32**	**36**	44
9	2016	5	7	**3**	**10**	**14**	**16**	**36**	**38**	35
10	2018	1	6	**2**	**10**	**11**	**19**	**35**	**39**	29
11	2018	5	5	**3**	**12**	**13**	**18**	**31**	**32**	42
12	2018	11	3	**3**	**10**	**16**	**19**	**31**	**39**	9
13	2020	2	29	**7**	**13**	**16**	**18**	**35**	**38**	14
14	2021	1	2	**2**	**13**	**16**	**19**	**32**	**33**	42

패턴 25 | 각 칸별 많이 나온 숫자

1칸	횟수	2칸	횟수	3칸	횟수	4칸	횟수	5칸	횟수	6칸	횟수
3	6	**12**	5	**13**	5	**19**	5	**31**	6	**38**	3
2	2	**10**	4	**16**	4	**18**	3	**32**	3	**36**	3
5	2	**11**	2	**14**	2	**15**	3	**35**	2	**32**	3
9	2	**13**	2	**17**	1	**17**	2	**34**	1	**39**	2
6	1	**14**	1	**15**	1	**16**	1	**36**	1	**33**	2
7	1	**15**	0	**11**	1	**14**	0	**37**	1	**35**	1
1	0	**16**	0	**19**	0	**13**	0	**30**	0	**37**	0
4	0	**17**	0	**18**	0	**12**	0	**33**	0	**34**	0
8	0	**18**	0	**12**	0	**11**	0	**38**	0	**31**	0
		19	0	**10**	0	**10**	0	**39**	0	**30**	0

패턴 25번의 2개 묶음 조합 도표

패턴 25 | 2개 숫자를 조합한 도표 4개 5개 6개

N	A						B						C						D					
1	2	10	13	18	31	36	2	10	13	18	32	36	2	10	13	18	31	38	2	10	13	18	32	38
2	3	10	13	18	31	36	3	10	13	18	32	36	3	10	13	18	31	38	3	10	13	18	32	38
3	2	12	13	18	31	36	2	12	13	18	32	36	2	12	13	18	31	38	2	12	13	18	32	38
4	3	12	13	18	31	36	3	12	13	18	32	36	3	12	13	18	31	38	3	12	13	18	32	38
5	2	10	16	18	31	36	2	10	16	18	32	36	2	10	16	18	31	38	2	10	16	18	32	38
6	3	10	16	18	31	36	3	10	16	18	32	36	3	10	16	18	31	38	3	10	16	18	32	38
7	2	12	16	18	31	36	2	12	16	18	32	36	2	12	16	18	31	38	2	12	16	18	32	38
8	3	12	16	18	31	36	3	12	16	18	32	36	3	12	16	18	31	38	3	12	16	18	32	38
9	2	10	13	19	31	36	2	10	13	19	32	36	2	10	13	19	31	38	2	10	13	19	32	38
10	3	10	13	19	31	36	3	10	13	19	32	36	3	10	13	19	31	38	3	10	13	19	32	38
11	2	12	13	19	31	36	2	12	13	19	32	36	2	12	13	19	31	38	2	12	13	19	32	38
12	3	12	13	19	31	36	3	12	13	19	32	36	3	12	13	19	31	38	3	12	13	19	32	38
13	2	10	16	19	31	36	2	10	16	19	32	36	2	10	16	19	31	38	2	10	16	19	32	38
14	3	10	16	19	31	36	3	10	16	19	32	36	3	10	16	19	31	38	3	10	16	19	32	38
15	2	12	16	19	31	36	2	12	16	19	32	36	2	12	16	19	31	38	2	12	16	19	32	38
16	3	12	16	19	31	36	3	12	16	19	32	36	3	12	16	19	31	38	3	12	16	19	32	38

패턴 25번의 3개 묶음 조합 도표

패턴 25 | 많이 나온 숫자 3개 조합 도표　　4개　5개　■ 6개 나온 숫자

N	A						B						C					
1	2	10	13	17	31	36	2	10	13	17	31	38	2	10	13	17	31	39
2	3	10	13	17	31	36	3	10	13	17	31	38	3	10	13	17	31	39
3	5	10	13	17	31	36	5	10	13	17	31	38	5	10	13	17	31	39
4	2	11	13	17	31	36	2	11	13	17	31	38	2	11	13	17	31	39
5	3	11	13	17	31	36	3	11	13	17	31	38	3	11	13	17	31	39
6	5	11	13	17	31	36	5	11	13	17	31	38	5	11	13	17	31	39
7	2	12	13	17	31	36	2	12	13	17	31	38	2	12	13	17	31	39
8	3	12	13	17	31	36	3	12	13	17	31	38	3	12	13	17	31	39
9	5	12	13	17	31	36	5	12	13	17	31	38	5	12	13	17	31	39
10	2	10	14	17	31	36	2	10	14	17	31	38	2	10	14	17	31	39
11	3	10	14	17	31	36	3	10	14	17	31	38	3	10	14	17	31	39
12	5	10	14	17	31	36	5	10	14	17	31	38	5	10	14	17	31	39
13	2	11	14	17	31	36	2	11	14	17	31	38	2	11	14	17	31	39
14	3	11	14	17	31	36	3	11	14	17	31	38	3	11	14	17	31	39
15	5	11	14	17	31	36	5	11	14	17	31	38	5	11	14	17	31	39
16	2	12	14	17	31	36	2	12	14	17	31	38	2	12	14	17	31	39
17	3	12	14	17	31	36	3	12	14	17	31	38	3	12	14	17	31	39
18	5	12	14	17	31	36	5	12	14	17	31	38	5	12	14	17	31	39
19	2	10	16	17	31	36	2	10	16	17	31	38	2	10	16	17	31	39
20	3	10	16	17	31	36	3	10	16	17	31	38	3	10	16	17	31	39
21	5	10	16	17	31	36	5	10	16	17	31	38	5	10	16	17	31	39
22	2	11	16	17	31	36	2	11	16	17	31	38	2	11	16	17	31	39
23	3	11	16	17	31	36	3	11	16	17	31	38	3	11	16	17	31	39
24	5	11	16	17	31	36	5	11	16	17	31	38	5	11	16	17	31	39
25	2	12	16	17	31	36	2	12	16	17	31	38	2	12	16	17	31	39
26	3	12	16	17	31	36	3	12	16	17	31	38	3	12	16	17	31	39
27	5	12	16	17	31	36	5	12	16	17	31	38	5	12	16	17	31	39
28	2	10	13	18	31	36	2	10	13	18	31	38	2	10	13	18	31	39
29	3	10	13	18	31	36	3	10	13	18	31	38	3	10	13	18	31	39
30	5	10	13	18	31	36	5	10	13	18	31	38	5	10	13	18	31	39
31	2	11	13	18	31	36	2	11	13	18	31	38	2	11	13	18	31	39
32	3	11	13	18	31	36	3	11	13	18	31	38	3	11	13	18	31	39

패턴 **25** | 많이 나온 숫자 3개 조합 도표　　4개 ▨ 5개 ■ 6개 나온 숫자

N	A						B						C					
33	5	11	13	18	31	36	5	11	13	18	31	38	5	11	13	18	31	39
34	2	12	13	18	31	36	2	12	13	18	31	38	2	12	13	18	31	39
35	3	12	13	18	31	36	3	12	13	18	31	38	3	12	13	18	31	39
36	5	12	13	18	31	36	5	12	13	18	31	38	5	12	13	18	31	39
37	2	10	14	18	31	36	2	10	14	18	31	38	2	10	14	18	31	39
38	3	10	14	18	31	36	3	10	14	18	31	38	3	10	14	18	31	39
39	5	10	14	18	31	36	5	10	14	18	31	38	5	10	14	18	31	39
40	2	11	14	18	31	36	2	11	14	18	31	38	2	11	14	18	31	39
41	3	11	14	18	31	36	3	11	14	18	31	38	3	11	14	18	31	39
42	5	11	14	18	31	36	5	11	14	18	31	38	5	11	14	18	31	39
43	2	12	14	18	31	36	2	12	14	18	31	38	2	12	14	18	31	39
44	3	12	14	18	31	36	3	12	14	18	31	38	3	12	14	18	31	39
45	5	12	14	18	31	36	5	12	14	18	31	38	5	12	14	18	31	39
46	2	10	16	18	31	36	2	10	16	18	31	38	2	10	16	18	31	39
47	3	10	16	18	31	36	3	10	16	18	31	38	3	10	16	18	31	39
48	5	10	16	18	31	36	5	10	16	18	31	38	5	10	16	18	31	39
49	2	11	16	18	31	36	2	11	16	18	31	38	2	11	16	18	31	39
50	3	11	16	18	31	36	3	11	16	18	31	38	3	11	16	18	31	39
51	5	11	16	18	31	36	5	11	16	18	31	38	5	11	16	18	31	39
52	2	12	16	18	31	36	2	12	16	18	31	38	2	12	16	18	31	39
53	3	12	16	18	31	36	3	12	16	18	31	38	3	12	16	18	31	39
54	5	12	16	18	31	36	5	12	16	18	31	38	5	12	16	18	31	39
55	2	10	13	19	31	36	2	10	13	19	31	38	2	10	13	19	31	39
56	3	10	13	19	31	36	3	10	13	19	31	38	3	10	13	19	31	39
57	5	10	13	19	31	36	5	10	13	19	31	38	5	10	13	19	31	39
58	2	11	13	19	31	36	2	11	13	19	31	38	2	11	13	19	31	39
59	3	11	13	19	31	36	3	11	13	19	31	38	3	11	13	19	31	39
60	5	11	13	19	31	36	5	11	13	19	31	38	5	11	13	19	31	39
61	2	12	13	19	31	36	2	12	13	19	31	38	2	12	13	19	31	39
62	3	12	13	19	31	36	3	12	13	19	31	38	3	12	13	19	31	39
63	5	12	13	19	31	36	5	12	13	19	31	38	5	12	13	19	31	39
64	2	10	14	19	31	36	2	10	14	19	31	38	2	10	14	19	31	39
65	3	10	14	19	31	36	3	10	14	19	31	38	3	10	14	19	31	39
66	5	10	14	19	31	36	5	10	14	19	31	38	5	10	14	19	31	39

패턴 25 | 많이 나온 숫자 3개 조합 도표 4개 ▒ 5개 ■ 6개 나온 숫자

N	A						B						C					
67	2	11	14	19	31	36	2	11	14	19	31	38	2	11	14	19	31	39
68	3	11	14	19	31	36	3	11	14	19	31	38	3	11	14	19	31	39
69	5	11	14	19	31	36	5	11	14	19	31	38	5	11	14	19	31	39
70	2	12	14	19	31	36	2	12	14	19	31	38	2	12	14	19	31	39
71	3	12	14	19	31	36	3	12	14	19	31	38	3	12	14	19	31	39
72	5	12	14	19	31	36	5	12	14	19	31	38	5	12	14	19	31	39
73	2	10	16	19	31	36	2	10	16	19	31	38	2	10	16	19	31	39
74	3	10	16	19	31	36	3	10	16	19	31	38	3	10	16	19	31	39
75	5	10	16	19	31	36	5	10	16	19	31	38	5	10	16	19	31	39
76	2	11	16	19	31	36	2	11	16	19	31	38	2	11	16	19	31	39
77	3	11	16	19	31	36	3	11	16	19	31	38	3	11	16	19	31	39
78	5	11	16	19	31	36	5	11	16	19	31	38	5	11	16	19	31	39
79	2	12	16	19	31	36	2	12	16	19	31	38	2	12	16	19	31	39
80	3	12	16	19	31	36	3	12	16	19	31	38	3	12	16	19	31	39
81	5	12	16	19	31	36	5	12	16	19	31	38	5	12	16	19	31	39
82	2	10	13	17	32	36	2	10	13	17	32	38	2	10	13	17	32	39
83	3	10	13	17	32	36	3	10	13	17	32	38	3	10	13	17	32	39
84	5	10	13	17	32	36	5	10	13	17	32	38	5	10	13	17	32	39
85	2	11	13	17	32	36	2	11	13	17	32	38	2	11	13	17	32	39
86	3	11	13	17	32	36	3	11	13	17	32	38	3	11	13	17	32	39
87	5	11	13	17	32	36	5	11	13	17	32	38	5	11	13	17	32	39
88	2	12	13	17	32	36	2	12	13	17	32	38	2	12	13	17	32	39
89	3	12	13	17	32	36	3	12	13	17	32	38	3	12	13	17	32	39
90	5	12	13	17	32	36	5	12	13	17	32	38	5	12	13	17	32	39
91	2	10	14	17	32	36	2	10	14	17	32	38	2	10	14	17	32	39
92	3	10	14	17	32	36	3	10	14	17	32	38	3	10	14	17	32	39
93	5	10	14	17	32	36	5	10	14	17	32	38	5	10	14	17	32	39
94	2	11	14	17	32	36	2	11	14	17	32	38	2	11	14	17	32	39
95	3	11	14	17	32	36	3	11	14	17	32	38	3	11	14	17	32	39
96	5	11	14	17	32	36	5	11	14	17	32	38	5	11	14	17	32	39
97	2	12	14	17	32	36	2	12	14	17	32	38	2	12	14	17	32	39
98	3	12	14	17	32	36	3	12	14	17	32	38	3	12	14	17	32	39
99	5	12	14	17	32	36	5	12	14	17	32	38	5	12	14	17	32	39
100	2	10	16	17	32	36	2	10	16	17	32	38	2	10	16	17	32	39

패턴 25 | 많이 나온 숫자 3개 조합 도표 4개 ▒ 5개 ■ 6개 나온 숫자

N	A						B						C					
101	3	10	16	17	32	36	3	10	16	17	32	38	3	10	16	17	32	39
102	5	10	16	17	32	36	5	10	16	17	32	38	5	10	16	17	32	39
103	2	11	16	17	32	36	2	11	16	17	32	38	2	11	16	17	32	39
104	3	11	16	17	32	36	3	11	16	17	32	38	3	11	16	17	32	39
105	5	11	16	17	32	36	5	11	16	17	32	38	5	11	16	17	32	39
106	2	12	16	17	32	36	2	12	16	17	32	38	2	12	16	17	32	39
107	3	12	16	17	32	36	3	12	16	17	32	38	3	12	16	17	32	39
108	5	12	16	17	32	36	5	12	16	17	32	38	5	12	16	17	32	39
109	2	10	13	18	32	36	2	10	13	18	32	38	2	10	13	18	32	39
110	3	10	13	18	32	36	3	10	13	18	32	38	3	10	13	18	32	39
111	5	10	13	18	32	36	5	10	13	18	32	38	5	10	13	18	32	39
112	2	11	13	18	32	36	2	11	13	18	32	38	2	11	13	18	32	39
113	3	11	13	18	32	36	3	11	13	18	32	38	3	11	13	18	32	39
114	5	11	13	18	32	36	5	11	13	18	32	38	5	11	13	18	32	39
115	2	12	13	18	32	36	2	12	13	18	32	38	2	12	13	18	32	39
116	3	12	13	18	32	36	3	12	13	18	32	38	3	12	13	18	32	39
117	5	12	13	18	32	36	5	12	13	18	32	38	5	12	13	18	32	39
118	2	10	14	18	32	36	2	10	14	18	32	38	2	10	14	18	32	39
119	3	10	14	18	32	36	3	10	14	18	32	38	3	10	14	18	32	39
120	5	10	14	18	32	36	5	10	14	18	32	38	5	10	14	18	32	39
121	2	11	14	18	32	36	2	11	14	18	32	38	2	11	14	18	32	39
122	3	11	14	18	32	36	3	11	14	18	32	38	3	11	14	18	32	39
123	5	11	14	18	32	36	5	11	14	18	32	38	5	11	14	18	32	39
124	2	12	14	18	32	36	2	12	14	18	32	38	2	12	14	18	32	39
125	3	12	14	18	32	36	3	12	14	18	32	38	3	12	14	18	32	39
126	5	12	14	18	32	36	5	12	14	18	32	38	5	12	14	18	32	39
127	2	10	16	18	32	36	2	10	16	18	32	38	2	10	16	18	32	39
128	3	10	16	18	32	36	3	10	16	18	32	38	3	10	16	18	32	39
129	5	10	16	18	32	36	5	10	16	18	32	38	5	10	16	18	32	39
130	2	11	16	18	32	36	2	11	16	18	32	38	2	11	16	18	32	39
131	3	11	16	18	32	36	3	11	16	18	32	38	3	11	16	18	32	39
132	5	11	16	18	32	36	5	11	16	18	32	38	5	11	16	18	32	39
133	2	12	16	18	32	36	2	12	16	18	32	38	2	12	16	18	32	39
134	3	12	16	18	32	36	3	12	16	18	32	38	3	12	16	18	32	39

패턴 25 | 많이 나온 숫자 3개 조합 도표 4개 5개 6개 나온 숫자

N	A						B						C					
135	5	12	16	18	32	36	5	12	16	18	32	38	5	12	16	18	32	39
136	2	10	13	19	32	36	2	10	13	19	32	38	2	10	13	19	32	39
137	3	10	13	19	32	36	3	10	13	19	32	38	3	10	13	19	32	39
138	5	10	13	19	32	36	5	10	13	19	32	38	5	10	13	19	32	39
139	2	11	13	19	32	36	2	11	13	19	32	38	2	11	13	19	32	39
140	3	11	13	19	32	36	3	11	13	19	32	38	3	11	13	19	32	39
141	5	11	13	19	32	36	5	11	13	19	32	38	5	11	13	19	32	39
142	2	12	13	19	32	36	2	12	13	19	32	38	2	12	13	19	32	39
143	3	12	13	19	32	36	3	12	13	19	32	38	3	12	13	19	32	39
144	5	12	13	19	32	36	5	12	13	19	32	38	5	12	13	19	32	39
145	2	10	14	19	32	36	2	10	14	19	32	38	2	10	14	19	32	39
146	3	10	14	19	32	36	3	10	14	19	32	38	3	10	14	19	32	39
147	5	10	14	19	32	36	5	10	14	19	32	38	5	10	14	19	32	39
148	2	11	14	19	32	36	2	11	14	19	32	38	2	11	14	19	32	39
149	3	11	14	19	32	36	3	11	14	19	32	38	3	11	14	19	32	39
150	5	11	14	19	32	36	5	11	14	19	32	38	5	11	14	19	32	39
151	2	12	14	19	32	36	2	12	14	19	32	38	2	12	14	19	32	39
152	3	12	14	19	32	36	3	12	14	19	32	38	3	12	14	19	32	39
153	5	12	14	19	32	36	5	12	14	19	32	38	5	12	14	19	32	39
154	2	10	16	19	32	36	2	10	16	19	32	38	2	10	16	19	32	39
155	3	10	16	19	32	36	3	10	16	19	32	38	3	10	16	19	32	39
156	5	10	16	19	32	36	5	10	16	19	32	38	5	10	16	19	32	39
157	2	11	16	19	32	36	2	11	16	19	32	38	2	11	16	19	32	39
158	3	11	16	19	32	36	3	11	16	19	32	38	3	11	16	19	32	39
159	5	11	16	19	32	36	5	11	16	19	32	38	5	11	16	19	32	39
160	2	12	16	19	32	36	2	12	16	19	32	38	2	12	16	19	32	39
161	3	12	16	19	32	36	3	12	16	19	32	38	3	12	16	19	32	39
162	5	12	16	19	32	36	5	12	16	19	32	38	5	12	16	19	32	39
163	2	10	13	17	35	36	2	10	13	17	35	38	2	10	13	17	35	39
164	3	10	13	17	35	36	3	10	13	17	35	38	3	10	13	17	35	39
165	5	10	13	17	35	36	5	10	13	17	35	38	5	10	13	17	35	39
166	2	11	13	17	35	36	2	11	13	17	35	38	2	11	13	17	35	39
167	3	11	13	17	35	36	3	11	13	17	35	38	3	11	13	17	35	39
168	5	11	13	17	35	36	5	11	13	17	35	38	5	11	13	17	35	39

패턴 25 | 많이 나온 숫자 3개 조합 도표   4개 ▨ 5개 ■ 6개 나온 숫자

N	A						B						C					
169	2	12	13	17	35	36	2	12	13	17	35	38	2	12	13	17	35	39
170	3	12	13	17	35	36	3	12	13	17	35	38	3	12	13	17	35	39
171	5	12	13	17	35	36	5	12	13	17	35	38	5	12	13	17	35	39
172	2	10	14	17	35	36	2	10	14	17	35	38	2	10	14	17	35	39
173	3	10	14	17	35	36	3	10	14	17	35	38	3	10	14	17	35	39
174	5	10	14	17	35	36	5	10	14	17	35	38	5	10	14	17	35	39
175	2	11	14	17	35	36	2	11	14	17	35	38	2	11	14	17	35	39
176	3	11	14	17	35	36	3	11	14	17	35	38	3	11	14	17	35	39
177	5	11	14	17	35	36	5	11	14	17	35	38	5	11	14	17	35	39
178	2	12	14	17	35	36	2	12	14	17	35	38	2	12	14	17	35	39
179	3	12	14	17	35	36	3	12	14	17	35	38	3	12	14	17	35	39
180	5	12	14	17	35	36	5	12	14	17	35	38	5	12	14	17	35	39
181	2	10	16	17	35	36	2	10	16	17	35	38	2	10	16	17	35	39
182	3	10	16	17	35	36	3	10	16	17	35	38	3	10	16	17	35	39
183	5	10	16	17	35	36	5	10	16	17	35	38	5	10	16	17	35	39
184	2	11	16	17	35	36	2	11	16	17	35	38	2	11	16	17	35	39
185	3	11	16	17	35	36	3	11	16	17	35	38	3	11	16	17	35	39
186	5	11	16	17	35	36	5	11	16	17	35	38	5	11	16	17	35	39
187	2	12	16	17	35	36	2	12	16	17	35	38	2	12	16	17	35	39
188	3	12	16	17	35	36	3	12	16	17	35	38	3	12	16	17	35	39
189	5	12	16	17	35	36	5	12	16	17	35	38	5	12	16	17	35	39
190	2	10	13	18	35	36	2	10	13	18	35	38	2	10	13	18	35	39
191	3	10	13	18	35	36	3	10	13	18	35	38	3	10	13	18	35	39
192	5	10	13	18	35	36	5	10	13	18	35	38	5	10	13	18	35	39
193	2	11	13	18	35	36	2	11	13	18	35	38	2	11	13	18	35	39
194	3	11	13	18	35	36	3	11	13	18	35	38	3	11	13	18	35	39
195	5	11	13	18	35	36	5	11	13	18	35	38	5	11	13	18	35	39
196	2	12	13	18	35	36	2	12	13	18	35	38	2	12	13	18	35	39
197	3	12	13	18	35	36	3	12	13	18	35	38	3	12	13	18	35	39
198	5	12	13	18	35	36	5	12	13	18	35	38	5	12	13	18	35	39
199	2	10	14	18	35	36	2	10	14	18	35	38	2	10	14	18	35	39
200	3	10	14	18	35	36	3	10	14	18	35	38	3	10	14	18	35	39
201	5	10	14	18	35	36	5	10	14	18	35	38	5	10	14	18	35	39
202	2	11	14	18	35	36	2	11	14	18	35	38	2	11	14	18	35	39

패턴 25 | 많이 나온 숫자 3개 조합 도표 4개 5개 ■ 6개 나온 숫자

N	A						B						C					
203	3	11	14	18	35	36	3	11	14	18	35	38	3	11	14	18	35	39
204	5	11	14	18	35	36	5	11	14	18	35	38	5	11	14	18	35	39
205	2	12	14	18	35	36	2	12	14	18	35	38	2	12	14	18	35	39
206	3	12	14	18	35	36	3	12	14	18	35	38	3	12	14	18	35	39
207	5	12	14	18	35	36	5	12	14	18	35	38	5	12	14	18	35	39
208	2	10	16	18	35	36	2	10	16	18	35	38	2	10	16	18	35	39
209	3	10	16	18	35	36	3	10	16	18	35	38	3	10	16	18	35	39
210	5	10	16	18	35	36	5	10	16	18	35	38	5	10	16	18	35	39
211	2	11	16	18	35	36	2	11	16	18	35	38	2	11	16	18	35	39
212	3	11	16	18	35	36	3	11	16	18	35	38	3	11	16	18	35	39
213	5	11	16	18	35	36	5	11	16	18	35	38	5	11	16	18	35	39
214	2	12	16	18	35	36	2	12	16	18	35	38	2	12	16	18	35	39
215	3	12	16	18	35	36	3	12	16	18	35	38	3	12	16	18	35	39
216	5	12	16	18	35	36	5	12	16	18	35	38	5	12	16	18	35	39
217	2	10	13	19	35	36	2	10	13	19	35	38	2	10	13	19	35	39
218	3	10	13	19	35	36	3	10	13	19	35	38	3	10	13	19	35	39
219	5	10	13	19	35	36	5	10	13	19	35	38	5	10	13	19	35	39
220	2	11	13	19	35	36	2	11	13	19	35	38	2	11	13	19	35	39
221	3	11	13	19	35	36	3	11	13	19	35	38	3	11	13	19	35	39
222	5	11	13	19	35	36	5	11	13	19	35	38	5	11	13	19	35	39
223	2	12	13	19	35	36	2	12	13	19	35	38	2	12	13	19	35	39
224	3	12	13	19	35	36	3	12	13	19	35	38	3	12	13	19	35	39
225	5	12	13	19	35	36	5	12	13	19	35	38	5	12	13	19	35	39
226	2	10	14	19	35	36	2	10	14	19	35	38	2	10	14	19	35	39
227	3	10	14	19	35	36	3	10	14	19	35	38	3	10	14	19	35	39
228	5	10	14	19	35	36	5	10	14	19	35	38	5	10	14	19	35	39
229	2	11	14	19	35	36	2	11	14	19	35	38	2	11	14	19	35	39
230	3	11	14	19	35	36	3	11	14	19	35	38	3	11	14	19	35	39
231	5	11	14	19	35	36	5	11	14	19	35	38	5	11	14	19	35	39
232	2	12	14	19	35	36	2	12	14	19	35	38	2	12	14	19	35	39
233	3	12	14	19	35	36	3	12	14	19	35	38	3	12	14	19	35	39
234	5	12	14	19	35	36	5	12	14	19	35	38	5	12	14	19	35	39
235	2	10	16	19	35	36	2	10	16	19	35	38	2	10	16	19	35	39
236	3	10	16	19	35	36	3	10	16	19	35	38	3	10	16	19	35	39

패턴 25 | 많이 나온 숫자 3개 조합 도표   4개 ▨ 5개 ■ 6개 나온 숫자

N	A						B						C					
237	5	10	16	19	35	36	5	10	16	19	35	38	5	10	16	19	35	39
238	2	11	16	19	35	36	2	11	16	19	35	38	2	11	16	19	35	39
239	3	11	16	19	35	36	3	11	16	19	35	38	3	11	16	19	35	39
240	5	11	16	19	35	36	5	11	16	19	35	38	5	11	16	19	35	39
241	2	12	16	19	35	36	2	12	16	19	35	38	2	12	16	19	35	39
242	3	12	16	19	35	36	3	12	16	19	35	38	3	12	16	19	35	39
243	5	12	16	19	35	36	5	12	16	19	35	38	5	12	16	19	35	39

1등 당첨!

도표 A칸 60번   **5 11 13 19 31 36**   2007년 3월 24일 당첨

도표 C칸 74번   **3 10 16 19 31 39**   2018년 11월 3일 당첨

패턴 26 | 2002~2022년도까지 13번의 단위별 당첨 횟수를 보임

횟수	년도	월	일	1	10	20	20	20	40	B/N
1	2003	8	9	1	10	23	26	28	40	31
2	2004	4	3	5	19	22	25	28	43	26
3	2004	12	25	7	18	22	23	29	44	12
4	2005	4	16	4	16	23	25	29	42	1
5	2006	1	14	7	11	26	28	29	44	16
6	2006	3	18	4	19	21	24	26	41	35
7	2008	10	18	5	15	21	23	25	45	12
8	2010	12	25	6	11	26	27	28	44	30
9	2011	1	8	1	17	27	28	29	40	5
10	2014	6	21	2	19	25	26	27	43	28
11	2016	1	2	6	13	20	27	28	40	15
12	2020	4	25	3	16	21	22	23	44	30
13	2020	12	5	3	15	20	22	24	41	11

패턴 27 | 2002~2022년도까지 13번의 단위별 당첨 횟수를 보임

횟수	년도	월	일	10	10	10	20	20	30	B/N
1	2002	12	21	11	16	19	21	27	31	30
2	2003	4	19	10	14	18	20	23	30	41
3	2003	9	20	17	18	19	21	23	32	1
4	2004	2	21	14	15	18	21	26	36	39
5	2009	9	5	11	16	19	22	29	36	26
6	2010	5	29	10	11	18	22	28	39	30
7	2010	7	10	12	13	17	22	25	33	8
8	2010	12	4	11	13	15	26	28	34	31
9	2012	3	3	12	15	19	22	28	34	5
10	2015	3	7	14	15	18	21	26	35	23
11	2015	9	19	12	14	15	24	27	32	3
12	2017	12	23	12	15	16	20	24	30	38
13	2020	8	29	10	16	18	20	25	31	6

패턴 28 | 2002~2022년도까지 13번의 단위별 당첨 횟수를 보임

횟수	년도	월	일	1	1	10	30	30	40	B/N
1	2003	3	8	2	6	12	31	33	40	15
2	2003	6	21	1	5	13	34	39	40	11
3	2004	11	6	1	3	17	32	35	45	8
4	2008	5	3	6	8	18	31	38	45	42
5	2009	6	13	1	8	19	34	39	43	41
6	2011	9	10	4	9	10	32	36	40	18
7	2013	3	9	7	8	18	32	37	43	12
8	2014	10	11	6	8	13	30	35	40	21
9	2015	11	14	1	8	17	34	39	45	27
10	2017	6	10	5	9	12	30	39	43	24
11	2017	7	15	3	8	16	32	34	43	10
12	2021	6	12	1	6	13	37	38	40	9
13	2021	8	28	1	7	15	32	34	42	8

패턴 29 │ 2002~2022년도까지 12번의 단위별 당첨 횟수를 보임

횟수	년도	월	일	10	10	20	30	40	40	B/N
1	2007	6	30	11	15	24	39	41	44	7
2	2011	4	16	11	16	29	38	41	44	21
3	2011	6	4	11	13	23	35	43	45	17
4	2011	12	3	10	16	20	39	41	42	27
5	2012	12	15	10	11	29	38	41	45	21
6	2013	8	17	11	12	25	32	44	45	23
7	2014	11	29	13	14	26	33	40	43	15
8	2015	9	12	15	17	25	37	42	43	13
9	2015	11	21	12	15	24	36	41	44	42
10	2017	2	25	15	19	21	34	41	44	10
11	2018	3	24	12	17	23	34	42	45	31
12	2020	6	6	16	19	24	33	42	44	27

패턴 30 │ 2002~2022년도까지 12번의 단위별 당첨 횟수를 보임

횟수	년도	월	일	10	10	20	20	20	30	B/N
1	2004	6	12	17	18	24	25	26	30	1
2	2006	12	9	10	19	22	23	25	37	39
3	2007	8	18	13	18	21	23	26	39	15
4	2009	1	24	17	18	21	27	29	33	7
5	2010	8	21	10	14	22	24	28	37	26
6	2013	7	20	11	17	21	24	26	36	12
7	2013	9	21	14	19	25	26	27	34	2
8	2014	8	9	14	18	20	23	28	36	33
9	2015	1	31	11	13	25	26	29	33	32
10	2018	8	4	14	15	25	28	29	30	3
11	2021	11	13	17	18	21	27	29	33	7
12	2022	12	3	12	17	20	26	28	36	4

패턴 31 │ 2002~2022년도까지 12번의 단위별 당첨 횟수를 보임

횟수	년도	월	일	1	1	10	10	20	20	B/N
1	2003	11	29	2	4	15	16	20	29	1
2	2004	4	17	2	4	11	17	26	27	1
3	2005	6	18	4	7	15	18	23	26	13
4	2010	9	18	6	7	13	16	24	25	1
5	2011	8	27	1	7	12	18	23	27	44
6	2012	1	7	1	9	14	16	21	29	3
7	2014	9	27	4	5	11	12	24	27	28
8	2017	3	25	7	9	12	14	23	28	17
9	2017	12	30	5	6	13	16	27	28	9
10	2018	12	8	1	9	11	14	26	28	19
11	2021	7	10	2	6	17	18	21	26	7
12	2022	8	27	2	5	11	17	24	29	9

패턴 32 | 2002~2022년도까지 12번의 단위별 당첨 횟수를 보임

횟수	년도	월	일	1	10	30	30	40	40	B/N
1	2004	7	24	2	12	37	39	41	45	33
2	2005	7	9	2	16	30	36	41	42	11
3	2008	3	29	3	11	37	39	41	43	13
4	2008	11	29	9	17	34	35	43	45	2
5	2008	12	13	1	13	33	35	43	45	23
6	2009	5	23	2	13	34	38	42	45	16
7	2014	2	8	7	18	30	39	40	41	36
8	2014	11	8	7	13	30	39	41	45	25
9	2016	12	24	6	16	37	38	41	45	18
10	2017	3	18	3	12	33	36	42	45	25
11	2022	3	26	9	11	30	31	41	44	33
12	2022	10	1	9	14	34	35	41	42	2

패턴 33 | 2002~2022년도까지 11번의 단위별 당첨 횟수를 보임

횟수	년도	월	일	1	1	1	10	20	30	B/N
1	2006	6	10	1	2	6	16	20	33	41
2	2006	7	1	1	2	8	18	29	38	42
3	2007	4	21	4	5	9	11	23	38	35
4	2010	3	13	1	2	8	17	26	37	27
5	2010	5	8	1	8	9	17	29	32	45
6	2011	3	12	2	3	5	11	27	39	33
7	2014	7	12	1	5	6	14	20	39	22
8	2015	11	28	4	5	6	12	25	37	45
9	2015	12	5	3	5	7	14	26	34	35
10	2016	6	11	3	4	6	10	28	30	37
11	2016	12	10	2	4	5	17	27	32	43

패턴 34 | 2002~2022년도까지 11번의 단위별 당첨 횟수를 보임

횟수	년도	월	일	1	20	20	30	30	40	B/N
1	2004	2	14	3	20	23	36	38	40	5
2	2004	9	11	6	22	24	36	38	44	19
3	2007	12	15	1	27	28	32	37	40	18
4	2011	2	19	3	23	28	34	39	42	16
5	2011	10	8	3	20	24	32	37	45	4
6	2012	7	14	6	22	28	32	34	40	26
7	2014	4	26	8	24	28	35	38	40	5
8	2015	10	17	8	21	28	31	36	45	43
9	2017	8	19	7	27	29	30	38	44	4
10	2018	12	15	2	25	28	30	33	45	6
11	2020	9	26	8	21	25	38	39	44	28

패턴 35 | 2002~2022년도까지 11번의 단위별 당첨 횟수를 보임

횟수	년도	월	일	1	10	20	30	30	30	B/N
1	2003	1	25	8	19	25	34	37	39	9
2	2004	9	4	3	14	24	33	35	36	17
3	2007	8	11	9	11	27	31	32	38	22
4	2007	10	6	8	19	25	31	34	36	33
5	2007	11	3	6	13	27	31	32	37	4
6	2014	7	19	8	14	23	36	38	39	13
7	2016	3	26	4	18	26	33	34	38	14
8	2016	9	17	1	12	29	34	36	37	41
9	2018	9	22	8	15	21	31	33	38	42
10	2019	7	6	9	15	29	34	37	39	12
11	2021	10	9	3	10	23	35	36	37	18

패턴 36 | 2002~2022년도까지 11번의 단위별 당첨 횟수를 보임

횟수	년도	월	일	1	10	10	30	30	30	B/N
1	2006	11	18	3	11	14	31	32	37	38
2	2008	7	19	6	10	17	30	37	38	40
3	2011	7	30	8	10	18	30	32	34	27
4	2013	3	23	6	10	18	30	32	34	27
5	2014	3	29	8	13	14	30	38	39	5
6	2014	6	7	2	16	19	31	34	35	37
7	2016	2	13	7	17	19	30	36	38	34
8	2018	12	22	9	14	17	33	36	38	20
9	2019	1	12	5	11	14	30	33	38	24
10	2020	7	4	7	11	12	31	33	38	5
11	2021	1	9	9	10	15	30	33	37	26

패턴 37 | 2002~2022년도까지 11번의 단위별 당첨 횟수를 보임

횟수	년도	월	일	10	20	20	30	40	40	B/N
1	2004	1	10	10	24	25	33	40	44	1
2	2004	7	10	16	23	27	34	42	45	11
3	2006	5	20	14	21	23	32	40	45	44
4	2012	9	1	12	25	29	35	42	43	24
5	2017	6	24	10	22	27	31	42	43	12
6	2018	4	7	17	25	28	37	43	44	2
7	2019	11	23	19	23	28	37	42	45	2
8	2021	12	4	12	20	26	33	44	45	24
9	2022	4	2	15	23	29	34	40	44	20
10	2022	5	21	15	26	28	34	41	42	44
11	2022	6	18	12	27	29	38	41	45	6

패턴 38 | 2002~2022년도까지 10번의 단위별 당첨 횟수를 보임

횟수	년도	월	일	10	10	20	20	30	30	B/N
1	2004	5	29	10	13	25	29	33	35	38
2	2005	7	23	10	11	27	28	37	39	19
3	2008	4	12	10	11	23	24	36	37	35
4	2008	12	20	10	11	21	27	31	39	43
5	2010	6	26	11	15	20	26	31	35	1
6	2011	7	23	12	15	20	24	30	38	29
7	2014	6	14	13	14	22	27	30	38	2
8	2017	5	20	13	14	26	28	30	36	37
9	2018	9	29	13	16	24	25	33	36	42
10	2022	5	28	12	18	22	23	30	34	32

패턴 39 | 2002~2022년도까지 10번의 단위별 당첨 횟수를 보임

횟수	년도	월	일	10	10	20	20	30	40	B/N
1	2006	5	27	13	15	27	29	34	40	35
2	2009	4	25	13	15	21	29	39	43	33
3	2013	11	9	11	18	21	26	38	43	29
4	2016	11	19	11	17	21	26	36	45	16
5	2017	4	8	12	14	24	26	34	45	41
6	2018	9	8	12	18	24	26	39	40	15
7	2019	2	23	12	16	26	28	30	42	22
8	2019	3	23	14	18	22	26	31	44	40
9	2020	10	3	14	15	23	25	35	43	32
10	2020	12	12	12	14	25	27	39	40	35

패턴 40 | 2002~2022년도까지 10번의 단위별 당첨 횟수를 보임

횟수	년도	월	일	1	1	20	20	30	30	B/N
1	2003	12	13	1	8	21	27	36	39	37
2	2005	7	16	7	9	20	25	36	39	15
3	2006	7	29	5	6	24	25	32	37	8
4	2006	11	4	1	3	21	29	35	37	30
5	2009	2	14	2	4	21	25	33	36	17
6	2015	6	6	5	6	26	27	38	39	1
7	2015	9	26	7	8	20	29	33	38	9
8	2018	9	15	7	9	24	29	34	38	26
9	2019	7	27	2	6	20	27	37	39	4
10	2021	11	20	2	4	25	26	36	37	28

패턴 41 | 2002~2022년도까지 10번의 단위별 당첨 횟수를 보임

횟수	년도	월	일	1	1	10	20	40	40	B/N
1	2005	9	24	4	6	13	21	40	42	36
2	2011	7	2	3	7	13	27	40	41	36
3	2013	4	20	5	6	19	26	41	45	34
4	2014	1	18	3	5	14	20	42	44	33
5	2015	4	11	1	4	16	26	40	41	31
6	2016	10	22	6	7	19	21	41	43	38
7	2016	12	3	2	7	13	25	42	45	39
8	2017	7	1	4	7	11	24	42	45	30
9	2021	6	26	3	9	10	29	40	45	7
10	2022	7	2	5	6	11	29	42	45	28

패턴 42 | 2002~2022년도까지 9번의 단위별 당첨 횟수를 보임

횟수	년도	월	일	10	20	20	20	30	40	B/N
1	2004	11	13	17	22	24	26	35	40	42
2	2005	5	21	19	23	25	28	38	42	17
3	2006	8	19	15	20	23	26	39	44	28
4	2009	7	11	15	20	23	29	39	42	2
5	2012	12	22	11	23	26	29	39	44	22
6	2013	1	19	18	20	24	27	31	42	39
7	2013	1	26	16	23	27	29	33	41	22
8	2013	7	27	12	20	23	28	30	44	43
9	2016	4	30	11	23	28	29	30	44	13

패턴 43 | 2002~2022년도까지 9번의 단위별 당첨 횟수를 보임

횟수	년도	월	일	1	1	1	10	20	20	B/N
1	2003	5	31	4	5	7	18	20	25	31
2	2004	3	6	2	3	7	17	22	24	45
3	2006	11	11	1	2	3	15	20	25	43
4	2007	3	31	2	6	8	14	21	22	34
5	2010	11	20	5	6	8	11	22	26	44
6	2012	4	14	2	4	8	15	20	27	11
7	2012	9	22	4	5	9	13	26	27	1
8	2016	4	23	4	5	8	16	21	29	3
9	2021	8	7	7	8	9	17	22	24	5

패턴 44 | 2002~2022년도까지 9번의 단위별 당첨 횟수를 보임

횟수	년도	월	일	1	10	30	30	30	40	B/N
1	2005	1	15	7	18	31	33	36	40	27
2	2006	7	15	8	14	32	35	37	45	28
3	2008	6	14	3	14	33	37	38	42	10
4	2012	4	28	8	17	35	36	39	42	4
5	2017	11	25	6	18	31	34	38	45	20
6	2019	5	11	9	13	32	38	39	43	23
7	2019	11	2	9	18	32	33	37	44	22
8	2021	2	20	2	12	30	31	39	43	39
9	2022	2	26	7	15	30	37	39	44	18

패턴 45 | 2002~2022년도까지 35번의 단위별 당첨 횟수를 보임

횟수	년도	월	일	1	20	20	20	30	40	B/N
1	2003	6	7	1	20	26	28	37	43	27
2	2004	8	14	4	26	28	29	33	40	37
3	2009	12	12	3	22	25	29	32	44	19
4	2010	8	28	5	20	21	24	33	40	36
5	2012	2	4	8	23	25	27	35	44	24
6	2012	6	23	5	20	23	27	35	40	43
7	2012	8	4	7	20	22	25	38	40	44
8	2012	11	17	4	22	27	28	38	40	1
9	2013	8	3	4	20	26	28	35	40	31

패턴 46 | 2002~2022년도까지 9번의 단위별 당첨 횟수를 보임

횟수	년도	월	일	1	10	10	10	20	40	B/N
1	2003	11	15	2	10	12	15	22	44	1
2	2006	1	28	5	13	18	19	22	42	31
3	2006	6	24	4	10	14	19	21	45	9
4	2007	7	28	2	12	17	19	28	42	34
5	2011	11	12	2	12	14	17	24	40	39
6	2018	6	2	6	11	15	17	23	40	39
7	2021	12	11	6	14	16	18	24	42	44
8	2022	2	5	6	10	12	14	20	42	15
9	2022	12	10	6	14	15	19	21	41	37

패턴 47 | 2002~2022년도까지 8번의 단위별 당첨 횟수를 보임

횟수	년도	월	일	1	20	20	30	30	30	B/N
1	2010	2	27	5	22	29	31	34	39	43
2	2011	5	14	1	23	28	30	34	35	9
3	2011	11	26	4	21	22	34	37	38	33
4	2014	8	16	2	22	27	33	36	37	14
5	2017	1	28	7	22	29	33	34	35	30
6	2017	7	22	7	22	24	31	34	36	15
7	2020	5	2	7	24	29	30	34	35	33
8	2020	6	20	6	21	22	32	35	36	17

패턴 48 | 2002~2022년도까지 7번의 단위별 당첨 횟수를 보임

횟수	년도	월	일	10	20	20	30	30	30	B/N
1	2006	4	8	19	26	28	31	33	36	17
2	2006	7	8	19	24	27	30	31	34	36
3	2007	1	27	16	20	27	33	35	39	38
4	2009	2	28	16	23	25	33	36	39	40
5	2010	4	10	11	22	24	32	36	38	7
6	2014	3	1	14	21	29	31	32	37	17
7	2018	5	12	14	20	23	31	37	38	27

패턴 49 | 2002~2022년도까지 7번의 단위별 당첨 횟수를 보임

횟수	년도	월	일	1	10	10	10	30	40	B/N
1	2003	5	10	5	13	17	18	33	42	44
2	2004	5	1	6	15	17	18	35	40	23
3	2005	4	2	1	11	16	17	36	40	8
4	2006	3	4	2	11	13	15	31	42	10
5	2006	4	22	1	10	13	16	37	43	6
6	2007	12	1	6	11	16	18	31	43	2
7	2009	3	7	6	12	13	17	32	44	24

패턴 50 | 2002~2022년도까지 7번의 단위별 당첨 횟수를 보임

횟수	년도	월	일	1	1	10	10	10	20	B/N
1	2005	3	5	3	4	10	17	19	22	38
2	2006	4	29	1	5	11	12	18	23	9
3	2006	9	30	5	6	13	14	17	20	7
4	2009	3	28	3	4	16	17	19	20	23
5	2010	3	20	1	5	10	12	16	20	11
6	2016	7	30	2	5	15	18	19	23	44
7	2020	9	19	7	9	12	15	19	23	4

패턴 51 | 2002~2022년도까지 7번의 단위별 당첨 횟수를 보임

횟수	년도	월	일	1	20	20	30	40	40	B/N
1	2010	2	20	6	22	29	37	43	45	23
2	2010	7	31	9	21	27	34	41	43	2
3	2014	9	6	8	21	25	39	40	44	18
4	2015	5	9	3	21	22	33	41	42	20
5	2017	2	11	5	21	27	34	44	45	16
6	2018	3	3	1	21	26	36	40	41	5
7	2018	7	7	2	21	28	38	42	45	30

패턴 52 | 2002~2022년도까지 6번의 단위별 당첨 횟수를 보임

횟수	년도	월	일	1	10	10	30	40	40	B/N
1	2004	4	24	3	12	18	32	40	43	38
2	2006	9	9	7	12	16	34	42	45	4
3	2006	10	28	3	12	14	35	40	45	5
4	2007	5	5	5	10	19	31	44	45	27
5	2011	10	22	6	12	15	34	42	44	4
6	2014	1	25	2	12	14	33	40	41	25

패턴 53 | 2002~2022년도까지 6번의 단위별 당첨 횟수를 보임

횟수	년도	월	일	10	10	10	20	30	30	B/N
1	2006	4	1	13	14	18	22	35	39	16
2	2006	12	23	11	12	18	21	31	38	8
3	2008	3	1	13	14	15	26	35	39	25
4	2009	10	3	10	14	18	21	36	37	5
5	2009	11	14	11	12	14	21	32	38	6
6	2018	7	21	12	18	19	29	31	39	7

패턴 54 | 2002~2022년도까지 6번의 단위별 당첨 횟수를 보임

횟수	년도	월	일	1	1	10	30	30	30	B/N
1	2003	3	15	3	4	16	30	31	37	13
2	2003	12	6	7	8	14	32	33	39	42
3	2012	4	7	2	8	17	30	31	38	25
4	2016	11	12	3	6	10	30	34	37	36
5	2019	12	7	3	7	12	31	34	38	32
6	2020	10	10	1	6	15	36	37	38	5

패턴 55 | 2002~2022년도까지 6번의 단위별 당첨 횟수를 보임

횟수	년도	월	일	1	20	30	30	30	40	B/N
1	2007	2	24	2	20	33	35	37	40	10
2	2012	8	25	5	27	31	34	35	43	37
3	2017	10	28	6	21	35	36	37	41	11
4	2018	3	10	5	22	31	32	39	45	36
5	2019	5	18	8	22	35	38	39	41	24
6	2021	5	22	6	21	36	38	39	43	30

패턴 56 | 2002~2022년도까지 6번의 단위별 당첨 횟수를 보임

횟수	년도	월	일	1	10	10	10	20	20	B/N
1	2003	9	6	7	13	18	19	25	26	6
2	2015	1	24	4	10	11	12	20	27	38
3	2017	1	7	2	11	17	18	21	27	6
4	2017	9	9	6	10	17	18	21	29	30
5	2022	3	19	8	11	16	19	21	25	40
6	2022	5	7	3	11	14	18	26	27	21

패턴 57 | 2002~2022년도까지 6번의 단위별 당첨 횟수를 보임

횟수	년도	월	일	1	1	20	30	30	30	B/N
1	2005	2	19	2	4	25	31	34	37	17
2	2006	3	25	3	9	24	30	33	34	18
3	2012	7	21	1	5	27	30	34	36	40
4	2013	12	7	2	8	20	30	33	34	6
5	2014	3	15	6	8	28	33	38	39	22
6	2022	9	3	6	7	22	32	35	36	19

패턴 58 | 2002~2022년도까지 6번의 단위별 당첨 횟수를 보임

횟수	년도	월	일	10	10	10	20	20	40	B/N
1	2005	2	5	11	14	19	26	28	41	2
2	2015	5	23	11	12	16	26	29	44	18
3	2017	1	14	13	15	18	24	27	41	11
4	2017	11	11	15	17	19	21	27	45	16
5	2019	7	13	14	17	19	22	24	40	41
6	2022	6	25	12	15	17	24	29	45	16

패턴 59 | 2002~2022년도까지 5번의 단위별 당첨 횟수를 보임

횟수	년도	월	일	1	1	30	30	40	40	B/N
1	2003	2	15	1	7	36	37	41	42	14
2	2003	7	19	4	7	32	33	40	41	9
3	2005	1	1	1	5	34	36	42	44	33
4	2012	12	8	1	4	37	38	40	45	7
5	2018	10	20	4	5	31	35	43	45	29

패턴 60 | 2002~2022년도까지 5번의 단위별 당첨 횟수를 보임

횟수	년도	월	일	1	20	30	30	40	40	B/N
1	2003	2	8	9	25	30	33	41	44	6
2	2003	7	26	9	26	35	37	40	42	2
3	2004	1	17	6	29	36	39	41	45	13
4	2004	2	28	4	25	33	36	40	43	39
5	2010	5	1	1	26	31	34	40	43	20

패턴 61 | 2002~2022년도까지 5번의 단위별 당첨 횟수를 보임

횟수	년도	월	일	10	10	20	20	40	40	B/N
1	2003	1	11	14	15	26	27	40	42	34
2	2006	9	16	12	19	20	25	41	45	2
3	2009	1	17	16	19	23	25	41	45	3
4	2010	7	17	10	15	20	23	42	44	7
5	2015	10	3	11	18	26	27	40	41	25

패턴 62 │ 2002~2022년도까지 5번의 단위별 당첨 횟수를 보임

횟수	년도	월	일	10	10	10	20	30	40	B/N
1	2006	12	16	12	13	17	20	33	41	8
2	2011	2	12	12	16	19	22	37	40	8
3	2013	12	14	10	11	15	25	35	41	13
4	2017	3	4	10	15	18	21	34	41	43
5	2017	9	30	12	15	18	28	34	42	9

패턴 63 │ 2002~2022년도까지 5번의 단위별 당첨 횟수를 보임

횟수	년도	월	일	10	20	20	20	30	30	B/N
1	2006	9	23	14	21	22	25	30	36	43
2	2009	6	6	18	24	26	29	34	38	32
3	2012	3	17	17	22	26	27	36	39	20
4	2013	2	23	10	24	26	29	37	38	32
5	2019	3	16	16	20	24	28	36	39	5

패턴 64 │ 2002~2022년도까지 5번의 단위별 당첨 횟수를 보임

횟수	년도	월	일	1	1	10	30	40	40	B/N
1	2007	11	17	4	5	14	35	42	45	34
2	2010	10	9	1	3	18	32	40	41	16
3	2013	8	31	5	7	18	37	42	45	20
4	2018	11	24	6	8	18	35	42	43	3
5	2020	12	26	1	8	13	36	44	45	39

패턴 65 │ 2002~2022년도까지 5번의 단위별 당첨 횟수를 보임

횟수	년도	월	일	1	10	10	10	10	20	B/N
1	2005	3	12	3	11	13	14	17	21	38
2	2005	6	4	8	10	11	14	15	21	37
3	2005	8	6	3	13	17	18	19	28	8
4	2010	1	16	8	11	14	16	18	21	13
5	2020	11	7	7	11	13	17	18	29	43

패턴 66 │ 2002~2022년도까지 5번의 단위별 당첨 횟수를 보임

횟수	년도	월	일	1	1	1	20	20	30	B/N
1	2004	10	2	1	3	8	21	22	31	20
2	2013	2	2	1	5	9	21	27	35	45
3	2014	11	22	3	6	7	20	21	39	13
4	2016	7	9	3	4	9	24	25	33	10
5	2021	12	18	1	3	8	24	27	35	28

패턴 67 | 2002~2022년도까지 5번의 단위별 당첨 횟수를 보임

횟수	년도	월	일	1	10	10	20	20	20	B/N
1	2009	8	8	5	13	14	20	24	25	36
2	2010	5	15	7	16	18	20	23	26	3
3	2016	5	14	3	13	16	24	26	29	9
4	2020	3	21	2	15	16	21	22	28	45
5	2022	3	5	8	13	18	24	27	29	17

패턴 68 | 2002~2022년도까지 5번의 단위별 당첨 횟수를 보임

횟수	년도	월	일	1	10	10	20	40	40	B/N
1	2009	7	18	5	13	14	22	44	45	33
2	2013	9	28	4	10	18	27	40	45	38
3	2014	9	20	5	13	18	23	40	45	3
4	2021	4	17	1	14	15	24	40	41	35
5	2021	10	23	7	10	16	28	41	42	40

패턴 69 | 2002~2022년도까지 5번의 단위별 당첨 횟수를 보임

횟수	년도	월	일	1	10	10	10	20	30	B/N
1	2010	12	11	2	11	13	14	28	30	7
2	2011	6	18	1	11	12	14	26	35	6
3	2012	10	13	2	11	12	15	23	37	8
4	2013	9	7	4	11	13	17	20	31	33
5	2016	1	9	1	11	15	17	25	39	40

패턴 70 | 2002~2022년도까지 5번의 단위별 당첨 횟수를 보임

횟수	년도	월	일	1	1	1	10	30	30	B/N
1	2003	3	29	3	4	9	17	32	37	1
2	2007	6	9	1	4	8	13	37	39	7
3	2014	1	11	5	7	9	11	32	35	33
4	2016	4	9	2	5	8	11	33	39	31
5	2022	10	29	2	3	6	19	36	39	26

패턴 71 | 2002~2022년도까지 5번의 단위별 당첨 횟수를 보임

횟수	년도	월	일	1	1	10	10	10	30	B/N
1	2004	3	27	5	8	14	15	19	39	35
2	2005	11	5	3	8	11	12	13	36	33
3	2008	7	26	1	4	12	16	18	38	8
4	2019	10	5	1	4	10	14	15	35	20
5	2022	8	13	5	7	12	13	18	35	23

패턴 72 | 2002~2022년도까지 4번의 단위별 당첨 횟수를 보임

횟수	년도	월	일	20	20	20	30	30	40	B/N
1	2003	3	1	22	23	25	37	38	42	26
2	2011	5	21	25	27	29	36	38	40	41
3	2020	10	17	23	27	29	31	36	45	37
4	2022	4	30	21	22	26	34	36	41	32

패턴 73 | 2002~2022년도까지 4번의 단위별 당첨 횟수를 보임

횟수	년도	월	일	10	10	30	30	40	40	B/N
1	2005	8	20	12	16	30	34	40	44	19
2	2009	4	11	16	17	34	36	42	45	3
3	2012	8	18	12	13	32	33	40	41	4
4	2018	11	17	12	18	30	39	41	42	19

패턴 74 | 2002~2022년도까지 4번의 단위별 당첨 횟수를 보임

횟수	년도	월	일	1	1	1	10	20	40	B/N
1	2004	6	26	1	2	3	14	27	42	39
2	2008	1	5	3	4	9	11	22	42	37
3	2008	6	28	3	7	8	18	20	42	45
4	2014	4	5	2	5	6	13	28	44	43

패턴 75 | 2002~2022년도까지 4번의 단위별 당첨 횟수를 보임

횟수	년도	월	일	1	1	1	10	10	40	B/N
1	2009	11	21	2	5	7	14	16	40	4
2	2010	7	24	1	2	9	17	19	42	20
3	2014	10	25	1	2	6	16	19	42	9
4	2018	1	13	2	6	7	12	19	45	38

패턴 76 | 2002~2022년도까지 4번의 단위별 당첨 횟수를 보임

횟수	년도	월	일	1	1	1	1	10	30	B/N
1	2003	5	3	4	5	6	8	17	39	25
2	2006	6	17	1	2	4	8	19	38	14
3	2011	6	25	2	7	8	9	17	33	34
4	2014	7	5	1	2	7	9	10	38	42

패턴 77 | 2002~2022년도까지 4번의 단위별 당첨 횟수를 보임

횟수	년도	월	일	10	10	20	30	30	30	B/N
1	2007	8	4	13	16	25	36	37	38	19
2	2010	10	16	11	14	22	35	37	39	5
3	2013	12	21	16	17	22	31	34	37	33
4	2019	3	30	11	17	28	30	33	35	9

패턴 78 | 2002~2022년도까지 4번의 단위별 당첨 횟수를 보임

횟수	년도	월	일	1	1	20	20	20	40	B/N
1	2013	6	22	3	6	20	24	27	44	25
2	2013	8	24	1	4	20	23	29	45	28
3	2019	4	6	2	8	23	26	27	44	13
4	2020	6	27	1	3	23	24	27	43	34

패턴 79 | 2002~2022년도까지 4번의 단위별 당첨 횟수를 보임

횟수	년도	월	일	1	10	30	40	40	40	B/N
1	2005	12	17	1	18	30	41	42	43	32
2	2006	2	18	3	10	31	40	42	43	30
3	2019	2	16	5	18	30	41	43	45	13
4	2020	8	15	3	11	34	42	43	44	13

패턴 80 | 2002~2022년도까지 4번의 단위별 당첨 횟수를 보임

횟수	년도	월	일	10	30	30	40	40	40	B/N
1	2008	5	17	13	33	37	40	41	45	2
2	2019	6	8	10	34	38	40	42	43	32
3	2019	10	26	18	34	39	43	44	45	23
4	2020	1	18	19	32	37	40	41	43	45

패턴 81 | 2002~2022년도까지 4번의 단위별 당첨 횟수를 보임

횟수	년도	월	일	1	20	20	20	30	30	B/N
1	2009	8	22	5	25	27	29	34	36	33
2	2010	9	25	9	20	21	22	30	37	16
3	2013	5	11	4	24	25	27	34	35	2
4	2021	6	5	1	21	25	29	34	37	36

패턴 82 | 2002~2022년도까지 4번의 단위별 당첨 횟수를 보임

횟수	년도	월	일	10	10	10	10	20	30	B/N
1	2004	3	20	10	12	15	16	26	39	38
2	2010	1	30	11	13	15	17	25	34	26
3	2017	11	18	11	16	18	19	24	39	43
4	2022	7	9	10	14	16	18	29	35	25

패턴 83 | 2002~2022년도까지 4번의 단위별 당첨 횟수를 보임

횟수	년도	월	일	1	1	20	20	20	30	B/N
1	2007	1	6	5	7	20	25	28	37	32
2	2012	9	29	5	8	21	23	27	33	12
3	2021	3	20	4	9	23	26	29	33	8
4	2022	7	23	8	9	20	25	29	33	7

패턴 84 | 2002~2022년도까지 3번의 단위별 당첨 횟수를 보임

횟수	년도	월	일	1	1	20	20	40	40	B/N
1	2003	5	24	2	4	21	26	43	44	16
2	2012	2	18	3	4	23	29	40	41	20
3	2012	4	21	2	7	26	29	40	43	42

패턴 85 | 2002~2022년도까지 3번의 단위별 당첨 횟수를 보임

횟수	년도	월	일	1	1	1	10	30	40	B/N
1	2012	5	19	5	7	8	15	30	43	22
2	2015	5	16	3	4	7	11	31	41	35
3	2015	8	15	3	5	8	19	38	42	20

패턴 86 | 2002~2022년도까지 3번의 단위별 당첨 횟수를 보임

횟수	년도	월	일	1	1	1	20	20	40	B/N
1	2007	10	20	1	5	6	24	27	42	32
2	2008	2	9	3	8	9	27	29	40	36
3	2013	10	5	4	5	6	25	26	43	41

패턴 87 | 2002~2022년도까지 3번의 단위별 당첨 횟수를 보임

횟수	년도	월	일	1	10	10	40	40	40	B/N
1	2007	7	7	6	10	16	40	41	43	21
2	2008	5	24	1	15	19	40	42	44	17
3	2015	5	30	3	13	15	40	41	44	20

패턴 88 | 2002~2022년도까지 3번의 단위별 당첨 횟수를 보임

횟수	년도	월	일	10	10	10	30	30	40	B/N
1	2004	1	31	14	15	19	30	38	43	8
2	2008	12	6	15	17	19	34	38	41	2
3	2009	2	7	10	14	15	32	36	42	3

패턴 89 | 2002~2022년도까지 3번의 단위별 당첨 횟수를 보임

횟수	년도	월	일	10	10	10	10	20	20	B/N
1	2008	3	22	10	12	13	15	25	29	20
2	2014	9	13	10	17	18	19	23	27	35
3	2017	5	27	10	14	16	18	27	28	4

패턴 90 | 2002~2022년도까지 3번의 단위별 당첨 횟수를 보임

횟수	년도	월	일	20	20	30	30	30	40	B/N
1	2011	10	15	23	29	31	33	34	44	40
2	2012	5	5	22	27	31	35	37	40	42
3	2019	4	13	20	25	31	32	36	43	3

패턴 91 | 2002~2022년도까지 3번의 단위별 당첨 횟수를 보임

횟수	년도	월	일	1	1	20	30	40	40	B/N
1	2007	9	8	3	8	27	31	41	44	11
2	2016	8	13	2	7	27	33	41	44	10
3	2022	2	19	1	4	29	39	43	45	31

패턴 92 | 2002~2022년도까지 3번의 단위별 당첨 횟수를 보임

횟수	년도	월	일	1	1	1	10	10	20	B/N
1	2009	3	14	1	6	9	16	17	28	24
2	2015	9	5	2	4	6	11	17	28	16
3	2022	1	22	1	3	9	14	18	28	34

패턴 93 | 2002~2022년도까지 3번의 단위별 당첨 횟수를 보임

횟수	년도	월	일	10	10	20	20	20	40	B/N
1	2010	3	27	10	15	22	24	27	42	19
2	2013	2	9	16	17	23	24	29	44	3
3	2021	3	27	10	11	20	21	25	41	40

패턴 94 | 2002~2022년도까지 3번의 단위별 당첨 횟수를 보임

횟수	년도	월	일	10	10	10	20	40	40	B/N
1	2013	8	10	12	15	19	26	40	43	29
2	2018	11	10	13	14	19	26	40	43	30
3	2022	1	15	13	17	18	20	42	45	41

패턴 95 | 2002~2022년도까지 3번의 단위별 당첨 횟수를 보임

횟수	년도	월	일	20	20	30	30	40	40	B/N
1	2005	1	22	26	29	30	33	41	42	43
2	2019	8	3	21	25	30	32	40	42	31
3	2021	7	24	22	26	31	37	41	42	24

패턴 96 | 2002~2022년도까지 3번의 단위별 당첨 횟수를 보임

횟수	년도	월	일	10	20	20	30	30	40	B/N
1	2015	6	13	16	21	26	31	36	43	6
2	2015	12	26	17	23	27	35	38	43	2
3	2019	6	15	16	21	28	35	39	43	12

패턴 97 | 2002~2022년도까지 3번의 단위별 당첨 횟수를 보임

횟수	년도	월	일	1	1	30	30	30	30	B/N
1	2005	4	23	2	8	32	33	35	36	18
2	2007	12	29	5	9	34	37	38	39	12
3	2020	10	24	1	3	30	33	36	39	12

패턴 98 | 2002~2022년도까지 3번의 단위별 당첨 횟수를 보임

횟수	년도	월	일	10	10	10	30	40	40	B/N
1	2013	7	13	13	14	17	32	41	42	6
2	2015	7	4	10	14	19	39	40	43	23
3	2020	12	19	10	12	18	35	42	43	39

패턴 99 | 2002~2022년도까지 2번의 단위별 당첨 횟수를 보임

횟수	년도	월	일	1	1	10	10	40	40	B/N
1	2014	8	30	7	8	11	16	41	44	35
2	2017	8	26	5	7	11	16	41	45	4

패턴 100 | 2002~2022년도까지 2번의 단위별 당첨 횟수를 보임

횟수	년도	월	일	1	1	10	20	20	20	B/N
1	2007	3	10	1	3	18	20	26	27	38
2	2008	2	2	5	9	12	20	21	26	27

패턴 101 | 2002~2022년도까지 2번의 단위별 당첨 횟수를 보임

횟수	년도	월	일	1	1	20	40	40	40	B/N
1	2012	10	20	2	8	23	41	43	44	30
2	2015	4	18	2	9	24	41	43	45	30

패턴 102 | 2002~2022년도까지 2번의 단위별 당첨 횟수를 보임

횟수	년도	월	일	1	1	10	10	10	10	B/N
1	2005	10	22	1	2	10	13	18	19	15
2	2018	12	29	3	9	11	12	13	19	35

패턴 103 | 2002~2022년도까지 32번의 단위별 당첨 횟수를 보임

횟수	년도	월	일	1	1	10	10	10	40	B/N
1	2015	11	7	1	8	11	15	18	45	7
2	2018	6	23	1	3	12	14	16	43	10

패턴 104 | 2002~2022년도까지 2번의 단위별 당첨 횟수를 보임

횟수	년도	월	일	1	1	1	10	40	40	B/N
1	2007	1	13	2	3	7	15	43	44	4
2	2017	7	29	1	3	8	12	42	43	33

패턴 105 | 2002~2022년도까지 2번의 단위별 당첨 횟수를 보임

횟수	년도	월	일	1	1	1	10	10	30	B/N
1	2008	11	1	1	2	5	11	18	36	22
2	2015	8	8	5	6	9	11	15	37	26

패턴 106 | 2002~2022년도까지 2번의 단위별 당첨 횟수를 보임

횟수	년도	월	일	1	1	1	1	10	20	B/N
1	2008	11	22	2	3	5	6	12	20	25
2	2017	3	11	1	2	3	9	12	23	10

패턴 107 | 2002~2022년도까지 2번의 단위별 당첨 횟수를 보임

횟수	년도	월	일	1	1	1	1	20	20	B/N
1	2005	2	12	1	2	6	9	25	28	31
2	2006	12	30	2	3	4	5	20	24	42

패턴 108 | 2002~2022년도까지 2번의 단위별 당첨 횟수를 보임

횟수	년도	월	일	1	10	10	10	30	40	B/N
1	2013	10	12	1	10	15	16	32	41	28
2	2016	6	25	2	10	16	19	34	45	1

패턴 109 | 2002~2022년도까지 2번의 단위별 당첨 횟수를 보임

횟수	년도	월	일	10	10	10	10	20	40	B/N
1	2013	11	30	14	15	16	19	25	43	2
2	2018	4	14	10	11	12	18	24	42	27

패턴 110 | 2002~2022년도까지 2번의 단위별 당첨 횟수를 보임

횟수	년도	월	일	10	10	10	10	30	40	B/N
1	2008	10	25	14	15	17	19	37	45	40
2	2017	12	2	14	15	16	17	38	45	36

패턴 111 | 2002~2022년도까지 2번의 단위별 당첨 횟수를 보임

횟수	년도	월	일	1	10	20	20	40	40	B/N
1	2005	5	28	7	19	24	27	42	45	31
2	2012	7	28	6	14	22	26	43	44	31

패턴 112 | 2002~2022년도까지 2번의 단위별 당첨 횟수를 보임

횟수	년도	월	일	20	20	20	30	30	30	B/N
1	2006	2	11	24	27	28	30	36	39	4
2	2012	5	12	20	22	26	33	36	37	25

패턴 113 | 2002~2022년도까지 2번의 단위별 당첨 횟수를 보임

횟수	년도	월	일	1	20	20	20	20	40	B/N
1	2004	8	28	1	21	24	26	29	42	27
2	2005	1	8	7	20	22	23	29	43	1

패턴 114 | 2002~2022년도까지 2번의 단위별 당첨 횟수를 보임

횟수	년도	월	일	10	20	20	20	20	30	B/N
1	2007	5	26	13	21	22	24	26	37	4
2	2018	7	14	17	21	25	26	27	36	4

패턴 115 | 2002~2022년도까지 2번의 단위별 당첨 횟수를 보임

횟수	년도	월	일	20	20	30	30	30	30	B/N
1	2005	10	1	21	25	33	34	35	36	17
2	2016	2	20	24	25	33	34	38	39	43

패턴 116 | 2002~2022년도까지 2번의 단위별 당첨 횟수를 보임

횟수	년도	월	일	1	30	30	40	40	40	B/N
1	2004	9	18	5	32	34	40	41	45	6
2	2017	6	17	9	33	36	40	42	43	32

패턴 117 | 2002~2022년도까지 2번의 단위별 당첨 횟수를 보임

횟수	년도	월	일	10	30	30	30	40	40	B/N
1	2004	11	27	17	32	33	34	42	44	35
2	2018	6	30	11	30	34	35	42	44	27

패턴 118 | 2002~2022년도까지 32번의 단위별 당첨 횟수를 보임

횟수	년도	월	일	20	30	30	30	40	40	B/N
1	2013	6	8	29	31	35	38	40	44	17
2	2014	3	22	20	30	36	38	41	45	23

패턴 119 | 2002~2022년도까지 2번의 단위별 당첨 횟수를 보임

횟수	년도	월	일	1	10	30	30	30	30	B/N
1	2006	4	15	4	17	30	32	33	34	15
2	2008	4	5	7	16	31	36	37	38	11

패턴 120 | 2002~2022년도까지 2번의 단위별 당첨 횟수를 보임

횟수	년도	월	일	10	20	30	30	30	30	B/N
1	2005	12	3	19	26	30	33	35	39	37
2	2012	11	3	14	23	30	32	34	38	6

패턴 121 | 2002~2022년도까지 2번의 단위별 당첨 횟수를 보임

횟수	년도	월	일	10	10	30	30	30	40	B/N
1	2016	7	2	10	18	30	36	39	44	32
2	2021	1	30	13	18	30	31	38	41	5

패턴 122 | 2002~2022년도까지 2번의 단위별 당첨 횟수를 보임

횟수	년도	월	일	1	1	30	30	30	40	B/N
1	2016	10	15	2	8	33	35	37	41	14
2	2019	8	17	2	4	30	32	33	43	29

패턴 123 | 2002~2022년도까지 2번의 단위별 당첨 횟수를 보임

횟수	년도	월	일	10	10	20	40	40	40	B/N
1	2010	1	2	16	18	24	42	44	45	17
2	2019	7	20	12	17	28	41	43	44	25

패턴 124 | 2002~2022년도까지 2번의 단위별 당첨 횟수를 보임

횟수	년도	월	일	10	10	30	30	30	30	B/N
1	2003	12	27	10	14	30	31	33	37	19
2	2008	7	5	17	18	31	32	33	34	10

패턴 125 | 2002~2022년도까지 2번의 단위별 당첨 횟수를 보임

횟수	년도	월	일	20	20	20	30	40	40	B/N
1	2017	1	21	23	27	28	38	42	43	36
2	2020	4	18	21	27	29	38	40	44	37

패턴 126 | 2002~2022년도까지 2번의 단위별 당첨 횟수를 보임

횟수	년도	월	일	1	10	10	10	10	30	B/N
1	2004	7	3	6	10	15	17	19	34	14
2	2022	3	12	8	11	15	16	17	37	36

패턴 127 | 2002~2022년도까지 2번의 단위별 당첨 횟수를 보임

횟수	년도	월	일	20	30	30	40	40	40	B/N
1	2005	12	31	22	34	36	40	42	45	44
2	2021	9	18	27	36	37	41	43	45	32

패턴 128 | 2002~2022년도까지 2번의 단위별 당첨 횟수를 보임

횟수	년도	월	일	1	10	10	10	40	40	B/N
1	2019	4	20	8	15	17	19	43	44	7
2	2020	7	11	9	14	17	18	42	44	35

패턴 129 | 2002~2022년도까지 2번의 단위별 당첨 횟수를 보임

횟수	년도	월	일	1	30	30	30	40	40	B/N
1	2003	4	12	6	30	38	39	40	43	26
2	2015	6	20	7	37	38	39	40	44	18

패턴 130 | 2002~2022년도까지 2번의 단위별 당첨 횟수를 보임

횟수	년도	월	일	1	30	30	30	30	40	B/N
1	2003	9	27	6	31	35	38	39	44	1
2	2017	8	5	9	30	34	35	39	41	21

패턴 131 | 2002~2022년도까지 2번의 단위별 당첨 횟수를 보임

횟수	년도	월	일	20	30	30	30	30	40	B/N
1	2016	10	8	20	30	33	35	36	44	22
2	2022	9	24	26	31	32	33	38	40	11

패턴 132 | 2002~2022년도까지 2번의 단위별 당첨 횟수를 보임

횟수	년도	월	일	1	1	1	10	10	10	B/N
1	2017	2	4	4	8	9	16	17	19	31
2	2022	11	12	6	7	9	11	17	19	45

패턴 133 | 2002~2022년도까지 2번의 단위별 당첨 횟수를 보임

횟수	년도	월	일	10	30	30	30	30	40	B/N
1	2005	5	14	12	30	34	36	37	45	39
2	2022	8	20	12	30	32	37	39	41	24

패턴 134 | 2002~2022년도까지 2번의 단위별 당첨 횟수를 보임

횟수	년도	월	일	1	20	30	40	40	40	B/N
1	2016	9	24	1	28	35	41	43	44	31
2	2022	12	24	2	20	33	40	42	44	32

패턴 135 | 2002~2022년도까지 1번의 단위별 당첨 횟수를 보임

횟수	년도	월	일	1	1	30	40	40	40	B/N
1	2010	10	23	4	7	39	41	42	45	40

패턴 136 | 2002~2022년도까지 1번의 단위별 당첨 횟수를 보임

횟수	년도	월	일	1	1	1	20	30	40	B/N
1	2016	5	28	1	4	8	23	33	42	45

패턴 137 | 2002~2022년도까지 1번의 단위별 당첨 횟수를 보임

횟수	년도	월	일	1	1	1	20	30	30	B/N
1	2015	1	3	1	2	4	23	31	34	8

패턴 138 | 2002~2022년도까지 1번의 단위별 당첨 횟수를 보임

횟수	년도	월	일	1	1	1	30	30	40	B/N
1	2005	12	24	3	7	8	34	39	41	1

패턴 139 | 2002~2022년도까지 1번의 단위별 당첨 횟수를 보임

횟수	년도	월	일	1	1	1	1	10	40	B/N
1	2008	4	19	1	3	4	6	14	41	12

패턴 140 | 2002~2022년도까지 1번의 단위별 당첨 횟수를 보임

횟수	년도	월	일	1	1	1	1	20	40	B/N
1	2010	6	5	1	3	7	8	24	42	43

패턴 141 | 2002~2022년도까지 1번의 단위별 당첨 횟수를 보임

횟수	년도	월	일	1	1	1	1	1	30	B/N
1	2004	12	18	1	4	5	6	9	31	17

패턴 142 | 2002~2022년도까지 1번의 단위별 당첨 횟수를 보임

횟수	년도	월	일	10	10	30	40	40	40	B/N
1	2009	9	12	14	19	36	43	44	45	1

패턴 143 | 2002~2022년도까지 1번의 단위별 당첨 횟수를 보임

횟수	년도	월	일	1	10	10	10	10	20	B/N
1	2016	11	26	4	10	14	15	18	22	39

패턴 144 | 2002~2022년도까지 1번의 단위별 당첨 횟수를 보임

횟수	년도	월	일	10	10	10	10	10	30	B/N
1	2013	3	2	11	12	14	15	18	39	34

패턴 145 | 2002~2022년도까지 1번의 단위별 당첨 횟수를 보임

횟수	년도	월	일	10	20	20	40	40	40	B/N
1	2003	1	4	16	24	29	40	41	42	3

패턴 146 | 2002~2022년도까지 1번의 단위별 당첨 횟수를 보임

횟수	년도	월	일	1	10	20	20	20	20	B/N
1	2010	6	19	1	13	20	22	25	28	15

패턴 147 | 2002~2022년도까지 1번의 단위별 당첨 횟수를 보임

횟수	년도	월	일	20	20	20	20	30	30	B/N
1	2007	6	2	21	22	26	27	31	37	8

패턴 148 | 2002~2022년도까지 1번의 단위별 당첨 횟수를 보임

횟수	년도	월	일	10	20	20	20	40	40	B/N
1	2012	6	9	19	20	23	24	43	44	13

패턴 149 | 2002~2022년도까지 1번의 단위별 당첨 횟수를 보임

횟수	년도	월	일	1	20	20	20	40	40	B/N
1	2005	4	30	7	20	22	27	40	43	1

패턴 150 | 2002~2022년도까지 1번의 단위별 당첨 횟수를 보임

횟수	년도	월	일	20	20	20	40	40	40	B/N
1	2005	8	27	26	27	28	42	43	45	8

패턴 151 | 2002~2022년도까지 1번의 단위별 당첨 횟수를 보임

횟수	년도	월	일	20	20	20	20	40	40	B/N
1	2015	12	19	21	24	27	29	43	44	7

패턴 152 | 2002~2022년도까지 1번의 단위별 당첨 횟수를 보임

횟수	년도	월	일	30	30	30	40	40	40	B/N
1	2006	9	2	35	36	37	41	44	45	30

패턴 153 | 2002~2022년도까지 1번의 단위별 당첨 횟수를 보임

횟수	년도	월	일	1	20	30	30	30	30	B/N
1	2003	8	16	7	27	30	33	35	37	42

패턴 154 | 2002~2022년도까지 1번의 단위별 당첨 횟수를 보임

횟수	년도	월	일	1	10	20	40	40	40	B/N
1	2010	6	12	9	16	28	40	41	43	21

패턴 155 | 2002~2022년도까지 1번의 단위별 당첨 횟수를 보임

횟수	년도	월	일	10	20	30	40	40	40	B/N
1	2010	1	23	15	26	37	42	43	45	9

패턴 156 | 2002~2022년도까지 1번의 단위별 당첨 횟수를 보임

횟수	년도	월	일	10	20	40	40	40	40	B/N
1	2019	4	27	10	24	40	41	43	44	17

패턴 157 | 2002~2022년도까지 1번의 단위별 당첨 횟수를 보임

횟수	년도	월	일	10	10	10	20	20	20	B/N
1	2019	6	1	11	17	19	21	22	25	24

패턴 158 | 2002~2022년도까지 1번의 단위별 당첨 횟수를 보임

횟수	년도	월	일	1	1	1	20	40	40	B/N
1	2020	3	28	2	6	8	26	43	45	11

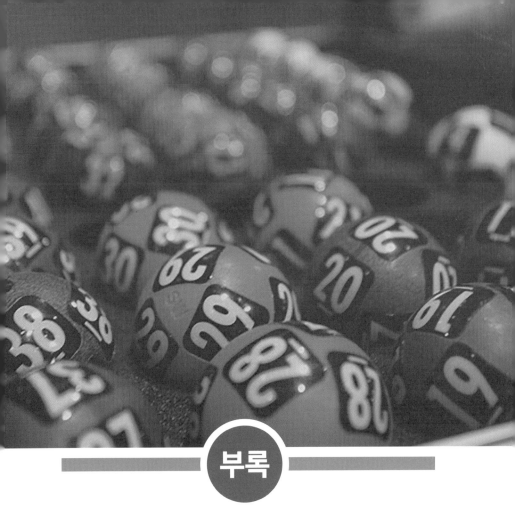

부록

로또분석조합기

로또분석조합기 당첨 결과 보기

추첨결과 보고서

판매점ID : 14100754   로또 6/45

제 001038 회차   추첨일 : 2022-10-22

07 16 24 27 37 44 — 02

등위	상금	당첨자수
01	1,627,457,225원	15명
02	52,839,521원	77명
03	1,209,466원	3,364명
04	50,000원	154,690명
05	5,000원	2,436,512명

작성일자2022-10-23 08:14:14
단말기 1410075402   T R : 2308141416

2022년 10월 22일, 1038회 로또1등 당첨 번호

로또분석조합기는 당첨 확률 1:8,145,000이라는 확률을 낮추기 위해 **로또분석조합기** 안에 패턴 번호 1번에서 22번까지 201,955개의 확률 높은 조합 숫자로 프로그래밍 되어있습니다. 복(福)자를 누르면 랜덤시스템 방식으로 자동 조합 번호가 추출됩니다.

로또분석조합기의 조합 숫자 예시

2022년 10월 22일 1038회 당첨 결과를 참고로 보면 로또분석조합기 안에 프로그래밍되어 있는 패턴 9번에서 1등 번호가 조합되어 있는 것을 확인할 수 있습니다.

중복 당첨숫자 ■ 당첨숫자 ■ 1등 당첨 조합 숫자

패턴 번호	조합 숫자	1칸	2칸	3칸	4칸	4칸	4칸
1	14,700	2	10	13	21	32	41
		4	11	15	24	33	43
		5	12	16	27	34	44
		7	14	17	28	37	45
		8	17	18		38	
				19		39	
2	13,250	1	3	12	20	24	32
		2	5	13	21	25	33
		3	6	15	23	26	34
		4	7	17	24	27	35
		6	8	18	25	28	37
			9	19	26	29	
3	12,400	3	11	22	30	33	41
		4	12	24	31	34	43
		5	13	26	32	36	44
		6	14	27	33	37	45
		8	15	28	34	38	
			17		37	39	
					38		
4	10,800	3	10	13	21	31	35
		5	11	14	22	32	36
		6	12	16	24	33	37
		8	13	17	26	34	38
			14	18	29		39
				19			
5	11,500	1	6	11	23	30	41
		2	7	12	24	31	42
		3	8	14	26	34	43
		4	9	15	27	37	44
		5		17	28	38	45

패턴 번호	조합 숫자	1칸	2칸	3칸	4칸	4칸	4칸
6	11,475	10	14	20	31	34	40
		11	15	21	32	37	42
		12	17	24	33	38	43
		13	18	26	35	39	44
		14	19	28	37		45
		16					
7	10,710	3	11	20	23	31	34
		4	12	22	24	32	35
		5	13	23	26	33	37
		6	16	24	27	34	39
		9	18	25	28	35	
			19	26			
8	9,750	2	11	20	30	40	42
		3	16	21	31	41	43
		4	17	24	33	42	44
		5	18	27	34	43	45
		8	19	28	36		
			29				
9	10,300	1	11	20	24	30	40
		4	13	21	25	34	41
		5	14	22	26	35	42
		6	16	23	27	36	43
		7	17	24	29	37	44
10	9,120	1	6	10	12	21	40
		3	7	11	13	24	42
		4	8	12	14	25	43
		5	9	13	15	28	44
		6		14	16	29	
				19			
11	11,700	1	10	13	20	23	40
		2	11	15	21	24	42
		4	12	16	22	27	43
		5	14	17	23	28	44
		7	17	18	24	29	
				19	26		

패턴 번호	조합 숫자	1칸	2칸	3칸	4칸	4칸	4칸
12	9,200	2	6	10	13	20	31
		4	7	12	16	21	33
		5	8	13	17	22	34
		6	9	14	18	24	36
		7		15	19	25	38
13	8,300	2	10	13	30	34	40
		4	11	14	31	36	42
		5	12	17	32	37	43
		7	13	18	33	38	45
		8	14		36	39	
			16				
14	7,200	10	20	24	30	36	40
		12	22	26	31	37	43
		13	23	27	32	38	44
		14	25	28	33	39	45
		16		29	34		
15	7,750	1	2	20	25	32	40
		2	3	21	26	36	41
		4	7	22	27	37	42
		5	8	23	28	38	43
			9	27	29	39	45
16	4,300	2	12	20	23	27	30
		4	13	21	24	28	31
		5	15	22	25	29	32
		6	16	24	26		33
		8			27		36
17	5,100	10	20	30	33	40	42
		14	21	31	34	41	43
		15	23	32	35	43	44
		16	25	33	36		45
		17	27	35	37		
					38		

패턴 번호	조합 숫자	1칸	2칸	3칸	4칸	4칸	4칸
18	6,300	1	4	12	20	25	41
		2	5	13	21	26	42
		3	7	14	23	27	43
		4	8	15	24	28	44
		5	9	16	25	29	45
19	7,800	1	5	20	31	36	40
		2	6	22	32	37	41
		3	7	24	33	38	42
		4	8	27	34	39	44
		6	9	28	36		
20	8,200	2	5	10	15	30	40
		3	6	11	16	31	41
		4	7	12	17	33	43
		5	8	13	18	37	44
		6	9	14	19	38	45
21	7,900	2	10	14	20	24	31
		3	11	16	21	25	32
		4	12	17	22	27	33
		5	13	18	23	28	35
		6	14	19	24	29	36
22	4,200	3	10	13	15	31	32
		4	11	14	17	32	36
		5	12	15	18	34	37
		6	13	16	19	36	38
		9		17			39
합계	201,955						

LOTTO6/45 참고서(로또 참고서)

초판 1쇄 발행 | 2023년 01월 30일

지은이 | 정연식
펴낸이 | 김왕기
펴낸곳 | 푸른e미디어
편집부 | 원선화, 김한솔

주소 | 경기도 고양시 일산동구 장항동 865 코오롱레이크폴리스1차 A동 908호
전화 | (대표)031-925-2327, 070-7477-0386~9·팩스 | 031-925-2328
등록번호 | 제2005-24호 등록년월일 | 2005. 4. 15
홈페이지 | www.blueterritory.com
전자우편 | book@blueterritory.com

푸른e미디어는 (주)푸른영토의 임프린트입니다.